电力职业教育精品教材

电气运行

Electrical Operation

主　编　徐熙棚　孔祥明

副主编　彭　朋　刘召鑫　田　芳

参　编　王　前　张作友　刘进福　段希见

　　　　李秀峰　高翔宇　牛余佳　孙　鹏

　　　　侯　峰　王文华　晁德明　王路川

主　审　殷乔民

中国电力出版社
CHINA ELECTRIC POWER PRESS

内容提要

　　《电气运行》是一门与电厂、变电站实际工作紧密结合的技能类课程。本书的编写以实际案例和真实情境为基础，从"教、学、做、练"一体化的需求出发，本着"实用、管用、够用"的原则，以现场规程、规范、标准等内容为主线，按岗位、设备、现场需要组织学习内容，从而突出生产技能，具有较强的针对性和实用性，能最大限度满足学生从业能力、综合职业能力和专业水平等全面素质培养的需要。

　　本书的使用可结合变电仿真系统、发电仿真系统及多媒体教学手段进行，可实现以项目为导向的任务驱动式一体化教学，使学生接近或达到零距离上岗的要求。

　　本书共分两大模块，包括变电站运行和发电厂运行。变电站运行主要介绍了变电站运行工况监视、变电站一次设备巡视、变电站二次设备巡视、高压开关类设备及线路倒闸操作、变压器倒闸操作、母线倒闸操作、电压互感器及其他设备倒闸操作、变电站异常处理、变电站事故处理，共 32 个任务；发电厂运行主要介绍了发电厂运行监控、发电厂电气设备巡视及维护、发电厂倒闸操作、发电厂异常及事故处理，共 13 个任务。为学习者从事电气设备运行、检修、维护及管理等工作奠定必要的基础。

　　本书可作为高职高专及电力中专电气自动化技术类相关专业的教材，也可作为成人教育相关专业的教材和工程技术人员的参考书。电力中专学校使用本教材时，书中带"*"的内容可以选学。

图书在版编目（CIP）数据

电气运行 / 徐熙棚，孔祥明主编；彭朋，刘召鑫，田芳副主编 . —北京：中国电力出版社，2024.5
电力职业教育精品教材
ISBN 978-7-5198-8831-2

I.①电…　Ⅱ.①徐…②孔…③彭…④刘…⑤田…　Ⅲ.①电力系统运行—职业教育—教材　Ⅳ.① TM732

中国国家版本馆 CIP 数据核字（2024）第 080769 号

出版发行：中国电力出版社
地　　　址：北京市东城区北京站西街 19 号（邮政编码 100005）
网　　　址：http://www.cepp.sgcc.com.cn
责任编辑：畅　舒
责任校对：黄　蓓　常燕昆
装帧设计：王英磊
责任印制：吴　迪

印　　刷：三河市航远印刷有限公司
版　　次：2024 年 5 月第一版
印　　次：2024 年 5 月北京第一次印刷
开　　本：787 毫米 ×1092 毫米　16 开本
印　　张：25
字　　数：498 千字
印　　数：0001—3000 册
定　　价：85.00 元

前　言

《电气运行》是电力类高职高专院校及中职电力技术类专业的一门实践性很强的专业课程。本书结合"基于工作过程为导向"课程开发而编写,以满足培养技术应用为主线的"教、学、做"一体化教学需要。突出应用性和针对性,以实际工程任务为导向,按照工学结合的项目化教学模式组织编写。紧紧围绕由电力生产现场专家组讨论编写的课程标准组织内容,打破了以设备为单元的内容组织形式,采用以电力生产现场工作任务(设备的监控、巡视、操作、异常及事故处理)为单元的内容组织形式,列举了大量的异常、事故处理案例,有利于在教学过程中实施与电力生产现场工作一致的工作任务教学。

本书的编写团队中既有学院教师,又有在电力企业从事电气运行和调度工作的专家,且这些专家都曾经在院校任教,不但具有丰富的实践经验,而且还有较强的教学和培训水平。

本书引入了最新的电气运行规程、调度规程,采用了电气运行工作中的新设备、新技术和新方法,与电力生产现场结合紧密,完全符合生产实际,可操作性强,能最大限度满足学生能力目标的培养要求,本书还可以作为电力生产现场人员和工程技术人员的培训教材和参考资料。

本书从电气运行的任务及职业技能入手,以运行值班人员日常主要工作为主线,以教育部提出的"以应用为目的,以必需够用为度"为原则组织编写。本书的特点是既有"电气运行"岗位所需的理论知识,又有该岗位所涉及的技能操作,并附有大量的现场操作实例,还融入科技创新和家国情怀等课程思政内容,是一本集理论、实践于一体的教材。

本书共分两大模块:

模块一 变电站运行,共分五大学习项目:项目1,变电站运行工况监视;项目2,变电站设备巡视及维护;项目3,变电站倒闸操作;项目4,变电站异常处理;项目5,变电站事故处理。

模块二 发电厂运行,共分四大学习项目:项目1,发电厂运行监控;项目2,发电厂电气设备巡视及维护;项目3,发电厂倒闸操作;项目4,发电厂异常及事故处理。

每个项目由若干任务组成。共45个任务,每个任务按照"学习目标""任务描述""相关知识""任务实施""案例分析""拓展提高"等的顺序组织内容。通过项目学习,使学生熟悉电气运行基本知识,电气设备监盘、巡视与维护,电气设备倒闸操作,电气设备异常运行与事故处理这四个方面的知识与技能。

　　本书由临沂电力学校徐熙棚、孔祥明任主编，彭朋、刘召鑫、田芳任副主编，王前、张作友、刘进福、段希见、李秀峰、高翔宇、牛余佳、孙鹏、侯峰、王文华、晁德明、王路川等参编，国网山东省电力公司临沂供电公司殷乔民高级工程师任主审。

　　由于编者水平有限，书中缺点、疏漏及不足之处在所难免，恳请专家和读者给予批评指正。

编　者

2023 年 5 月

目 录

模块二 ◎ 发电厂运行

变电站是把一些设备组装起来，用以切断或接通、改变或者调整电压，在电力系统中，变电站是输电和配电的集结点。变电站是电力系统的中间环节，起着变换电压和分配电能的作用。变电站主要由馈电线（进线、出线）和母线，隔离开关（接地开关），断路器，主变压器，站用变压器，电压互感器TV、电流互感器TA，避雷器及继电保护装置、自动装置、调度自动化系统和通信系统等设备组成。

变电站运行，又称变电运行，根本目的是给用户提供优质、可靠而充足的电能，确保电力系统安全和经济运行。变电运行的主要任务有变电站运行监控、变电站电气设备巡视及维护、变电站倒闸操作和变电站异常运行及事故的处理。本模块以典型的220kV双母线接线变电站及典型110kV主接线变电站为例，学习完成变电站变电运行的各项基本工作。

项目 1　变电站运行工况监视

任务1.1　变电站电气运行认知

【学习目标】

知识目标：1. 理解电气运行的概念，了解电气运行的任务及日常主要工作，建立本课程知识与技能的框架。

2. 理解电气运行相关运行制度，了解电气运行各岗位职责。

技能目标：1. 充分理解本课程以电气运行职业核心能力为指导，以解决电气运行实际工作问题为目的。

2. 围绕电气运行日常主要工作，介绍电气运行基本知识，电气设备监盘、巡视与维护，电气设备倒闸操作，电气设备异常运行与事故处理这四个方面的知识与技能。

态度目标：1. 能主动学习，在完成任务过程中发现问题、分析问题和解决问题。

2. 能严格遵守变电运行规程及各项安全规程，与小组成员协商、交流配合，按标准化作业流程完成学习任务。

【任务描述】

建立变电运行的概念；明确运行值班工作内容和要求、交接班工作内容和要求；掌握变电站正常运行工况监视等内容。

【相关知识】

一、变电运行管理的"两票三制"

变电运行管理制度最基本的内容是人们常说的"两票三制"，即工作票制度、操作票制度、运行交接班制度、运行巡回检查制度、设备定期试验与轮换制度。据统计，电力系统中因工作票和操作票执行不严造成的误操作占85%左右。

1. 工作票制度

正常情况下（事故情况除外），凡在电气设备上的工作，均应填用工作票或按命令（口头或电话）执行的制度，称为工作票制度。工作票制度是保证检修人员在电气设备上安全工作的组织措施之一，是为避免发生人身和设备事故，而必须履行的一种设备检修工作手续。

（1）工作票的作用。工作票是批准在电气设备上工作的书面命令，也是明确安全职责，严格执行安全组织措施，向工作人员进行安全交底，履行工作许可手续，工作间断、工作转移和工作终结手续，同时实施安全技术措施等的书面依据。因此，在电气设备上工作时，必须按要求填写工作票。

（2）工作票的种类及使用范围。根据工作性质的不同，在电气设备上工作时的工作票可分为三种：第一种工作票、第二种工作票、口头或电话命令。

（3）执行工作票的程序。签发工作票→送交现场→审核把关→布置安全措施→许可工作→开工会→收工会→工作终结→工作票终结。

2. 操作票制度

凡影响设备生产（包括无功）或改变电力系统运行方式的倒闸操作及设备开、停等较复杂的操作项目，均必须填写操作票的制度称为操作票制度。

（1）操作票的作用。电气运行人员完成一个操作任务常常需要进行十几项甚至几十项的操作，对这种复杂的操作，仅靠记忆是办不到的，也是不允许的，因为稍有疏忽、失误，就会造成人身、设备事故或严重停电事故。填写操作票是安全正确进行倒闸操作的依据，它把经过深思熟虑制定的操作项目记录下来。从而根据操作票面上填写的内容依次进行操作。电气设备改变运行状态时，必须使用操作票进行倒闸操作，这是防止误操作的主要措施之一。

（2）操作票的填写方法。操作票由操作人根据值班调度员下达的操作任务、值班负责人下达的命令或工作票的工作要求填写，填写前操作人应了解本站设备的运行方式和运行状态，对照模拟图安排操作项目。

3. 运行交接班制度

运行值班人员在进行交班和接班时应遵守有关规定和要求的制度，称为交接班制度。交接班制度是确保连续正常发供电的一项有力措施。运行值班人员在进行交接班时，要认真负责，接班要做到心中有数。只有认真执行交接班制度，才能避免因交接班不清而引发的事故。

4. 运行巡回检查制度

运行值班人员在值班时间内，对有关电气设备及系统进行定时、定点、定专责全面检查的制度，称为巡回检查制度。通过巡回检查可以及时发现设备缺陷和排除设备隐患，掌握设备的运行状况和健康水平，积累设备运行资料，从而保证设备安全运行，每个运行值班人员应按各自的岗位职责，认真、按时执行巡回检查制度。巡回检查分交接班检查、经常监视检查和定期巡回检查。

5. 设备定期试验与切换制度

发电厂、变电站按规定对主要设备进行定期试验与切换运行，这种制度称为设备定期试验与切换制度。通过对设备的定期试验与切换运行，以保证设备的完好性，保证在运行设备故障时备用设备能真正起到备用作用。该制度规定了设备定期试验与切换的有关要求，设备定期试验与切换的项目及周期等，设备定期试验与切换应填写操作票，应做好记录。

二、电气运行规程

发电厂、变电站根据现场实际编制了本单位相应电气设备及系统电气运行规程，配置了电力系统调度规程。电气运行规程包括电气主系统、厂用电系统、发电机、变压器、电动机、配电装置、继电保护、自动装置等运行规程。这些规程是电气设备安全运行的科学总结，反映了电气设备运行的客观规律，是保证发电厂、变电站安全生产的重要技术措施，是电气运行值班人员工作的基本依据，各岗位运行人员必须掌握规程的规定条文，严格按照规程的规定进行运行调整、系统倒换、参数控制、故障处理。

三、其他制度

1. 运行分析制度

运行分析是运行管理的主要工作，是保证安全、经济生产的重要环节。为了不断掌握生产规律，积累运行经验，提高运行管理水平，必须经常对设备的运行、操作、异常情况以及人员执行规章制度的情况等进行科学、细致和全面地分析。通过对变电站主要设备的工作状态、变电站运行方式、潮流或负荷变化、母线电压等进行分析，发现变电站运行异常或设备故障。

通过运行分析，找出薄弱环节，及时发现问题，有针对性制订防范措施，保证设备和系统的安全、经济运行。该制度规定了运行分析的内容、方法及要求，各级生产人员应认真做好运行分析工作。

2. 设备缺陷管理制度

运行值班人员对发现的设备缺陷进行审核、登记、上报、处理及缺陷消除结果进行记录的制度，称为设备缺陷管理制度。该制度是为了及时消除影响安全运行或威胁安全生产的设备缺陷，提高设备完好率、保证安全生产的一项重要制度，它为编制设备检修试验计划提供了依据。该制度规定了设备缺陷的分类、缺陷的审核、缺陷记录及记录要求、缺陷的上报、缺陷的处理、缺陷处理后的验收及记录。

3. 运行维护制度

该制度规定了对电刷、熔断器等部件的维护，按制定的维护项目、维护周期进行清扫、检查、测试。对发现的设备缺陷，运行值班人员能处理的应及时处理，不能处理的由检修人员或协助检修人员进行处理，以保证设备处于良好运行状态。

四、电气运行人员应达到 "三熟三能" 的内容

变电运行的三大任务：①运行值班工作；②倒闸操作及事故处理；③设备巡视及运行维护。

为了顺利完成三大任务，变电运行人员需具备以下能力：

三熟：①熟悉设备、系统和基本原理；②熟悉操作和事故处理；③熟悉本岗位责任制。

三能：①能够分析运行状态；②能够及时发现故障和排除故障；③能够掌握一般的维修技能。

【任务实施】

一、运行值班工作内容和要求

变电运行人员值班工作的内容和要求如下：

（1）监视仪表、控制屏、光字牌信号，故障录波器和信号继电器的各种信号告警、掉牌及设备运行状况。

（2）及时记录和汇报各种事故、异常告警信号和掉牌。

（3）正确处理各种事故和设备异常情况。

（4）正确接受和执行调度下达的各项操作命令。

（5）负责接转有关生产调度的联系电话。

（6）根据调度的要求向调度汇报当值运行情况和设备运行状态。

（7）根据调度命令的要求和当值值班长的安排完成设备的倒闸操作。

（8）审核并办理工作票的开、收、完工手续。

（9）对设备的修、试、校工作进行验收和事故处理。

（10）按照规定巡视运行设备。

（11）负责抄表和核对电量，填写有关运行记录和运行日志。

（12）定期启动备用设备运行和设备轮换运行的切换。

（13）负责日常和定期的设备运行维护工作。

（14）负责做好主控制室和专责设备场所的清洁卫生工作。

二、交接班工作内容和要求

1.变电站交接班的内容

（1）系统和本站的运行方式。

（2）设备的倒闸操作和变更情况以及未执行的命令或未操作完的项目并说明原因。

（3）继电保护装置、自动装置、稳定装置、通信设备、微机监控设备、五防设备运行及动作情况。

（4）设备异常处理、事故处理、缺陷发现及处理情况。

（5）设备检修试验情况、安全措施的布置，地线的组数、编号及位置和使用情况。

（6）许可的工作票、停电申请、送电申请，工作班的工作进展情况。

（7）按照设备巡视检查的内容对设备进行巡视检查。

（8）核对断路器的位置，检查模拟图板与记录是否相符。

（9）检查中央信号。

（10）技术资料、图纸、台账、安全工具、仪表及钥匙、其他用具及物品是否齐全无损。

（11）工具、仪表、备品、备件、材料、钥匙等的使用和变动情况。

（12）当值已完成和未完成的工作及其有关措施。

（13）上级指示、各种记录和技术资料的收集管理情况。

（14）环境卫生情况。

（15）其他事项。

2.变电站的交接班制度要求

（1）交接班双方必须做好交接准备工作，进行正点交接，一般不得无故拖延。在未办完交接手续前，交接班人员不得离开工作岗位。

（2）交班人员在交班前应做好各种统计记录，整理工器具、仪表、钥匙、图纸、记录本，打扫工作现场。接班人员应按规定的时间提前进入值班室，做好接班准备。

交班时，首先由交班值班长详细介绍运行方式及主设备潮流，一、二次设备的动作、变更、异常及处理情况，倒闸操作、继电保护和自动装置投退情况，缺陷发现和处理情况，修试校正工作及结果，现场作业安全措施，上级指示，当值内发生的其他事项以及前值有必要交代的事宜。

交接班双方运行人员在听取交班值班长的介绍后，应按照岗位职责对照现场运行设备进行对口交接，做进一步的巡视和核查，现场交接和检查情况由接班人员向接班值班长汇报。

三、变电站正常运行监视

运行监视是变电运行值班工作中的一个重要内容，是指对变电站的主要电气设备、输配线路与二次系统的运行工况进行的监视。通过运行监视，运行值班人员可以随时掌握变电站的运行工况和设备的工作状态，以便及时发现变电站运行异常和设备的不正常工作状态。它对于防止设备过载、运行参数越限、保证电压质量、发现设备异常和预防事故，确保变电站安全运行至关重要。

变电站的运行监视工作应包括：监视各种运行参数，按时记录各项电压、电流、功率、频率、电量等有关数据，分析其是否正常并上报调度部门；监视设备的运行状态，通过巡视检查设备的温度、压力、密度、油位、声响、渗油、放电、外观、锈蚀、发热、指示、灯光、信号、报警等，及时发现设备的缺陷和不正常工作状态，向有关调度和上级部门汇报并进行处理，同时做好相关记录。

【案例分析】

案 例　通过声响判断变压器的运行工况。

变压器出现异常情况，可能是将要发生事故的先兆，内部故障多是由轻微到严重发展的。值班人员应随时对变压器运行的情况进行监视与巡视检查。通过对变压器的声音、振动、气味、油色、温度及外部状况等现象的变化，来判断有无异常，以便采取相应的措施。正常变压器的声音，应是均匀的"嗡嗡"声。如果声音不均匀或有其他异音，都属不正常，但不一定都是内部有异常。例如，通过变压器的不正常声响，结合其他因素判断变压器的状态：

（1）变压器内部有较高且沉重的"嗡嗡"声。可能是过负荷运行，由于电流大，铁芯振动力增大引起。可根据变压器负荷情况鉴定，并加强监视。

（2）变压器内部有短时的"哇哇"声。一种可能是电网中发生过电压，如中性点不接地系统，有单相接地故障或铁磁谐振；另一种可能是大型动力设备启动，负荷突变大，因高次谐波作用产生。可以参考当时有无接地信号，电压、电流表指示情况，有无负荷的摆动来判定；变压器内部有尖细的"哼哼"声，可能是系统中有铁磁谐振现象，也可能是系统中有一相断线或单相接地故障。"哼哼"声会忽粗忽细，可参考当时有无接地信号、电压表指示、绝缘监察电压表指示情况判断。

（3）变压器内部有"吱吱"或"噼啪"响声，可能是内部有放电故障。如铁芯接触不良，分接开关接触不良，内部引线对外壳放电等。

变压器运行中的异常声音较复杂，检查时，要注意观察电压、电流表指示变化，保护、信号装置动作是否同时发生。必要时取油样做色谱分析，检测内部有无过热、局部放电等潜伏性故障。

【思考与练习】

1. 什么是变电运行？
2. 变电运行的基本任务是什么？
3. 变电运行管理的内容是什么？
4. 变电站运行监视的内容包括？
5. 什么是"两票三制"？

任务1.2　典型220kV变电站主接线及正常运行方式

【学习目标】

知识目标：1. 认识变电站主接线图。

2. 熟悉典型220kV变电站主接线形式，220kV变电站站用交、直流系统接线形式。

3. 掌握220kV变电仿真系统，典型220kV变电站正常运行方式核对（包括一、二次系统）。

能力目标：1. 能对照典型220kV变电站正常运行方式，说出变压器等主要设备额定运行方式下的主要参数。

2. 能在仿真机上对变电站运行工况进行监控操作。

态度目标：1. 能主动学习，在完成任务过程中发现问题、分析问题和解决问题。

2. 能严格遵守"变电运行"专业相关规程标准及规章制度，与小组成员协商、交流配合，按标准化作业流程完成学习任务。

【任务描述】

1. 分析220kV琅琊变电站主接线图，了解该站的主接线形式和设备分布情况。
2. 分析解读220kV琅琊变电站电气运行方式。

【相关知识】

一、电气主接线运行方式

电气主接线有多种典型形式，在实际运行中每一种接线形式都有相应固定的运行方式。所谓运行方式，是指电气主接线中各电气元件实际所处的工作状态（运行状态、备用状态、检修状态）及其相连接的方式。运行方式分为正常运行方式和特殊运行方式。

电气主接线的正常运行方式是指正常情况下，全部设备按固定连接方式投入运行时，电气主接线经常采用的运行方式。包括其母线及进、出线回路的运行方式和中性点的运行方式两个方面。电气主接线的正常运行方式一旦确定后，其母线及回路的运行方式和中性点的运行方式也随之确定，且继电保护和自动装置的投入也随之确定。即电气主接线的正常运行方式只有一种，是综合考虑各种因素和实际情况而确定的。正常运行方式一旦确定，任何人不得随意改变。

电气主接线的特殊运行方式是指在事故处理、设备故障或检修时，电气主接线所采用的运行方式。由于事故处理、设备故障和设备检修的随机性，变电站的特殊运行方式有多种，可以根据运行的实际情况进行具体的安排和调整。

变电站运行方式是指站内电气设备主接线方式、设备状态及保护和自动装置、直流装置、站用变压器、通道配置的运行状况。为确保电力系统安全、可靠、灵活、经济运行，变电站必须按正常运行方式运行。

二、电气主接线运行方式的安排

电气主接线运行方式直接影响变电站及电力系统的安全、经济运行，各变电站均应合理安排本站电气主接线的正常运行方式和特殊运行方式，并编入变电站运行规程中。安排电气主接线的运行方式时，应遵守以下原则：

1. 合理安排电源和负荷

在双母线接线中，电源（发电机、变压器、电网联络线）接入每组母线上的数量要相当，电源容量基本平分，双回联络线分开接入两组母线；负荷安排要合理，双回线路分开接入两组母线，使两组母线上的负荷容量基本平衡，通过母联断路器的交换功率（电流）为零或尽量小。

2. 变压器中性点接地满足要求

大电流接地系统中，电源变压器中性点的接地要分配合理，当高压母线有两个接地中性点时，运行方式的安排应考虑电源变压器的中性点在每一组母线上均有一个接地点，而不应集中在同一组母线上。否则，一旦母联断路器跳闸，将会使其中一组母线失去接地中性点，从而影响电网零序保护的正确配合。如果电网只需要一个接地中性点，则无须对此专门考虑。

3. 限制短路电流，合理选择设备

主接线形式和运行方式的安排，直接影响短路时的故障电流大小和影响电气设备的选择。例如在发电厂主接线中，应适当限制接入发电机电压母线的发电机台数和容量，采用单元接线，母线分段运行，合理断开环网等措施，都可增大系统电抗，减小发电机电压

母线系统的短路电流，但必须经过仔细分析计算，保证满足发电厂和系统两方面的运行要求。

4. 运行方式便于记忆

各变电站不同电压等级的母线、回路和电气元件的分配方法（包括设备的编号及所在母线的位置）要有一定的规律性，便于运行人员掌握和记忆。

【任务实施】

一、典型220kV变电站主接线图

1. 一次系统主接线图

根据电气主接线运行方式的设计原则，以及变电站现场运行方式按调度令执行的规定，通过以上任务分析，对典型220kV双母线接线变电站正常运行方式进行核对。

典型220kV双母线接线琅琊变电站一次系统主接线图如图1.1.2-1所示。

2. 站用电一次系统接线图

站用电供电电源、接线和设备，都必须可靠，以保证变电站的正常运行。站用电的耗电量要尽可能减少，以提高变电站运行的经济性。典型220kV双母线接线琅琊变电站站用电一次系统接线图如图1.1.2-2所示。

二、一次系统正常运行方式核对

1. 220kV系统

采用双母线接线方式。梦洁线、卧龙线、1号主变压器201断路器接于Ⅰ段母线运行；阳都线、跑衰Ⅱ线、2号主变压器202断路器接于Ⅱ段母线运行；母联231断路器在合上位置，2311、2312隔离开关均在推上位置；1号主变压器220kV中性点2010接地开关在合上位置；2号主变压器220kV中性点2020接地开关在拉开位置。

2. 110kV系统

采用单母线分段带旁路接线方式。金锣线、铜石线、银丰线、1号主变压器101断路器接于Ⅰ段母线运行；沂蒙线、沂州线、2号主变压器102断路器接于Ⅱ段母线运行；分段131断路器在合上位置，1311、1312隔离开关均在推上位置；旁路141断路器接在Ⅱ段母线上，旁路141断路器及旁路母线在冷备用状态；1号主变压器110kV中性点1010接地开关在推上位置；2号主变压器110kV中性点1020接地开关在拉开位置。

3. 10kV系统

采用单母线分段接线方式。1号主变压器901断路器带Ⅰ段母线负荷；2号主变压器902断路器带Ⅱ段母线负荷；分段931断路器在断开位置，9311、9312隔离开关在推上位置，931断路器自动投入装置投入。

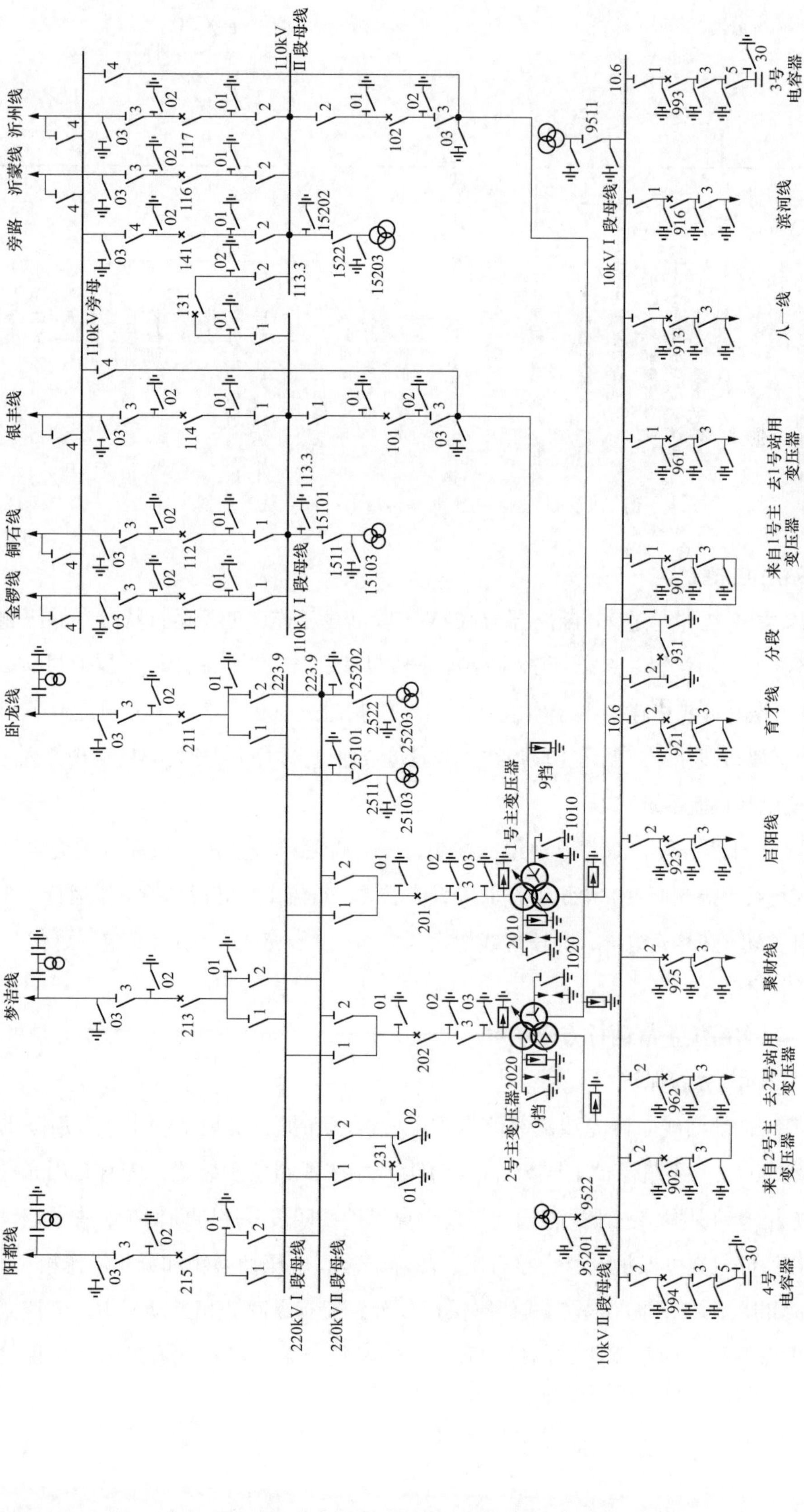

图 1.1.2-1 220kV 双母线接线吴哪变电站一次系统接线图

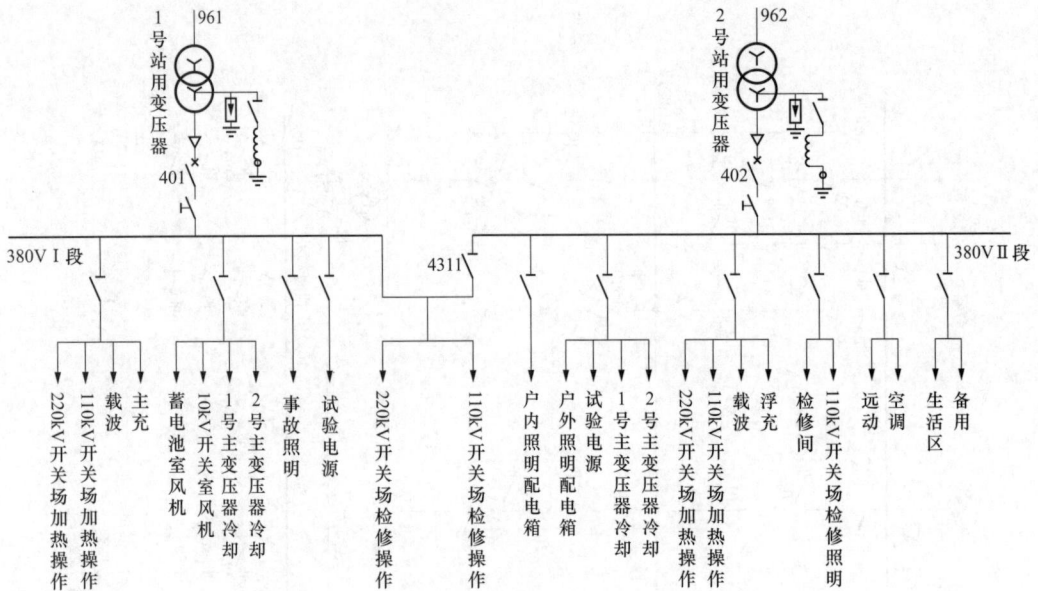

图 1.1.2-2 220kV 变电站站用电一次系统接线图

4. 站用电系统

1号站用变压器通过961断路器与10kV Ⅰ段母线相连，处于运行状态，低压侧通过401断路器（合闸位置）与低压 380/220V Ⅰ段母线相连，2号站用变压器通过962断路器与10kV Ⅱ段母线相连，处于空载状态；低压侧通过402断路器（分闸位置）与低压 380/220V Ⅱ段母线相连。低压Ⅰ段母线、Ⅱ段母线通过分段隔离开关4311实现并列运行。

5. 变电站直流系统

220V 单母线分段，双蓄电池组，控制母线与合闸母线共用。高频开关充电屏Ⅰ接Ⅰ段直流母线，高频开关充电屏Ⅱ接Ⅱ段直流母线，直流Ⅰ、Ⅱ段母线分段运行，Ⅰ段母线切换开关切至1号充电屏，Ⅱ段母线切换开关切至2号充电屏，3号充电屏可代1、2号充电屏运行。

三、二次系统正常运行方式核对

1. 220kV 系统保护

阳都线、梦洁线、卧龙线的线路保护配置两套保护，实现了双主、双后备的保护配置原则。220kV线路保护Ⅰ屏为CSL-101D数字式线路保护装置，配有专用光纤通道的光纤分相差动保护、三段式相间和接地距离保护、四段零序方向保护、失灵启动、三相不一致保护、充电保护、综合重合闸、故障录波、电压切换箱和分相操作箱；220kV线路保护Ⅱ屏为CSL-103B数字式线路保护装置，配有纵联分相差动保护、三段式相间和接地距离保护、四段零序方向保护和电压切换箱，采用高频载波通道传送保护纵联信号。

220kV 母线保护为差动保护，配置了两套保护。220kV 母线差动保护（母差保护）I屏为WMH-800微机母线保护装置，配有比率制动特性的电流差动保护、复合电压闭锁、母联（分段）断路器充电保护、断路器失灵保护、母联断路器失灵死区保护、TA断线闭锁及告警、TV断线告警；220kV母差保护II屏为WM2-41B微机母线保护装置，配有电流差动保护、复合电压闭锁、母联断路器失灵（死区）保护及充电保护、断路器失灵保护、TA断线闭锁及告警、TV断线告警和直流稳压消失监视。

另外，220kV失灵保护为WSL-200微机母线失灵保护装置。

2. 110kV 系统保护

金锣线、铜石线、银丰线、沂蒙线、沂州线的线路保护为WXH-811微机线路保护装置，配有三段式相间和接地距离保护、四段零序方式保护和三相一次重合闸；110kV 母线保护为差动保护，配置了WMH-800微机母线保护装置。

3. 10kV 系统保护

10kV 配电线路保护为WXH-821微机线路保护测控装置，配有电流速断保护、过电流保护及三相一次重合闸；电容器组保护为低电压、过电压、过电流保护和零序平衡保护。

4. 主变压器保护

1、2号主变压器配置两套保护，实现双主、双后备保护配置原则。主变压器保护I屏为WBH-801（集成了一台变压器的全部主后备电气量保护）和WBH-802（集成了变压器的全部非电气量保护）微机变压器保护装置，并配有FC2-832S高压侧断路器操作箱（含电压切换），完成主变压器的一套电气量保护、非电气量保护和高压侧的操作回路及电压切换回路功能；主变压器保护II屏为WBH-801微机变压器保护装置，并配有FC2-813S中压侧、低压侧断路器操作箱（含中压侧电压切换），ZYQ-812高压侧电压切换箱，完成主变压器的第二套电气量保护和中、低压侧的操作回路及高、中压侧电压切换回路功能。

其中电气量保护有：差动保护；220kV复压（方向）过电流保护，220kV零序电流保护（零序方向I段、零序方向II段、零序方向过电流、中性点零序过电流），220kV间隙保护；110kV复压（方向）过电流保护，110kV零序电流保护（零序方向I段、零序方向II段、零序方向过电流、中性点零序过电流）；10kV复压（方向）过电流保护。

非电气量保护有：本体轻瓦斯保护、本体重瓦斯保护、调压重瓦斯保护、压力释放保护、冷却器故障保护、绕组温度保护、油温保护。

5. 1、2号站用变压器保护

1、2号站用变压器配置有RCS-9621A成套保护装置。

四、220kV双母线接线变电站一次系统运行方式

1.220kV母线运行方式

（1）正常运行方式。220kVⅠ、Ⅱ段母线经2311隔离开关—231断路器—2312隔离开关并列运行，220kV母差保护自动切至"选择性"运行方式。

（2）单母运行方式。220kVⅠ段母线运行Ⅱ段母线备用，或Ⅱ段母线运行Ⅰ段母线备用。此时231断路器断开，2311、2312隔离开关拉开，220kV母差保护自动切换至"非选择性"运行方式。

2.110kV母线运行方式

（1）正常运行方式。单母分段并列运行，141旁路断路器及两侧隔离开关断开，110kV旁母冷备用，110kV母差保护投"非选择性"运行方式。

（2）检修运行方式。141旁路断路器代110kV线路断路器或主变压器断路器，此时110kV母线—411隔离开关—141旁路断路器—1414旁路隔离开关—110kV旁母线—被代线路旁路隔离开关或主变压器110kV旁路隔离开关—线路侧或主变压器110kV侧运行，110kV母差保护投"非选择性"运行方式。

3.10kV母线运行方式

（1）单母线分段运行方式。10kVⅠ、Ⅱ段母线经931母联断路器组成10kV单母线分段运行。10kVⅠ段母线—9311隔离开关—931分段断路器—9312隔离开关—10kVⅡ段母线运行。

（2）检修运行方式。10kVⅡ段母线检修，此时931断路器及两侧隔离开关均断开，10kVⅠ段母线单独运行。

4.站用变压器的运行方式

站用变压器（站用变）在正常运行时一台投入，另一台热备用（其低压断路器断开），站用电自动投入装置投入，两段400V（380V）低压站用母线并列运行。

变电站改变运行方式时，必须按所属调度有关规定和调度命令执行。因电网运行方式变化或检修、试验等工作，出现非正常运行方式时，在工作结束后，应按所属调度命令及时恢复正常运行方式。

【思考与练习】

1.主接线运行方式的安排应遵循哪些原则？

2.熟记常见电气设备的图形符号和文字符号。

3.看懂电气一次接线图，回答主要设备是哪些？

任务 1.3　运行工况正常监视

【学习目标】

知识目标：1. 掌握变电站主变压器、站用变压器、断路器、隔离开关等主要设备额定运行方式下的主要参数及监控。

2. 能根据表计或测量信息、各种信号，发现运行参数越限、设备运行异常情况，掌握运行监视的内容和方法。

能力目标：1. 能对照典型 220kV 变电站正常运行方式，说出变压器等主要设备额定运行方式下的主要参数。

2. 能在仿真机上对 220kV 变电站正常运行监控。

态度目标：1. 能主动学习，在完成任务过程中发现问题、分析问题和解决问题。

2. 能严格遵守"变电运行"规程及各项安全规程，与小组成员协商、交流配合，按标准化作业流程完成学习任务。

【任务描述】

本任务介绍变电站正常运行工况的监视内容和信号。通过归纳讲解和案例分析，了解各种表计监视、后台监视、远方监视等信号，能根据表计或测量信息、各种信号，发现运行参数越限、设备运行异常情况，掌握运行监视的内容和方法。

【相关知识】

一、变电站运行监视的目的

运行监视是变电运行值班工作中的一个重要内容，它是指对变电站的主要电气设备、输配线路与二次系统的运行工况进行的监视。通过运行监视，运行值班人员可以随时掌握变电站的运行工况和设备的工作状态，以便及时发现变电站运行异常和设备的不正常工作状态。它对于防止设备过载、运行参数越限、保证电压质量、发现设备异常和预防事故，确保变电站安全运行是至关重要的。

变电站的运行监视工作应包括：监视各种运行参数，按时记录各项电压、电流、功率、频率、电量等有关数据，分析其是否正常并上报调度部门；监视设备的运行状态，通过巡视检查设备的温度、压力、密度、油位、声响、渗油、放电、外观、锈蚀、发热、指示、灯光、信号、报警等，及时发现设备的缺陷和不正常工作状态，向有关调度和上级部门汇报并进行处理，同时做好相关记录。

二、运行工况监视的方式

通常根据变电站控制方式的不同，常规变电站、综自变电站或无人值班变电站运行工况监视也有不同的方式。例如：

（1）常规变电站：通过控制盘表计显示、光字信号、灯光信号等进行监视；

（2）综自变电站：通过监控系统计算机、报警信号等进行监视；

（3）无人值班变电站：通过集控站或控制中心进行远方监视和控制。

由于综自变电站可以实现遥控、遥信、遥测、遥调的四遥功能，变电站的监视、测量、记录、抄表等工作都由计算机自动进行。运行值班人员只要通过后台监控系统的监视器，对变电站的主要设备和各输配电线路的运行工作状况和运行参数便一目了然。变电站综合自动化系统还具有与上级通信的功能，可将检测到的数据和信息及时送到集控站或控制中心，使运行人员和调度人员也能及时掌握变电站的运行工况，对其进行必要的调节和控制，同时各种操作和信号都有事件顺序记录可供查阅，从而大大提高了运行监视水平。

三、变电站运行工况监视的内容

变电站运行监视的内容包括一次接线及运行方式、电气设备工作状态和运行参数、自动化系统、保护装置、通信系统、直流系统、站用电系统等的工作状态。具体内容如下：

1. 母线电压监视

变电站的母线电压直接反映了电网和变电站的运行工况，是电网运行和变电站运行监视的重要参数。监视各变电站母线电压是否在调度规定的变化范围内波动，对于电压中枢点或电压监视点的母线电压，需要监视电压棒型图等各类曲线图。严格按调度下达的电压曲线进行监视和调整，统计电压合格率情况，以保证供电电压质量。

另外，还要监视变电站母线电压是否发生"三相电压不平衡""10kV 系统接地"等异常或故障，及时汇报调度，进行处理。

2. 变压器运行监视

主变压器是变电站的重要设备，对变压器运行工况的监视，可以随时了解变压器的温度、负荷等情况。通过运行监视及信号，还能及时发现变压器工作异常或存在的缺陷，从而采取相应措施，防止事故的发生或扩大，以保证变压器安全运行。变压器运行工况监视的参数主要有：变压器各侧的有功功率、无功功率、三相电流，变压器的运行电压、温度、电量和各种信号等。另外，还要监视分接开关、冷却系统等的运行情况。

3. 线路运行监视

监视各线路的有功功率、无功功率、三相电流、潮流流向和电量等运行参数，以便运行人员掌握变电站运行情况，及时发现线路的功率越限或潮流分布异常。尤其是在高峰负荷或特殊保电期间，对重要线路的运行监视就显得十分重要。

4. 运行监视的其他内容

主要包括：自动化系统、保护及二次系统、直流系统、五防系统、电压无功调节、母线设备、开关设备、互感器及配电装置等，对这些系统和设备的运行监视主要是监视设备和系统本身的工作状态。通过监视各种运行信号、各种报文、上传信号等，掌握设备和系统的运行状态，发现异常情况。

通常，运行中的各系统和二次设备发生异常时都有告警信号，如"交流回路断线""直流电源消失""直流系统接地""保护装置异常""控制回路断线""冷却系统电源消失""断路器压力异常"等。运行人员应随时检查光字信号、预告信号、事故信号、报文或上传信号等情况，及时发现异常或故障，以便及时处理。

【任务实施】

一、变压器的运行监视

变压器是变电站中最重要的设备，本节主要讨论变压器的运行电压和温度的监视。变压器在运行中还必须按规程规定，进行正常巡视检查和特殊巡视检查。

1. 变压器的运行电压

在电力系统中运行的变压器，因电网的运行电压随负荷变化而波动，从而决定了变压器不可能严格在额定电压值下运行。如果变压器的运行电压升高时，将使励磁电流相应的增加，变压器的励磁电流增大后，会使变压器的铁芯损耗增大而过热。同时变压器的励磁电流是无功电流，因此励磁电流的增加会使无功功率增加。由于变压器的容量是一定的，当无功功率增加时，有功功率会相应减少。因此电源电压升高以后，变压器允许通过的有功功率将会降低。

此外，变压器的电源电压升高后，磁通增大，会使铁芯饱和，从而使变压器的电压和磁通波形畸变。电压畸变后、电压波形中的高次谐波分量也将随之加大。由于高次谐波使电压畸变而产生尖峰波对用电设备有很大的破坏性。如：

（1）引起用户的电流波形畸变，增加电动机和线路的附加损耗；

（2）可能使系统中产生谐振过电压，从而使电气设备的绝缘遭到破坏；

（3）高次谐波会干扰附近的通信线路。

因此，DL/T 572—2021《电力变压器运行规程》规定：变压器的运行电压一般不应高于该运行分接额定电压的105%。

2. 变压器温度

运行中的变压器，由于铜损和铁损的原因，必然温度要升高。空载时比停运时高，负载时比空载时高，过载时比轻载时高，短路时的温升更高。因为铁损基本不变，而铜损是与电流的平方成正比变化的。由于出厂运行的变压器的绝缘是一定的，其绝缘材料的绝缘强度（包括机械强度）也是一定的。随着时间的推移，特别是长期在温度的作用下，变压器绝缘材料的原有绝缘性能将会不断降低，这一过程，称为变压器的绝缘老化。温度越高，其绝缘老化越快，同时变脆而碎裂，绕组绝缘层的保护也会失去。

当变压器绝缘材料的工作超过其允许的长期工作最高温度时，每升高8℃，其使用寿命将减少一半。这就是变压器运行的"8℃原则"（干式变压器是"10℃原则"）。油浸式变压器的最高温度依次到最低温度的秩序是：绕组>铁芯>上层油温>下层油温。变压器绕组热点温度的额定值（长期工作的允许最高温度）为正常寿命温度；绕组热点温度的最高允许值（非长期的）为安全温度。油浸式变压器一般通过监测上层油温来监视变压器绕组的温度。

变压器绝缘材料，一般油浸式变压器用的是A级绝缘材料。A级绝缘材料的耐热温度为105℃。为使变压器绕组的最高运行温度不超过绝缘材料的耐热温度，DL/T 572—2021规定，当最高环境温度为40℃时，A级绝缘的变压器，上层油温允许值见表1.1.3-1。

表1.1.3-1　油浸式变压器顶层油温一般限值

冷却方式	冷却介质最高温度（℃）	最高顶层油温（℃）
自然循环自冷、风冷	40	95
强迫油循环风冷	40	85
强迫油循环水冷	30	70

由于A级绝缘变压器绕组的最高允许温度为105℃，绕组的平均温度约比油温高10℃，故油浸自冷或风冷变压器上层油温最高允许温度为95℃，考虑油温对油的劣化影响（油温每增加10℃，油的氧化速度增加1倍），故上层油温的允许值一般不超过85℃。对于强迫油循环风冷或水冷变压器，由于油的冷却效果好，使上层油温和绕组的最热点温度降低，但绕组平均温度与上层油温的温差较大（一般绕组的平均温度比上层油温高20～30℃），故变压器运行上层油温一般为75℃，最高上层油温不超过85℃。

3. 变压器允许温升

如果说允许温度是反映变压器绝缘材料耐受温度破坏能力的话，那么允许温升是反映变压器绝缘材料承受对应热的允许空间。绝缘材料一定，其承受热的空间温度就不允许超过对应要求值。

变压器上层油温与周围环境温度的差值称为温升。温升的极限值（允许值），称为允许温升。故A级绝缘的油浸变压器，周围环境温度为+40℃时，上层油的允许温升值规定如下：

（1）油浸自冷或风冷变压器，在额定负荷下，上层油温升不超过55℃。

（2）强迫油循环风冷变压器，在额定负荷下，上层油温升不超过45℃。强迫油循环水冷变压器，冷却介质最高温度为+30℃时，在额定负荷下运行，上层油温升不超过40℃。

二、直流系统的运行监视

变电站的直流系统为各种保护、控制、信号和自动装置等二次设备提供可靠的工作电源，同时它还为开关设备、配电装置等一次设备提供操作电源。而且，当变电站失去交流电压时，直流电源还要作为上述设备的后备电源和事故照明电源。可见，直流系统在变电站运行中的地位是十分重要的。变电站直流系统是由蓄电池组、充电装置、直流回路和直流负载四部分组成的一个整体。在运行中，为保证变电站二次设备的正常工作，要求直流系统的绝缘良好，直流绝缘监察装置就是对变电站直流系统运行状态进行监视的设备。

目前，变电站广泛采用的微机型直流绝缘监察装置或数字式直流绝缘检测仪，它能在线连续监测直流系统绝缘变化的动态。当绝缘电阻低于报警门限时，自动发出报警信息，启动支路巡检功能，显示支路对地绝缘电阻。装置在原理上更完善的，一般还有直流接地自动选线功能，不仅可监视绝缘，而且可选出绝缘降低的回路，可以不停电查找接地支路，并用便携式探测仪查找具体接地点。另配有绝缘监测电压表辅助检查绝缘情况。正常运行时运行人员也可通过绝缘监测电压表检查绝缘及验证微机装置是否正常。这类装置还有以下特点：

1. 装置特点

（1）在线实时监测直流系统的绝缘状况，当直流系统发生绝缘较大下降还未达到危险值之前，装置能提前自动检出，发出声光信号。

（2）按键设置，可设置母线分段、各段母线模块数、各模块支路数、报警门限。

（3）密码验证，系统中重要参数设置前需进行密码验证；验证密码可由用户设置。

（4）循环测量，循环测量并显示两段正、负母线对地电压，正、负母线对地电阻。

（5）液晶显示，显示容量大，直接显示数字，以菜单方式操作，简单方便。

（6）采用DCS控制模式，便于扩展，可外扩绝缘监测模块。采用插板式结构，便于维护。

（7）通信功能，具有RS232、RS422或RS485串口，同变电站综合自动化后台主机相连，实现远方监测。

2. 运行监视

微机型直流绝缘监测装置在正常运行时，能监测直流母线电压，当直流母线电压低于或高于整定值时，发出低压或过压信号及声光报警。装置还能监测和显示其支路的绝缘状态，各支路发生接地时，应能正确显示和报警。

对于220V直流系统两极对地电压绝对值差超过40V或绝缘降低到25kΩ以下，48V直流系统任一极对地电压有明显变化时，应视为直流系统接地。发生直流系统接地后，应立即查明原因，根据接地选线装置指示或当日工作情况、天气和直流系统绝缘状况，找出接地故障点，并尽快消除。

三、电能计量的正常监视

1. 电量监视

变电站的电能计量监视，主要是指监视各进出线的电量、主变压器的电量和站用电的电量等。通过电量监视，运行人员能了解变电站输送和分配电量的情况，同时还能根据电量的异常，发现变电站电能计量装置、电压互感器、电流互感器或二次回路的故障。

2. 母线电量

变电站的母线是电网中的一个节点，它承担着电网的功率分配任务。因此，对变电站母线的电量监视、统计和分析，是线损指标管理的一项工作。尤其是电能表所在的母线，需要对其母线电量的监视，按月统计和计算母线电量不平衡率（进线电量减去各出线电量之和除以进线计量的百分数）。根据电力网电能损耗管理的要求，按月做好关口表计所在母线电量平衡。220kV及以上电压等级母线电量不平衡率不大于±1%，110kV及以下电压等级母线电量不平衡率不大于±2%。若母线电量不平衡率大于规定值，应分析原因，加强对电能计量装置和计量二次回路的检测和维护，保证计量的准确性，防止因计量故障引起"母线"电量非正常不平衡的现象发生。

【案例分析】

案例1 变压器油温度过高。

一台油浸自冷变压器，周围空气温度为+20℃，上层油温为75℃，则上层油的温升为75℃−20℃=5℃，未超过允许值55℃，且上层油温也未超过允许值85℃，这台变压器运行是正常的。如果这台变压器周围空气温度为0℃，上层油温为60℃（未超过允许值85℃），但上层油的温升为60℃>55℃，故应迅速采取措施，使温升降低到允许值以下。需特别指出的是变压器在任何环境下运行，其温度、温升均不得超过允许值。

运行中的变压器，不仅要监视上层油温，而且还要监视上层油的温升。这是因为变压器内部介质的传热能力与周围环境温度的变化不是成正比关系，当周围环境温度下降很多时，变压器外壳的散热能力将大大增加，而变压器内部的散热能力却提高很少。所以当变压器在环境温度很低的情况下带大负荷或超负荷运行时，因外壳散热能力提高，尽管上层油温未超过允许值，但上层油温升可能已超过允许值，这样运行也是不允许的。

案例2　**电压、电流、功率的越限。**

一般，变电站的母线电压，线路、变压器的电流和功率，是在电网调度、规程规定或额定参数的范围内运行的。当运行值超过规定值称为越限。

例如：某变电站的10kV母线电压，规程规定或调度下达在0%～+7%范围内运行。若该母线实际运行电压为10.8kV，则母线电压越限。

【思考与练习】

1.变电站正常运行工况监视的主要内容有哪些？

2.变电站母线电压是否合格应该如何判断？

3.变压器正常运行监视的主要内容有哪些？

项目 ② **变电站设备巡视及维护**

任务2.1　变电站一次设备巡视

【学习目标】

知识目标：1.熟悉变电站一次设备巡视的类型、周期及方法。

2.掌握变电站一次设备巡视的基本工作流程。

3.掌握变电站各类一次设备的巡视内容及标准。

能力目标：1.会按照标准化流程进行一次设备巡视。

2.能通过巡视发现一次设备的异常及缺陷，并及时上报。

态度目标：1.能主动学习，在完成任务过程中发现问题、分析问题和解决问题。

2.在严格遵守安全规范的前提下，能与小组成员协作共同完成本学习任务。

【任务描述】

本任务介绍变电站一次设备的正常巡视项目、巡视标准、标准化作业、设备巡视制度等内容。通过要点讲解、实例介绍，掌握一次设备正常巡视的要求，能够通过巡视发现设备的明显缺陷，并及时上报。

【相关知识】

设备巡视是变电运行维护的一项重要工作，是保证变电站能够安全运行的基础工作。

一、设备巡视的目的

对变电站设备巡视的目的是监视设备的运行状态，掌握设备运行情况，通过对设备巡视检查，以便及时发现变电站运行设备的缺陷、隐患或故障，并采取相应措施及早予以消除，预防事故发生，确保设备安全运行。

在实际工作中，也可能有一些错误的认识，认为现在的综合自动化变电站或无人值班变电站自动化程度非常高，一旦有异常后台监控系统会立即发信，因此对设备巡视工作不够重视，过分地依赖于后台监控系统。实际上，有时现场设备运行状况与监控系统的实时监控会有一定的偏差，也有可能一些设备的异常情况是无法用电接点传到后台的，如地基下陷、绝缘子裂纹等。因此，搞好变电站的设备巡视工作，是每个变电运行人员担负的安全责任，应使运行人员重视设备巡视工作，使一些事故的隐患也会被消灭在萌芽之中。

二、设备巡视的方法和要求

1. 巡视的方法

设备巡视可以使用智能巡检系统、巡视卡或巡视记录。运行值班人员在巡视中一般通过看、听、摸、嗅、测等方法对设备进行检查。

（1）看：主要是对设备外观、位置、温度、压力、发热、渗漏、油位、灯光、信号、指示等检查项目进行观察和记录，通过分析、比较和判断，掌握设备运行情况，发现设备的缺陷或异常。

（2）听：主要通过声音判断设备运行是否正常。例如变压器正常运行时其声音是均匀的嗡嗡声，超额定电流运行时会发出较高而且沉重的嗡嗡声等。通过设备运行中声音是否正常，有无异常声响，有无异常电晕声、放电声等，可以判断设备运行是否存在异常。

（3）摸：通过以手触试不带电的设备外壳，判断设备的温度、振动等是否存在异常。例如触摸的变压器外壳，检查温度是否正常，与平时比较有无明显差别等。

（4）嗅：通过气味判断设备有无过热、放电等异常。例如通过嗅觉判断气味是否正常，有无焦煳味等异常气味。

（5）测：通过测量的方法，掌握确切的数据。例如根据设备负荷变化情况，及时用红外线测温仪、热像仪等测试设备接点温度是否异常，有无超过正常温度；对电容式电压互感器二次电压进行测量，检查有无异常波动等。

2. 巡视的要求

（1）设备巡视时，必须严格遵守《国家电网公司电力安全工作规程（变电部分）》关于"高压设备巡视"的有关规定。例如：

1）巡视高压设备时，注意相邻带电部位可能的危险，保持安全距离。巡视人员不得进行其他工作，不得移开或越过遮栏。

2）雷雨天气，需要巡视高压设备时，应穿绝缘靴，并不得靠近避雷器和避雷针。

3）高压设备发生接地时，室内不得接近故障点4m以内，室外不得接近故障点8m以内，进入上述范围人员必须穿绝缘靴。

4）进入 SF_6 设备室时，应提前15min开启通风装置进行通风。

5）巡视蓄电池室时应严禁烟火。

6）进入高压设备室应随手关门，防止小动物进入，不得将食物带入室内等。

（2）必须按本单位制定的设备巡视标准化作业指导书要求，按照规定巡视路线进行巡视。在巡视中，巡视人员应具有高度的工作责任心，做到不漏巡，及时发现设备缺陷或安全隐患，提高巡视质量。

例如：一次设备按设备间隔顺序巡视：断路器→电流互感器→隔离开关→耦合电容器→结合滤波器→电容式电压互感器→阻波器等；二次设备（控制室、保护室）按屏顺序巡视：直流屏→中央信号屏→保护屏→自动化屏等。

（3）按照设备巡视标准化作业指导书的规定，巡视前应认真做好危险点分析及安全措施，确保巡视人员和运行设备安全。

例如：巡视前，检查所使用的安全工器具完好；巡视检查时应与带电设备保持足够的安全距离；雷雨天气，需要巡视高压设备区时，应穿绝缘靴，并不得靠近避雷器和避雷针；发现设备缺陷及异常时，及时汇报，采取相应措施，不得擅自处理等。

（4）设备巡视时，应对照各类设备的巡视项目和标准，逐一巡视检查，并用巡视卡或智能巡检设备进行记录。在巡视中发现缺陷或异常，要详细填写缺陷及异常记录，及时汇报调度和上级。

（5）对巡视人员的要求：①必须精神状态良好；②应戴安全帽并按规定着装；③单独进入高压设备区的巡视人员应具有相应的技能等级和安全资质。

设备巡视是变电运行维护工作的一项非常重要现场作业，应严格按本单位变电运行标准化作业管理制度和作业标准进行，设备巡视标准化作业标准可以是标准作业卡或作业指导书，一般可由运行单位结合变电站现场实际情况编制。

三、设备巡视周期

1. 无人值班变电站的巡视周期

巡视周期应严格按《国家电网公司变电运维管理规定》及按本单位有关规程、规定执行。

例如：正常巡视110kV变电站每两天至少一次，由当值运行值班人员进行；夜间熄灯巡视操作队每周至少一次，由当值值班人员进行；变电站自动化设备每周巡视一次，由自动化人员进行；变电站和集控站的通信设备每周巡视一次，由通信人员进行；变电站消防设备巡视每天至少两次，由站内保卫值班人员进行；操作队队长（技术员）监督性巡视，每月至少一次；对装有遥视设备的无人值班变电站，每日进行一次远程图像监视检查。

2. 有人值班变电站的巡视周期

巡视周期应按《国家电网公司变电运维管理规定》及应严格按本单位有关规程、规定执行。

例如：正常巡视周期为交接班时；值班期间，每班班中一次；每班值班时间超过一天的，无交接班时每天二次；站长（技术员）每周一次（设备全面检查、监督性巡视）；每月5、15、25日三天夜间各一次。

四、设备巡视的分类

变电站的设备巡视检查，一般分为正常巡视（含交接班巡视）、全面巡视、熄灯巡视和特殊巡视。

1. 正常巡视

正常巡视在交接班和班中进行的，由接班人员会同交班人员共同进行。巡视结束且无问题后，办理运行交接手续。

巡视项目有：了解运行方式和设备缺陷及异常情况，核对模拟接线图，检查负荷潮流；检查保护连接片位置，试验中央信号及灯光信号，事故照明切换试验；核对接地线编号和装设点，有效工作票及安全措施；检查设备外观、油位、压力、温度、在线检测数据、引线接点、绝缘子；检查保护及自动化装置、防误闭锁装置、自动化设备、直流系统及照明运行情况；检查防小动物措施、环境卫生、安全工器具等。

2. 全面巡视

全面巡视是按规定时间、路线和项目进行的定期巡视。

全面巡视内容主要是对设备全面的外部检查，对缺陷有无发展作出鉴定；检查设备的薄弱环节；检查防火、防小动物、防误闭锁等有无漏洞；检查接地网及引线是否完好；变电站建筑物、架构基础、房屋渗漏等土建设施有无损坏；门窗是否完好、防小动物设施是否完善；工器具、安全用具、消防用具是否正常；环境卫生及绿化是否正常，特别是树木对设备的安全距离是否足够。巡视完毕后应将巡视检查情况记入巡视维护记录簿。

3. 熄灯巡视

熄灯巡视是在夜间进行，重点检查设备一次设备有无电晕、放电，接头有无过热等缺陷，以及二次设备灯光信号是否正确、接线端子有无发热等现象。巡视结果应记录在运行日志中。

4. 特殊巡视

在特殊运行方式、特殊气候条件或设备出现严重缺陷、异常等特定情况下进行的设备巡视。特殊巡视检查的内容，按本单位规程规定执行。

五、变电站设备巡视的流程

变电站应按设备的实际位置确定科学合理巡视检查路线和检查项目，巡视应按变电站现场规程和标准化作业指导书规定的时间、路线和内容进行。设备巡视的流程包括巡视安排、巡视准备、核对设备、检查设备、巡视汇报等。

1. 做好准备工作

（1）查阅设备缺陷记录、运行日志并检查负荷情况，掌握设备运行状况，对存在缺陷及负荷较大的设备重点巡视。

（2）按照有关规程的要求，佩戴安全防护用品；考虑当时的天气情况，防止高温中暑或低温冻伤。

（3）人员搭配合理，设备分工合理，没有死角。

（4）携带望远镜、测温仪，巡视卡、笔、设备区及配电室钥匙等。

2. 按照规定的巡视路线对设备逐个进行巡视

每个设备应按照巡视指导书（卡）或PDA掌上电脑的巡视顺序和项目对各个部位逐项进行巡视，不得有遗漏。对存在缺陷或异常运行的设备巡视时，要重点检查其缺陷或异常有无发展。

变压器的巡视顺序举例：储油柜部分（油位指示器、气体继电器、储油柜及连接管、呼吸器）→变压器本体部分（设备标示牌、压力释放器、油箱、声响、上层油温）→各侧套管及引线（高压侧套管、中压侧套管、低压侧套管、中性点套管及其引线）→冷却系统（散热器、油泵、风扇）→有载调压装置。

3. 巡视中发现缺陷的处理

一般缺陷记录在巡视卡或PDA掌上电脑中，巡视完毕按照缺陷报告程序进行汇报。对于严重、危急缺陷，发现后，应立即暂停巡视，报告值班负责人，由值班负责人汇报调度及工区，并根据缺陷严重程度采取适当措施，防止发生事故。紧急处理完毕，应该从中断的地方开始继续巡视。

4. 巡视结果记录

结果汇报值班负责人，必要时值班负责人应对存在缺陷设备进行复查，确认是否构成缺陷以及严重程度。

【任务实施】

变电站一次设备正常巡视的内容包括主变压器、开关设备、母线、互感器、避雷器和配电装置等。由于设备巡视的内容比较多，运行人员在巡视时很容易遗漏，巡视不全面，为避免这种情况，可以实行设备巡视卡制度，逐项巡视检查，保证巡视质量。

一、变压器运行的相关规定

1. 有关温度的规定

（1）变压器温度与使用寿命关系。使用寿命与温度有密切关系，绝缘温度经常保持在95℃时，使用年限为20年。

（2）温升。运行中设备温度比环境温度高出的数值称为温升，变压器线圈的温升规定不超过65℃，变压器上层油温不宜经常超过85℃。

（3）油浸式变压器顶层油温一般限值不应超过表规定自然循环冷却变压器的顶层油

温，一般不宜经常超过85℃。

（4）强迫油循环风冷变压器的最高上层油温一般不得超过85℃；油浸风冷和自冷变压器上层油温不宜经常超过85℃，最高一般不得超过95℃。

（5）变压器线圈、顶层油、铁芯和油箱等金属部件的温升均应满足要求。

2. 有关电压、电流的规定

（1）变压器的运行电压一般不应高于该运行分接额定电压的105%，超过105%应有相关规定。

（2）无励磁调压变压器在额定电压±5%范围内改换分接头位置运行时，其额定容量不变。

（3）新装、大修、事故检修或换油后的变压器，在施加电压前静置时间不应小于以下规定：110kV及以下24h，220kV及以下48h。

（4）变压器三相负荷不平衡时，应监视最大一相的电流。接线为YNyn0的大、中型变压器允许的中性线电流，按制造厂及有关规定。

3. 有关中性点接地方式的规定

（1）自耦变压器的中性点必须直接接地或经小电抗接地。

（2）110kV及以上中性点有效接地系统中投运或停运变压器的操作，中性点必须先接地。

（3）变压器高压侧与系统断开时，由中压侧向低压侧（或相反方向）送电，变压器高压侧的中性点必须可靠接地。

4. 有关冷却器的运行规定

定期切换冷却器电源及冷却器的运行方式，运行电流达到规定值时，自动投入风扇；当油温降低至45℃，且运行电流降到规定值时，风扇退出运行。

5. 有关变压器气体保护的有关规定

（1）在新装、吊芯、调换气体继电器，更换变压器的散热器或套管后，投运时必须将空气排尽，变压器送电时瓦斯保护只投信号，跳闸连接片必须断开，在带负荷运行24h无异常后投入。

（2）运行中的变压器进行下述工作时，重瓦斯保护应由跳闸位置改为信号位置运行：①带电进行注油和滤油时；②进行吸湿器畅通工作或更换硅胶时；③除采油样和气体继电器上部放气阀放气外，在其他所有地方打开放气、放油和走油阀门时；④气体继电器二次回路上的工作。

6. 有关变压器过负荷运行的规定

（1）正常过负荷：①变压器正常过负荷运行的依据是变压器绝缘等值老化原则；②正

常过负荷允许值应符合相关规定；③正常过负荷允许一般最高不超过额定容量的20%。

（2）事故过负荷：①事故过负荷只考虑变压器的冷却方式和当时的环境温度；②事故过负荷允许值、过负荷倍数及持续时间参照规定数据执行；③事故过负荷运行注意事项。

二、变压器巡视

（一）例行巡视

1. 本体及套管

（1）运行监控信号、灯光指示、运行数据等均应正常。

（2）各部位无渗油、漏油。

（3）套管油位正常，套管外部无破损裂纹、无严重油污、无放电痕迹，防污闪涂料无起皮、脱落等异常现象。

（4）套管末屏无异常声音，接地引线固定良好，套管均压环无开裂歪斜。

（5）变压器声响均匀、正常。

（6）引线接头、电缆应无发热迹象。

（7）外壳及箱沿应无异常发热，引线无散股、断股。

（8）变压器外壳、铁芯和夹件接地良好。

（9）35 kV及以下接头及引线绝缘护套良好。

2. 分接开关

（1）分接挡位指示与监控系统一致。三相分体式变压器分接挡位三相应置于相同挡位，且与监控系统一致。

（2）机构箱电源指示正常，密封良好，加热、驱潮等装置运行正常。

（3）分接开关的油位、油色应正常。

（4）在线滤油装置工作方式设置正确，电源、压力表指示正常。

（5）在线滤油装置无渗漏油。

3. 冷却系统

（1）各冷却器（散热器）的风扇、油泵、水泵运转正常，油流继电器工作正常。

（2）冷却系统及连接管道无渗漏油，特别注意冷却器潜油泵负压区出现渗漏油。

（3）冷却装置控制箱电源投切方式指示正常。

（4）水冷却器压差继电器、压力表、温度表、流量表的指示正常，指针无抖动现象。

（5）冷却塔外观完好，运行参数正常，各部件无锈蚀、管道无渗漏、阀门开启正确、电动机运转正常。

4. 非电量保护装置

（1）温度计外观完好、指示正常，表盘密封良好，无进水、凝露，温度指示正常。

（2）压力释放阀、安全气道及防爆膜应完好无损。

（3）气体继电器内应无气体。

（4）气体继电器、油流速动继电器、温度计防雨措施完好。

5. 储油柜

（1）本体及有载调压开关储油柜的油位应与制造厂提供的油温、油位曲线相对应。

（2）本体及有载调压开关吸湿器呼吸正常，外观完好，吸湿剂符合要求，油封油位正常。

6. 其他

（1）各控制箱、端子箱和机构箱应密封良好，加热、驱潮等装置运行正常。

（2）变压器室通风设备应完好，温度正常。门窗、照明完好，房屋无漏水。

（3）电缆穿管端部封堵严密。

（4）各种标志应齐全明显。

（5）原存在的设备缺陷是否有发展。

（6）变压器导线、接头、母线上无异物。

（二）全面巡视

全面巡视是在例行巡视的基础上增加以下巡视项目：

（1）消防设施应齐全完好。

（2）储油池和排油设施应保持良好状态。

（3）各部位的接地应完好。

（4）冷却系统各信号正确。

（5）在线监测装置应保持良好状态。

（6）抄录主变压器油温及油位。

（三）熄灯巡视

（1）引线、接头、套管末屏无放电、发红迹象。

（2）套管无闪络、放电。

（四）特殊巡视

1. 新投入或者经过大修的变压器应进行特殊巡视

（1）各部件无渗漏油。

（2）声音应正常，无不均匀声响或放电声。

（3）油位变化应正常，应随温度的增加合理上升，并符合变压器的油温曲线。

（4）冷却装置运行良好，每一组冷却器温度应无明显差异。

（5）油温变化应正常，变压器（电抗器）带负载后，油温应符合厂家说明书要求。

异常天气时的巡视：

（1）气温骤变时，检查储油柜油位和瓷套管油位是否有明显变化，各侧连接引线是否受力，是否存在断股或者接头部位、部件发热现象。各密封部位、部件有否渗漏油现象。

（2）浓雾、小雨、雾霾天气时，瓷套管有无沿表面闪络和放电，各接头部位、部件在小雨中不应有水蒸气上升现象。

（3）下雪天气时，应根据接头部位积雪融化迹象检查是否发热。检查导引线积雪累积厚度情况，为了防止套管因积雪过多受力引发套管破裂和渗漏油等，应及时清除导引线上的积雪和形成的冰柱。

（4）高温天气时，应特别检查油温、油位、油色和冷却器运行是否正常。必要时，可以启动备用冷却器。

（5）大风、雷雨、冰雹天气过后，检查导引线摆动幅度及有无断股迹象，设备上有无飘落积存杂物，瓷套管有无放电痕迹及破裂现象。

（6）覆冰天气时，观察外绝缘的覆冰厚度及冰凌桥接程度，覆冰厚度不超10mm，冰凌桥接长度不宜超过干弧距离的1/3，放电不超过第二伞裙，不出现中部伞裙放电现象。

2. 过载时的巡视

（1）定时检查并记录负载电流，检查并记录油温和油位的变化。

（2）检查变压器声音是否正常，接头是否发热，冷却装置投入数量是否足够。

（3）防爆膜、压力释放阀是否动作。

3. 故障跳闸后的巡视

（1）检查现场一次设备（特别是保护范围内设备）有无着火、爆炸、喷油、放电痕迹、导线断线或短路、小动物爬入等情况。

（2）检查保护及自动装置（包括气体继电器和压力释放阀）的动作情况。

（3）检查各侧断路器运行状态（位置、压力、油位）。

三、断路器巡视

（一）例行巡视

1. 本体

（1）外观清洁、无异物、无异常声响。

（2）油断路器本体油位正常，无渗漏油现象，油位计清洁。

（3）断路器套管电流互感器无异常声响、外壳无变形、密封条无脱落。

（4）分、合闸指示正确，与实际位置相符；SF_6密度继电器（压力表）指示正常、外观无破损或渗漏，防雨罩完好。

（5）外绝缘无裂纹、破损及放电现象，增爬伞裙黏接牢固、无变形，防污涂料完好、无脱落、起皮现象。

（6）引线弧垂满足要求，无散股、断股，两端线夹无松动、裂纹、变色现象。

（7）均压环安装牢固，无锈蚀、变形、破损。

（8）套管防雨帽无异物堵塞，无鸟巢、蜂窝等。

（9）金属法兰无裂痕，防水胶完好，连接螺栓无锈蚀、松动、脱落。

（10）传动部分无明显变形、锈蚀，轴销齐全。

2. 操动机构

（1）液压、气动操动机构压力表指示正常。

（2）液压操动机构油位、油色正常。

（3）弹簧储能机构储能正常。

3. 其他

（1）名称、编号、铭牌齐全、清晰，相序标志明显。

（2）机构箱、汇控柜箱门平整，无变形、锈蚀，机构箱锁具完好。

（3）基础构架无破损、开裂、下沉，支架无锈蚀、松动或变形，无鸟巢、蜂窝等异物。

（4）接地引下线标志无脱落，接地引下线可见部分连接完整可靠，接地螺栓紧固，无放电痕迹，无锈蚀、变形现象。

（5）原存在的设备缺陷无发展。

（二）全面巡视

全面巡视是在例行巡视基础上增加以下巡视项目，并抄录断路器油位、SF_6 气体压力、液压（气动）操动机构压力、断路器动作次数、操动机构电动机动作次数等运行数据。

（1）断路器动作计数器指示正常。

（2）气动操动机构空气压缩机运转正常、无异音，油位、油色正常；气水分离器工作正常，无渗漏油、无锈蚀。

（3）液压操动机构油位正常，无渗漏，油泵及各储压元件无锈蚀。

（4）弹簧操动机构弹簧无锈蚀、裂纹或断裂。

（5）电磁操动机构合闸熔断器完好。

（6）SF_6 气体管道阀门及液压、气动操动机构管道阀门位置正确。

（7）指示灯正常，连接片投退、远方/就地切换把手位置正确。

（8）空气开关位置正确，二次元件外观完好，标志、电缆标牌齐全清晰。

（9）端子排无锈蚀、裂纹、放电痕迹；二次接线无松动、脱落，绝缘无破损、老化现象；备用芯绝缘护套完备；电缆孔洞封堵完好。

（10）照明、加热驱潮装置工作正常。加热驱潮装置线缆的隔热护套完好，附近线缆无过热灼烧现象。加热驱潮装置投退正确。

（11）机构箱透气口滤网无破损，箱内清洁无异物，无凝露、积水现象。

（12）箱门开启灵活，关闭严密，密封条无脱落、老化现象。

（13）五防锁具无锈蚀、变形现象，锁具芯片无脱落损坏现象。

（14）高寒地区应检查罐式断路器罐体、气动机构及其连接管路加热带工作正常。

（三）熄灯巡视

重点检查引线、接头、线夹有无发热，外绝缘有无放电现象。

（四）特殊巡视

（1）新安装或A、B类检修后投运的断路器、长期停用的断路器投入运行72 h内，应增加巡视次数（不少于3次），巡视项目按照全面巡视执行。

（2）异常天气时的巡视。

1）大风天气时，检查引线摆动情况，有无断股、散股，均压环及绝缘子是否倾斜、断裂，各部件上有无搭挂杂物。

2）雷雨天气后，检查外绝缘有无放电现象或放电痕迹。

3）大雨后、连阴雨天气时，检查机构箱、端子箱、汇控柜等有无进水，加热驱潮装置工作是否正常。

4）冰雪天气时，检查导电部分是否有冰雪立即融化现象，大雪时还应检查设备积雪情况，及时处理过多的积雪和悬挂的冰柱。

5）覆冰天气时，观察外绝缘的覆冰厚度及冰凌桥接程度，覆冰厚度不超10 mm，冰凌桥接长度不宜超过干弧距离的1/3，爬电不超过第二伞裙，无中部伞裙爬电现象。

6）冰雹天气后，检查引线有无断股、散股，绝缘子表面有无破损现象。

7）大雾、重度雾霾天气时，检查外绝缘有无异常电晕现象，重点检查污秽部分。

8）温度骤变时，检查断路器油位、压力变化情况，有无渗漏现象；加热驱潮装置工作是否正常。

9）高温天气时，检查引线、线夹有无过热现象。

（3）高峰负荷期间，增加巡视次数，检查引线、线夹有无过热现象。

（4）故障跳闸后的巡视。

1）断路器外观是否完好。

2）断路器的位置是否正确。

3）外绝缘、接地装置有无放电现象、放电痕迹。

4）断路器内部有无异音。

5）SF$_6$密度继电器（压力表）指示是否正常，操动机构压力是否正常，弹簧机构储能是否正常。

6）油断路器有无喷油，油色及油位是否正常。

7）各附件有无变形，引线、线夹有无过热、松动现象。

8）保护动作情况及故障电流情况。

四、隔离开关巡视

（一）例行巡视

1. 导电部分

（1）合闸状态的隔离开关触头接触良好，合闸角度符合要求；分闸状态的隔离开关触头间的距离或打开角度符合要求，操动机构的分、合闸指示与本体实际分、合闸位置相符。

（2）触头、触指（包括滑动触指）、压紧弹簧无损伤、变色、锈蚀、变形，导电臂（管）无损伤、变形现象。

（3）引线弧垂满足要求，无散股、断股，两端线夹无松动、裂纹、变色等现象。

（4）导电底座无变形、裂纹，连接螺栓无锈蚀、脱落现象。

（5）均压环安装牢固，表面光滑，无锈蚀、损伤、变形现象。

2. 绝缘子

（1）绝缘子外观清洁，无倾斜、破损、裂纹、放电痕迹或放电异声。

（2）金属法兰与瓷件的胶装部位完好，防水胶无开裂、起皮、脱落现象。

（3）金属法兰无裂痕，连接螺栓无锈蚀、松动、脱落现象。

3. 传动部分

（1）传动连杆、拐臂、万向节无锈蚀、松动、变形现象。

（2）轴销无锈蚀、脱落现象，开口销齐全，螺栓无松动、移位现象。

（3）接地开关平衡弹簧无锈蚀、断裂现象，平衡锤牢固可靠；接地开关可动部件与其底座之间的软连接完好、牢固。

4. 基座、机械闭锁及限位部分

（1）基座无裂纹、破损，连接螺栓无锈蚀、松动、脱落现象，其金属支架焊接牢固，无变形现象。

（2）机械闭锁位置正确，机械闭锁盘、闭锁板、闭锁销无锈蚀、变形、开裂现象，闭锁间隙符合要求。

（3）限位装置完好可靠。

5. 操动机构

（1）隔离开关操动机构机械指示与隔离开关实际位置一致。

（2）各部件无锈蚀、松动、脱落现象，连接轴销齐全。

6. 其他

（1）名称、编号、铭牌齐全、清晰，相序标识明显。

（2）超B类接地开关辅助灭弧装置分合闸指示正确、外绝缘完好无裂纹、SF_6气体压力正常。

（3）机构箱无锈蚀、变形现象，机构箱锁具完好，接地连接线完好。

（4）基础无破损、开裂、倾斜、下沉，架构无锈蚀、松动、变形现象，无鸟巢、蜂窝等异物。

（5）接地引下线标志无脱落，接地引下线可见部分连接完整可靠，接地螺栓紧固，无放电痕迹，无锈蚀、变形现象。

（6）五防锁具无锈蚀、变形现象，锁具芯片无脱落损坏现象。

（7）原存在的设备缺陷无发展。

（二）全面巡视

全面巡视在例行巡视的基础上增加以下项目：

（1）隔离开关"远方/就地"切换把手、"电动/手动"切换把手位置正确。

（2）辅助开关外观完好，与传动杆连接可靠。

（3）空气开关、电动机、接触器、继电器、限位开关等元件外观完好。二次元件标识、电缆标牌齐全清晰。

（4）端子排无锈蚀、裂纹、放电痕迹；二次接线无松动、脱落，绝缘无破损、老化现象；备用芯绝缘护套完备；电缆孔洞封堵完好。

（5）照明、驱潮加热装置工作正常，加热器线缆的隔热护套完好，附近线缆无烧损现象。

（6）机构箱透气口滤网无破损，箱内清洁无异物，无凝露、积水现象。

（7）箱门开启灵活，关闭严密，密封条无脱落、老化现象，接地连接线完好。

（8）五防锁具无锈蚀、变形现象，锁具芯片无脱落损坏现象。

（三）熄灯巡视

重点检查隔离开关触头、引线、接头、线夹有无发热，绝缘子表面有无闪络、放电现象。

（四）特殊巡视

（1）新安装或A、B类检修后投运的隔离开关应增加巡视次数，巡视项目按照全面巡视执行。

（2）异常天气时的巡视。

1）大风天气时，检查引线摆动情况，有无断股、散股，均压环及绝缘子是否倾斜、断裂，各部件上有无搭挂杂物。

2）雷雨天气后，检查绝缘子表面有无放电现象或放电痕迹，检查接地装置有无放电痕迹。

3）大雨、连阴雨天气时，检查机构箱、端子箱有无进水，驱潮加热装置工作是否正常。

4）冰雪天气时，检查导电部分是否有冰雪立即融化现象，大雪时还应检查设备积雪情况，及时处理过多的积雪和悬挂的冰柱。

5）覆冰天气时，观察外绝缘的覆冰厚度及冰凌桥接程度，覆冰厚度不超过10mm，冰凌桥接长度不宜超过干弧距离的1/3，爬电不超过第二伞裙，无中部伞裙爬电现象。

6）冰雹天气后，检查引线有无断股、散股，绝缘子表面有无破损现象。

7）大雾、重度雾霾天气时，检查绝缘子有无放电现象，重点检查污秽部分。

8）高温天气时，检查触头、引线、线夹有无过热现象。

（3）高峰负荷期间，增加巡视次数，重点检查触头、引线、线夹有无过热现象。

（4）故障跳闸后，检查隔离开关各部件有无变形，触头、引线、线夹有无过热、松动，绝缘子有无裂纹或放电痕迹。

五、电流互感器巡视

（一）例行巡视

（1）各连接引线及接头无发热、变色迹象，引线无断股、散股。

（2）外绝缘表面完整，无裂纹、放电痕迹、老化迹象，防污闪涂料完整无脱落。

（3）金属部位无锈蚀，底座、支架、基础无倾斜变形。

（4）无异常振动、异常声响及异味。

（5）底座接地可靠，无锈蚀、脱焊现象，整体无倾斜。

（6）二次接线盒关闭紧密，电缆进出口密封良好。

（7）接地标识、出厂铭牌、设备标识牌、相序标识齐全、清晰。

（8）油浸电流互感器油位指示正常，各部位无渗漏油现象；吸湿器硅胶变色在规定范围内；金属膨胀器无变形，膨胀位置指示正常。

（9）SF_6电流互感器压力表指示在规定范围，无漏气现象，密度继电器正常，防爆膜无破裂。

（10）干式电流互感器外绝缘表面无粉蚀、开裂，无放电现象，外露铁芯无锈蚀。

（11）原存在的设备缺陷无发展趋势。

（二）全面巡视

全面巡视在例行巡视的基础上增加以下项目：

（1）端子箱内各空气开关投退正确，二次接线名称齐全，引接线端子无松动、过热、打火现象，接地牢固可靠。

（2）端子箱内孔洞封堵严密，照明完好；电缆标牌齐全、完整。

（3）端子箱门开启灵活、关闭严密，无变形锈蚀，接地牢固，标识清晰。

（4）端子箱内部清洁，无异常气味、无受潮凝露现象；驱潮加热装置运行正常，加热器按季节和要求正确投退。

（5）记录并核查SF_6气体压力值，应无明显变化。

（三）熄灯巡视

（1）引线、接头无放电、发红、严重电晕迹象。

（2）外绝缘无闪络、放电。

（四）特殊巡视

1. 大负荷运行期间的巡视

（1）检查接头无发热、本体无异常声响及异味。必要时用红外热像仪检查电流互感器本体、引线接头的发热情况。

（2）检查SF_6气体压力指示或油位指示正常。

2. 异常天气时的巡视

（1）气温骤变时，检查一次引线接头无异常受力，引线接头部位无发热现象；各密封部位无漏气、渗漏油现象，SF_6气体压力指示及油位指示正常；端子箱内无受潮凝露。

（2）大风、雷雨、冰雹天气过后，检查导引线无断股迹象，设备上无飘落积存杂物，外绝缘无闪络放电痕迹及破裂现象。

（3）雾霾、大雾、毛毛雨天气时，检查无沿表面闪络和放电，重点监视瓷质污秽部分，必要时夜间熄灯检查。

（4）高温及严寒天气时，检查油位指示正常，SF_6气体压力正常。

（5）覆冰天气时，检查外绝缘覆冰情况及冰凌桥接程度，覆冰厚度不超过10 mm，冰凌桥接长度不宜超过干弧距离的1/3，放电不超过第二伞裙，无中部伞裙放电现象。

3. 故障跳闸后的巡视

故障范围内的电流互感器重点检查油位、气体压力是否正常，有无喷油、漏气，导线有无烧伤、断股，绝缘子有无闪络、破损等现象。

六、电压互感器巡视

（一）例行巡视

（1）外绝缘表面完整，无裂纹、放电痕迹、老化迹象，防污闪涂料完整无脱落。

（2）各连接引线及接头无松动、发热、变色迹象，引线无断股、散股。

（3）金属部位无锈蚀；底座、支架、基础牢固，无倾斜变形。

（4）无异常振动、异常音响及异味。

（5）接地引下线无锈蚀、松动情况。

（6）二次接线盒关闭紧密，电缆进出口密封良好；端子箱门关闭良好。

（7）均压环完整、牢固，无异常可见电晕。

（8）油浸电压互感器油色、油位指示正常，各部位无渗漏油现象；吸湿器硅胶变色小于2/3；金属膨胀器膨胀位置指示正常。

（9）SF_6电压互感器压力表指示在规定范围内，无漏气现象，密度继电器正常，防爆膜无破裂。

（10）电容式电压互感器的电容分压器及电磁单元无渗漏油。

（11）干式电压互感器外绝缘表面无粉蚀、开裂、凝露、放电现象，外露铁芯无锈蚀。

（12）接地标识、设备铭牌、设备标示牌、相序标注齐全、清晰。

（13）原存在的设备缺陷是否有发展趋势。

（二）全面巡视

全面巡视在例行巡视的基础上增加以下项目：

（1）端子箱内各二次空气开关、隔离开关、切换把手、熔断器投退正确，二次接线名称齐全，引接线端子无松动、过热、打火现象，接地牢固可靠。

（2）端子箱内孔洞封堵严密，照明完好，电缆标牌齐全完整。

（3）端子箱门开启灵活，关闭严密，无变形、锈蚀，接地牢固，标识清晰。

（4）端子箱内部清洁，无异常气味、无受潮凝露现象；驱潮加热装置运行正常，加热器按要求正确投退。

（5）检查SF_6密度继电器压力正常，记录SF_6气体压力值。

（三）熄灯巡视

（1）引线、接头无放电、发红、严重电晕迹象。

（2）外绝缘套管无闪络、放电。

（四）特殊巡视

异常天气时：

（1）气温骤变时，检查引线无异常受力，是否存在断股，接头部位无发热现象；各密封部位无漏气、渗漏油现象，SF_6 气体压力指示及油位指示正常；端子箱无凝露现象。

（2）大风、雷雨、冰雹天气过后，检查导引线无断股、散股迹象，设备上无飘落积存杂物，外绝缘无闪络放电痕迹及破裂现象。

（3）雾霾、大雾、毛毛雨天气时，检查外绝缘无沿表面闪络和放电，重点监视瓷质污秽部分，必要时夜间熄灯检查。

（4）高温天气时，检查油位指示正常，SF_6 气体压力应正常。

（5）覆冰天气时，检查外绝缘覆冰情况及冰凌桥接程度，覆冰厚度不超过 10 mm，冰凌桥接长度不宜超过干弧距离的 1/3，放电不超过第二伞裙，不出现中部伞裙放电现象。

（6）大雪天气时，应根据接头部位积雪融化迹象检查是否发热，及时清除导引线上的积雪和形成的冰柱。

故障跳闸后的巡视：故障范围内的电压互感器重点检查导线有无烧伤、断股，油位、油色、气体压力等是否正常，有无喷油、漏气异常情况等，绝缘子有无污闪、破损现象。

七、电容器巡视

（一）例行巡视

（1）设备铭牌、运行编号标识、相序标识齐全、清晰。

（2）母线及引线无过紧过松、散股、断股，无异物缠绕，各连接头无发热现象。

（3）无异常振动或响声。

（4）电容器壳体无变色、膨胀变形；集合式电容器无渗漏油，油温、储油柜油位正常，吸湿器受潮硅胶不超过 2/3，阀门接合处无渗漏油现象；框架式电容器外熔断器完好。带有外熔断器的电容器，应检查外熔断器的运行工况。

（5）限流电抗器附近无磁性杂物存在，干式电抗器表面涂层无变色、龟裂、脱落或爬电痕迹，无放电及焦味，电抗器撑条无脱出现象，油电抗器无渗漏油。

（6）放电线圈二次接线紧固无发热、松动现象；干式放电线圈绝缘树脂无破损、放电；油浸放电线圈油位正常，无渗漏。

（7）避雷器垂直和牢固，外绝缘无破损、裂纹及放电痕迹，运行中避雷器泄漏电流正常，无异响。

（8）设备的接地良好，接地引下线无锈蚀、断裂且标识完好。

（9）电缆穿管端部封堵严密。

（10）套管及支柱绝缘子完好，无破损裂纹及放电痕迹。

（11）围栏安装牢固，门关闭，无杂物，五防锁具完好。

（12）本体及支架上无杂物，支架无锈蚀、松动或变形。

（13）原有的缺陷无发展趋势。

（二）全面巡视

全面巡视在例行巡视的基础上增加以下项目：

（1）电容器室干净整洁，照明及通风系统完好。

（2）电容器防小动物设施完好。

（3）端子箱门应关严，无进水受潮，温控除湿装置应工作正常，在"自动"方式长期运行。

（4）端子箱内孔洞封堵严密，照明完好；电缆标牌齐全、完整。

（三）熄灯巡视

（1）检查引线、接头有无放电、发红过热迹象。

（2）检查套管无闪络、放电痕迹。

（四）特殊巡视

新投入或经过大修后巡视：

（1）声音应正常，如果发现响声特大、不均匀或者有放电声，应认真检查。

（2）单体电容器壳体无膨胀变形，集合式电容器油温、油位正常。

（3）红外测温各部分本体和接头无发热。

异常天气时巡视：

（1）气温骤变时，检查一次引线端子无异常受力，引线无断股、发热，集合式电容器检查油位应正常。

（2）雷雨、冰雹、大风天气过后，检查导引线无断股迹象，设备上无飘落积存杂物，瓷套管无放电痕迹及破裂现象。

（3）浓雾、毛毛雨天气时，检查套管无沿表面闪络和放电，各接头部位、部件在小雨中不应有水蒸气上升现象。

（4）高温天气时，应特别检查电容器壳体无变色、膨胀变形；集合式电容器油温、油位正常。

（5）覆冰天气时，观察外绝缘的覆冰厚度及冰凌桥接程度，放电不超过第二伞裙，无中部伞裙放电现象。

（6）下雪天气时，应根据接头部位积雪融化迹象检查是否发热。检查导引线积雪累积厚度情况，应及时清除导引线上的积雪和形成的冰柱。

故障跳闸后的巡视：

（1）检查电容器各引线接点无发热现象，外熔断器无熔断或松弛。

（2）检查本体各部件无位移、变形、松动或损坏现象。

（3）检查外表涂漆无变色，壳体无膨胀变形，接缝无开裂、渗漏油。

（4）检查外熔断器、放电回路、电抗器、电缆、避雷器是否完好。

（5）检查瓷件无破损、裂纹及放电闪络痕迹。

八、避雷器巡视

（一）例行巡视

（1）引流线无松股、断股和弛度过紧及过松现象；接头无松动、发热或变色等现象。

（2）均压环无位移、变形、锈蚀现象，无放电痕迹。

（3）瓷套部分无裂纹、破损、放电现象，防污闪涂层无破裂、起皱、鼓泡、脱落；硅橡胶复合绝缘外套伞裙无破损、变形，无电蚀痕迹。

（4）密封结构金属件和法兰盘无裂纹、锈蚀。

（5）压力释放装置封闭完好且无异物。

（6）设备基础完好、无塌陷；底座固定牢固、整体无倾斜；绝缘底座表面无破损、积污。

（7）接地引下线连接可靠，无锈蚀、断裂。

（8）引下线支持小套管清洁、无碎裂，螺栓紧固。

（9）运行时无异常声响。

（10）监测装置外观完整、清洁、密封良好、连接紧固，表计指示正常，数值无超标；放电计数器完好，内部无受潮、进水。

（11）接地标识、设备铭牌、设备标识牌、相序标识齐全、清晰。

（12）原存在的设备缺陷是否有发展趋势。

（二）全面巡视

全面巡视在例行巡视的基础上增加记录避雷器泄漏电流的指示值及放电计数器的指示数，并与历史数据进行比较。

（三）熄灯巡视

（1）引线、接头无放电、发红、严重电晕迹象。

（2）外绝缘无闪络、放电。

（四）特殊巡视

异常天气时：

（1）大风、沙尘、冰雹天气后，检查引线连接应良好，无异常声响，垂直安装的避雷器无严重晃动，户外设备区域有无杂物、漂浮物等。

（2）雾霾、大雾、毛毛雨天气时，检查避雷器无电晕放电情况，重点监视污秽瓷质部分，必要时夜间熄灯检查。

（3）覆冰天气时，检查外绝缘覆冰情况及冰凌桥接程度，覆冰厚度不超过10 mm，冰凌桥接长度不宜超过干弧距离的1/3，放电不超过第二伞裙，不出现中部伞裙放电现象。

（4）大雪天气，检查引线积雪情况，为防止套管因过度受力引起套管破裂等现象，应及时处理引线积雪过多和冰柱。

雷雨天气及系统发生过电压后：

（1）检查外部是否完好，有无放电痕迹。

（2）检查监测装置外壳完好，无进水。

（3）与避雷器连接的导线及接地引下线有无烧伤痕迹或断股现象，监测装置底座有无烧伤痕迹。

（4）记录放电计数器的放电次数，判断避雷器是否动作。

（5）记录泄漏电流的指示值，检查避雷器泄漏电流变化情况。

九、开关柜巡视

（一）例行巡视

（1）开关柜运行编号标识正确、清晰，编号应采用双重编号。

（2）开关柜上断路器或手车位置指示灯、断路器储能指示灯、带电显示装置指示灯指示正常。

（3）开关柜内断路器操作方式选择开关处于运行、热备用状态时置于"远方"位置，其余状态时置于"就地"位置。

（4）机械分、合闸位置指示与实际运行方式相符。

（5）开关柜内应无放电声、异味和不均匀的机械噪声。

（6）开关柜压力释放装置无异常，释放出口无障碍物。

（7）柜体无变形、下沉现象，柜门关闭良好，各封闭板螺栓应齐全，无松动、锈蚀。

（8）开关柜闭锁盒、五防锁具闭锁良好，锁具标号正确、清晰。

（9）充气式开关柜气压正常。

（10）开关柜内SF_6断路器气压正常。

（11）开关柜内断路器储能指示正常。

（12）开关柜内照明正常，非巡视时间照明灯应关闭。

（二）全面巡视

全面巡视在例行巡视的基础上增加以下项目：

（1）开关柜出厂铭牌齐全、清晰可识别，相序标识清晰可识别。

（2）开关柜面板上应有间隔单元的一次电气接线图，并与柜内实际一次接线一致。

（3）开关柜接地应牢固，封闭性能及防小动物设施应完好。

开关柜控制仪表室巡视检查项目及要求：

（1）表计、继电器工作正常，无异声、异味。

（2）不带有温湿度控制器的驱潮装置小开关正常在合闸位置，驱潮装置附近温度应稍高于其他部位。

（3）带有温湿度控制器的驱潮装置，温湿度控制器电源灯亮，根据温湿度控制器设定启动温度和湿度，检查加热器是否正常运行。

（4）控制电源、储能电源、加热电源、电压小开关正常在合闸位置。

（5）环路电源小开关除在分段点处断开外，其他柜均在合闸位置。

（6）二次接线连接牢固，无断线、破损、变色现象。

（7）二次接线穿柜部位封堵良好。

有条件时，通过观察窗检查以下项目：

（1）开关柜内部无异物。

（2）支持绝缘子表面清洁，无裂纹、破损及放电痕迹。

（3）引线接触良好，无松动、锈蚀、断裂现象。

（4）绝缘护套表面完整，无变形、脱落、烧损。

（5）油断路器、油浸式电压互感器等充油设备，油位在正常范围内，油色透明无炭黑等悬浮物，无渗、漏油现象。

（6）检查开关柜内 SF_6 断路器气压是否正常，并抄录气压值。

（7）试温蜡片（试温贴纸）变色情况及有无熔化。

（8）隔离开关动、静触头接触良好；触头、触片无损伤、变色；压紧弹簧无锈蚀、断裂、变形。

（9）断路器、隔离开关的传动连杆、拐臂无变形，连接无松动、锈蚀，开口销齐全；轴销无变位、脱落、锈蚀。

（10）断路器、电压互感器、电流互感器、避雷器等设备外绝缘表面无脏污、受潮、裂纹、放电、粉蚀现象。

（11）避雷器泄漏电流表电流值在正常范围内。

（12）手车动、静触头接触良好，闭锁可靠。

（13）开关柜内部二次线固定牢固、无脱落，无接头松脱、过热，引线断裂，外绝缘破损等现象。

（14）柜内设备标识齐全、无脱落。

（15）一次电缆进入柜内处封堵良好。

（16）检查遗留缺陷有无发展变化。

（17）根据开关柜的结构特点，在变电站现场运行专用规程中补充检查的其他项目。

（三）熄灯巡视

熄灯巡视时应通过外观检查或者通过观察窗检查开关柜引线、接头无放电、发红迹象，检查瓷套管无闪络、放电。

（四）特殊巡视

1. 新设备或大修投入运行后巡视

重点检查有无异声，触头是否发热、发红、打火，绝缘护套有无脱落等现象。

2. 雨、雪天气特殊巡视项目

（1）检查开关室有无漏雨、开关柜内有无进水情况。

（2）检查设备外绝缘有无凝露、放电、爬电、电晕等异常现象。

3. 高温大负荷期间巡视

（1）检查试温蜡片（试温贴纸）变色情况。

（2）用红外热像仪检查开关柜有无发热情况。

（3）通过观察窗检查柜内接头、电缆终端有无过热，绝缘护套有无变形。

（4）开关室的温度较高时应开启开关室所有的通风、降温设备，若此时温度还不断升高应减轻负荷。

（5）检查开关室湿度是否超过75%，否则应开启全部通风、除湿设备进行除湿，并加强监视。

4. 故障跳闸后的巡视

（1）检查开关柜内断路器控制、保护装置动作和信号情况。

（2）检查事故范围内的设备情况，开关柜有无异音、异味，开关柜外壳、内部各部件有无断裂、变形、烧损等异常。

十、母线及绝缘子巡视

（一）例行巡视

1. 母线

（1）名称、电压等级、编号、相序等标识齐全、完好，清晰可辨。

（2）无异物悬挂。

（3）外观完好，表面清洁，连接牢固。

（4）无异常振动和声响。

（5）线夹、接头无过热、无异常。

（6）带电显示装置运行正常。

（7）软母线无断股、散股及腐蚀现象，表面光滑整洁。

（8）硬母线应平直，焊接面无开裂、脱焊，伸缩节应正常。

（9）绝缘母线表面绝缘包敷严密，无开裂、起层和变色现象。

（10）绝缘屏蔽母线屏蔽接地应接触良好。

2. 引流线

（1）引线无断股或松股现象，连接螺栓无松动脱落，无腐蚀现象，无异物悬挂。

（2）线夹、接头无过热、无异常。

（3）无绷紧或松弛现象。

3. 金具

（1）无锈蚀、变形、损伤。

（2）伸缩节无变形、散股及支撑螺杆脱出现象。

（3）线夹无松动，均压环平整牢固，无过热发红现象。

4. 绝缘子

（1）绝缘子防污闪涂料无大面积脱落、起皮现象。

（2）绝缘子各连接部位无松动现象、连接销子无脱落等，金具和螺栓无锈蚀。

（3）绝缘子表面无裂纹、破损和电蚀，无异物附着。

（4）支柱绝缘子伞裙、基座及法兰无裂纹。

（5）支柱绝缘子及硅橡胶增爬伞裙表面清洁、无裂纹及放电痕迹。

（6）支柱绝缘子无倾斜。

（二）全面巡视

全面巡视在例行巡视的基础上增加以下内容：

（1）检查绝缘子表面积污情况。

（2）支柱绝缘子结合处涂抹的防水胶无脱落现象，水泥胶装面完好。

（三）熄灯巡视

（1）母线、引流线及各接头无发红现象。

（2）绝缘子、金具应无电晕及放电现象。

（四）特殊巡视

新投运及设备经过检修、改造或长期停运后重新投入运行后巡视：

（1）观察支柱瓷绝缘子有无放电及各引线连接处是否有发热现象。

（2）使用红外热成像仪进行测温。

（3）严寒季节时重点检查母线抱箍有无过紧、有无开裂发热、母线接缝处伸缩节是否良好、绝缘子有无积雪冰凌桥接等现象，软母线是否过紧造成绝缘子严重受力。

（4）双母线接线方式下，一组母线退出运行时，应加强另一组运行母线的巡视和红外测温。

（5）高温季节时重点检查接点、线夹、抱箍发热情况，母线连接处伸缩器是否良好。

异常天气时重点检查以下内容：

（1）冰雹、大风、沙尘暴天气：重点检查母线、绝缘子上无悬挂异物，倾斜等异常现象，以及母线舞动情况。

（2）大雾霜冻季节和污秽地区：检查绝缘子表面无爬电或异常放电，重点监视污秽瓷质部分。

（3）雨雪天气：检查绝缘子表面无爬电或异常放电，母线及各接头不应有水蒸气上升或融化现象，如有，应用红外热像仪进一步检查。大雪时还应检查母线积雪情况，无冰溜及融雪现象。

（4）雷雨后：重点检查绝缘子无闪络痕迹。

（5）严重雾霾天气：重点检查绝缘子有无放电、闪络等情况发生。

（6）覆冰天气时，观察绝缘子的覆冰厚度及冰凌桥接程度，覆冰厚度不超10 mm，冰凌桥接长度不宜超过干弧距离的1/3，爬电不超过第二伞裙，无中部伞裙爬电现象。

故障跳闸后的巡视：

（1）检查现场一次设备（特别是保护范围内设备）外观，导引线有无断股或放电痕迹等情况。

（2）检查保护装置的动作情况。

（3）检查断路器运行状态（位置、压力、油位）。

（4）检查绝缘子表面有无放电。

（5）检查各气室压力、接缝处伸缩器（如有）有无异常。

【案例分析】

案例1 **变电站设备巡视路线。**

设备巡视标准化作业指导书的要求，进入变电站进行设备巡视必须按预先制定的设备巡视路线图进行。设备巡视路线图是根据实际变电站设备布置，按科学合理的巡视路线制定的平面图。例如，某220kV变电站巡视路线见图1.2.1-1。

1号电容器　6号电容器
2号电容器　7号电容器
3号电容器　8号电容器
4号电容器　9号电容器
5号电容器　10号电容器

220kV Ⅰ段母　220kV Ⅱ段母　220kV 旁母

608
606
604
602
620
6×24
610
600

2号主变压器
6×14
1号主变压器

500
520
5×24　5×14
510

110kV Ⅱ段母　110kV Ⅰ段母

10kV 高压室

2号站用变压器
1号站用变压器

2号分裂电抗器室
1、2号接地变压器室
1号分裂电抗器室

主控楼

安全工具室　消防泵房

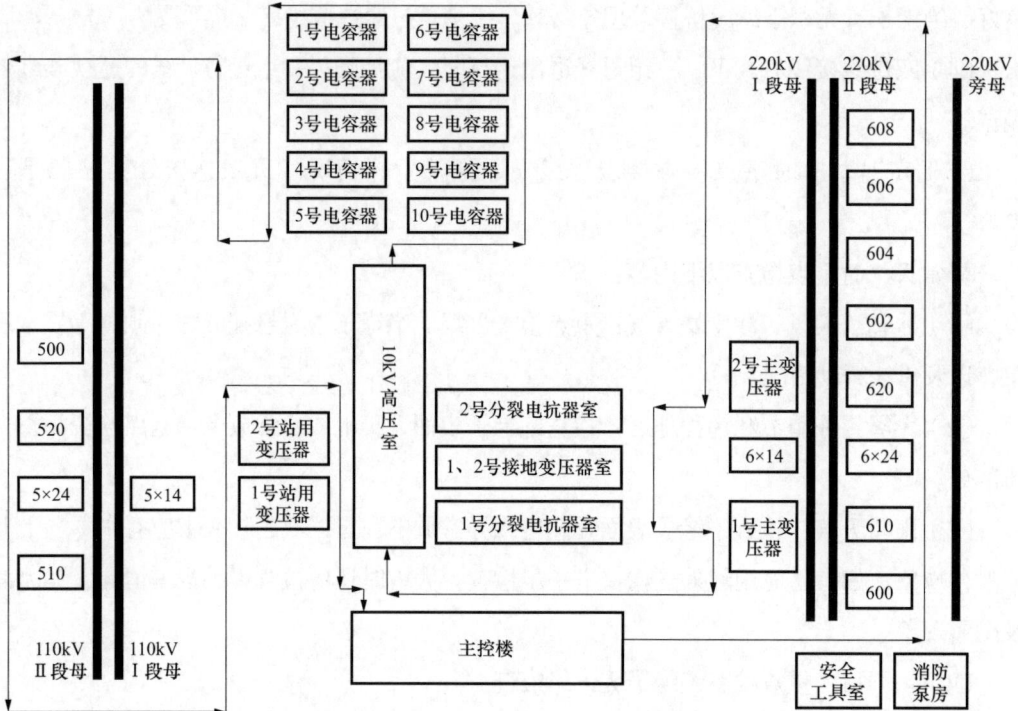

图 1.2.1–1　220 kV 阳都变电站巡视路线图

案例2　变压器的设备巡视卡。

按照设备巡视标准化作业指导书的要求，对每一台被巡视的设备都必须有相应的设备巡视卡（可以是智能卡或纸质卡），按卡上内容和标准逐项巡视检查。因此，巡视卡是设备巡视的重要依据。油浸式变压器设备巡视卡的内容及标准见表1.2.1–1。

表1.2.1–1　油浸式变压器的设备巡视卡

设备名称	序号	巡视内容	巡视标准	检查情况
主变压器	1	引线及导线、各接头	（1）无变色过热、散股、断股现象； （2）接头无变色、过热现象	
	2	本体及音响	（1）本体无锈蚀、变形； （2）无渗漏油； （3）音响正常，无杂音、爆裂声	
	3	线圈温度及上层油温度（记录数据）	（1）上层油温度：___℃，绕组温度___℃，环境温度___℃； （2）温度计指示温度符合运行要求，与主变压器控制屏远方温度显示器指示一致	

设备名称	序号	巡视内容	巡视标准	检查情况
主变压器	4	本体储油柜	（1）完好，无渗漏油； （2）油位指示应和储油柜上的环境温度标志线相对应（指针式油位计指示应与制造厂规定的温度曲线相对应）	
	5	有载调压储油柜	完好，无渗漏油	
	6	本体气体继电器及有载调压气体继电器	（1）气体继电器内应充满油，油色应为淡黄色透明，无渗漏油，气体继电器内应无气体（泡）； （2）气体继电器防雨措施完好、防雨罩牢固； （3）气体继电器的引出二次电缆应无油迹和腐蚀现象，无松脱	
	7	本体及有载调压储油柜呼吸器	（1）硅胶变色未超过1/3； （2）呼吸器外部无油迹，油杯完好，油位正常	
	8	压力释放器	完好、标示杆未突出	
	9	各侧套管	（1）相序标色齐全，无破损、放电痕迹； （2）油位显示正常	
	10	各侧套管升高座	升高座、法兰盘无渗漏油	
	11	各侧及中性点套管	（1）油位正常，无渗漏油； （2）无破损、裂纹及放电痕迹	
	12	各侧及中性点避雷器	（1）表面完好，无破损及放电痕迹； （2）线接头无过热现象	
	13	有载调压机构箱	（1）表面完好无锈蚀，名称标注齐全； （2）挡位显示与控制屏显示一致； （3）二次线无异味及放电打火现象，电动机无异常、传动机构无渗漏油、手动调压手柄完好，箱门关闭严密、封堵良好	
	14	主变压器铁芯、外壳接地	接地扁铁无锈蚀、断裂现象	
	15	冷却系统	（1）各运行冷却器温度相近； （2）油泵、风扇运转正常，投入数量满足主变压器运行要求	

续表

设备名称	序号	巡视内容	巡视标准	检查情况
主变压器	16	主变压器爬梯	完好无锈蚀，运行中已用锁锁死，并挂有安全标示牌	
	17	主变压器端子箱	（1）表面完好无锈蚀，名称标注齐全，箱体接地扁铁无锈蚀、断裂； （2）二次线无异味、无放电打火现象，封堵良好、箱门关闭严密	
	18	主变压器冷控箱	（1）表面完好无锈蚀，名称标注齐全，箱门关闭严密，箱体接地扁铁无锈蚀、断裂； （2）各冷却器电源空气开关完好无异常，各切换开关位置符合运行要求，指示灯指示正常，二次线无异味、无放电打火现象，封堵良好	
	19	110kV 侧中性点电流互感器	（1）无锈蚀、变形、渗漏油； （2）接头无过热变色现象	
	20	中性点接地开关	（1）名称标注齐全，箱门关闭严密； （2）分、合位置符合运行方式要求； （3）隔离开关无损伤放电现象，操作手柄完好、上锁； （4）二次线无放电、无异味、名称标注齐全，操动机构箱电源隔离开关在分位，封堵良好、电动机无异常、传动机构无渗漏油，手动分合闸手柄完好	
	21	储油池内鹅卵石	铺放整齐、无油迹	

【拓展提高】

设备巡视的危险点分析：根据巡视地点的周围环境和特点，如邻近带电部分等可能给巡视人员带来的危险因素；巡视环境的情况，如雷雨天气、夜间、有害气体、缺氧、设备接地等，可能给巡视人员安全或健康造成的危害；巡视人员的身体状况不适、思想波动、不安全行为、技术水平能力不足等可能带来的危害或设备异常；其他可能给巡视人员带来危害或造成设备异常的不安全因素。通过对这些危险因素的分析，制定相应的安全措施。

一般规定的安全措施有：规定特殊天气巡视的措施，如雷雨、雪、大雾等；规定故障巡视的措施，如设备接地等；规定进出高压室的注意事项，如 SF_6 设备室等；规定夜间巡视的照明要求；规定对危险点、相邻带电部位所采取的措施，如安全距离、围栏等；规定着装。

变电站设备巡视作业是运行维护的一项重要工作，为保证在巡视时巡视人员的人身和运行设备的安全，需要对巡视中可能存在的危险点进行分析，做好相应的防控措施。例如，某110kV变电站一次设备巡视的危险点和控制措施，见表1.2.1-2。

表1.2.1-2　一次设备巡视的危险点和控制措施

项目	危险点	控制措施
误碰、误动、误登运行设备	意外伤人	（1）巡视检查时应与带电设备保持足够的安全距离，10kV及以下，0.7m；35kV，1m；110kV，1.5m。 （2）不得移开或越过遮栏
巡视蓄电池室	酸雾影响人体呼吸系统	进入蓄电池室前开启风机
巡视SF_6室	泄漏的SF_6气体浓度大，使人窒息	（1）进入SF_6室前15min启动引风机； （2）进入SF_6室前使用便携式检漏仪进行SF_6气体浓度检测
SF_6断路器压力异常升高	断路器爆炸伤人	（1）SF_6断路器压力异常升高报警时，人员迅速离开，防止断路器爆炸伤人； （2）人员朝上风处跑，防止SF_6气体中毒
雷、雨、雾天	跨步电压伤人	（1）原则上不得进行室外巡视； （2）必须巡视时应穿绝缘靴，并远离避雷针和避雷器； （3）注意与运行设备保持安全距离
雪天	人员滑跌	穿的鞋应尽可能采取防滑措施，注意行走安全
夜间	意外伤人	（1）携带照明器具； （2）两人同时进行； （3）注意盖板窜动，注意沟、坎，误碰伤
大风天气	人身、设备安全威胁	（1）及时发现和清理异物； （2）防止人被砸伤
系统接地	设备和人身安全	（1）检查设备时应戴好安全帽； （2）巡视时应穿绝缘靴、戴绝缘手套； （3）发现接地点，应与接地故障点保持距离（室内不得接近故障点4m以内，室外不得靠近障点8m以内）； （4）电压互感器运行时间不得超过2h
充油设备异响	设备爆炸	未采取可靠措施前不得靠近异常设备
户内电容器异声	电容器爆炸伤人	（1）必须停电巡视。 （2）巡视时不能越过遮栏

【思考与练习】

1.变电站设备巡视分为哪几类？它们的主要巡视内容是什么？

2.一次设备正常巡视的要求是什么？

3.在设备巡视中，为什么要采用设备巡视卡？

4.变压器正常巡视检查项目有哪些？

任务2.2　变电站设备缺陷管理

【学习目标】

知识目标：1.熟悉变电站设备缺陷的分类方法。

2.掌握变电站设备缺陷处理的基本工作流程。

能力目标：1.会按照标准化流程进行缺陷定性。

2.能通过巡视发现设备的异常及缺陷，并及时上报。

态度目标：1.能主动学习，在完成任务过程中发现问题，分析问题和解决问题。

2.在严格遵守安全规范的前提下，能与小组成员协作共同完成本学习任务。

【任务描述】

本任务介绍变电站缺陷管理等相关内容。通过归纳讲解、实例分析，掌握设备缺陷分类，能够通过特殊巡视发现设备的隐蔽性缺陷，并能进行分级上报进行处理。

【相关知识】

变电站设备缺陷管理的目的是掌握正在运行的电气设备存在的问题，以便按轻、重、缓、急消除缺陷，提高设备的健康水平，保障变电站的安全运行。另一方面，对缺陷进行全面分析，总结其变化规律，为设备大修、技改提供依据。加强对设备缺陷的分析。对于在巡视中发现的一些缺陷，特别是严重缺陷，应及时做分析，分析它对运行有哪些危害，有没有继续发展的可能。任何一个细小的纰漏都可能造成非常严重的后果。例如，当变电站运行人员巡视发现掉地上的绝缘子小碎块，就可以查出绝缘子断裂的危急缺陷，避免了母线停电事故发生的严重后果。

一、设备缺陷分级

变电站的设备缺陷管理是变电运行值班人员的一项重要工作，通过设备巡视，发现设备的缺陷，及时掌握主要设备缺陷。结合设备评价工作对设备缺陷进行综合分析，根据缺陷产生的规律，提出反事故措施，并报上级。变电运行值班人员的职责是及时掌握本站或管辖站设备的全部缺陷和缺陷处理情况。对设备缺陷实行分类管理，做到每个缺陷都有处理意见和措施。发现缺陷后应对缺陷进行定性，并记入缺陷记录，报告主管部门。

变电站设备缺陷分类的原则：

（1）危急缺陷：设备或建筑物发生了直接威胁安全运行并需立即处理的缺陷，否则，随时可能造成设备损坏、人身伤亡、大面积停电、火灾等事故。

（2）严重缺陷：对人身或设备有严重威胁，暂时尚能坚持运行但需尽快处理的缺陷。

（3）一般缺陷：上述危急、严重缺陷以外的设备缺陷，指性质一般、情况较轻、对安全运行影响不大的缺陷。

二、设备缺陷管理

变电站的设备缺陷实行闭环管理，所谓闭环管理就是从发现缺陷→缺陷记录→缺陷上报→检修计划→缺陷处理→缺陷消除→消缺记录等环节形成闭环。

运行单位发现危急、严重缺陷后，应立即上报。一般缺陷应定期上报，以便安排处理。消缺工作应列入各单位生产计划中，对危急、严重或有普遍性的缺陷还要及时研究对策，制定措施，尽快消除。缺陷消除时间应严格掌握，对危急、严重、一般缺陷要严格按照本单位规定的时间进行消缺处理。

三、变电站主要设备的缺陷分级

1. 变压器的缺陷分级

根据 DL/T 572—2021，变压器的运行可分三种状态加以评估。即，危急状态、严重状态和一般状态。

（1）一般情况下变压器存在以下缺陷可定为危急状态：

1）油中乙炔或总烃含量和增加速率严重超注意值，有放电特征，危及变压器安全，绝缘电阻、介质损耗因数等反映变压器绝缘性能指标的数据大多数超标，且历次数据比较，变化明显的；

2）变压器有异常响声，内部有爆裂声；

3）套管有严重破损和放电现象；

4）变压器严重漏油、喷油、冒烟着火等现象；

5）冷却器故障全停，且在规定时间内无法修复的；

6）轻瓦斯发信号，色谱异常。

变压器出现上述危急状态时，应立即停役，安排检修处理。并按设备管辖范围及时报告上级主管部门，要求在24h内予以处理。

（2）变压器存在以下缺陷可定为严重状态：

1）根据绝缘电阻、吸收比和极化指数、介质损耗、泄漏电流等反映变压器绝缘性能指标的数据进行综合判断，有严重缺陷的；

2）强油循环变压器的密封破坏造成负压区、套管严重渗漏油或储油柜胶囊破损；

3）变压器出口短路后，绕组变形测试或色谱分析有异常，但直流电阻测试为正常的；

4）铁芯多点接地，且色谱异常。

变压器出现上述严重状态时，应及时报告上级主管部门，尽快安排检修处理。

（3）变压器存在以下缺陷可定为一般状态：

1）变压器本体及附件的渗漏油；

2）备用冷却装置故障；

3）变压器油箱及附件锈蚀；

4）铁芯多点接地，其接地电流大于100mA。

对于变压器的一般缺陷应定期上报，以便安排处理。消缺工作应列入各单位生产计划中。

2. 开关设备的缺陷分级

在变电站一次设备巡视检查中，开关设备是重要的巡视检查内容。根据缺陷对设备安全运行的影响程度，高压开关设备的缺陷也分三种，即，危急缺陷、严重缺陷和一般缺陷。具体分类标准见表1.2.2-1。

表1.2.2-1 开关设备缺陷分类标准

设备（部位）名称	危急缺陷	严重缺陷
1.通则		
短路电流	安装地点的短路电流超过断路器的额定短路开断电流	安装地点的短路电流接近断路器的额定短路开断电流
操作次数和开断次数	断路器的累计故障开断电流超过额定允许的累计故障开断电流	断路器的累计故障开断电流接近额定允许的累计故障开断电流；操作次数接近断路器的机械寿命次数
导电回路	导电回路部件有严重过热或打火现象	导电回路部件温度超过设备允许的最高运行温度
瓷套或绝缘子	有开裂、放电声或严重电晕	严重积污
断口电容	有严重漏油现象、电容量或介质损耗严重超标	有明显的渗油现象、电容量或介质损耗超标
操动机构	液压或气动机构失压到零	液压或气动机构频繁打压
	液压或气动机构打压不停泵	

设备（部位）名称	危急缺陷	严重缺陷
操动机构	控制回路断线、辅助开关接触不良或切换不到位	
	控制回路的电阻、电容等零件损坏	
	分合闸线圈引线断线或线圈烧坏	分合闸线圈最低动作电压超出标准和规程要求
接地线	接地引下线断开	接地引下线松动
断路器的分、合闸位置	分、合闸位置不正确，与当时的实际运行工况不相符	
2. SF₆开关设备		
SF₆气体	SF₆气室严重漏气，发出闭锁信号	SF₆气室严重漏气，发出报警信号
		SF₆气体湿度严重超标
设备本体	内部及管道有异常声音（漏气声、振动声、放电声等）	
	落地罐式断路器或GIS防爆膜变形或损坏	
操动机构	气动机构加热装置损坏，管路或阀体结冰	气动机构自动排污装置失灵
	气动机构压缩机故障	气动机构压缩机打压超时
	液压机构油压异常	液压机构压缩机打压超时
	液压机构严重漏油、漏氮	
	液压机构压缩机损坏	
	弹簧机构弹簧断裂或出现裂纹	
	弹簧机构储能电动机损坏	
	绝缘拉杆松脱、断裂	
3. 高压开关柜和真空断路器		
真空断路器	真空灭弧室有裂纹	真空灭弧室外表面积污严重
	真空灭弧室内有放电声或因放电而发光	
	真空灭弧室耐压或真空度检测不合格	
开关柜及元部件	元部件表面严重积污或凝露	母线室柜与柜间封堵不严
	母线桥内有异常声音	电缆孔封堵不严
4. 高压隔离开关	绝缘子有裂纹，法兰开裂	传动或转动部件严重腐蚀
	触头严重发热	导体严重腐蚀

若开关设备发生诸如编号牌脱落、相色标志不全、金属部位锈蚀、机构箱密封不严等缺陷，则可定为一般缺陷。

3. 互感器的缺陷分级

互感器的缺陷是指互感器任何部件的损坏、绝缘不良或不正常的运行状态。分为危急缺陷、严重缺陷和一般缺陷。

（1）危急缺陷：互感器发生了直接威胁安全运行并需立即处理的缺陷，否则随时可能造成设备损坏、人身伤亡、大面积停电和火灾等事故，例如下列情况等：

1）设备漏油，从油位指示器中看不到油位；

2）设备内部有放电声响；

3）主导流部分接触不良，引起发热变色；

4）设备严重放电或瓷质部分有明显裂纹；

5）绝缘污秽严重，有污闪可能；

6）电压互感器二次电压异常波动；

7）设备的试验、油化验等主要指标超过规定不能继续运行；

8）SF_6 气体压力表为零。

（2）严重缺陷：互感器的缺陷有发展趋势，但可以采取措施坚持运行，列入月计划处理，不致造成事故者，例如下列情况等：

1）设备漏油；

2）红外测量设备内部异常发热；

3）工作、保护接地失效；

4）瓷质部分有掉瓷现象，不影响继续运行；

5）充油设备油中有微量水分，呈淡黑色；

6）二次回路绝缘下降，但下降不超过30%者；

7）SF_6 气体压力表指针在红色区域。

（3）一般缺陷：上述危急、严重缺陷以外的设备缺陷。指性质一般，情况较轻，对安全运行影响不大的缺陷，例如下列情况等：

1）储油柜轻微渗油；

2）设备上缺少不重要的部件；

3）设备不清洁、有锈蚀现象；

4）二次回路绝缘有所下降者；

5）非重要表计指示不准者；

6）其他不属于危急、严重的设备缺陷。

四、设备测温

变电站的各种电气设备在运行中，由于负荷电流过大、接头接触不良、导电部分存在缺陷或设备内部故障等原因都可能导致局部发热，对设备测温是发现这类缺陷或故障的有效手段。因此，开展测温工作能检查电气设备工作状态是否异常、是否存在缺陷或隐患，指导消缺、预试和检修。通过测温，常常还能发现一些隐蔽性的缺陷。

根据设备测温管理的要求，变电站的测温有三种类型：计划普测、跟踪测温及重点测温。

1. 测温周期

（1）计划普测：带电设备每年应安排两次计划普测，一般在预试和检修开始前应安排一次红外检测，以指导预试和检修工作。

（2）跟踪测温：发现设备某处温度异常时，除按程序填报设备缺陷外，还要对其跟踪测温。根据温度变化情况，采取相应措施。

（3）重点测温：根据运行方式和设备变化安排测温时间，按以下原则掌握：

1）长期大负荷的设备应增加测温次数；

2）设备负荷有明显增大时，根据需要安排测温；

3）设备存在异常情况，需要进一步分析鉴定；

4）上级有明确要求时，如保电等；

5）新建、改扩建的电气设备在其带负荷后应进行一次测温，大修或试验后的设备必要时；

6）遇有较大范围设备停电（如变压器、母线停电等），酌情安排对将要停电设备进行测温。

2. 测温范围

只要表面发出的红外辐射不受阻挡都属于红外诊断的有效监测设备。例如，变压器、断路器、隔离开关、互感器、电力电容器、避雷器、电力电缆、母线、导线、组合电器、低压电器及二次回路等。

3. 测温方法

目前，电气设备的测温一般都采用红外热像仪或红外测温仪，红外热像仪可以从电气设备外部显现的温度分布热像图，可以判断出各种内部故障。对于无法进行红外测温的设备，可采取其他测温手段，如贴示温蜡片等。

红外检测技术是集光电成像技术、计算机技术、图像处理技术于一身，通过接收物体发出的红外辐射将其热像显示在显示器上，从而准确判断物体表面的温度分布情况，具有准确、实时、快速等优点。与传统的测温方式相比，红外热像仪可在一定距离内实时、定量、在线检测发热点的温度。通过扫描，还可以绘出设备在运行中的温度梯度热像图，而且灵敏度高，不受电磁场干扰，便于现场使用。它可以在 $-20 \sim 2000℃$ 的宽量程内以 $0.05℃$ 的高分辨率检测电气设备的热故障，揭示出如导线接头或线夹发热，以及电气设备中的局部过热点等。

【任务实施】

发现设备缺陷应及时记录在设备缺陷记录簿上，并立即按规定汇报，根据缺陷严重程度进行处理。缺陷消除的期限一般规定为：

（1）危急缺陷。立即汇报调度和上级领导，并申请停电处理，应在24h内消除。

（2）严重缺陷。应汇报调度和上级领导，并记录在缺陷记录本内进行缺陷传递，在规定时间内安排处理。一般视其严重程度在一周或一个月内安排处理。

（3）一般缺陷。设备存在缺陷但不影响安全运行，应加强监视，针对缺陷发展作出分析和事故预想。可列入月度或季度大修计划进行处理或在日常维护工作中消除。

变电站设备缺陷处理流程如图1.2.2-1所示。

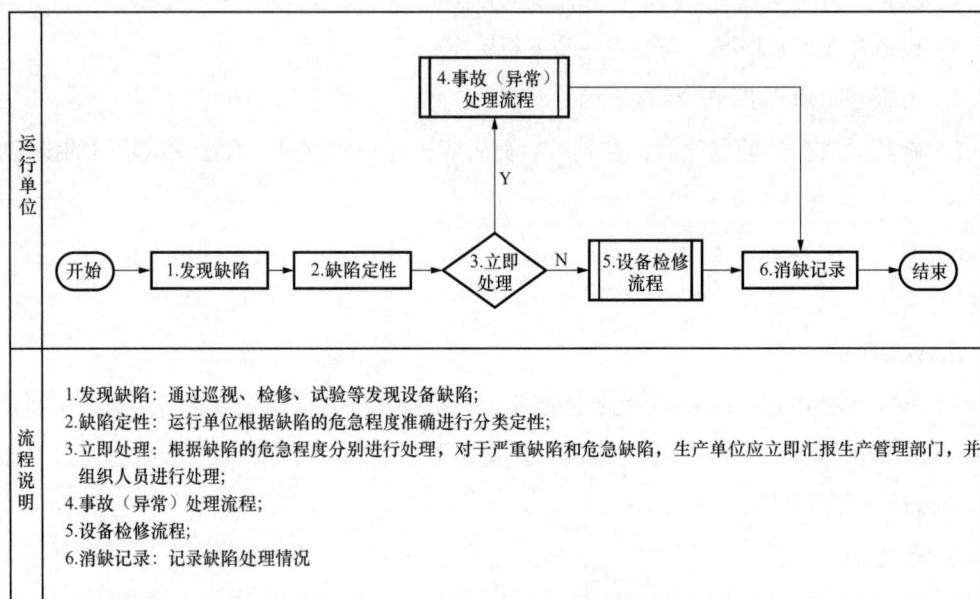

图 1.2.2-1　变电站设备缺陷处理流程图

运行单位为全面掌握设备的健康状况，及时发现缺陷，认真分析缺陷产生的原因，尽快消除设备隐患，掌握设备的运行规律，努力做到防患于未然，保证设备经常处于良好的运行状态，实现设备缺陷的闭环管理。通常，变电站设备缺陷管理应进入生产管理和信息系统进行管理，变电站设备的所有缺陷管理流程都应在生产管理和信息系统上进行，特殊情况用消缺通知单来实现闭环管理。

运行人员发现设备缺陷后应对缺陷作出正确判断和定性。发现危急缺陷时，在按照现场运行规程进行必要的应急措施后，应首先汇报调度，交当值调度值班员处理，需要立即消缺的，当值调度值班员应直接通知检修维护单位负责人组织消缺，同时上报生产管理部门。发现其他缺陷后，由所属各班班长审核后录入生产管理和信息系统，同时报生产管理部门。对于特别重大和紧急缺陷，设备检修维护单位在接到设备缺陷汇报后，应立即组织消缺。消缺后应主动补充完善生产管理信息系统资料。对一般缺陷，生产管理部门缺陷管理专责按计划下达设备消缺通知单给检修维护单位，并将汇总表报安保部和分管生产领导。相应班组在接到消缺通知单后，应按消缺通知单限定时间自行完成缺陷处理。

检修维护部门处理完设备缺陷后，应认真填写相关记录。变电运行人员同时组织验收，验收后应做好归档工作。生产部门根据各自管辖范围按季度统计设备缺陷消缺率，累计消缺率将作为检修维护部门月度、季度、年度考核依据。消缺率统计的分类：按缺陷的划分，消缺率分为一般缺陷消缺率、严重缺陷消缺率和危急缺陷消缺率进行统计。各生产部门负责人、班组长每天应定时进入生产管理信息系统进行缺陷查询，及时了解设备消缺任务和消缺完成情况。

【案例分析】

案　例　某110kV变电站运行人员在巡视设备时，发现110kV Ⅱ母U相电压互感器的瓷质部分有明显裂纹。

由于这种缺陷可能直接导致互感器损坏，甚至可能导致110kV母线故障，引起全站停电事故。根据设备缺陷分级标准，这是属于危急缺陷。按照危急缺陷的处理要求，运行人员应立即汇报调度和上报生产管理部门，并申请停电处理。设备检修维护单位在接到设备缺陷汇报后，应立即组织消缺，缺陷应在24h内消除。

同时，运行人员应将缺陷做好记录，录入生产管理系统，报生产管理部门。消缺后及时完善生产管理系统资料。

【思考与练习】

1.变电站设备缺陷分类的原则是？

2.变压器的缺陷如何分级？

3.什么是设备缺陷的闭环管理？

任务2.3 变电站二次设备巡视

【学习目标】

知识目标：1.熟悉变电站二次设备巡视的类型、周期及方法。

2.掌握变电站二次设备巡视的基本工作流程。

3.掌握变电站二次设备的巡视内容及标准。

能力目标：1.会按照标准化流程进行二次设备巡视。

2.能通过巡视发现二次设备的异常及缺陷，并及时上报。

态度目标：1.能主动学习，在完成任务过程中发现问题、分析问题和解决问题。

2.在严格遵守安全规范的前提下，能与小组成员协作共同完成本学习任务。

【任务描述】

变电运维值长组织各自学习小组在仿真机环境下，认真分析运行规程，编制巡视作业卡后，正确完成220kV变电站二次设备例行巡视。

【相关知识】

一、变电站二次设备的概述

二次设备是指对一次设备的工作状况进行监视、测量、控制、保护、调节的电气设备或装置，如监控装置、继电保护装置、自动装置、信号装置等。通常还包括电流互感器、电压互感器的二次绕组、引出线及二次回路，站用电源及直流系统。这些二次设备按一定要求连接在一起构成的电路，称为二次接线或二次回路。二次回路主要包括以下内容。

1.控制系统

控制系统的作用是，对变电站的开关设备进行就地或远方跳、合闸操作，以满足改变主系统运行方式及处理故障的要求。控制系统是由控制装置、控制对象及控制网络构成。在实现了综合自动化的变电站中，控制系统控制方式包括远方控制和就地控制，有变电站端控制和调度（集控站或集控中心）端控制方式。就地控制有操动机构处和保护（或监控）屏控制方式。

2.信号系统

信号系统的作用是，准确及时地显示出相应一次设备的运行工作状态，为运行人员提供操作、调节和处理故障的可靠依据。信号系统是由信号发送机构、信号接收显示元件（装置）及其网络构成。按信号性质分为状态信号和实时登录信号，常见的状态信号有断路器位置信号、各种开关位置信号、变压器挡位信号等，常见的实时登录信号有保护动作信号、装置故障信号、断路器监视的各种异常信号等。按信号发出时间分为瞬时动作信号和延时动作信号。按信号复归方式分为自动复归信号和手动复归信号等。

3. 测量及监察系统

测量及监察系统的作用是，指示或记录电气设备和输电线路的运行参数，作为运行人员掌握主系统运行情况、故障处理及经济核算的依据。测量及监察系统是由各种电气测量仪表、监测装置、切换开关及其网络构成。变电站常见的有电流、电压、频率、功率、电能等的测量和交流、直流绝缘监测。

4. 调节系统

调节系统的作用是调节某些主设备的工作参数，以保证主设备和电力系统的安全、经济、稳定运行，如有载调压分接开关等。调节系统是由测量机构、传送设备、自控装置、执行元件及其网络构成。常用的调节方式有手动、自动或半自动方式。

5. 继电保护及自动装置系统

继电保护及自动装置的作用是：当电力系统发生故障时，能自动、快速、有选择地切除故障设备。减小设备的损坏程度，保证电力系统的稳定。增加供电的可靠性；及时反映主设备的不正常工作状态。提示运行人员关注和处理，保证主设备的完好及系统的安全。

继电保护及自动装置系统是由电压互感器、电流互感器的二次绕组，继电器，继电保护及自动装置，断路器及其网络构成。继电保护及自动装置是按电力系统的单元进行配置的。所谓电气单元是由断路器隔离的一次电气设备，即构成一个电气单元（也称元件）。有了断路器可以将电力系统分隔为各种独立的电气元件，如发电机、变压器、母线、线路、电动机等。一次设备被分隔为各种电气单元，相应的就有了各种电气单元的继电保护装置，如发电机保护、变压器保护、母线保护、线路保护、电动机保护等。

6. 操作电源系统

操作电源系统的作用是，供给上述各二次系统的工作电源，断路器的跳、合闸电源及其他设备的事故电源等。操作电源系统是由直流电源或交流电源供电，一般常由直流电源设备和供电网络构成。

二、二次设备巡视目的

变电站二次设备的主要功能是对一次设备运行的监视、测量、控制和调节。因此，巡视二次设备主要有两个目的：一是可以发现一次设备的故障和运行异常；二是监视二次设备和系统本身的运行状态，掌握二次设备运行情况，通过对二次设备巡视检查，及时发现二次设备和系统运行的异常、缺陷或故障，确保变电站和电网安全运行。

三、二次设备巡视的方法

变电站的二次设备是监视、测量、控制、保护、调节一次设备运行的。通常二次设备本身的自动化程度高，尤其是现在大量采用的微机型保护或装置，这类装置一般都有自检程序，当装置发生故障或异常时会自动闭锁，并发出报警信号。因此，二次设备的巡视应重点检查保护装置、监控系统、自动化设备、直流设备等的信号和显示。

二次设备的巡视检查一般采用下列方法：

（1）外观检查：检查设备的外观，是否有破损、损坏、锈蚀、脱落、松动或异常等，检查设备有无明显发热、放电、烧焦等痕迹。

（2）信息检查：检查二次设备、各种装置、保护屏、电源屏、直流屏、控制柜、控制箱、监控系统等是否发出异常信号、报警信号、光字信号、报文信息、上传信息、打印信息、异常显示等。

（3）测试检查：利用装置、设备和系统等的自检功能，测试其工作状态。

（4）仪表检查：利用仪表测量电阻、电压和电流等。

（5）位置检查：检查设备和装置的连接片、开关和操作把手位置是否符合运行方式。

（6）环境检查：检查主控室、保护室等的温度、清洁、工作环境是否符合要求。

（7）其他检查：检查是否有异响、异味，检查电缆孔洞、端子箱等封堵。

四、二次设备巡视的要求

二次设备巡视的基本要求、巡视周期、巡视流程与一次设备相同。巡视检查也必须按标准化作业指导书进行，按规定路线巡视、使用巡视卡（智能卡或纸质卡）、详细填写巡视记录、严格执行相关规程规定，确保人身安全和设备安全运行。同时，为了保证巡视质量，运行值班人员除了应具备高度责任感，严格执行标准化作业要求外，还应正确理解微机继电保护、自动装置和监控系统的各种信息含义，才能及时发现问题。

五、二次设备巡视的危险点分析

二次设备巡视的危险点主要是下列几个方面：

（1）未按照巡视线路巡视，造成巡视不到位，漏巡视；

（2）人员身体状况不适、思想波动，造成巡视质量不高或发生人身伤害；

（3）巡视中误碰、误动运行设备，造成装置误动或人员触电；

（4）擅自改变检修设备状态，变更安全措施；

（5）开、关装置或柜门，振动过大，造成设备误动；

（6）在保护室使用移动通信工具，造成保护误动；

（7）发现缺陷及异常时，未及时汇报；

（8）夜间巡视或室内照明不足，造成人员碰伤等。

【任务实施】

一、监控系统的正常巡视检查

监控系统是集控站（监控中心）用于监视和控制无人值班变电站的自动化系统，它是在调度自动化系统的基础上进行功能细化和完善。通过监控系统，集控站（监控中心）可以对其所管辖的变电站实行遥测、遥信、遥控、遥调和遥视（五遥），完成各种远方操作、监视和控制等功能。由于监控系统主要设备部件是计算机设备、远动设备、通信设备、网络设备和信息传输通道等。因此，变电运行值班人员对监控系统的巡视检查主要是对设备外观检查、工作状态和工作环境等检查，同时还要检查监控系统的异常信号、运行状态和监控功能等。巡视检查的内容和要求如下：

（1）检查计算机柜、远动屏、通信屏、装置屏、机柜等设备，屏上的各种装置、显示窗口、操作面板、组合开关等是否清洁、完整、安装牢固；信号灯显示是否正常，有无异常信号。

（2）检查监控系统有无异常信息、报警信息、报文信息、上传信息等，是否出现故障信号、异常信号、动作信号、断线信号、温度信号、过负荷信号等。检查事件记录、操作日志、运行曲线、报表等是否异常，对监控信息进行分析判断。

（3）检查监控系统显示的运行状态与实际运行方式是否一致，各监控画面进行切换检查。检查频率、电压、电流、功率、电量等实时数据、参数显示是否正常。

（4）检查监控系统"五遥"功能、自检和自恢复功能是否正常。

（5）各种保护装置和监控装置的电源指示、时间显示、各信号指示灯应正确。通信、巡检应正常，液晶显示应与实际相符。

二、继电保护和自动装置的正常巡视检查

变电站所有的电气设备和线路，都按规定装设保护装置、自动装置、测控装置及事件记录装置等二次设备。

1. 设备巡视的内容和要求

（1）各种控制、信号、保护、装置、直流和站用屏等应清洁，屏上所有装置和元件的标示应齐全。各种屏上的装置、显示、面板、信号、开关、连接片等应清洁、完整，不破损，无锈蚀、安装牢固。

（2）继电保护及自动装置屏上的保护连接片、切换开关、组合开关的投入位置应与一

次设备的运行相对应，信号灯显示应正常，无异常信号，装置的打印纸应足够。

（3）控制屏、信号屏、直流屏和站用屏上的熔断器、开关、小隔离开关等的投入位置应正确，信号灯显示应正常，无异常信号。

（4）断路器和隔离开关等的位置信号应正确，分、合显示应与实际位置相符。

（5）各种装置的电源指示、信号指示灯应正确，液晶显示应与实际相符。

（6）控制柜、端子箱、操作箱、端子盒的门应关好，无损坏。保护屏、端子箱、接线盒、电缆沟的孔洞应密封。

（7）继电保护室、开关室、直流室等的室内温度、湿度应符合规定。

对于无人值班站的巡视检查，应使用调度自动化监控系统，认真监视设备运行情况，做好各种有关记录。在监控机上检查各站有无各种信号发出以及检查各站的有功功率、无功功率及电流、电压情况是否正常。班中检查：集控站（监控中心）应能对所辖各无人值班站实行监控，实现防火、防盗自动报警和远程图像监控。

2. 巡视检查发现问题的处理

（1）当低压信号或电压回路断线信号发出时，应检查电压互感器的熔断器及空气开关并设法处理，及时向调度汇报，经处理后，如仍无法恢复时，该保护是否退出根据调度命令执行，并及时通知保护专业人员进行处理。

（2）当直流回路断线信号发出时，应检查控制熔断器及控制回路并设法处理，及时向调度汇报，如无法恢复时，应及时通知保护专业人员进行处理。

（3）继电保护和安全自动装置异常信号发出，应查明原因并设法处理，及时向调度汇报，经处理后，如仍无法消除时，该保护是否退出应根据调度命令执行，并及时通知保护专业人员进行处理。

（4）监控系统发出异常信号，如无法查明原因且不能消除时，应及时向调度汇报，通知自动化专业人员进行处理。

三、通信及自动化设备的正常巡视检查

（一）通信设备的巡视检查

电力通信是电网调度和自动化的基础，变电站的通信设备应纳入变电运行管理。电网通信系统主要包括：微波通信系统、光纤通信系统、电力载波通信、通信电缆系统、调度程控交换系统等。

1. 通信设备日常巡视检查

为了提高通信设备的运行质量，确保系统内通信设备的安全运行，在有人值班变电站的值班人员必须按规定对通信机房进行必要的巡视。

（1）做好设备的巡视、检查，做好设备运行日记录等工作；

（2）做好机房的环境卫生，保持室内温度在规定范围内；

（3）通信设备的电源要稳定可靠，运行正常；

（4）在日常巡视中发现故障及时向通信主管部门汇报。

2. 载波设备日常巡视内容

（1）观测运行情况：正常状态黄色灯亮，故障状态红色灯亮；交换系统电源灯正常状态应点亮；检测有无辅助带通盘高频信号。

（2）导频电平正常。

（3）电源盘各电压情况。

（二）自动化设备的巡视检查

变电站自动化设备是调度自动化、监控系统的主要部分，其将变电站的运行信息实时上传至监控中心和调度中心，并由监控中心发出指令对变电站进行控制。

1. 交接班检查

（1）自动化设备屏、柜的清洁情况，屏上所有元件的标示应齐全；

（2）检查自动化设备屏上主要指示灯的运行工况，应根据实际情况制定设备巡视卡；

（3）综合自动化变电站检查事故音响应正常，检查后台机主画面遥信位置与实际是否对应，遥测是否一致，且有刷新；

（4）检查自动化设备屏、柜的门（盖）应关好；

（5）检查自动化设备屏内是否有异声、异味。

2. 班中检查

（1）遥控输出连接片的投入、退出应正确；

（2）检查自动化装置电源位置是否正确；

（3）综合自动化变电站后台机在遥信变位时发出音响，推出告警画面，遥测在刷新；

（4）检查上一班操作后的遥控出口连接片和开关的位置是否符合实际；

（5）自动化设备主要指示灯的运行工况是否正常；

（6）检查后台机是否有病毒侵害；

（7）当调度终端发出事故或异常告警时，变电站值班员应立即巡视相关设备。

【案例分析】

案 例　巡视发现1号主变压器低压侧电流回路断开。

1. 运行方式

某110kV变电站接线如图1.2.3-1所示。正常运行方式为东涵Ⅰ线带110kV Ⅰ段运行，东涵Ⅱ线带110kVⅡ段母线运行，110kV桥100断路器热备用，高压侧装设备用电源自动投入装置。10kV分段000断路器热备用，装设备用电源自动投入装置。

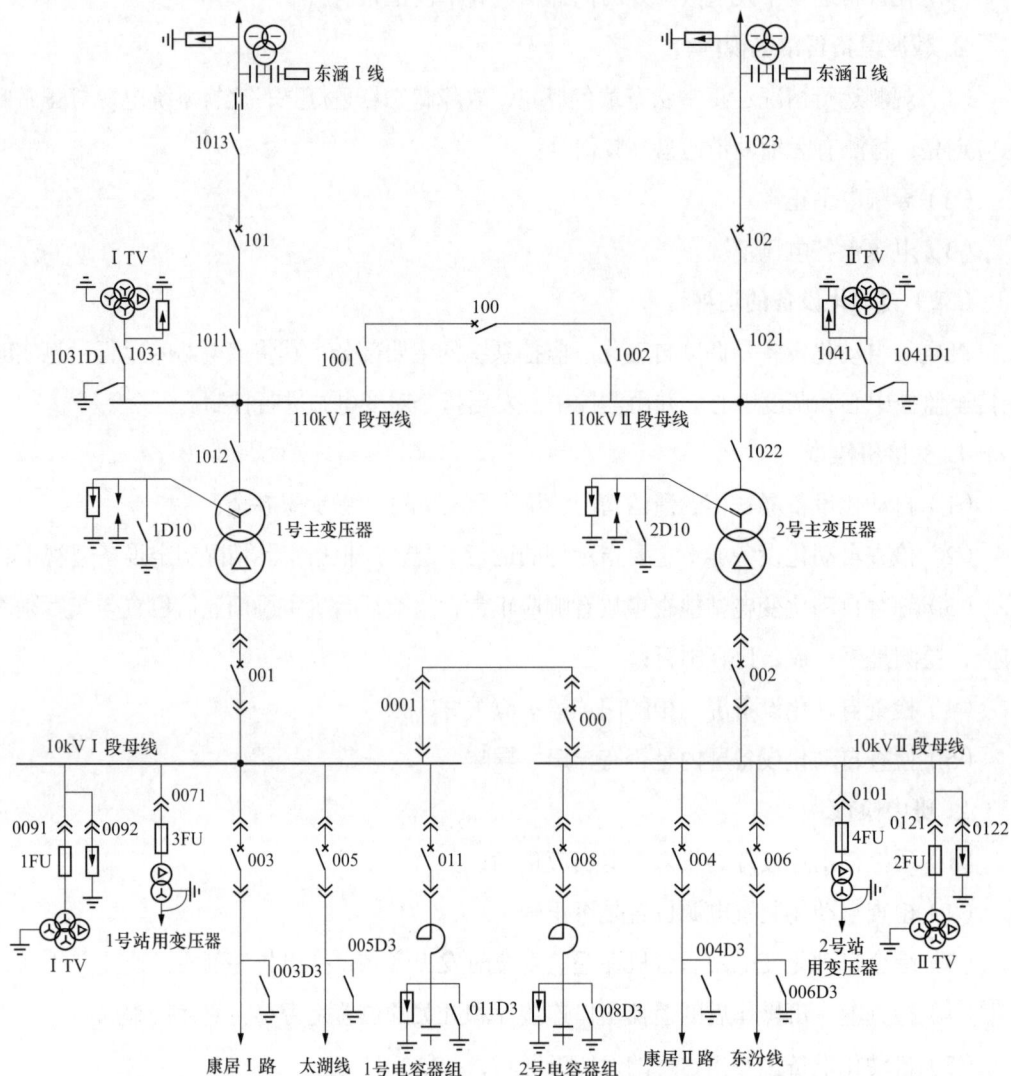

图 1.2.3-1　某 110kV 变电站接线图

2. 缺陷发现经过

对保护回路进行特殊巡视，在检查变压器差动保护接线时，发现低压侧电流回路端子排三相连接片未连接。

3. 差动保护未发不平衡信号原因分析

正常运行时，1号主变压器带康居I线、太湖线负荷，因为负荷电流较小（二次电流为0.5A左右），不能发出差流不平衡信号（定值为$0.2I_N$，折合低压侧为2.36A），而且由于三相都未接，低压侧保护也未发电流不平衡信号。

4. 可能造成的后果

当发生区外故障时，由于缺少低压侧电流，差动保护出现差流，达到保护动作定值，差动保护动作跳闸。

5. 防范措施

（1）修验场立即完善继电保护和自动装置检验报告填写内容，编制完善保护作业指导书和事故处理作业指导书，有效指导现场标准化作业和事故处理工作，制定有效的监督办法。

（2）开展继电保护检验工作专项的培训，提高工作人员的检验水平。

（3）事故处理必须使用事故应急处理单，拆动二次回路要使用二次安全措施票，无事故应急单和二次安全措施票，工作许可人不办理开工手续。

（4）运行人员要深化设备巡视内容，在设备验收时发现异常现象要询问清楚，对检修人员遗忘问题，要力所能及地把关。

【思考与练习】

1. 变电站二次设备的正常巡视项目有哪些？

2. 通信及自动化设备的正常巡视检查的内容有哪些？

3. 对二次设备巡视检查的要求是什么？

任务2.4 站用交、直流系统巡视与维护

【学习目标】

知识目标：1. 熟悉变电站站用交、直流系统的主要设备。

　　　　　2. 熟悉变电站站用交、直流系统的巡视及维护的主要内容及要求。

能力目标：1. 能说出变电站站用交、直流系统电气设备巡视及维护的基本流程及确定变电站站用电与直流系统电气设备巡视路线。

　　　　　2. 能在仿真机上对照站用交、直流系统电气设备巡视及维护内容，熟练进行站用交、直流系统电气设备巡视及维护的操作。

　　　　　3. 能发现站用交、直流设备的缺陷和异常，并及时上报处理。

素质目标：1. 能主动学习，在完成任务过程中发现问题、分析问题和解决问题。

　　　　　2. 能严格遵守专业相关规程标准及规章制度，与小组成员协商、交流配合，按标准化作业流程完成学习任务。

【任务描述】

本任务介绍站用交、直流系统巡视的相关内容。通过要点介绍、归纳讲解，掌握站用交、直流系统巡视检查内容及要求，能发现站用交、直流设备的缺陷和异常，并及时上报处理。

对照站用交、直流系统电气设备巡视及维护的内容，按照变电站设备巡视的标准化作业流程，在仿真机上对仿真变电站站用交、直流系统进行巡视。

【相关知识】

一、站用交流系统运行的一般规定

1. 站用交流系统

变电站的站用交流系统由站用变压器、配电盘、配电电缆、站用电负荷等组成。站用电负荷主要包括：变压器冷却系统、蓄电池充电设备、油处理设备、操作电源、照明电源、空调、通风、采暖、加热及检修用电等。

变电站站用电系统是保障变电站安全、可靠运行的一个重要环节。站用电系统出现问题，将直接或间接地影响变电站安全运行，严重时会造成设备停电。例如，主变压器的冷却风扇或强油循环冷却装置的油泵、水泵、风扇及整流操作电源等，这些设备是变电站的重要负荷，一旦中断供电就可能导致一次设备停电。因此，提高站用电系统的供电可靠性是保证变电站安全运行的重要措施。

无人值班变电站已形成了一种发展主流。对于无人值班变电站，站用电源的可靠转换非常重要，应能实现自动切换或远方操作。在变电站的设备运行维护中应加强对站用电系统的运行维护及巡视检查。

2. 站用交流系统的运行监视与巡视检查内容

一般变电站站用电系统的运行有如下规定：

（1）站用变压器高压侧用熔断器作保护时，熔断器性能必须满足站用电系统的要求。

（2）室内安装的变压器应有足够的通风，室温一般不得超过40℃。

（3）站用变压器室的门应采用阻燃或不燃材料，门上标明设备名称、编号并应上锁。

（4）经常监视仪表指示，掌握站用变压器运行情况。电流超过额定值时，应做好记录。

（5）在最大负载期间测量站用变压器三相电流，并设法保持基本平衡。

（6）对站用变压器每天应进行一次外部检查，每周应进行一次夜间检查。

（7）站用电系统的运行方式，在变电站现场运行规程中规定。

二、站用交流系统的巡视检查项目及要求

1. 油浸式站用变压器巡视检查项目

（1）运行时上层油温应不超过80℃；

（2）有关过负荷运行的规定，应根据制造厂规定和导则要求，在现场运行规程中明确；

（3）变压器的油色、油位应正常，本体音响正常，无渗油、漏油，吸湿器应完好、硅胶应干燥；

（4）套管外部应清洁、无破损裂纹、无放电痕迹及其他异常现象；

（5）变压器外壳及箱沿应无异常发热，引线接头、电缆应无过热现象；

（6）变压器室的门、窗应完整，房屋应无漏水、渗水，通风设备应完好；

（7）各部位的接地应完好，必要时应测量铁芯和夹件的接地电流；

（8）各种标志应齐全、明显、完好，各种温度计均在检验周期内，超温信号应正确可靠；

（9）消防设施应齐全完好。

2. 干式变压器的运行规定及巡视检查项目

（1）干式变压器的温度限值应按制造厂的规定执行；

（2）干式变压器的正常周期性负载、长期急救周期性负载和短期急救负载，应根据制造厂规定和导则要求，在现场运行规程中明确；

（3）变压器的温度和温度计应正常；

（4）变压器的音响正常；

（5）引线接头完好，电缆、母线应无发热迹象；

（6）外部表面无积污。

3. 其他站用设备的检查内容

（1）站用电配电盘外壳清洁、无破损、无异常，各种标志应齐全、明显、完好；

（2）站用电母线电压正常，各部位的接地应完好，必要时应测量铁芯和夹件的接地电流；

（3）站用电设备接头接触良好、无发热现象，设备外壳的接地应完好。

三、变电站直流设备巡视检查内容及要求

1. 直流设备运行维护的基本要求

变电站的直流设备包括直流馈电设备、蓄电池（防酸蓄电池、镉镍蓄电池、阀控蓄电池）及其充电设备等。直流设备运行维护的基本要求：

（1）使变电站直流设备保持良好的运行状态，以保证变电站直流电源可靠，使用寿命

延长；

（2）保证变电站直流系统各项指标在合格范围内；

（3）保证变电站蓄电池组经常有足够的放电容量（额定容量的80%以上）。

2. 直流设备的巡视检查项目

（1）蓄电池外壳应完整清洁，无电解液外流现象，无爬碱现象（指镉镍蓄电池），支架应清洁、干燥。

（2）电解液液面应在两标示线之间。若低于下线应加蒸馏水，蒸馏水应无色透明，无沉积物（指防酸蓄电池和镉镍蓄电池）。

（3）检查蓄电池沉积物的厚度，检查极板有无弯曲短路，蓄电池极板无龟裂、变形，极板颜色正常，无欠充、过充电，电解液温度不超过35℃（指防酸蓄电池和镉镍蓄电池）。

（4）检查标示电池电压、比重（比重测量仅对防酸蓄电池），注意有无落后电池。

（5）蓄电池抽头连接线的夹头螺钉及蓄电池连接螺钉应紧固，端子无生盐，并有凡士林护层。

（6）蓄电池抽头母线及连接所用支持绝缘子应完好、清洁，无破损裂纹，无放电痕迹。

（7）蓄电池室门窗应完好，关闭应严密，天花板、墙壁和蓄电池支架应无腐蚀，房屋无漏雨。

（8）蓄电池室交流、直流照明灯应充足，通风装置运转应正常，消防设备完好。

（9）储酸室应有足够数量的蒸馏水及苏打水，防酸用具、试药应齐备。

（10）空气中是否有酸味，若酸味过重应将通风机开启半小时。

（11）蓄电池室应无易燃、易爆物品。

（12）检查负荷电流应无突增，如有应查明原因。

（13）充电装置三相交流输入电压平衡，无缺相，运行噪声、温度无异常，保护的声光信号正常，正对地、负对地的绝缘状态良好，直流负荷各回路的运行监视灯无熄灭，熔断器无熔断。

（14）直流控制母线、动力母线在规定范围内，浮充电电流适当，各表计指示正确。

（15）蓄电池呼吸器无堵塞，密封良好。

（16）检查蓄电池运行记录簿及充放电记录簿，了解充电是否正常，有无落后电池；测量负荷电流，测量每个电池的电压、比重，并记录在充放电记录簿上。测量负荷电流后应换算为额定电压时的电流值，对比看有无变化，若有变化则应查明原因。

（17）检查变电站存在的直流设备缺陷是否已消除。

（18）检查情况应记录在蓄电池运行记录簿上，内容包括直流母线电压、直流负荷、浮充电电流、绝缘状况以及运行方式等。

四、站用交流系统特殊巡视

1. 特殊巡视一般要求

站用交流系统的特殊巡视检查是指在特殊运行条件的情况下进行的检查，这种巡视检查不是按照周期性进行的，而是在出现运行环境或运行条件变化时进行的巡视检查。

（1）气候条件的变化：雷雨、大风、高温等，特殊的气候变化，可能影响到的运行设备都应该进行全面检查，如站用变压器、照明电源、电缆沟等。

（2）运行方式改变：运行方式改变可能使设备负荷变化，这样可能使某些设备出现发热或异常，应加强监视。

（3）有缺陷的设备：有些站用设备或系统本来就存在缺陷，但是还可以运行，在巡视检查时要监视设备缺陷的变化情况。

（4）变电站负荷高峰期：在高峰负荷期间，对站用系统和站用设备进行巡视检查，尤其是对降温设备、冷却系统等进行检查，发现设备存在的缺陷或不正常工作状态。

（5）夜间检查：夜间检查的目的主要是检查照明系统或设备，便于发现有缺陷或损坏的设备。

（6）站用电系统经过检修、改造或长期停用后重新投入运行，新安装的设备投入运行，都需要进行特殊巡视。

（7）根据站用电系统发出的故障或异常信号，判断系统的运行来决定需要检查的项目。

2. 特殊巡视内容

（1）电缆绝缘有无破损；

（2）引线连接是否牢固，接点接触是否良好，有无严重发热、变形现象；

（3）动力电缆（高、低压）有无腐蚀发热现象，电缆头是否正常，有无流胶现象；

（4）站用 380V 母线有无异常；

（5）站用设备运行状态是否正确；

（6）检查有无小动物踪迹。

五、变电站直流系统的特殊巡视及异常

1. 直流系统的特殊巡视要求

（1）对新安装、大修、改造后的直流系统应进行特殊巡视。

（2）在直流系统出现交流电失压、短路、接地、熔断器熔断等异常现象后，也应进行特殊巡视。出现接地现象后，应首先检查正对地、负对地的绝缘电阻，判断接地程度，重

点巡视施工、工作地点和易发生接地的回路。出现短路、熔断器熔断等现象后，应巡视保护范围内各直流回路元件有无焦煳味，有无过热元件，有无明显故障现象。

2. 直流绝缘监察装置的异常

微机直流绝缘监察装置异常信号及其处理：

（1）接地报警：此信号发出后，操作队值班员可根据监察装置，晕示的接地线路编号，判明接地线路并根据负荷性质进行处理。

（2）欠压报警：此信号发出后，操作队值班员可检查直流充电装置的输出电压和蓄电池的运行电压是否正常，同时汇报有关部门。

（3）过压报警：此信号发出后，操作队值班员可检查直流充电装置的输出电压和蓄电池的运行电压是否正常，同时汇报有关部门。

【案例分析】

案 例 站用电交流系统的异常情况。

通常，变电站站用电交流系统发生异常有以下几种情况：

（1）站用变压器运行中发生温度不正常升高、声音异常、电压严重不对称、气体告警、引线发热、大量漏油等异常现象。

发生上述情况后，值班人员应立即向调度汇报，应及时停运站用变压器，切换站用电源，并查找原因，按现场规程处理。在停用一段母线并切换至备用母线时，要注意站用负荷的调整，尤其是对重要负荷，要尽量缩短其停电时间。

（2）站用变压器的保护动作。分析故障点可能在380V侧设备上，应结合其他开关跳闸情况，将故障点隔离，然后恢复供电，如果查不出明显故障点，可通过空气开关分段试送电。

（3）站用电系统故障。值班人员应立即检查是哪些开关跳闸，哪些保护动作；备用电源是否投入；所用电各母线电压是否正常；主变压器冷却设备运转是否正常等。根据具体情况，查明故障原因。并采取相应措施隔离已损坏的设备。迅速恢复并最大限度地保证重要站用负荷的供电。

因短路故障造成站用变压器低压开关跳闸或低压熔断器的熔断，未查明故障点又需要强送时，应尽量使用远方操作，避免手动操作。

（4）站用变压器断相运行。由于站用变压器高、低压侧均采用单相熔断器，出现断相运行的可能性极大。对于低压侧出现断相的情况有可能由于中性线截面小，导致过负荷发热；对于高压侧出现断相，将造成变压器由三相供电变为单相供电。对运转中的电动机电流增加、电压降低、电动机转速减慢，长时间运转将使电动机发热或烧坏电动机等用电设备。

【思考与练习】

1.变电站站用交流系统的巡视检查项目及要求是什么?

2.变电站直流设备巡视检查内容有哪些?

3.变电站站用交流系统特殊巡视的一般规定是什么?

4.变电站直流系统特殊巡视要求有哪些?

项目 ③ 变电站倒闸操作

任务3.1　倒闸操作基本程序及基本流程

【学习目标】

知识目标：1.掌握变电站倒闸操作的基本原则。

2.掌握变电站倒闸操作的注意事项。

3.掌握变电站倒闸操作票的填写及倒闸操作的执行程序。

能力目标：1.能根据任务和设备实际运行情况正确填写操作票。

2.掌握倒闸操作的关键步骤及工作要点。

态度目标：1.能主动学习，在完成任务过程中发现问题、分析问题和解决问题。

2.能严格遵守安全规程，具有较高的安全意识、质量意识和追求效益的观念。

3.能与小组成员协商、交流配合共同完成本学习任务。

【任务描述】

本任务介绍倒闸操作的基本概念、操作原则和注意事项。通过归纳讲解一般典型操作程序，掌握倒闸操作的基本方法。

【相关知识】

电气设备倒闸操作，其实质是进行电气设备状态间的转换。因此，本任务首先介绍变电站电气设备的状态及其状态间转换的概念，进而对变电站电气设备倒闸操作的基本概念、基本内容、基本类型、操作任务、操作指令、操作原则和倒闸操作的一般规定进行阐述；通过倒闸操作基本程序来说明倒闸操作的基本步骤、方法及要点。

一、电气设备倒闸操作的基本原则

1.电气设备的状态

变电站电气设备有四种稳定的状态，即运行状态、热备用状态、冷备用状态和检修状态。

（1）电气设备运行状态。电气设备运行状态是指电气设备的隔离开关和断路器都在合上的位置，并且电源至受电端之间的电路连通（包括辅助设备，如电压互感器、避雷器等）。

（2）电气设备热备用状态。电气设备热备用状态是指设备仅仅靠断路器断开，而隔离开关都在合上的位置，即没有明显的断开点，其特点是断路器一经合闸即可将设备投入运行。

（3）电气设备冷备用状态。电气设备冷备用状态是指设备的断路器和隔离开关均在断开位置。

（4）电气设备检修状态。电气设备检修状态是指设备的所有断路器、隔离开关均在断开位置，装设接地线或合上接地开关。"检修状态"根据设备不同又可以分为以下几种情况：

1）"断路器检修"是指断路器及两侧隔离开关均在断开位置，断路器控制回路熔断器取下或断开空气断路器，两侧装设接地线或合上接地开关，断路器连接到母差保护的电流互感器回路应拆开并短接。

2）"线路检修"是指线路断路器及两侧隔离开关均断开位置，如果线路有电压互感器且装有隔离开关时，应将该电压互感器的隔离开关拉开，并取下低压侧熔断器或断开空气断路器，在线路侧装设接地线或合上接地开关。

3）"主变压器检修"是指变压器的各侧断路器及隔离开关均在断开位置，并在变压器各侧装设接地线或合上接地开关，断开变压器的相关辅助设备电源。

4）"母线检修"是指连接该母线上的所有断路器（包括母联、分段）及隔离开关均在断开位置，线上的电压互感器及避雷器改为冷备用状态或检修状态，并在该母线上装设接地线或合上接地开关。

2. 倒闸操作的概念

将电气设备由一种状态转变到另一种状态所进行的一系列操作总称为电气设备倒闸操作。

3. 倒闸操作的基本类型

（1）正常计划停电检修和试验的操作。

（2）调整负荷及改变运行方式的操作。

（3）异常及事故处理的操作。

（4）设备投运的操作。

4. 变电站倒闸操作的基本内容

（1）线路的停、送电操作。

（2）变压器的停、送电操作。

（3）倒母线及母线停、送电操作。

（4）装设和拆除接地线的操作（合上和拉开接地开关）。

（5）电网的并列与解列操作。

（6）变压器的调压操作。

（7）站用电源的切换操作。

（8）继电保护及自动装置的投、退操作，改变继电保护及自动装置定值的操作。

（9）其他特殊操作。

二、倒闸操作的基本原则及一般规定

1. 停、送电操作原则

倒闸操作的基本原则是严禁带负荷拉、合隔离开关，不能带电合接地开关或带电装设接地线。因此，制定的基本原则如下：

（1）停电操作原则。先断开断路器，然后拉开负荷侧隔离开关，再拉开电源侧隔离开关。

（2）送电操作原则。先合上电源侧隔离开关，然后合上负荷侧隔离开关，最后合上断路器。

2. 倒闸操作一般规定

为了保证倒闸操作的安全顺利进行，倒闸操作技术管理规定如下：

（1）正常倒闸操作必须根据调度值班人员的指令进行操作。

（2）正常倒闸操作必须填写操作票。

（3）倒闸操作必须两人进行。

（4）正常倒闸操作尽量避免在下列情况下操作：

1）变电站交接班时间内。

2）负荷处于高峰时段。

3）系统稳定性薄弱期间。

4）雷雨、大风等天气。

5）系统发生事故时。

6）有特殊供电要求。

（5）电气设备操作后必须检查确认实际位置。

（6）下列情况下，变电站值班人员不经调度许可能自行操作，操作后须汇报调度：

1）将直接对人员生命有威胁的设备停电。

2）确定在无来电可能的情况下，将已损坏的设备停电。

3）确认母线失电，拉开连接在失电母线上的所有断路器。

（7）设备送电前必须检查有关保护装置已投入。

（8）操作中发现疑问时，应立即停止操作，并汇报调度，查明问题后再进行操作。操作中具体问题处理规定如下：

1）操作中如发现闭锁装置失灵时，不得擅自解锁。应按现场有关规定履行解锁操作程序进行解锁操作。

2）操作中出现影响操作安全的设备缺陷，应立即汇报值班调度员，并初步检查缺陷情况，由调度决定是否停止操作。

3）操作中发现系统异常，应立即汇报值班调度员，得到值班调度员同意后，才能继续操作。

4）操作中发现操作票有错误，应立即停止操作，将操作票改正后才能继续操作。

5）操作中若发生误操作事故，应立即汇报调度，采取有效措施，将事故控制在最小范围内，严禁隐瞒事故。

（9）事故处理时可不用操作票。

（10）倒闸操作必须具备下列条件才能进行操作：

1）变电站值班人员须经过安全教育培训、技术培训、熟悉工作业务和有关规程制度，经上岗考试合格，有关主管领导批准后，方能接受调度指令，进行操作或监护工作。

2）要有与现场设备和运行方式一致的一次系统模拟图，要有与实际相符的现场运行规程，继电保护自动装置的二次回路图纸及定值整定计算书。

3）设备应达到防误操作的要求，不能达到的须经上级部门批准。

4）倒闸操作必须使用统一的电网调度术语及操作术语。

5）要有合格的安全工器具、操作工具、接地线等设施，并设有专门的存放地点。

6）现场一、二次设备应有正确、清晰的标示牌，设备的名称、编号、分合位指示、运动方向指示、切换位置指示以及相别标识齐全。

【任务实施】

倒闸操作的程序总体上是一个设备状态转换的程序，也就是一个倒闸操作任务完成的主要过程。

一、电气设备状态转换的程序

（1）设备停电检修：运行→热备用→冷备用→检修。

（2）设备检修后投入运行：检修→冷备用→热备用→运行。

二、倒闸操作一般程序

变电站倒闸操作的一般流程如图1.3.1-1所示。

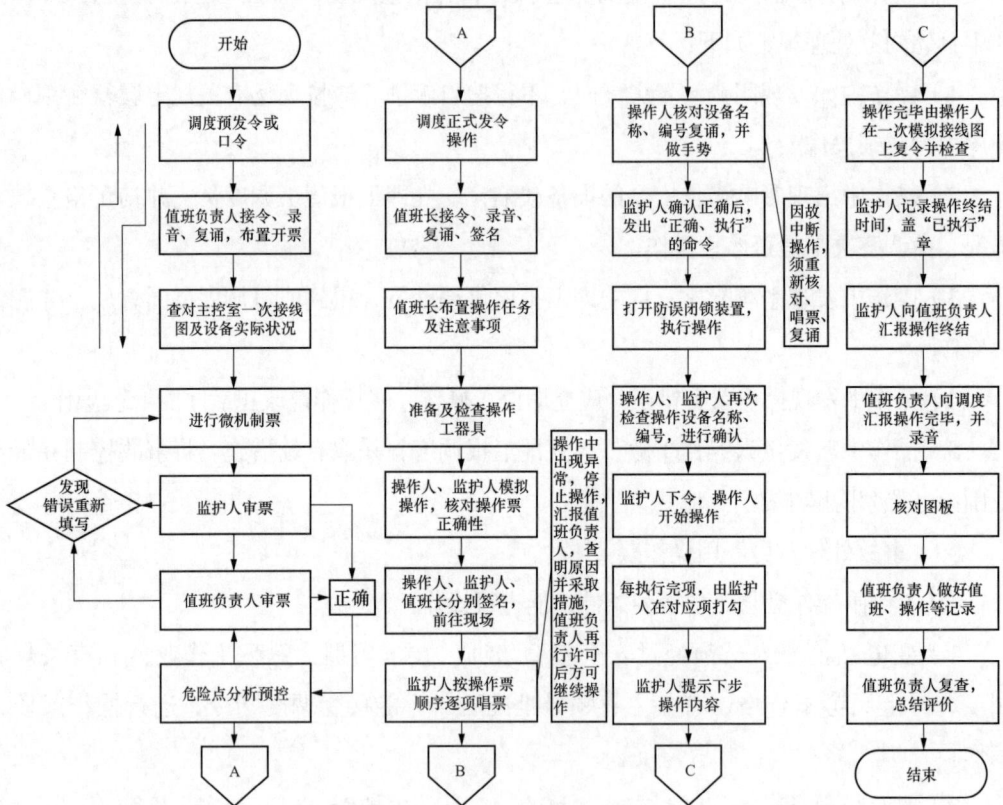

图 1.3.1-1　变电站倒闸操作的一般流程

三、倒闸操作的关键步骤及工作要点

倒闸操作执行中的关键步骤及工作要点如表1.3.1-1所示。

表1.3.1-1　倒闸操作执行中的关键步骤及工作要点

操作步骤	工作要点
1.接受操作任务，拟订操作方案（填操作票）	（1）熟悉操作任务，明确操作目标，结合现场实际运行方式、设备运行状态和性能，确认操作任务正确、安全可行。 （2）根据操作任务，核对运行方式后，参照典型操作票，正确规范填写操作票。 （3）对于复杂操作任务，应认真拟定操作方案后，再填写操作票
2.审核、打印操作票	（1）按照操作人、监护人、值班长进行逐级审核。审查操作票的正确性、安全性及合理性，重点审查一次设备操作相应的二次设备操作。 （2）经审查无误后，打印操作票，审票人分别在操作票指定地点签名

操作步骤	工作要点
3.操作准备	（1）正式操作前，操作人、监护人进行模拟操作，再次对操作票的正确性进行核对，并进一步明确操作目的。 （2）值班长组织操作人员对整个操作过程中危险点进行分析和控制，做到有备无患。 （3）准备操作中要使用的工器具。检查工器具的完好性，并由辅助操作人员负责做好使用准备。
4.接受操作指令	（1）调度员发布正式操作命令时，应由当值值班负责人或正值班员接令，并录音和复诵，经双方复核无误后，由接令人将发令时间、发令人姓名填入操作票，然后交由监护人、操作人操作。 （2）通过复诵和录音使得调度及变电站双方对操作任务再次核对正确性并留下依据
5.核对操作设备	（1）操作人应站位正确，核对设备名称和编号，监护人检查并核对操作人所站位置及操作设备名称编号应正确无误，安全防护用具使用正确，然后高声唱票。 （2）核对设备的名称编号是防误操作的第一道关卡，可防止误入间隔。核对设备的状态是否与操作内容相符，如有疑问应立即停止操作，并向调度或相关管理人员询问
6.唱票、复诵、监护、操作，检查确认	（1）监护人高声唱票，操作人手指需操作的设备名称及编号，高声复诵。 （2）在两人一致明确无误后，监护人发出"对，执行"命令，操作人方可操作。 （3）每项操作完毕，操作人员应仔细检查一次设备是否操作到位，并与变电站控制室联系，检查相关二次部分如切换信号指示灯或遥信信息是否变位正确等。 （4）确认无误后应由监护人在操作票对应项上打钩
7.汇报调度	（1）全部操作结束，监护人应检查票面上所有项目均已正确打钩，无遗漏项，在操作票上填写操作终了时间，加盖"已执行"章，并汇报值班负责人。 （2）由值班负责人或正值班员向调度汇报操作任务执行完毕。汇报时要汇报操作结束时间，表明操作正式结束，设备运行状态已根据调度命令变更
8.终结操作	（1）检查一、二次设备运行正常。 （2）校正显示屏标志，并检查微机防误模拟屏上设备状态已与现场一致。 （3）在运行日志或生产MIS系统上填写操作记录

【学习任务工单及考核】

任务工单 变电站电气倒闸操作相关知识学习任务工单

班级：　　　　　　　　组号：　　　　　　　　日期：

任务描述：

（1）发电机—变压器组启动前的检查及测量。

（2）填写发电机—变压器组恢复冷备用操作票并操作。

（3）填写发电机—变压器组恢复热备用操作票并操作。

1.资讯

（1）查看《国家电网公司变电运维管理规定》、《变电站现场电气运行规程》、GB 26860—2011《电力安全工作规程 发电厂和变电站电气部分》、变电站电气设备实物图。

（2）查看110kV变电站一次主接线图。

（3）查阅变电站主要设备的运行参数。

2.任务

（1）倒闸操作的原则、流程是什么？

（2）倒闸操作中应重点防止的误操作事故是什么？

（3）怎样办理工作票？

（4）如何填写操作票？流程是什么？

3.计划

工作任务		变电站电气倒闸操作相关知识学习		学时		成绩	
班级	组别	岗位确定					
		班长	主值	主值	副值	副值	主电工	副电工
姓名							
学号							
日期							
工作步骤							

4.决策

会同老师对计划的可行性进行分析，对工作任务实施方案进行决策。

5.实施

查看《国家电网公司变电运维管理规定》、《变电站现场电气运行规程》、GB 26860—2011《电力安全工作规程 发电厂和变电站电气1部分》、变电站电气设备实物图。查看110kV变电站一次主接线图，完成以上所列任务。

6.检查及评估

分组检查任务完成情况，进行自评、互评（考评主要项目如下）。

考评项目		自我评估	组长评估	教师评估	备注
工作态度 （10分）	劳动纪律				
	协调配合				
专业能力 （70分）	资料收集（10分）				
	方案制订（10分）				
	工单填写（10分）				
	实施过程（20分）				
	完成情况（20分）				
方法能力 （10分）	信息、计划、组织、检查				
社会能力 （10分）	沟通、协作、安全				
合计					

【思考与练习】

1.什么是电气设备倒闸操作？

2.什么是一个倒闸操作任务？

3.倒闸操作的基本原则有哪些？

4.变电站倒闸操作的类型有哪些？

5.简述倒闸操作的基本步骤。

6.试说明变压器检修状态的含义。

任务3.2　高压开关类设备及线路倒闸操作

任务3.2.1　高压开关类设备及线路一般停、送电

【学习目标】

知识目标：1.熟悉变电站开关类设备及线路进行停、送电操作前的运行方式。

　　　　　2.掌握变电站开关类设备及线路进行停、送电的基本原则及要求。

能力目标：1.能根据任务和设备实际运行情况正确填写操作票。

2.能按照操作票在仿真机上进行正确的倒闸操作。

态度目标：1.能主动学习，在完成任务过程中发现问题、分析问题和解决问题。

2.在严格遵守安全规范的前提下，能与小组成员协作共同完成本学习任务。

【任务描述】

本任务介绍断路器对单一线路一般停、送电的操作原则和注意事项，调度规程中对线路操作的相关规定等内容。通过要点归纳、案例讲解，掌握断路器对线路一般停、送电的操作方法及注意事项。

【相关知识】

一、隔离开关操作及注意事项

1. 隔离开关的操作

（1）隔离开关操作前应检查断路器在分闸位置，送电前应检查接地开关确已拉开并分闸到位，送电范围内接地线已拆除。

（2）隔离开关电动操动机构操作电压应在额定电压的85%～110%范围内。

（3）手动合隔离开关应迅速、果断，但合闸终了时不可用力过猛。合闸后应检查动、静触头是否合闸到位，接触是否良好。

（4）手动操作隔离开关开始拉开时，应慢而谨慎；当动触头刚离开静触头时，应迅速，拉开后检查动、静触头断开是否到位。

（5）操作隔离开关合闸过程中，如有卡滞、动触头不能插入静触头、合闸不到位等现象时，应拉开该隔离开关，停止操作，待缺陷消除后再继续进行。

（6）电动操作的隔离开关正常运行时，其操作电源应断开。

（7）操作带有闭锁装置的隔离开关时，应按闭锁装置的使用规定进行，不得随便动用解锁钥匙或破坏闭锁装置。

（8）严禁用隔离开关进行下列操作：

1）带负荷拉、合闸操作；

2）配电线路的停、送电操作；

3）雷电时，拉、合避雷器；

4）系统有接地（中性点不接地系统）或电压互感器内部故障时，拉、合电压互感器；

5）系统有接地时，拉、合消弧线圈。

（9）隔离开关可以进行如下操作：

1）拉、合系统无接地故障的消弧线圈；

2）拉、合无故障的电压互感器、避雷器；

3）拉、合系统无接地故障的变压器中性点的接地开关；

4）拉、合与运行断路器并联的旁路电流；

5）拉、合空载站用变压器；

6）拉合220kV及以下母线和直接连接在母线上的设备的电容电流。

（10）不允许隔离开关进行以下操作：

1）拉、合空载变压器；

2）拉、合空载线路；

3）拉、合运行中的并联电抗器。

2. 隔离开关操作的注意事项

（1）隔离开关合闸送电前应检查断路器、相应接地开关确已拉开并分闸到位，临时接地线和安全措施已拆除，防止带负荷和带地线合闸送电。

（2）就地手动操作隔离开关时，带电合入接地或短路回路也不得再拉开；拉闸时，如发现弧光，应迅速合入，停止操作，查明原因，但切断空载母线或断系统环路，应快而果断，促使电弧迅速熄灭。

（3）分相隔离开关操作时，拉闸先拉中相，后拉两边相；合闸操作顺序相反。

（4）隔离开关经拉合后，应到现场检查其实际位置，以免传动机构或控制回路有故障，出现拒合或拒分，同时检查触头的位置是否正确；合闸后，工作触头接触良好；拉闸后，断口张开的角度或拉开的距离应符合要求。隔离开关操动机构的定位销，在操作后一定要销牢，以免滑脱发生事故。

（5）在操作隔离开关过程中，要特别注意若绝缘子有断裂等异常时应选好迅速撤离现场路径，防止人身受伤。对垂直剪刀式隔离开关，合闸操作完毕后，应仔细检查操动机构上、下拐臂是否均已越过死点位置。以防止隔离开关不过死点而自动下滑拉开。

（6）隔离开关操作所发出的声音，可用来判断是否误操作及可能发生的问题。一般是电压等级越高，切断的电流越大，则声音越响；反之则越轻。110kV系统隔离开关操作时的音响一般常识如下：

1）隔离开关拉开后，如一侧有电，另一侧无电，则拉隔离开关时，一般声音较响。

2）合隔离开关时，如一侧有电，另一侧无电，则一般声音较响。

3）两侧均无电，则在拉、合隔离开关时，一般无声音，如有轻微声音，则一般是由感应电引起，如当线路送电合上线路隔离开关时，一般有轻微声音；如断路器带有断口电容的，则声音相对大一点。

4）对于改为线路转检修的操作，当拉开线路隔离开关时，一般声音较轻，如声音较响，则应认真检验线路是否带电，以免在装设接地线时，发生带电挂地线事故。

5）对于等电位倒母线拉合隔离开关时，声音很轻。

6）对于操作时事先估计有声音而未发出的，也应查找原因，是否由于失电引起，以便及时处理。

二、高压断路器操作及注意事项

1. 高压断路器操作要求

（1）断路器投运前，应检查接地线是否全部拆除，防误闭锁装置正常，防止带地线合闸送电。

（2）操作前应检查控制回路和辅助回路的电源正常，检查机构已储能，保证直流和交流动力电源电压在正确合格的范围内。

（3）检查油断路器油位、油色正常；真空断路器灭弧室无异常；SF_6 断路器气体压力在规定的范围内；各种信号正确、表计指示正常；防止断路器爆炸故障或合不上断路器的异常情况。

（4）长期停运超过 6 个月的断路器，在正式执行操作前应通过远方控制方式进行试操作 2~3 次，无异常后方能按拟定的方式操作。

（5）操作前，检查相应隔离开关和断路器的位置，确认继电保护已按规定投入。

（6）操作控制把手时，不能用力过猛，以防损坏控制开关；不能返回太快，以防时间短断路器来不及合闸。操作中应同时监视有关电压、电流、功率等表计的指示及红绿灯的变化。

（7）操作开关柜时，应严格按照规定的程序进行，防止由于程序错误造成闭锁、二次插头、隔离挡板和接地开关等元件损坏。

（8）断路器（分）合闸动作后，应到现场确认本体和机构（分）合闸指示器以及拐臂、传动杆位置，保证断路器确已正确（分）合闸，同时检查断路器本体有无异常。

（9）断路器合闸后应检查：

1）红灯亮，机械指示应在合闸位置；

2）送电回路的电流表、功率表及计量表是否指示正确；

3）电磁机构电动合闸后，立即检查直流盘合闸电流表指示，若有电流指示，说明合闸线圈有电，应立即拉开合闸电源，检查断路器合闸接触器是否卡涩，并迅速恢复合闸电源；

4）弹簧、液压操动机构，在合闸后应检查是否储能。

（10）断路器分闸后的检查：

1）绿灯亮，机械指示应在分闸位置；

2）检查表计指示正确。

（11）小车式断路器允许停留在运行、试验、检修位置，不得停留在其他位置。检修后，应推至试验位置，进行传动试验，试验良好后方可投入运行。

（12）小车式断路器无论在工作位置还是在试验位置，均应用机械联锁把小车锁定，防止小车式断路器移动位置。

（13）进入室内 SF_6 开关设备区，需先通风 15min，并检测室内氧气密度正常（大于18%），SF_6 气体密度小于 1000mL/L。处理 SF_6 设备泄漏故障时必须戴防毒面具，穿防护服。

（14）GIS设备的电气闭锁不得随意停用。

（15）正常运行时，组合电器汇控柜闭锁控制钥匙应取下，放置在钥匙箱内，按防误闭锁管理规定使用。

2. 高压断路器操作的一般原则

（1）断路器合闸送电或跳闸后试送，人员应远离断路器现场，以免因带故障合闸造成断路器损坏，发生意外。

（2）远方合闸的断路器，不允许带工作电压手动合闸，以免合入故障回路使断路器损坏或引起爆炸。

（3）当断路器出现非对称分、合闸时，根据具体情况是否可恢复对称运行，然后再做其他处理。

（4）断路器经分合后，应到现场检查其实际位置，以免传动机构开焊，绝缘拉杆折断或支持绝缘子碎裂，造成回路实际未拉开或未合上。

（5）拒绝跳闸或保护有故障回路的断路器，不得投入运行或列为备用。以防止断路器不能自动跳闸而造成事故扩大。

3. 高压断路器停、送电操作注意事项

（1）控制开关在预合、预分位置时，应检查红、绿灯是否闪光。合闸、分闸位置停留时间不宜太长。

（2）断路器操作后应当检查分合闸指示器、信号等判断其位置外，还应通过仪表来判断其操作是否正确，保证断路器操作在正确的位置。

（3）断路器合闸操作后，对于 SF_6 断路器应检查 SF_6 和操作压力是否正常；液压机构应检查操作压力是否正常；弹簧机构应当检查机构是否已储能；电磁机构应检查合闸熔断器是否完好。防止断路器合不上闸或合闸闭锁的现象。

（4）断路器在运行中，严禁进行慢分闸、慢合闸。

（5）断路器合闸前，变电站必须检查继电保护及安全自动装置按规定投入。断路器合闸后，变电站必须检查确认三相均已接通。断路器操作时，若远方操作失灵，变电站规定允许就地操作时，必须进行三相同时操作，不得进行分相操作。

【任务实施】

一、线路一般停、送电的操作原则

线路停、送电一般应遵守以下操作原则：

（1）停电前，应先将线路的负荷（包括T接负荷）倒由备用电源带；对于联络线或双回线，调度要事先调整好潮流后，再断开断路器，避免造成过负荷或电压异常波动。送电后，勿使空载线路末端电压升高至允许值以上或发电机在无负荷情况下产生自励磁。

（2）有电源单回联络线解列时，首先调整待解列电厂侧出力，使功率接近零时断开电厂侧断路器，后再断开系统侧断路器，与系统解列后电厂侧单独运行。为防止切断充电线路产生过大的电压波动，一般常由容量小的那侧先断开断路器，容量大的一侧后断开断路器。

（3）有电源单回联络线并列时，先合系统侧断路器向线路充电，再合上待并电厂侧断路器。

（4）如果电厂侧无负荷或有负荷线路停电不能单独运行须先倒至其他线路时，可在送电功率为零时断开电厂侧断路器，然后再断开系统侧断路器；并列时，合上系统侧断路器给线路充电，然后电厂侧同期并列机组。

（5）对于多电源线路（两个及两个以上电源）必须先拉开所有线路断路器后，再拉开负荷侧隔离开关、拉开电源侧隔离开关，并按规定装设接地线或合接地开关。送电时相反。

（6）双回线或环形网络解环时，应考虑有关设备的送电能力及继电保护允许电流、电流互感器变比、稳定极限等，以免引起过负荷跳闸或其他事故。

（7）新建线路投入运行时，应以额定电压进行冲击，冲击次数和试运行时间按有关规定或启动措施执行。

（8）带电线路和室外变电站遇雷雨天气时，禁止使用绝缘棒或经传动机构拉合断路器和隔离开关。

（9）检修后的线路，送电时如线路断路器跳闸，未查明跳闸原因前不得再次合闸送电。

二、线路停、送电的操作顺序

（1）线路停电操作顺序：断开断路器，拉开负荷侧隔离开关，拉开电源侧隔离开关，在线路上可能来电的各端验明无电后合上接地开关（或挂临时接地线）。

（2）线路送电操作顺序：拉开线路各端接地开关（或拆除临时接地线），合上线路两端电源侧隔离开关及负荷侧隔离开关，合上断路器。

（3）停、送电操作的规定：

1）单回线停电：拉开断路器后，先拉负荷侧隔离开关，后拉电源侧隔离开关。

2）单回线送电：先合电源侧隔离开关，后合负荷侧隔离开关；合上断路器送电。

3）双回线停电：先拉发电厂（电源侧变电站）侧断路器，后拉负荷变电站侧断路器；先拉负荷侧隔离开关，后拉电源侧隔离开关；双回线如装有横差保护，将横联差动保护跳运行线路的跳闸连接片断开。双回线送电操作顺序与停电时相反；送电后，待两条线路电流相等，再将线路重合闸及横联差动保护的跳闸连接片投入。

【案例分析】

某110kV变电站，10kV侧单母线分段接线，中置式小车断路器柜，如图1.3.2.1-1所示。线路配备有过流Ⅰ、Ⅱ段保护，监控机操作断路器。

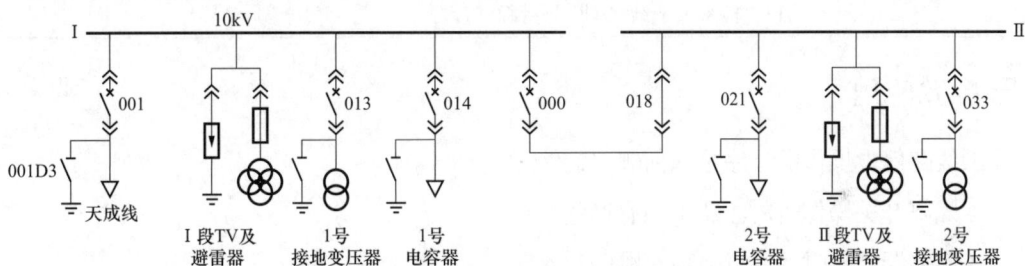

图1.3.2.1-1 单母线分段接线

10kV天成线由运行转断路器、线路检修，操作步骤见表1.3.2.1-1。

表1.3.2.1-1 天成线停电线路及断路器转检修的操作步骤

操作目的	操作步骤	操作注意事项
运行转热备用	（1）拉开天成线001断路器； （2）检查天成线表计读数正确； （3）检查天成线001断路器确已拉开	正确选择断路器分闸
热备用转冷备用	（4）将天成线001小车断路器拉至试验位置； （5）检查天成线001小车断路器确已拉至试验位置	正确判断小车断路器的位置
冷备用转检修	（6）取下天成线001小车断路器二次插头； （7）将天成线001小车断路器拉至检修位置； （8）检查天成线001小车断路器确已拉至检修位置； （9）检查天成线001间隔线路侧带电显示灯灭； （10）合上天成线001D3接地开关； （11）检查天成线001D3接地开关确已合好； （12）拉开天成线001断路器的操作和信号二次开关	天成线001间隔线路侧无法直接验电，采用间接验电

10kV天成线由断路器、线路检修转运行，操作步骤见表1.3.2.1-2。

表1.3.2.1-2　天成线及断路器由检修转运行线路送电操作步骤

操作目的	操作步骤	操作注意事项
检修转冷备用	（1）合上天成线001断路器的操作和信号二次开关； （2）检查天成线001断路器保护投入正确； （3）拉开天成线001D3接地开关； （4）检查天成线001D3接地开关确已拉开； （5）检查天成线001断路器确在拉开位置； （6）将天成线001小车断路器推至试验位置； （7）检查天成线001小车断路器确已推至试验位置； （8）压上天成线001小车断路器二次插头	送电断路器保护正常，接地开关确已在拉开位置
冷备用转热备用	（9）将天成线001小车断路器推至运行位置； （10）检查天成线001小车断路器确已推至运行位置	小车断路器正确推至运行位置
热备用转运行	（11）合上天成线001断路器； （12）检查天成线表计指示正确； （13）检查天成线001断路器确已合好	正确选择断路器合闸

【思考与练习】

1.线路停电操作的顺序是如何规定的？

2.隔离开关操作时的注意事项有哪些？

3.断路器操作时的注意事项有哪些？

4.一般线路停、送电的操作顺序如何规定的？

*任务3.2.2　高压开关类设备及线路特殊停、送电及危险点源预控分析

【学习目标】

知识目标：1.熟悉变电站开关类设备及线路进行特殊停、送电操作前的运行方式。

2.掌握变电站开关类设备及线路进行特殊停、送电的基本原则及要求。

3.掌握线路特殊停、送电及危险点源预控分析。

能力目标：1.能根据任务和设备实际运行情况正确填写操作票。

2.能按照操作票在仿真机上进行正确的倒闸操作。

态度目标：1.能主动学习，在完成任务过程中发现问题、分析问题和解决问题。

2.在严格遵守安全规范的前提下，能与小组成员协作共同完成本学习任务。

【任务描述】

本任务介绍断路器对线路特殊停、送电操作及危险点源分析预控方面的内容。通过案例分析、归纳讲解，掌握断路器对线路特殊停、送电方法及危险点源预控。

【任务实施】

一、高压开关及线路特殊停、送电操作

在特殊情况下正确执行断路器操作任务的关键归纳起来可概括为：①发令受令准确无误；②填写操作票准确；③具体操作过程中要防止失误。

1. 断路器（线路）特殊停、送电操作规定

（1）系统并列操作。两系统并列操作要频率相同，电压相等，相序、相位一致。以防止两系统造成非同期并列，而形成短路事故。

（2）系统解列操作。两系统解列操作必须将解列点的有功电力调整到零，电流调整到最小方可进行，以免解列后频率、电压异常波动。

（3）拉合环路操作。拉环路操作前要考虑两端电压差在允许范围内。合环路操作前必须确知并列点相位正确，处在同期状态。否则应进行同期检查。拉合环路前还必须要考虑潮流变化是否引起设备过负荷、过电流跳闸。

（4）断路器由运行状态转为热备用状态时，相应的控制电源、保护电源、信号电源均不能退出。

（5）线路停电转为检修状态时，线路电压互感器熔断器退出运行，相应的断路器控制电源、保护电源、信号电源均可不退出运行。

（6）断路器停电转检修状态时，相应的断路器控制电源、信号电源均应退出运行，以防止断路器误动作而伤人。

2. 断路器（线路）特殊停、送电的注意事项

（1）断路器运行中，由于某种原因造成油断路器严重缺油，SF_6 断路器气体压力异常，发出闭锁操作信号，应立即断开故障断路器的控制电源。断路器操动机构压力突然到零，应立即拉开打压电源后，再断开断路器的跳闸连接片及控制电源，并及时处理。

（2）真空断路器，如发现灭弧室内有异常，应立即汇报，禁止操作，按调度指令停用断路器跳闸连接片。

（3）断路器由于系统容量增大，运行地点的短路电流达到断路器额定开断电流时，应停用自动重合闸，在短路故障开断后禁止强送。并应制订计划更换满足系统短路电流要求

的断路器。

（4）断路器实际故障开断次数仅比允许故障开断次数少一次时，应停用该断路器的自动重合闸。

（5）弹簧操动机构未储能时，不能进行合闸操作。弹簧操动机构是采用事先储存在弹簧内的势能作为驱动断路器合闸的能量。主要特点有：

1）紧急情况下可手动储能，所以其独立性和适应性强，可在各种场合使用。

2）根据需要可构成不同合闸功能的操动机构，用于10～220kV各电压等级的断路器中。

3）动作时间比电磁机构快，因此可以缩短断路器的合闸时间。

4）缺点是结构比较复杂，机械加工工艺要求比较高。其合闸力输出特性为下降曲线，与断路器所需要的呈上升的合闸力特性不易配合好。合闸操作时冲击力较大，要求有较好的缓冲装置。

由于弹簧操动机构只有当它已处在储能状态后才能合闸操作，因此必须将合闸控制回路经弹簧储能位置开关触点进行联锁。弹簧未储能或正在储能过程中均不能合闸操作，并且要发出相应的信号；另外，在运行中，一旦发出弹簧未储能信号，就说明该断路器不具备一次快速自动重合闸的能力，应及时进行处理。

处理时，要首先检查储能机构的动力电源熔断器是否完好，电源电压是否合格，断路器二次接插头是否接触好，手动储能是否正常等。

3. 断路器（线路）特殊停、送电时二次回路的调整

（1）装取二次回路熔断器前应核对熔断器编号，严禁凭记忆印象确定熔断器位置；

（2）严禁带负荷装取动力回路的熔断器；

（3）装上直流控制熔断器应先装负极，后装正极，装上后要检查熔断器固定牢靠无松动，接触良好，并检查相应的灯光、信号等指示正确；

（4）取下直流控制熔断器应先取正极，后取负极，取下后应检查相应的灯光指示熄灭；

（5）装取直流控制熔断器时应干脆利落，不得造成反复的接通和断开；

（6）操作保护连接片时应穿绝缘鞋，操作前应检查核对连接片的名称编号无误，操作时应小心谨慎，不得造成连接片接地；

（7）投入连接片时应将连接片压在两个垫片之间压接紧固，停用连接片时应保证断开部分有足够的距离，固定端压接紧固，连接片无松动现象；

（8）操作连接片时应单手进行，另一只手不得接触设备外壳。

二、在断路器（线路）的停、送电操作中发现异常的处理原则

倒闸操作中产生疑问时应立即停止操作并向发令人报告，待弄清问题，发令人再行许可后，方可进行操作。但也会在操作中出现设备异常不能操作等现象，如何进行分析及正确处理是每个变电站操作人员应具备的条件。

1. 断路器操作异常的分析与处理

（1）在线路停、送电的操作中，常碰到断路器拒绝合闸的情况。断路器拒绝合闸可能是本体和操动机构的原因，也有可能是操作回路的原因。当发生这类故障时，应迅速根据操作过程中的异常现象，初步判断故障原因，进行必要的排除工作。因各类断路器的结构不同，故应视其电气部分和机械部分故障，采取相应的处理方法。

首先根据操作过程中操作回路电源指示灯或信号来判断故障原因。操作以前或操作以后，操作回路电源指示正常，液压或气压及弹簧储能正常，而在操作中合闸线圈铁芯不动作，应为操作回路故障。如合闸铁芯动作机构不动作，可能是机构机械故障。

（2）在线路停电操作中，若不能进行远方分闸，对变电站的安全稳定运行有很大的危害。因为当设备发生故障时，处在该设备回路中的断路器拒绝分闸，就会引起上一级的断路器自动跳闸，从而扩大事故停电范围。高压断路器不能分闸的一般原因有：操动机构的机械部分故障；操作回路失压或断线等。

正常操作分闸时，根据断路器位置指示或信号，判断操作电源是否消失。同时检查分闸线圈和液压、气压、弹簧机构压力是否正常，然后再进行分闸操作，观察分闸铁芯是否动作，以判断是操作回路故障还是机械部分本身故障。

（3）110kV及以下断路器为三相联动机构，断路器合闸时出现非合相，应立即拉开合上的相，如不能操作时，应设法利用母联断路器串带或旁路断路器代后用隔离开关隔离。断路器分闸时出现非合相，不能利用再合上已拉开相的方法（容易使机构或灭弧室损坏），应立即设法利用母联断路器串带或旁路断路器代后用隔离开关隔离。

（4）在下列情况下，须将断路器的操作电源切断：

1）检修断路器，二次回路或保护装置上作业时；

2）倒母线过程中，将母联断路器操作电源切断；

3）继电保护故障时；

4）油断路器无油时；

5）液压、气压操动机构储能装置压力降至允许值以下时。

断开操作电源的办法是拔掉操作回路中的操作熔断器或断开操作回路中低压断路器。

（5）对于储能机构的断路器，检修前必须将能量释放，以免检修时引起人员伤害。检修后的断路器必须放在分闸位置上，以免送电时造成带负荷合隔离开关的误操作事故。

（6）断路器累计分闸或切断故障电流次数（或规定切断故障电流累计值）达到规定时，应停电检修。还特别注意当断路器跳闸次数只剩一次时，应停用重合闸，以免故障重合时造成跳闸引起断路器损坏。

2. 隔离开关操作异常的分析与处理

（1）隔离开关合闸不到位。主要是检修调试时未调试好或隔离开关机构卡涩现象等原因引起。发生此情况时，可重新合闸一次；若无效，可用绝缘棒推入；电动操动机构的可用摇手柄按"合闸"方向摇上，但不能用力太大，以免机构断裂。必要时，可申请检修。

（2）母线侧隔离开关电动操作失灵。这时应首先检查操作无差错，然后检查所在单元断路器三相均在断开位置，双母线接线时另一母线侧隔离开关处断路器接地开关及该母线接地开关已拉开；如母联不在运行状态，还应检查另一母线隔离开关已断开。一次部分正确后，再检查二次部分。检查隔离开关操作电源应送上并正常，操作单元断路器动断辅助触点应合上，双母线另一母线侧隔离开关处断路器接地开关及该母线接地开关辅助触点应闭合，双母线另一母线隔离开关动断辅助触点应闭合，近控及远控停止按钮应接通，分闸或合闸接触器应完好，位置开关应接通，机构本身应无故障等。

（3）线路隔离开关电动操作失灵。应首先检查操作无差错，然后检查断路器三相已拉开，线路隔离开关两侧接地开关已拉开，隔离开关操作电源应送上并正常，操作单元断路器动断辅助触点应合上，线路隔离开关两侧接地开关动断辅助触点应闭合，近控及远控停止按钮应接通，分闸或合闸接触器应完好，位置开关应接通，机构本身应无故障等。

【案例分析】

案例1　线路停、送电操作危险点分析案例。

某110kV变电站，10kV侧单母线分段接线，中置式小车断路器柜，如图1.3.2.2-1所示。线路配备有过流Ⅰ、Ⅱ段保护，监控机操作断路器。危险点分析见表1.3.2.2-1、表1.3.2.2-2。

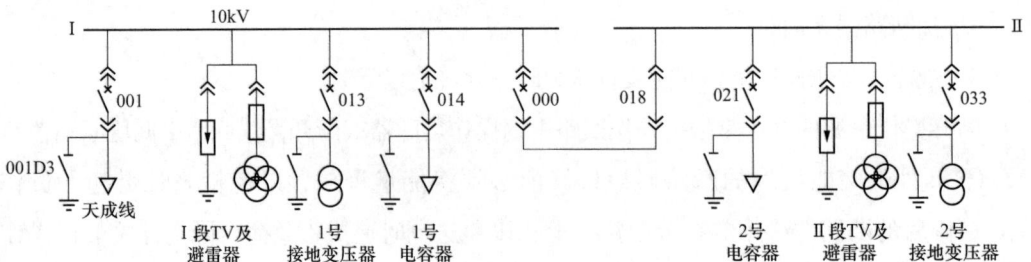

图1.3.2.2-1　单母线分段接线

表 1.3.2.2-1　天成线停电线路及断路器转检修的操作危险点分析

操作步骤	危险点	防范措施
（1）拉开天成线 001 断路器； （2）检查天成线表计读数正确； （3）检查天成线 001 断路器确已拉开； （4）将天成线 001 小车断路器拉至试验位置； （5）检查天成线 001 小车断路器确已拉至试验位置； （6）取下天成线 001 小车断路器二次插头； （7）将天成线 001 小车断路器拉至检修位置； （8）检查天成线 001 小车断路器确已拉至检修位置	误拉断路器	认真核对设备名称及编号，严格执行监护唱票复诵制度，检查到位
（9）检查天成线 001 间隔线路侧带电显示灯灭； （10）合上天成线 001D3 接地开关； （11）检查天成线 001D3 接地开关确已合好； （12）拉开天成线 001 断路器的操作和信号二次开关	误合带电线路接地开关	应认真核对设备名称及编号、带电显示装置，禁止不经有关人员批准，随意解除闭锁

表 1.3.2.2-2　天成线及断路器由检修转运行线路送电操作的危险点分析

操作步骤	危险点	防范措施
（1）合上天成线 001 断路器的操作和信号二次开关； （2）检查天成线 001 断路器保护投入正确； （3）拉开天成线 001D3 接地开关； （4）检查天成线 001D3 接地开关确已拉开	带接地开关送电	认清设备位置，防止走错间隔，检查送电范围内的接地开关已全部拉开
（5）检查天成线 001 断路器确在拉开位置； （6）将天成线 001 小车断路器推至试验位置； （7）检查天成线 001 小车断路器确已推至试验位置； （8）压上天成线 001 小车断路器二次插头； （9）将天成线 001 小车断路器推至运行位置； （10）检查天成线 001 小车断路器确已推至运行位置； （11）合上天成线 001 断路器； （12）检查天成线表计指示正确； （13）检查天成线 001 断路器确已合好	误合断路器	认真核对设备名称及编号，严格执行监护唱票复诵制度，检查到位

案例2　**特殊停、送电操作案例。**

　　某 110kV 变电站，高压侧为内桥接线方式，10kV 侧单母线分段接线方式，高压侧采用 GIS 设备，低压侧采用高压开关柜，如图 1.3.2.2-2 所示。正常运行方式：黄桥线带1号主变压器；东桥线带2号主变压器，桥100断路器热备用，10kV分段000断路器热备用。

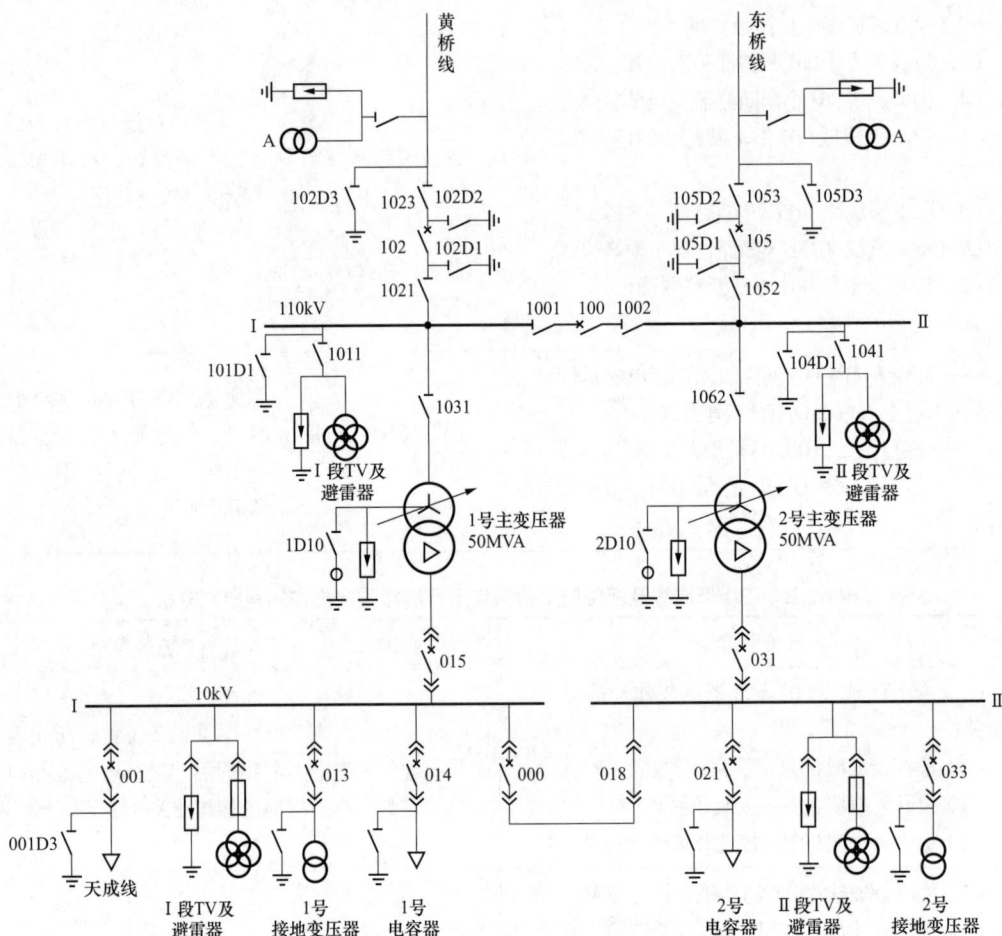

图 1.3.2.2-2　110kV 变电站电气主接线图

（1）110kV 黄桥线102断路器由运行转为线路检修，东桥线带1、2号主变压器运行，操作步骤见表1.3.2.2-3。

表1.3.2.2-3　110kV 黄桥线102断路器由运行转为线路检修

操作目的	操作步骤	操作注意事项
桥100断路器由热备用转运行	（1）将110kV备用电源自动投入装置切换把手由投入切至停用； （2）检查110kV桥100断路器在热备用； （3）合上110kV桥100断路器； （4）检查表计指示正确； （5）检查110kV桥100断路器确已合好	备用电源自动投入装置的正确停用；断路器位置的检查确认

操作目的	操作步骤	操作注意事项
黄桥线102断路器由运行转热备用	（6）拉开黄桥线102断路器； （7）检查表计指示正确； （8）检查黄桥线102断路器确已拉开	断路器位置的检查确认
黄桥线102断路器由热备用转冷备用	（9）拉开黄桥线1023隔离开关； （10）检查黄桥线1023隔离开关确已拉开； （11）拉开黄桥线1021隔离开关 （12）检查黄桥线1021隔离开关确已拉开	隔离开关位置的检查确认
黄桥线102断路器由冷备用转线路检修	（13）验证黄桥线线路侧确无电压； （14）合上黄桥线102-D3接地开关； （15）检查黄桥线102-D3接地开关确已合好； （16）拉开黄桥线线路电压互感器二次开关	GIS无法验电，带电显示装置和电压指示判明要接地的设备有无电压

（2）黄桥线102断路器由断路器及线路检修转为运行，恢复正常运行方式，操作步骤见表1.3.2.2-4。

表1.3.2.2-4 黄桥线102断路器由断路器及线路检修转为运行

操作目的	操作步骤	操作注意事项
黄桥线102断路器由线路检修转冷备用	（1）合上黄桥线线路电压互感器二次开关； （2）拉开黄桥线102-D3接地开关； （3）检查黄桥线102-D3接地开关确已拉开； （4）检查送电范围确无接地短路线	检查送电范围无接地短路线和接地开关确已拉开
黄桥线102断路器由冷备用转热备用	（5）检查黄桥线102断路器及所属隔离开关确在拉开位置； （6）合上黄桥线1021隔离开关； （7）检查黄桥线1021隔离开关确已合好； （8）合上黄桥线1023隔离开关； （9）检查黄桥线1023隔离开关确已合好	隔离开关送电前确认有关断路器在断开位置
黄桥线102断路器由热备用转运行	（10）合上黄桥线102断路器； （11）检查表计指示正确； （12）检查黄桥线102断路器确已合好	正确选择断路器合闸
桥100断路器由运行转热备用	（13）拉开110kV桥100断路器； （14）检查表计指示正确； （15）检查110kV桥100断路器确已拉开； （16）将110kV各投切把手由停用切至投入	正确投入备用自动投入装置

案例3　用隔离开关误并列事故。

某变电站两运行值班员操作母线联络断路器对两个电源系统进行并列操作，母线联络断路器拒动，操作四次均未能合闸。于是到室外将母线联络断路器一侧隔离开关拉开，回到主控制室又试合母线联络断路器，最后一次合上，拉开后，又打算到室外将拉开的母线联络断路器的一侧隔离开关合上，此时，正值班长从室外进入主控制室，副值班长对正值班长说：母线联络断路器合不上，说完就向室外走去。正值班长在主控制室私自试合母线联络断路器，试成功后，就到窗口叫副值班长，此时，看到副值班长与值班员正在合已拉开的母线联络断路器的隔离开关，正值班长喊"不能合！"但此时已来不及阻止，隔离开关已合闸，并发生强大弧光，造成误用隔离开关非同期并列的事故。

避免措施：树立严格细致的工作作风，认真执行规程，操作和试操作应有一个负责人指挥，现场与控制室的每一项操作应联络好，确保安全；安装变电站防误操作闭锁装置。

【思考与练习】

1.断路器停电操作中有哪些异常现象？

2.隔离开关操作中有哪些异常现象？

3.线路断路器停、送电有哪些危险点？

任务3.3　变电站变压器倒闸操作

任务3.3.1　变压器一般停、送电操作

【学习目标】

知识目标：1.熟悉变电站1号主变压器进行停、送电操作前的运行方式；掌握变压器投入运行时充电原则。

2.掌握变电站1号主变压器进行停、送电的基本原则及要求；1号主变压器进行停、送电操作票的填写原则和依据。

3.熟悉变电仿真系统1号主变压器进行停、送电的倒闸操作流程。

能力目标：1.能说出1号主变压器进行停、送电操作前的运行方式。

2.能正确填写变电站1号主变压器进行停、送电操作的倒闸操作票。

3.能在仿真机上完成1号主变压器进行停、送电的倒闸操作。

态度目标：1. 能主动学习，在完成任务过程中发现问题、分析问题和解决问题。

2. 能严格遵守相关规程标准及规章制度，与小组成员协商、交流配合，按标准化作业流程完成学习任务。

【任务描述】

本任务介绍变压器一般停、送电的操作原则，充电原则及注意事项，调度规程中对变压器操作的相关规定。通过要点讲解、案例介绍，掌握变压器一般停、送电的操作。

【相关知识】

一、变压器停、送电的操作原则

（1）变压器停、送电要执行逐级停、送电的原则，即停电时先停低压侧负荷，后停高压电源侧。当两侧或三侧均有电源时，应先停低压侧，后高压侧。停、送电变压器应有完备的继电保护装置。

（2）变压器充电前，应检查充电侧母线电压及变压器分接头位置，保证充后各侧电压不超过其相应分接头电压的5%。

（3）空载拉合变压器前，应先将变压器110kV及以上系统侧的中性点接地开关合上，防止出现操作过电压，危及变压器的绝缘。正常运行中性点应按调度指令决定其投、停。

（4）变压器投入运行时，应该选择励磁涌流较小的带有电源的一侧充电，并保证有完备的继电保护装置。现场规程没有特殊规定时，禁止由中压、低压侧向主变压器充电，以防变压器故障时保护灵敏度不够。

（5）主变压器送电带负荷与另一台主变压器并列时，应核对变压器有载调压分接头位置与原运行变压器的一致。

（6）主变压器停电，应考虑一台变压器退出后负荷的重新分配问题，保证运行变压器不超过负荷。

二、变压器投入运行时充电原则

变压器投入运行时，应先从电源侧充电，再送负荷侧；当两侧或三侧均有电源时，应先从高压侧充电，再送中、低压侧，并按继电保护的要求调整主变压器中性点运行方式。在停电操作时，应先停负荷侧，后停电源侧；当两侧或三侧均有电源时，应先停低压侧，后停高压侧。从电源侧（或高压侧）充电具有以下优点：

（1）送电的变压器若有故障，保护动作的灵敏性较高，能够可靠动作。

（2）便于判断事故，处理事故。例如，在合变压器电源侧断路器时，保护动作跳闸，说明故障在变压器上。在合变压器负荷侧断路器时，保护动作跳闸，说明故障在负荷侧上。虽然都是保护跳闸，但故障范围的层次清楚，判断、处理事故比较方便。

（3）利于监视。电流表都是装在电源侧，先合电源侧，如有问题可以从表上看到反映。

【任务实施】

一、变压器停、送电的操作顺序

（1）新装变压器投入运行时，应以额定电压进行冲击，冲击次数和试运行时间按 DL/T 572—2021 规定或启动措施执行；变压器空载运行时，应防止空载电压超过允许值。

（2）变压器充电时，应先合电源侧断路器，后合负荷侧断路器；停电时则相反。

（3）110kV 及以上电力变压器在停、送电前，中性点必须接地，并投入接地保护，以防止操作过电压，危及变压器绝缘。变压器投入运行后，再根据运行方式的规定，改变中性点接地方式和保护方式。

（4）倒换变压器时，应检查并入的变压器确已带上负荷，才允许停其他变压器。

（5）并列运行的变压器，倒换中性点接地开关时，应先合上要投入的中性点接地开关，然后拉开要停用的中性点接地开关。

（6）涉及小发电并网的变电站，检修主变压器充电前，应停用运行主变压器的零序联切并网线路的保护连接片，充电良好后再投入该保护。

（7）两个系统并列调电时，若系统两侧变压器联结组别及相位不相同，禁止环网调电操作。

二、变压器在正常合闸、分闸操作中的注意事项

（1）变压器装有断路器时，分、合闸必须使用断路器，对空载变压器也应如此。因为空载变压器被隔离开关切断的电流，可以近似地看成为电感电流，切断时产生的过电压易引起弧光殃及邻相而发生短路。

（2）根据调度指令投入或停用有关保护。

【案例分析】

案 例 变压器一般操作。

某 110kV 变电站接线如图 1.3.3.1-1 所示。正常运行时运行方式为：黄桥线与东桥线并列运行，两台主变压器中性点接地开关在断开位置，2 号主变压器带 10kV Ⅰ、Ⅱ 段母线运行，1 号主变压器充电备用，10kV 侧小车断路器 015 热备用，装设备用电源自动投入装置，操作步骤见表 1.3.3.1-1。

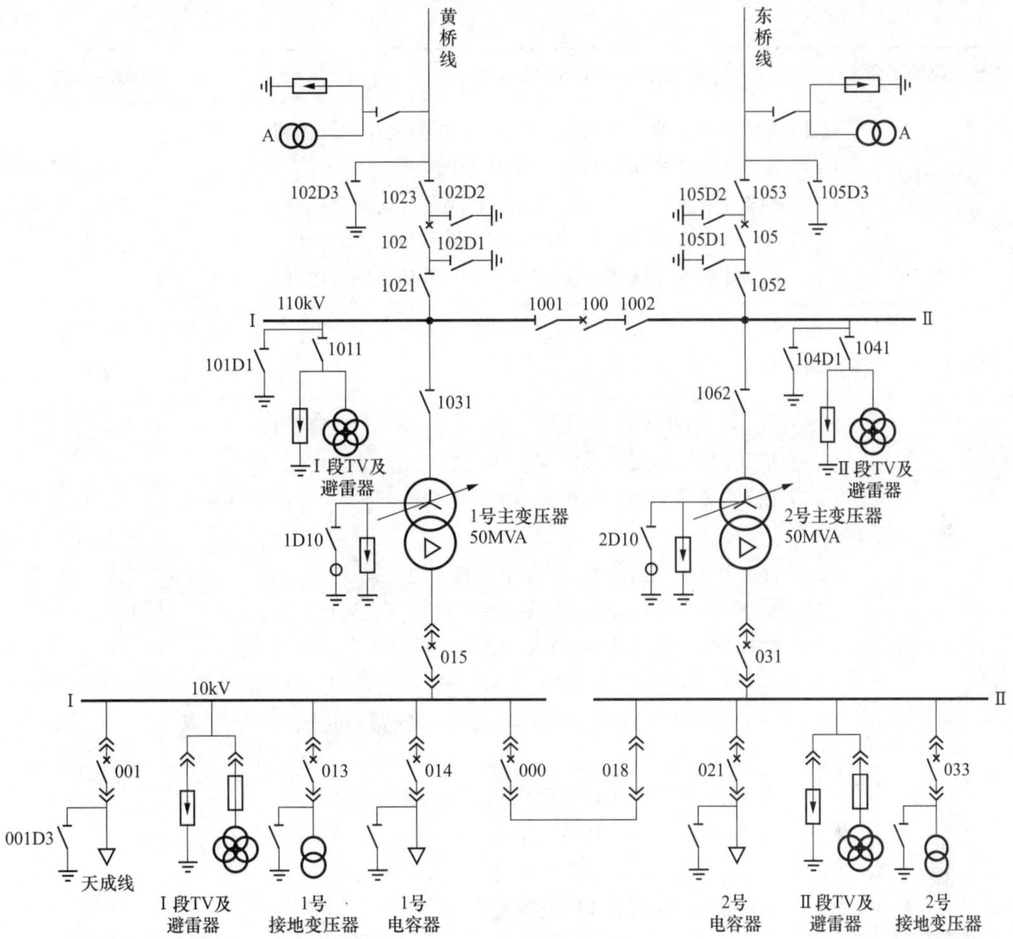

图 1.3.3.1-1　110kV 变电站主接线

表 1.3.3.1-1　1号主变压器由充电备用转为检修

操作目的	操作步骤	操作注意事项
主变压器停电前合中性点接地开关	（1）检查1号主变压器10kV侧015小车断路器确在拉开位置； （2）合上1号主变压器110kV侧中性点1D10接地开关； （3）检查1号主变压器110kV侧中性点1D10接地开关确已合好	防止操作过电压
主变压器充电备用转热备用	（4）将10kV备用电源自动投入装置切换把手由投入切至停用； （5）拉开1号主变压器110kV侧103断路器； （6）检查表计指示正确； （7）检查1号主变压器110kV侧103断路器确已拉开	正确选择断路器位置
热备用转冷备用	（8）检查1号主变压器10kV侧015小车断路器确在拉开位置； （9）将1号主变压器10kV侧015小车断路器拉至试验位置； （10）检查1号主变压器10kV侧015小车断路器确已拉至试验位置； （11）取下1号主变压器10kV侧015小车断路器二次插件；	检查确认断路器及隔离开关位置

续表

操作目的	操作步骤	操作注意事项
热备用转冷备用	（12）检查1号主变压器110kV侧103断路器确在拉开位置； （13）拉开1号主变压器110kV侧1033隔离开关； （14）检查1号主变压器110kV侧1033隔离开关确已拉开； （15）拉开1号主变压器110kV侧1031隔离开关； （16）检查1号主变压器110kV侧1031隔离开关确已拉开	检查确认断路器及隔离开关位置
停用保护连接片	（17）停用1号主变压器低后备保护跳10kV 1、2母线分段000断路器连接片	防止误跳其他设备
冷备用转检修	（18）将1号主变压器10kV侧015小车断路器拉至检修位置； （19）取下1号主变压器10kV侧015小车断路器储能熔断器； （20）在1号主变压器110kV侧1033隔离开关与变压器间验明确无电压； （21）合上1号主变压器110kV侧103D3接地开关； （22）检查1号主变压器110kV侧103D3接地开关确已合好； （23）拉开1号主变压器110kV侧103断路器打压电源隔离开关； （24）在1号主变压器10kV侧与015小车断路器柜间验明确无电压； （25）在1号主变压器10kV侧与015小车断路器柜间装设X号接地线； （26）拉开1号主变压器110kV侧103断路器控制电源开关； （27）拉开1号主变压器10kV侧015小车断路器控制电源开关； （28）拉开1号主变压器有载调压电源开关； （29）拉开1号主变压器风冷电源开关	正确验电和做安全措施

【思考与练习】

1.变压器操作注意事项有哪些？

2.变压器充电的操作原则有哪些？

3.变压器在正常合闸、分闸操作中的注意事项有哪些？

*任务3.3.2 变压器复杂停、送电操作

【学习目标】

知识目标：1.熟悉变电站1号主变压器进行复杂停、送电操作前的运行方式。

2.掌握变电站1号主变压器进行复杂停、送电的基本原则及要求；1号主变压器进行停、送电操作票的填写原则和依据。

3.熟悉变电仿真系统1号主变压器进行复杂停、送电的倒闸操作流程。

能力目标：1.能说出1号主变压器进行停、送电操作前的运行方式。

2. 能正确填写变电站1号主变压器进行复杂停、送电操作的倒闸操作票。

3. 能在仿真机上完成1号主变压器进行复杂停、送电的倒闸操作。

态度目标：1. 能主动学习，在完成任务过程中发现问题、分析问题和解决问题。

2. 能严格遵守相关规程标准及规章制度，与小组成员协商、交流配合，按标准化作业流程完成学习任务。

【任务描述】

本任务介绍变压器新投入或大修后投入操作原则和注意事项，停、送电操作中异常及处理原则。通过归纳讲解、操作案例介绍，掌握变压器复杂停、送电的操作要求。

【相关知识】

110kV 及以上的变压器是直接连接到中性点直接接地系统中，高压侧一般为星形联结，其停、送电操作时必须考虑变压器中性点问题。110kV 以下的变压器一般是连接到中性点不直接接地系统中或经消弧线圈接地系统中，其停、送电操作时一般不必考虑变压器中性点问题。

【任务实施】

一、变压器新投入或大修后投入操作原则及注意事项

1. 变压器中性点接地开关的操作原则

大电流接地系统中，变压器中性点接地开关的切换原则是保证不失去接地点，即采用先合后拉的操作顺序。

（1）合上备用主变压器中性点接地开关。

（2）拉开工作主变压器中性点接地开关。

（3）将零序保护切换到中性点接地的变压器上去。

投入或断开中性点直接接地系统电压为110kV及以上的空载变压器时，先将变压器中性点接地，是为了防止变压器线圈间由于静电感应引起传递过电压。

2. 中性点运行方式变换的操作

（1）主变压器投入或停运前，必须先投入其中性点接地开关，并投入零序保护装置。即在停电时，操作完各侧隔离开关后，将中性点接地开关拉开；送电时，操作各侧隔离开关前，合中性点接地开关。主变压器转入运行状态后，中性点接地开关的位置执行调度指令。110kV变压器中性点直接接地开关的倒换操作应先合后断，即允许短时间内有两个及以上的变压器中性点接地。

（2）消弧线圈从一台变压器的中性点切换到另一台变压器的中性点时，必须先将消弧线圈断开后再切换。不得将两台变压器的中性点同时接到一台消弧线圈的中性母线上，防止产生虚幻接地现象。

（3）当消弧线圈故障或电网存在单相接地时，不允许操作消弧线圈。如果电网中性点位移电压超过额定相电压的30%时，禁止操作消弧线圈，防止产生铁磁谐振。自动调整的消弧线圈应经常监视其位移电压值是否超过规定。

3. 变压器新投入或大修后投入操作注意事项

（1）检查变压器冷却风机工作正常，无擦外壳及轴承磨损等异常声响，接线盒已做防水防潮处理，所有信号灯指示正确，且与远方信号一致。

（2）风冷油浸式变压器在投运前应将风冷装置置自动状态。

（3）变压器的充电，应当由装有保护装置的电源侧用断路器操作，停运时应先停负荷侧，后停电源侧。

（4）在110kV及以上中性点有效接地系统中，投运或停运变压器的操作，中性点必须先接地，并投入零序保护装置，防止变压器在断路器分、合闸时，三相不同期，造成变压器中性点出现过电压，损坏其绝缘。投入后可按系统需要决定中性点是否断开。

（5）充电前应仔细检查充电侧母线电压，保证充电后各侧电压不超过规定值。

（6）投入操作时，首先合好保护连接片及操作电源开关。然后将变压器恢复到热备用状态，合电源侧断路器变压器充电，检查变压器一切正常后，再合负荷侧断路器。

（7）新投运的变压器应经五次全电压冲击合闸，第一次充电10min，间隔5min，其余每次充电5min，间隔5min。进行过器身检修及改动的老变压器应经三次全电压冲击合闸无异常现象发生后投入运行，充电与间隔时间和新充变压器一样。励磁涌流不应引起保护装置的误动作。

（8）变压器充电后，检查各仪表指示是否正常，所有开关设备位置指示牌及指示信号都应反映正常。合闸后仔细观察变压器运行情况，变压器各密封面及焊缝不应有渗漏油现象。

（9）投运后气体继电器内部可能出现积气，应及时收取气体继电器中的气体，并对收集的气体进行色谱分析。

4. 变压器调压操作

（1）新装或吊罩后的有载调压变压器，投入电网完成冲击合闸试验后，空载情况下，在控制室进行远方操作一个循环（如空载分接变换有困难，可在电压允许偏差范围内进行几个分接的变换操作），各项指示应正确、极限位置电气闭锁应可靠，其三相切换电压变换范围和规律与产品出厂数据相比较应无明显差别，然后调至所要求的分接位置带负荷运行，并应加强监视。

（2）有载分接开关及其自动控制装置，应经常保持良好运行状态。故障停用，应立即汇报，并及时处理。

（3）电力系统各级变压器运行分接位置应按保证发电厂、变电站及各用户受电端的电压偏差不超过允许值，并在充分发挥无功补偿设备的经济效益和降低线损的原则下，优化确定。

（4）正常情况下，一般使用远方电气控制。当远方电气回路故障和必要时，可使用就地电气控制或手动操作。当分接开关处于极限位置又必须手动操作时，必须确认操作方向无误后方可进行。就地操作按钮应有防误操作措施。

（5）分接变换操作必须在一个分接变换完成后方可进行第二次分接变换。操作时应同时观察电压表和电流表指示，不允许出现电流和电压指示回零、突跳、无变化等异常情况，分接位置指示器及计数器的指示等都应有相应变动。

（6）当变动分接开关操作电源后，在未确认相序是否正确前，禁止在极限位置进行电气操作。

（7）两台有载调压变压器并联运行时，允许在85%变压器额定负荷电流及以下的情况下进行分接变换操作，不得在单台变压器上连续进行两个分接变换操作，必须在一台变压器的分接变换完成后再进行另一台变压器的分接变换操作。每进行一次变换后，都要检查电压和电流的变化情况，防止误操作和过负荷。升压操作，应先操作负荷电流相对较少的一台，再操作负荷电流相对较大的一台，防止过大的环流。降压操作时与此相反。操作完毕，应再次检查并联的两台变压器的电流大小与分配情况。

（8）有载调压变压器与无励磁调压变压器并联运行时，应预先将有载调压变压器分接位置调整到无励磁调压变压器相应的分接位置，然后切断操作电源再并联运行。

（9）当有载调压变压器过载1.2倍运行时，禁止分接开关变换操作并闭锁。

（10）如有载调压变压器自动调压装置及电容器自动投切装置同时使用，应使按电压调整的自动投切电容器组的上下限整定值略高于有载调压变压器的整定值。

（11）运行中分接开关的油流控制继电器或气体继电器应有校验合格有效的测试报告。若使用气体继电器代替油流控制继电器，运行中多次分接变换后动作发信，应及时放气。若分接变换不频繁而发信频繁，应做好记录，及时汇报并暂停分接变换，查明原因。

（12）当有载调压变压器本体绝缘油的色谱分析数据出现异常或分接开关油位异常升高或降直至接近变压器储油柜油面，应及时汇报，暂停分接变换操作，进行追踪分析，查明原因，消除故障。

（13）分接开关检修超周期或累计分接变换次数达到所规定的限值时，报主管部门安排维修。

（14）用无励磁调压分接开关进行调整电压时，应将变压器与电网断开后，才可改变变压器的分接头位置，并应注意分接头位置的正确性。调压变压器在变换分接时，应做多次转动，以消除触头上的氧化膜和油污。在确认变换分接正确并锁紧后，测量绕组的电压比和直流电阻值合格。

5. 变压器复杂停、送电二次回路的调整

（1）三绕组变压器高压侧停电时的二次回路调整。高压侧停电后，要注意变压器中、低压侧还在运行。具体操作步骤如下：

1）合上该变压器高压侧中性点接地开关。保证高压侧断路器断开后，变压器该侧发生单相接地短路，差动保护和零序电流保护能够动作。

2）断开高压侧断路器。

3）解除零序过流保护，跳其他主变压器的跳闸连接片。

4）解除高压侧复合电压闭锁连接片（因变压器复合电压过流保护一般采用高、中、低三侧电压闭锁），从而避免主变压器过负荷时过流保护误动。

（2）重瓦斯保护正常投跳闸，遇有下列情况之一时改投信号：

1）变压器带电滤油或注油时；

2）在变压器油循环回路上进行操作或更换设备，有可能造成保护误动时；

3）其他影响保护装置安全运行的情况发生时。

（3）运行中变压器差动保护与重瓦斯保护不允许同时退出。其中之一退出时，允许变压器短时运行。

（4）未进行相量检查的差动保护，在对主变压器充电时应投入跳闸。若变压器配有两套及以上差动保护，必要时只允许退出一套差动保护。

（5）在下列情况下差动保护应退出：

1）发现回路差电压或差电流不合格时；

2）装置发异常信号或装置故障时；

3）差动保护任何侧电流互感器二次回路有工作时；

4）差动保护任何侧电流互感器二次回路断线时；

5）变压器断路器进行旁路倒闸操作时，可能引起差动保护出现差流时；

6）其他影响保护装置安全运行情况发生时。

二、在变压器的停、送电操作中发现异常的处理原则

1. 变压器充电时保护动作跳闸的处理

（1）变压器充电时，主保护或后备保护动作跳闸时，应检查主变压器油温、油位等外观是否异常。

（2）保护动作信号是否正常，过电流值是否超过定值较多，故障录波器电流是否较大。

（3）核对保护定值是否是躲不过变压器充电的励磁涌流所造成。

（4）经判断变压器确实有问题，应进行进一步的试验确定。

（5）经分析变压器无任何异常，变压器保护或二次回路有问题，整改后可试送。

2. 变压器送电时调压机构异常的处理

（1）有载调压切换开关拒动时，运行人员应检查动力电源是否正常，有载调压控制电源、控制回路有无异常，操作回路机构装置有无故障等。在处理好拒动问题后，才能开始进行调压操作。如果在切换中拒动，将造成调压选择器与切换开关不对应，从而造成动触头未经过渡电阻限流而离开动触头，产生电弧，严重时可能将触头烧毁，使变压器瞬时断电，引发零序保护和调压气体保护动作。出现这种情况，应立即切断变压器电源，汇报调度及上级部门申请检修。

（2）电动操动机构失灵时，可造成连续滑挡，也可造成电动机构从一个分接头到上调或下调极限位置，若两台变压器并列运行，两台变压器变比相差大，致使两台变压器负荷分配严重不平衡，环流增大，变压器发热增加，温度快速上升，影响变压器的安全运行。此时运行人员应立即按下紧急停止按钮，切断动力电源，用手摇机构将分接头调压至适当位置，进一步检查电动操动机构、接触器等有无异常，若无法处理，通知检修单位处理。

3. 变压器停、送电操作中开关设备异常的处理

变压器停、送电操作中开关设备发生断路器、隔离开关拒合或拒分等异常故障时，按照开关设备异常处理原则执行。

【案例分析】

案 例　变压器操作案例。

某 110kV 变电站接线如图 1.3.3.2-1 所示。正常运行方式为：东桥线带 1、2 号主变压器运行，黄桥线 102 断路器热备用，10kV 分段 000 断路器热备用，两台主变压器中性点接地开关在断开位置。高压侧配有进线备用电源自动投入装置和低压侧分段断路器备用电源自动投入装置；主变压器配有差动保护、气体保护、高压侧和低压侧复合电压启动的过电流保护（低后备一段两个时限，Ⅰ时限跳分段，Ⅱ时限跳主变压器低压侧开关；高后备两段，一段两个时限，Ⅰ时限跳分段，Ⅱ时限跳主变压器低压侧开关，二段跳主变压器两侧断路器），间隙保护，零序电流保护（退出）。

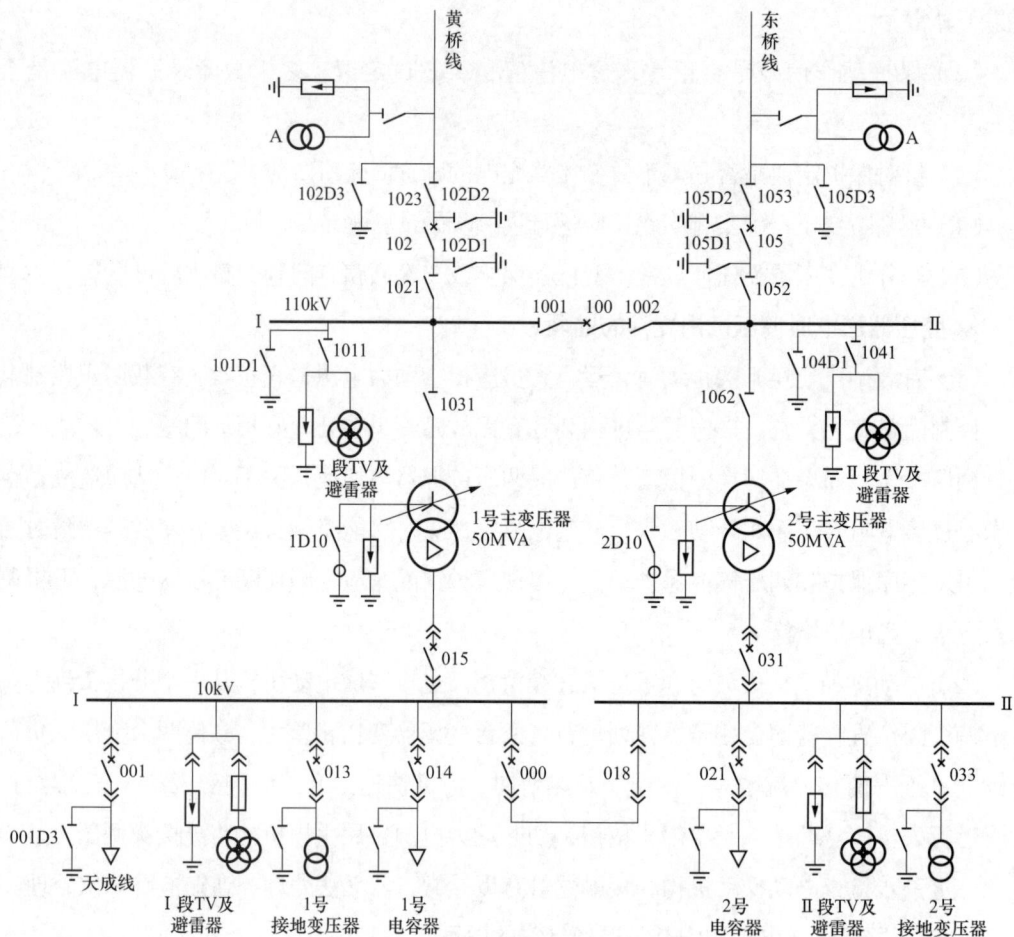

图 1.3.3.2-1　110kV 变电站电气主接线图

2号主变压器带全部负荷1号主变压器及110kV Ⅰ段母线由运行转为检修，操作步骤见表1.3.3.2-1。

表 1.3.3.2-1　2号主变压器带全部负荷1号主变压器及110kV Ⅰ段母线由运行转为检修

操作目的	操作步骤	操作注意事项
运行方式确认	（1）检查1号主变压器负荷情况； （2）检查2号主变压器负荷情况； （3）检查1号主变压器在*分头，检查2号主变压器在*分头	检查负荷分配
备用电源自动投入装置停用	（4）将10kV备用电源自动投入装置切换把手由投入切至停用； （5）将110kV备用电源自动投入装置切换把手由投入切至停用	停、送电前应停用备用电源自动投入装置

操作目的	操作步骤	操作注意事项
热备用转运行	（6）检查在10kV分段000断路器热备用； （7）合上10kV分段000断路器； （8）检查表计指示正确； （9）检查10kV分段000断路器确已合好	正确选择断路器位置
1号主变压器10kV侧015小车断路器由运行转热备用	（10）拉开1号主变压器10kV侧015小车断路器； （11）检查表计指示正确； （12）检查1号主变压器10kV侧015小车断路器确已拉开	正确选择断路器位置
投入中性点接地开关	（13）合上1号主变压器110kV侧中性点1D10接地开关； （14）检查1号主变压器110kV侧中性点1D10接地开关确已合好	防止主变压器过电压
桥100断路器由运行转热备用	（15）拉开110kV桥100断路器； （16）检查表计指示正确； （17）检查110kV桥100断路器确已拉开	正确选择断路器位置
桥100断路器由热备用转冷备用	（18）拉开110kV桥1001隔离开关； （19）检查110kV桥1001隔离开关确已拉开； （20）拉开110kV桥1002隔离开关； （21）检查110kV桥1002隔离开关确已拉开	正确选择隔离开关位置
1号主变压器10kV侧015小车断路器由热备用转冷备用	（22）检查1号主变压器10kV侧015小车断路器确在拉开位置； （23）将1号主变压器10kV侧015小车断路器拉至试验位置； （24）检查1号主变压器10kV侧015小车断路器确已拉至试验位置	正确选择隔离开关位置
黄桥线102断路器由热备用转冷备用	（25）检查黄桥线102断路器确在拉开位置； （26）检查110kV内桥100断路器确在拉开位置； （27）拉开黄桥线102断路器1021隔离开关； （28）检查黄桥线102断路器1021隔离开关确已拉开； （29）拉开黄桥线102断路器1023隔离开关； （30）检查黄桥线102断路器1023隔离开关确已拉开； （31）拉开1号主变压器110kV侧1031隔离开关； （32）检查1号主变压器110kV侧1031隔离开关确已拉开	正确选择隔离开关位置
停用保护回路	（33）停用1号主变压器低后备跳10kV分段000断路器连接片； （34）检查1号主变压器高后备跳10kV分段000断路器连接片	防止误跳运行断路器

续表

操作目的	操作步骤	操作注意事项
电压互感器由运行转冷备用	（35）拉开110kV Ⅰ段母线电压互感器二次开关； （36）检查表计指示正确； （37）拉开110kV Ⅰ段母线电压互感器1011隔离开关； （38）检查110kV Ⅰ段母线电压互感器1011隔离开关确已拉开	防止电压互感器二次反充电
1号主变压器高低压侧由冷备用转检修	（39）取下1号主变压器10kV侧015小车断路器二次插头； （40）将1号主变压器10kV侧015小车断路器拉至检修位置； （41）检查1号主变压器10kV侧015小车断路器确已拉至检修位置； （42）检查黄桥线1021隔离开关确在拉开位置； （43）检查110kV内桥1001隔离开关确在拉开位置； （44）检查1号主变压器110kV侧1031隔离开关确在拉开位置； （45）验明110kV Ⅰ段母线确无电压； （46）合上110kV Ⅰ段母线电压互感器101D1接地开关； （47）检查110kV Ⅰ段母线电压互感器101D1接地开关确已合好； （48）在1号主变压器10kV母线桥验明确无电压； （49）在1号主变压器10kV母线桥装设×号接地线	装设接地线和合接地开关前直接验电或间接验电，防止带电接地

【思考与练习】

1.变压器中性点操作注意事项有哪些？

2.变压器中性点接地开关的操作原则？

3.变压器新投入运行操作的注意事项？

任务3.4　变电站母线倒闸操作

任务3.4.1　母线一般停、送电操作

【学习目标】

知识目标：1.掌握母线的运行方式，母线停、送电原则。

2.掌握母线停、送电的注意事项。

能力目标：1.能根据任务和设备实际运行情况，正确填写母线倒闸操作票。

2.能按照操作票在仿真机上进行正确倒闸操作。

态度目标：1.能主动学习，在完成任务过程中发现问题、分析问题和解决问题。

2.在严格遵守安全规范的前提下，能与小组成员协作共同完成本学习任务。

【任务描述】

本任务介绍母线停、送电的操作原则和注意事项，调度规程中对母线操作的相关规定。通过要点讲解、操作案例介绍，掌握母线一般停、送电的操作方法。

【相关知识】

110kV及以下变电站的母线接线一般为桥形（内桥和外桥）和单母线分段接线方式，双母线接线方式应用得较少。单母线分段接线方式操作比较简单。可以把母线系统的操作分解成几个单一操作，线路、主变压器、母线及分段断路器可以分别操作。

一、母线停、送电的操作原则

（1）母线停电时，先将母线所带站用变压器进行倒换，将单母线分段接线方式所带负荷线路逐停电，双母线接线方式的将所带设备元件倒至另一母线供电，然后将母线及母线上电压互感器停电，做好安全措施。分段断路器两侧隔离开关操作时，应先拉停电母线侧的隔离开关，后拉带电母线侧隔离开关。

（2）母线送电时，先拆除母线上的安全措施，检查母线保护投入正确，将母线及电压互感器恢复备用后送电；拆除所带线路安全措施，使线路逐一送电。给低压空母线充电尽量要用分段或主变压器断路器进行，配有快速保护的要投入该保护。

（3）双母线接线当停用一组母线时，要防止运行母线电压互感器对停用母线电压互感器二次反充电，引起运行母线电压互感器二次熔断器熔断或二次开关自动断开，使继电保护失压引起误动作。

（4）外桥形接线母线（线路或主变压器）停、送电时，在拉、合隔离开关前要同时检查相邻两个断路器确在断开位置。

二、母线充电的操作原则

（1）备用母线或检修后的母线充电必须用母联（分段）断路器或进线断路器进行，不得用隔离开关对母线充电，用母联断路器充电时，其充电保护必须投入，充电正常后退出充电保护。

（2）在用隔离开关分段运行的母线操作时，一段母线检修后的充电，应用进线断路器先对母线进行一次试充电，良好后，再用隔离开关对母线充电操作，不允许检修后的母线第一次充电用隔离开关。

（3）母线为110kV大电流接地系统时，电源中性点必须接地。大电流系统失去接地点可造成过电压的严重事故。因此，向空母线送电前或升压前，变压器的中性点接地开关必须在合闸位置。

【任务实施】

一、母线停、送电的操作顺序

（1）单母线分段运行，一条母线停电，由运行转为检修状态的操作顺序：

1）断开停电母线所连接的所有进、出线断路器；

2）断开分段断路器；

3）拉开停电母线的电压互感器二次空气开关（或二次熔断器），确认本母线无电；

4）拉开停电母线的电压互感器一次隔离开关；

5）按照先负荷侧、后电源侧的顺序，依次拉开各进、出线断路器和分段断路器两侧隔离开关；

6）在可能来电的进出线母线隔离开关侧、电压互感器一次隔离开关母线侧、分段隔离开关停电母线侧验明三相无电压；

7）根据工作母线长度在停电母线上装设一组或多组接地线。

（2）单母线分段运行，一条母线送电，由检修转为冷备用状态的操作顺序：

1）拆除进、出线断路器母线侧的隔离开关母线侧，电压互感器一次隔离开关母线侧，分段隔离开关停电母线侧N组接地线；

2）检查进、出线断路器母线侧的隔离开关母线侧，电压互感器一次隔离开关母线侧，分段隔离开关母线侧N组接地线已拆除。

（3）主变压器低压侧单母线分段运行，一条母线送电，由冷备用转为运行状态的操作顺序：

1）检查送电母线上无异物；

2）将母线电压互感器一次隔离小车推至运行位置；

3）合上电压互感器二次空气开关（或二次熔断器）；

4）将主变压器低压侧小车断路器推入运行位置；

5）合上主变压器低压侧断路器给本母线充电，检查母线充电正常；

6）将各出线小车断路器推入运行位置；

7）根据调度运行方式，依次合上各出线断路器，送出各线路。

二、母线在正常合闸、分闸操作中的注意事项

（1）向母线充电，应使用具有能反应各种故障且灵敏动作的断路器进行。向母线充电

时，必须确认母线无故障。对母线充电，应考虑母线故障跳闸时系统的稳定性，必要时先降低有关线路的潮流。

（2）用断路器向母线充电前，应将母线电压互感器（充空母线发生谐振的除外）、避雷器、站用变压器等先投入。

（3）110kV空母线的充电或停电操作，应注意母线及其他电源断路器为热备用时，其断口电容与母线上电磁式电压互感器构成串联谐振的可能，必须采用消谐措施。若对母线充电时发生谐振，可迅速将热备用状态的断路器改为冷备用，或重新合上热备用状态的断路器，等谐振消失后，进行母线操作。

（4）无母联断路器（或母联断路器不能启用）的双母线，当需要启用备用母线、停用运行母线时，应尽可能用外来电源对备用母线试充电，若无其他手段，则应对备用母线进行外部检查，确认无故障的情况下，先合上备用母线上需运行的所有隔离开关，再拉开原运行母线上的所有隔离开关。

（5）用变压器向110kV母线充电时，该变压器110kV中性点必须接地。向不接地或经消弧线圈接地系统的母线充电时，可能出现铁磁谐振或母线三相对地电容不平衡而产生的过电压，一般宜采用以下措施：

1）先将线路接入母线；

2）先将变压器中性点及消弧线圈接地；

3）在母线电压互感器二次侧开口三角并接消谐电阻。

（6）进行母线操作时，应注意以下几点：

1）倒母线操作，在拉合母线隔离开关时母联断路器应改为非自动跳闸方式；

2）母差保护不得停用，并做好相应调整；

3）各组母线上电源与负荷分布的合理性，应使母联上潮流尽量小；

4）一次接线与电压互感器二次负载是否相符；

5）一次接线与保护二次回路是否对应；

6）双母线改单母线运行时，拉开母联断路器前，应先拉开母线电压互感器、站用变压器二次侧断路器，避免电压互感器、站用变压器低压侧向停电母线充电；

7）备用母线、旁路母线应充电后运行。

（7）在倒母线结束前，拉母联断路器时应注意：

1）对要停电的母线应再检查一次，确认设备已全部倒至运行母线上，防止因漏倒引起停电事故；

2）拉母联断路器前，检查母联断路器电流表应指示为零；

3）拉母联断路器后，检查停电母线的电压表应指示为零；

4）当母联断路器的断口（均压）电容与母线电压互感器的电感可能形成串联铁磁谐振时，要特别注意拉母联断路器的操作顺序：先拉电压互感器的隔离开关（切断电感），后拉母联断路器（破坏构成电感电容谐振的条件）。

【案例分析】

案　例　母线停、送电操作。

某110kV变电站，10kV侧接线如图1.3.4.1–1所示。正常运行时，2号主变压器带10kV Ⅰ、Ⅱ段母线运行；1号主变压器低压侧015小车断路器热备用，装设备用电源自动投入装置；1号电容器热备用，2号电容器投入；2号站用变压器带站用负荷，1号站用变压器充电备用。

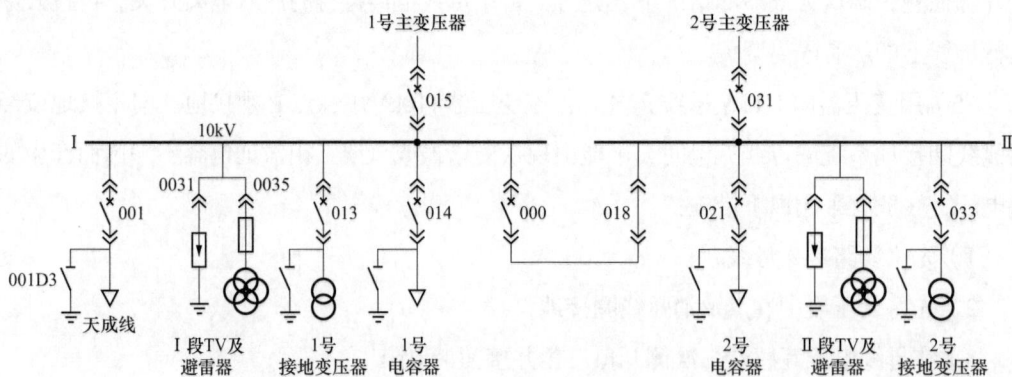

图 1.3.4.1–1　单母线分段接线

10kV Ⅰ段母线由运行转为检修，操作步骤见表1.3.4.1–1。

表 1.3.4.1–1　10kV Ⅰ段母线由运行转为检修

操作目的	操作步骤	操作注意事项
天成线由运行转热备用	（1）拉开天成线001断路器； （2）检查天成线表计读数正确； （3）检查天成线001断路器确已拉开	正确选择断路器分闸
天成线由热备用转冷备用	（4）将天成线001小车断路器拉至试验位置； （5）检查天成线001小车断路器确已拉至试验位置	正确判断小车断路器的位置
1号接地变压器由充电备用转热备用	（6）拉开1号接地变压器低压侧总隔离开关； （7）检查1号接地变压器低压侧总隔离开关确已拉开； （8）拉开1号接地变压器013断路器； （9）检查1号接地变压器013断路器确已拉开	正确选择断路器位置

操作目的	操作步骤	操作注意事项
1号接地变压器由热备用转冷备用	（10）将1号接地变压器013小车断路器拉至试验位置； （11）检查1号接地变压器013小车断路器确已拉至试验位置	正确选择小车断路器位置
1号电容器由热备用转冷备用	（12）检查1号电容器014断路器确已拉开； （13）将1号电容器014小车断路器拉至试验位置； （14）检查1号电容器014小车断路器确已拉至试验位置	正确选择小车断路器位置
1号主变压器低压侧断路器热备用转冷备用	（15）检查1号主变压器10kV侧015小车断路器确在拉开位置； （16）将1号主变压器10kV侧015小车断路器拉至试验位置； （17）检查1号主变压器10kV侧015小车断路器确已拉至试验位置	正确判断小车断路器的位置
分段断路器由运行转热备用	（18）检查10kV Ⅰ段母线所属出线断路器小车确在检修位置； （19）拉开10kV分段000断路器； （20）检查表计指示正确； （21）检查10kV分段000断路器确已拉开	正确选择断路器位置
分段断路器由热备用转冷备用	（22）将10kV分段000小车断路器拉至试验位置； （23）检查10kV分段000小车断路器确已拉至试验位置； （24）将10kV分段018隔离小车拉至试验位置； （25）检查10kV分段018隔离小车确已拉至试验位置	正确选择小车断路器和隔离小车位置
母线电压互感器由运行转冷备用	（26）拉开10kV Ⅰ段母线电压互感器二次开关； （27）将10kV Ⅰ段母线电压互感器0035电压互感器小车拉至试验位置； （28）检查10kV Ⅰ段母线电压互感器0035电压互感器小车确已拉至试验位置； （29）取下10kV Ⅰ段母线电压互感器0035电压互感器小车二次插件； （30）将10kV Ⅰ段母线电压互感器0035电压互感器小车拉至检修位置； （31）检查10kV Ⅰ段母线电压互感器0035电压互感器小车确已拉至检修位置； （32）将10kV Ⅰ段母线电压互感器0031避雷器小车拉至试验位置； （33）检查10kV Ⅰ段母线电压互感器0031避雷器小车确已拉至试验位置	正确选择电压互感器和避雷器隔离小车位置

续表

操作目的	操作步骤	操作注意事项
母线由冷备用转检修	（34）在10kV Ⅰ段母线电压互感器0035母线侧验明确无电压； （35）将10kV母线接地小车推至Ⅰ段母线电压互感器0035接地位置； （36）检查10kV母线接地小车确已推至Ⅰ段母线电压互感器0035接地位置	装设接地线前正确进行直接验电，防止带电接地

【思考与练习】

1.母线停、送电的操作原则是什么？

2.母线充电的操作原则是什么？

3.母线停、送电操作的注意事项是什么？

*任务3.4.2 母线复杂停、送电操作

【学习目标】

知识目标：1.掌握母线的运行方式，母线复杂停、送电原则。

2.掌握母线复杂停、送电的注意事项。

能力目标：1.能根据任务和设备实际运行情况，正确填写复杂母线倒闸操作票。

2.能按照操作票在仿真机上进行正确倒闸操作。

态度目标：1.能主动学习，在完成任务过程中发现问题、分析问题和解决问题。

2.在严格遵守安全规范的前提下，能与小组成员协作共同完成本学习任务。

【任务描述】

本任务介绍母线新投入或大修后投入操作、倒母线操作及注意事项，母线停、送电操作中异常及处理原则。通过要点讲解、案例介绍，掌握母线复杂停、送电的操作方法。

【相关知识】

一、母线新投入操作的有关规定及注意事项

（1）母线新投入操作前应满足下列要求：

1）满足最大负荷工作电流及短路热稳定、动稳定要求，校验合格；

2）母线电晕、电压校验应合格；

3）对于母线长、容量大、年平均负荷高的母线应按最佳电流密度进行选择；

4）各触点应连接牢固，温度不超过允许值；

5）有条件时应用有关试验设备或仪表进行母线接线正确性的核相工作。

（2）母线新投入操作充电时，应用有保护的断路器进行，严禁使用隔离开关进行充电，要严格监视被充电设备的充电情况，及时发现不正常现象，以便及时处理。

（3）新母线充电后，要对两条母线进行工作电压核相正确，才能进行两条母线并列操作。

二、母线大修后投入操作的有关规定及注意事项

（1）检修后的母线设备，在竣工投运前，运行人员应参加验收工作，验收合格并办理移交手续。

（2）运行单位应对母线设备检修过程中的主要环节进行验收，并在检修完成后按照相关规定对检修现场、检修质量和检修记录、检修报告进行验收。

（3）根据系统运行方式，编制设备事故预案。

（4）母线投运前，应检查接地线是否全部拆除，防误闭锁装置是否投入正常。

（5）检修后的母线，进行试送电时，应首先考虑用外来电源送电的方案。

（6）检修后的母线，应投入母联断路器的充电保护，充电良好后方可进行倒换操作。母线进行倒换操作时，现场应断开母联断路器的控制电源。

（7）在倒闸操作过程中，应避免用带断口电容器的断路器切带电磁式电压互感器的空母线，防止产生谐振过电压。

三、母线停、送电二次回路的调整

（1）进行母线倒闸操作过程时，应注意对母差保护的影响，要根据母差保护运行规程作相应的变更。在倒母线操作过程中无特殊情况下，母差保护应投入运行。

（2）母联断路器因兼供一段母线负荷需要停用其保护时，在一次方式调整前进行，反之需投入其保护时则在一次方式调整后进行。

（3）设备倒换至另一母线或母线上电压互感器停电，继电保护和自动装置的电压回路需要转换由一电压互感器供电时，应注意勿使继电保护及自动装置因失去电压而误动作。避免电压回路接触不良以及通过电压互感器二次向不带电母线充电，而引起的电压回路熔断器熔断，造成继电保护误动作等情况出现。

【任务实施】

一、在母线的停、送电操作中发生谐振时的处理原则

带有电磁式电压互感器的空母线充电时，为避免断路器触头间的并联电容与电压互感器感抗构成串联谐振，应在母线停、送电操作前将电压互感器隔离开关断开，或在电压互感器的开口二次回路内接入适当电阻。在停电时，如未考虑以上因素，拉开断路器后发生

谐振，这时谐振母线电压将异常升高。发现这一异常现象时，值班员不得拉开母线电压互感器隔离开关、热备用中带有断口电容的母线隔离开关或重新合上所拉开的带电断路器；而应立即拉开所有热备用中带断口电容断路器的电源侧隔离开关，使谐振回路与电源隔离，谐振随之消除。

用母联断路器向母线充电后发生谐振时，应立即断开母联断路器使母线停电，以消除谐振。送电时可采用线路及母线一起充电的方式或者对母线充电前退出电压互感器，充电正常后再投入电压互感器。

电感和电容元件串联可以构成一个串联谐振电路，其谐振条件为感抗和容抗相等，即，$X_L=X_C$，或 $\omega L=1/\omega C$。因此可求出谐振频率 $f_0 = \dfrac{1}{2\pi\sqrt{LC}}$，称为固有自振频率。

对于复杂的电路，可以组合成一系列的具有不同自振频率的振荡回路。在进行开关操作时，由于瞬变过程波形会引起某种变化，非正常的电源波形含有一系列的谐波。当电路中的自振频率之一与电源谐波之一正好相等时，就出现这一频率的谐振过电压。

谐振是一种稳态现象，谐振过电压的持续时间可能很长，因此，这种过电压一旦发生，往往造成严重的后果。

在运行方式上改变和倒闸操作过程中，防止断路器断口电容器与空载母线及母线电压互感器构成串联谐振回路，以防止因谐振过电压损坏设备。它包括两个方面：

（1）应避免用带断口电容器的断路器切带电磁式电压互感器的空载母线。

（2）避免用带断口电容器的回路的隔离开关对带电磁式电压互感器的空载母线进行合闸操作。

（3）增加母线对地电容，减少自振固有频率，避免因系统参数变化而发生母线铁磁谐振过电压，如，在变电站基建设计时，采用电容式电压互感器。在进行变电站更换电压互感器时，也应尽量选取电容式电压互感器。

110kV 及以上有效接地系统的电压互感器饱和铁磁谐振过电压在某些地区变电站已多次发生，其谐振过电压的激发是具有随机性的，严重时，母线电压互感器损坏，甚至导致电压互感器爆炸，危及二次保护设备及一次设备。

具体可采用下述方式来实现：在切空母线时，先拉开电压互感器，对母线断电；在投空母线时，先断开被送电母线电压互感器，对母线送电，再合母线电压互感器。

二、在母线的停、送电操作中隔离开关辅助触点不切换的处理原则

每个回路的保护、仪表、自动装置的二次电压，都是由两母线电压互感器并经过自身的母线隔离开关辅助触点供给，或经过电压中间继电器触点供给。正常时，一组母线隔离开关合入，另一组断开备用。

两组母线隔离开关辅助触点同时接通，会使两组母线电压互感器并列运行，在一电压二次回路有故障时，可造成两组电压互感器同时失压；在停一母线时，可造成二次反充电；在母联断路器断开两母线电压有电压差时，可造成电压互感器二次断开失压。

两组母线隔离开关辅助触点同时断开，会使设备的保护、仪表、自动装置二次电压供电中断。

两组母线隔离开关辅助触点同时接通或同时断开的处理原则是：应及时采取补救措施或手动进行切换。在设备检修时，提高检修质量，保证辅助触点动作灵活、转换可靠、接触良好。值班员在操作母线隔离开关后，要通过位置指示器来检查判断辅助触点切换是否正常，以防止出问题。

三、在母线的停、送电操作中母线隔离开关电动操作失灵的处理原则

（1）检查操作有无差错。

（2）本操作单元断路器三相均已断开。

（3）断路器两侧接地开关均已断开。

（4）母联断路器断开时，检查另一母线隔离开关均已断开。

（5）检查隔离开关操作电源正常。

（6）本操作单元断路器动断辅助触点均已闭合。

（7）断路器两侧接地开关辅助触点均已闭合。

（8）另一母线隔离开关动断辅助触点应闭合。

（9）近控远控、停止按钮动断触点应接通。

（10）分、合闸接触器完好。

（11）位置断路器接通。

（12）机构本身无故障。

当母联断路器合上，而进行热倒向操作时，操作失灵。这时应先检查上述（2）、（3）项及另一母线隔离开关应在合位；然后检查母联隔离开关、操作电源应送上并正常（控制相），隔离开关闭锁小母线应带电（如不带电，则应检查母联断路器的动断辅助触点是否闭合，母线隔离开关辅助触点是否闭合），另一母线隔离开关动合辅助触点应闭合；最后进行上述（9）（10）（11）（12）项的检查内容等。

【案例分析】

> 案 例　母线停、送电操作。

某110kV变电站110kV侧接线如图1.3.4.2-1所示。正常运行时两母线并列运行，黄姚线、2号主变压器接Ⅱ段母线运行；黄新线、1号主变压器接Ⅰ段母线运行。110kV配电装置为敞开式。

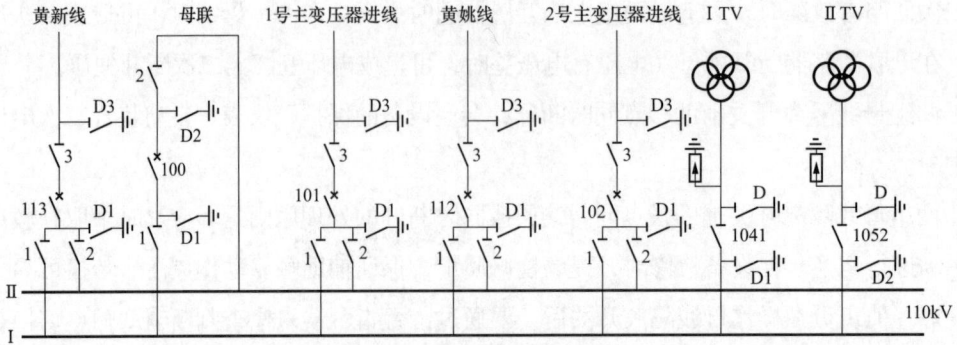

图 1.3.4.2-1 双母线接线

（1）110kV Ⅱ 段母线由运行转为检修，黄姚线、2号主变压器110kV Ⅱ 段母线倒 Ⅰ 段母线运行，操作步骤见表1.3.4.2-1。

表 1.3.4.2-1　110kV Ⅱ 段母线由运行转为检修，黄姚线、2号主变压器110kV Ⅱ 段母线倒 Ⅰ 段母线运行

操作目的	操作步骤	操作注意事项
拉开母联断路器控制电源	（1）检查110kV母联100断路器在合闸位置； （2）拉开110kV母联100断路器控制电源开关	倒母线时母联断路器不能跳闸
将Ⅱ段母线设备倒Ⅰ段母线供电	（3）合上黄姚线112-1隔离开关； （4）检查黄姚线112-1隔离开关确已合好； （5）检查指示正确； （6）拉开黄姚线112-2隔离开关； （7）检查黄姚线112-2隔离开关确已拉开； （8）检查信号指示正确； （9）合上2号主变压器110kV侧102-1隔离开关； （10）检查2号主变压器110kV侧102-1隔离开关确已合好； （11）检查信号指示正确； （12）拉开2号主变压器110kV侧102-2隔离开关； （13）检查2号主变压器110kV侧102-2隔离开关已拉开； （14）检查信号指示正确； （15）检查1号主变压器110kV侧101-2隔离开关确在拉开位置	先合Ⅰ段母线侧隔离开关，后拉Ⅱ段母线侧隔离开关
母联断路器由运行转热备用	（16）合上110kV母联100断路器控制电源开关； （17）拉开110kV母联100断路器； （18）检查表计指示正确； （19）检查110kV母联100断路器确已拉开	正确选择断路器位置
母联断路器由热备用转冷备用	（20）拉开110kV母联100-2隔离开关； （21）检查110kV母联100-2隔离开关确已拉开； （22）检查信号指示正确； （23）拉开110kV母联100-1隔离开关； （24）检查110kV母联100-1隔离开关确已拉开； （25）检查信号指示正确	正确选择隔离开关位置

操作目的	操作步骤	操作注意事项
母线电压互感器由运行转冷备用	（26）拉开110kVⅡ段母线电压互感器二次开关； （27）拉开110kVⅡ段母线电压互感器1052隔离开关； （28）检查110kVⅡ段母线电压互感器1052隔离开关确已拉开； （29）检查110kVⅡ段母线所属隔离开关确在拉开位置	正确选择隔离开关位置，防止电压互感器二次反充电
母线由冷备用转检修	（30）在110kVⅡ段母线电压互感器1052隔离开关与母线间验明确无电压； （31）合上110kVⅡ段母线电压互感器1052D2接地开关； （32）检查110kVⅡ段母线电压互感器1052D2接地开关确已合好	正确进行直接验电

（2）110kVⅡ段母线由检修转为运行，黄姚线、2号主变压器由110kVⅠ段母线倒Ⅱ段母线运行恢复正常运行方式，操作步骤见表1.3.4.2–2。

表1.3.4.2–2　110kVⅡ段母线由检修转为运行，黄姚线、2号主变压器由110kVⅠ段母线倒
Ⅱ段母线运行恢复正常运行方式

操作目的	操作步骤	操作注意事项
母线由检修转冷备用	（1）拉开110kVⅡ段母线电压互感器1052D2接地开关； （2）检查110kVⅡ段母线电压互感器1052D2接地开关确已拉开	检查确认母线无接地短路线
电压互感器由冷备用转运行	（3）合上110kVⅡ段母线电压互感器1052隔离开关； （4）检查110kVⅡ段母线电压互感器1052隔离开关确已合好； （5）合上110kVⅡ段母线电压互感器二次开关	正确选择隔离开关位置
母联断路器由冷备用转热备用	（6）检查110kV母联100断路器及所属隔离开关确在拉开位置； （7）合上110kV母联100–1隔离开关； （8）检查110kV母联100–1隔离开关确已合好； （9）检查信号指示正确； （10）合上110kV母联100–2隔离开关； （11）检查110kV母联100–2隔离开关确已合好； （12）检查信号指示正确	正确选择隔离开关位置
母联断路器由热备用转运行	（13）合上110kV母联100断路器； （14）检查表计指示正确	正确选择断路器位置
拉开母联断路器控制电源	（15）拉开110kV母联100断路器控制电源开关	倒母线时母联断路器不能跳闸

续表

操作目的	操作步骤	操作注意事项
将Ⅰ段母线有关设备倒Ⅱ段母线供电，恢复正常运行方式	（16）合上2号主变压器110kV侧1022隔离开关； （17）检查2号主变压器110kV侧1022隔离开关确已合好； （18）检查信号指示正确； （19）拉开2号主变压器110kV侧1021隔离开关； （20）检查2号主变压器110kV侧1021隔离开关确已拉开； （21）检查信号指示正确； （22）合上黄姚线112-2隔离开关； （23）检查黄姚线112-2隔离开关确已合好； （24）检查信号指示正确； （25）拉开黄姚线112-1隔离开关； （26）检查黄姚线112-1隔离开关确已拉开； （27）检查信号指示正确	先合Ⅱ段母线侧隔离开关，后拉Ⅰ段母线侧隔离开关
合上母联断路器控制电源	（28）合上110kV母联100断路器控制电源开关	恢复母联断路器的正常运行

【思考与练习】

1.母线大修后投入操作的有关规定及注意事项是什么？

2.母线发生谐振时的处理原则是什么？

3.母线隔离开关电动操作失灵的处理原则是什么？

任务3.5 电压互感器及其他设备倒闸操作

任务3.5.1 电压互感器停、送电操作

【学习目标】

知识目标：1. 熟悉变电站220、110、10 kV Ⅰ母电压互感器停、送电操作前的运行方式。

2. 掌握220、110、10 kV Ⅰ母电压互感器停、送电操作的基本原则及要求；220、110、10 kV Ⅰ母电压互感器停、送电操作票的正确填写。

3. 掌握变电仿真系统220、110、10 kV Ⅰ母电压互感器的倒闸操作流程。

能力目标：1. 能说出变电站220、110、10 kV Ⅰ母电压互感器停、送电操作前的运行方式。

2. 能正确填写变电站220 、110 、10 kV Ⅰ母电压互感器停、送电操作的
倒闸操作票。

3. 能在仿真机上熟练进行220 、110 、10 kV Ⅰ母电压互感器的倒闸操作。

态度目标：1. 能主动学习，在完成任务过程中发现问题、分析问题和解决问题。

2. 能严格遵守相关规程及规章制度，与小组成员协商、交流配合，按标准
化作业流程完成学习任务。

【任务描述】

本任务介绍电压互感器停、送电的操作原则和注意事项，调度规程中对电压互感器操
作的相关规定。通过归纳讲解、案例介绍，掌握电压互感器停、送电的操作方法。

【相关知识】

电压互感器的工作原理和变压器基本相同，电磁式电压互感器从结构上讲是一种小容
量、大电压比的降压变压器，工作状态接近于变压器的空载情况，但对误差要求很严，电
压互感器不输送电能，仅作为测量和保护用的标准电源。电压互感器运行中应注意：二次
绕组不允许短路，铁芯和二次绕组一点必须可靠接地。电压互感器的操作分为线路电压互
感器的操作和母线电压互感器的操作。

一、电压互感器送电前的准备工作

（1）应测量其绝缘电阻，二次侧绝缘电阻不得低于$1M\Omega$，一次侧绝缘电阻不低于
$1000M\Omega$。

（2）完成定相工作，确定相位的正确性。如果一次侧相位正确而二次侧接错，会引起
非同期并列。此外，在倒母线时，还会使两台电压互感器短路并列，产生很大的环流，造
成二次侧熔断器熔断或二次开关跳开，引起保护装置电源中断，严重时会烧坏电压互感器
二次绕组。

（3）电压互感器送电前的检查：绝缘子应清洁，完整，无损坏及裂纹；油位应正常，
充油式油色透明不发黑，无渗、漏油现象；二次回路的电缆及导线应完好，且无短路现
象；电压互感器外壳应清洁，无渗漏油现象，二次绕组连接牢固。

（4）准备工作结束后，可进行送电操作：投入一、二次侧熔断器，合上一次隔离开
关，使电压互感器投入运行，检查二次电压正常，随后投入电压互感器所带的继电保护及
自动装置。

二、电压互感器停、送电操作原则

（1）电压互感器停电时，先拉开二次熔断器或二次开关，然后拉开电压互感器一次高

隔离开关。送电操作与此相反。

（2）电压互感器二次并列时，必须一次先并列，二次后并列，防止电压互感器二次对一次进行反充电，造成二次熔断器熔断或二次开关跳闸。

（3）只有一组电压互感器的母线，一般情况下电压互感器和母线同时进行停、送电。单独停用电压互感器时，应考虑保护的变动情况。

（4）两组母线形式接线，两组电压互感器各接在相应的母线上，正常运行情况下二次不并列，当一组电压互感器检修时，停电的电压互感器负荷由另一组母线的电压互感器暂带。

三、电压互感器并列运行条件

（1）额定电压相等。

（2）变比相同。

（3）联结组别及极性相同。

（4）二次接线相序、极性正确。

【任务实施】

一、电压互感器停、送电的操作顺序

（1）线路电压互感器的正常操作。线路电压互感器的正常操作一般是跟随其间隔的线路进行的，当其需要检修或本间隔的保护有工作时，应将其二次熔断器取下，防止反充电。

（2）母线电压互感器的正常操作。当需要将母线电压互感器直接停止运行二次不需要并列时，应首先解除电压互感器所带的保护及自动装置。如果装有自动切换或手动切换装置时，其所带的保护及自动装置可不停用。然后将其二次熔断器取下或断开二次开关，以防止反充电，再拉开相应的电压互感器一次侧隔离开关。进行验电时，用电压等级合适而且合格的验电器，在电压互感器各相分别进行验电。验明无电压后，装好接地线，悬挂标示牌经过工作许可手续，便可进行检修工作。

送电时应在母线不带电的情况下操作隔离开关将其加入运行，然后用断路器对其充电正常后，再投入相应的主变压器或分段断路器的自动投入装置；当需要将母线电压互感器停运二次需要并列时，必须在母联（或分段）断路器投运，投入两组电压互感器的高压后，再二次并列，防止二次反充电。

凡倒换电压互感器时，必须先合上电压互感器隔离开关，应注意检查隔离开关的辅助触点是否接通或打开，避免造成保护失去二次电压。根据主变压器自动投入装置的原理情况在电压互感器倒换之前解除或不解除相应的主变压器自动投入装置。由于主接线的情况不一样，二次并列的条件也不一样，但是电压互感器的高压侧必须并列运行，才能进行电压互感器的二次并列倒换。送电的步骤与上述顺序相反。

（3）单母线分段运行，一台电压互感器停电，由运行转为检修状态的操作顺序：

1）检查单母线分段运行方式下，分段断路器及两隔离开关在合位；

2）合上母线电压切换断路器，将电压互感器二次并列；

3）断开要停电压互感器的二次空气断路器（或二次熔断器）；

4）检查该母线电压指示正常；

5）拉开要停电压互感器的一次隔离开关；

6）在该电压互感器一次隔离开关与电压互感器间验明三相确无电压；

7）在该电压互感器一次隔离开关与电压互感器间装设接地线一组。

（4）单母线分段运行，一台电压互感器送电，由检修转运行的操作顺序：

1）拆除电压互感器一次隔离开关与电压互感器间接地线一组；

2）检查电压互感器一次隔离开关与电压互感器间接地线一组已拆除；

3）合上电压互感器一次隔离开关；

4）合上电压互感器二次空气断路器；

5）断开母线电压切换断路器，将电压互感器二次侧解列；

6）检查该母线电压指示正常。

二、电压互感器在正常操作中的注意事项

（1）严禁用隔离开关或摘下熔断器的方法拉开有故障的电压互感器。

（2）防止影响自动装置，防止继电保护装置误动、拒动。

（3）将二次回路主熔断器或自动空气小开关断开，防止电压反送电。

三、二次回路的调整

停用电压互感器时，应先断开接入电压互感器二次回路中可能误动的保护或自动装置，或者进行二次电压切换，后断开二次开关或熔断器，再断开一次隔离开关。并须考虑对继电保护装置、自动装置及电能计量回路的影响。

启用电压互感器时，先合高压侧隔离开关，后合二次开关或熔断器。如系双母线运行，并经与已运行的电压互感器核相并列后，在转接所在母线上回路的二次电压负荷时，应保证这种切换转接负荷的可靠性，不致引起保护装置失压误动。各变电站目前使用的电压切换方式不尽相同，故应根据现场运行规程进行具体操作。

【案例分析】

案 例　电压互感器停、送电操作。

某110kV变电站110kV侧接线如图1.3.5.1-1所示。正常运行时两母线并列运行，黄姚

线、2号主变压器接Ⅱ段母线运行；黄新线、1号主变压器接Ⅰ段母线运行。110kV配电装置为敞开式。

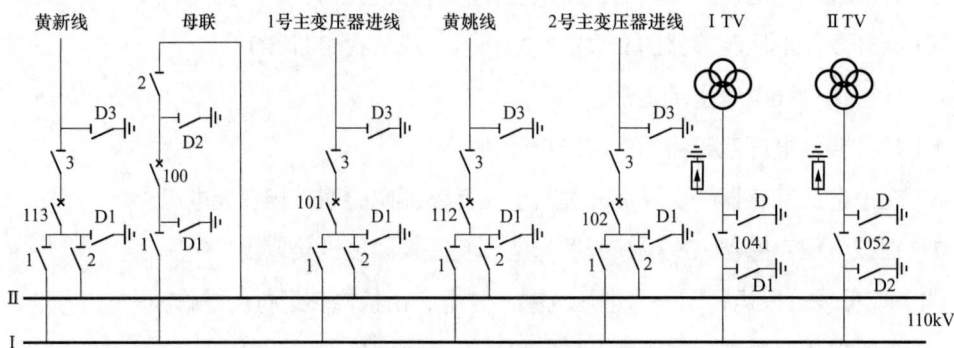

图 1.3.5.1-1 双母线接线

（1）110kVⅠ段母线电压互感器由运行转为检修，操作步骤见表1.3.5.1-1。

表 1.3.5.1-1　110kVⅠ段母线电压互感器由运行转为检修

操作目的	操作步骤	操作注意事项
电压互感器二次并列	（1）检查110kV母联100断路器及两侧隔离开关在合闸位置； （2）将110kV电压互感器二次并列切换开关切至并列； （3）检查110kV电压互感器二次并列指示灯亮	电压互感器二次并列时，一次侧母线必须并列
电压互感器由运行转冷备用	（4）拉开110kVⅠ段母线（电压互感器）二次开关； （5）检查表计指示正确； （6）拉开110kVⅠ段母线（电压互感器）1041隔离开关； （7）检查110kVⅠ段母线（电压互感器）1041隔离开关确已拉开	正确选择隔离开关位置
电压互感器由冷备用转检修	（8）在110kVⅠ段母线（电压互感器）1041隔离开关与电压互感器间验明确无电压； （9）合上110kVⅠ段母线（电压互感器）1041D接地开关； （10）检查110kVⅠ段母线电压互感器1041D接地开关确已合好	正确地验电合接地开关

（2）110kVⅠ段母线电压互感器由检修转为运行，操作步骤见表1.3.5.1-2。

表 1.3.5.1-2　110kVⅠ段母线电压互感器由检修转为运行

操作目的	操作步骤	操作注意事项
母线由检修转冷备用	（1）检查110kV母联100断路器及两侧隔离开关在合闸位置； （2）拉开110kVⅠ段母线（电压互感器）1041D接地开关； （3）检查110kVⅠ段母线（电压互感器）1041D接地开关确已合好	检查确认母线无接地短路线

续表

操作目的	操作步骤	操作注意事项
电压互感器由冷备用转运行	（4）合上110kV Ⅰ段母线（电压互感器）1041隔离开关； （5）检查110kV Ⅰ段母线（电压互感器）1041隔离开关确已合好； （6）合上110kV Ⅰ段母线（电压互感器）二次开关	正确选择隔离开关位置
电压互感器二次解列	（7）将110kV电压互感器二次并列切换开关由并列切至断开位置； （8）检查110kV电压互感器二次并列指示灯灭； （9）检查表计指示正确	检查确认电压指示及信号正常

【思考与练习】

1.电压互感器的并列条件是什么？

2.电压互感器操作的注意事项是什么？

3.举例说明母线电压互感器停电时一般切换哪些保护和自动装置？

*任务3.5.2　电压互感器停、送电危险点源预控分析

【学习目标】

知识目标：1.熟悉电压互感器的停、送电操作中发现异常的处理原则。

2.掌握电压互感器停、送电操作的危险点源预控分析。

能力目标：1.能说出变电站电压互感器停、送电操作前的运行方式。

2.能正确掌握如何进行电压互感器停、送电操作的危险点源分析。

3.能采取有效措施进行危险点源预控。

态度目标：1.能主动学习，在完成任务过程中发现问题、分析问题和解决问题。

2.能严格遵守相关规程及规章制度，与小组成员协商、交流配合，按标准化作业流程完成学习任务。

【任务描述】

本任务介绍电压互感器停、送电操作中危险点源预控分析。通过分析讲解、案例介绍，掌握如何进行电压互感器停、送电操作的危险点源分析，怎样进行危险点源预控。

【相关知识】

一、线路电压互感器的停、送电操作中发现异常时的处理原则

当发现线路电压互感器有明显故障时，应考虑对保护有无影响，并采取措施防止保护误动作，汇报值班调度员；当电压互感器高压侧绝缘有损伤时，如电压互感器发热过高、内部有放电声、漏油且有臭味冒烟，应用线路断路器将故障的电压互感器切断，此时应进行倒闸操作，使电压互感器停电，并断开电压互感器一、二次侧；二次熔断器熔断时，更换熔断器不得任意加大熔丝，并考虑对保护有无影响，并采取措施防止保护误动作。

二、母线电压互感器的停、送电操作中发现异常时的处理原则

母线电压互感器可发生的异常现象有：电压互感器高压侧接地，电压互感器损坏，高压熔断器熔断，低压熔断器熔断，电压互感器有异音等。

发现电压互感器有明显故障时，应考虑对保护有无影响，并采取措施防止保护误动作，汇报值班调度员。根据仪表指示，判断高压熔断器是否熔断。如高压熔断器熔断一相或两相，值班人员应认真观察判明电压互感器内部确无故障，系统无接地（必要时应用验电笔判断），方可用隔离开关拉开电压互感器更换熔断器。

当电压互感器高压侧绝缘有损伤时，如，熔断器连续熔断二三次，电压互感器发热过高，内部有放电声，漏油且有臭味冒烟，应用断路器将故障的电压互感器切断。电压互感器熔断器熔断时，更换熔断器不得任意加大熔丝。对于110kV电压互感器没装高压熔断器时，可倒换运行方式，利用断路器断开故障点。

【任务实施】

电压互感器停电操作危险点及控制措施：

（1）两段母线接线形式，一次系统未并列，两台电压互感器二次并列，造成两台电压互感器二次电压差大，可使不该停用的电压互感器二次熔断器或空气断路器断开。措施：一次系统先并列，二次回路再并列，减小电压差。

（2）电压互感器一次先停电，造成反充电，二次熔断器熔断或二次开关断开，影响保护及自动装置。措施：先切换保护及自动装置，一、二次并列后，断开二次回路熔断器或空气断路器，再断开电压互感器一次隔离开关和熔断器。

（3）电压互感器故障时，用隔离开关拉开故障电压互感器，可造成相间短路故障。措施：通过倒闸操作方式，用断路器断开故障电压互感器。

【案例分析】

案　例　电压互感器停、送电操作。

某110kV变电站，10kV侧接线方式如图1.3.5.2-1所示。正常运行方式为：1号主变压器带 Ⅰ 段母线，2号主变压器带 Ⅱ 段母线，10kV分段000断路器热备用，无备用电源自动投入装置。

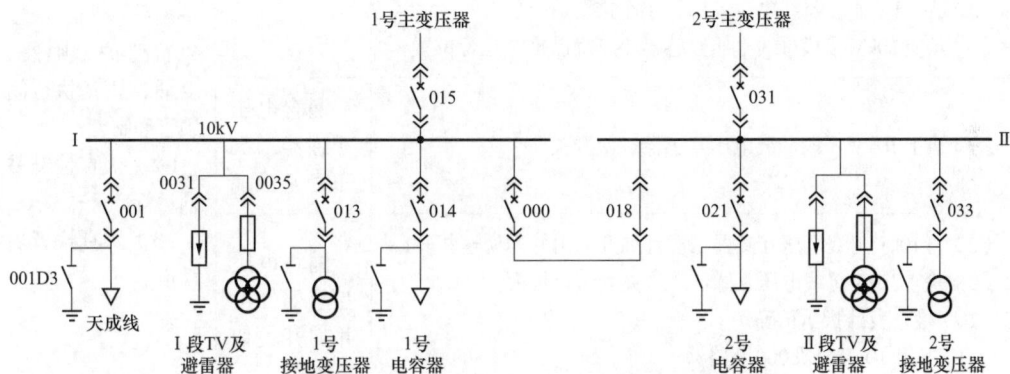

图 1.3.5.2-1　110kV 变电站 10kV 接线图

10kV侧 Ⅰ 段母线电压互感器由运行转检修，操作步骤见表1.3.5.2-1。

表 1.3.5.2-1　10kV侧 Ⅰ 段母线电压互感器由运行转检修

操作步骤	危险点	防范措施
（1）合上10kV分段000断路器； （2）检查10kV分段000断路器确在合闸位置； （3）将10kV母线电压互感器二次并列开关由断开切至并列； （4）检查10kV母线电压互感器二次并列运行灯亮	二次未并列	（1）认真检查分段断路器的位置； （2）认真检查并列运行灯
（5）拉开10kV Ⅰ 段母线电压互感器二次开关； （6）检查表计指示正确； （7）将10kV Ⅰ 段母线电压互感器小车拉至试验位置； （8）检查10kV Ⅰ 段母线电压互感器小车确已拉至试验位置； （9）取下10kV Ⅰ 段母线电压互感器小车二次插头； （10）将10kV Ⅰ 段母线电压互感器小车拉至检修位置； （11）检查10kV Ⅰ 段母线电压互感器小车确已拉至检修位置； （12）取下10kV Ⅰ 段母线电压互感器一次熔断器	互感器二次开关漏拉，造成反充电	（1）认真核对设备名称编号，严格执行监护、唱票、复诵； （2）操作时戴绝缘手套

10kV侧Ⅰ段母线电压互感器由检修转运行，恢复正常运行方式，操作步骤见表 1.3.5.2–2。

表 1.3.5.2–2　10kV侧Ⅰ段母线电压互感器由检修转运行，恢复正常运行方式

操作步骤	危险点	防范措施
（1）装上10kVⅠ段母线电压互感器一次熔断器； （2）将10kVⅠ段母线电压互感器小车推至试验位置； （3）检查10kVⅠ段母线电压互感器小车确已推至试验位置； （4）装上10kVⅠ段母线电压互感器小车二次插件； （5）将10kVⅠ段母线电压互感器小车推至运行位置； （6）检查10kVⅠ段母线电压互感器小车确已推至运行位置	误推小车	（1）认真核对设备名称编号，严格执行监护、唱票、复诵，认真执行闭锁管理制度； （2）认真检查并列运行灯灭； （3）认真检查表计指示
（7）合上10kVⅠ段母线电压互感器二次开关	漏合电压互感器二次开关	
（8）将10kV母线电压互感器二次并列开关由并列切至断开； （9）检查10kV母线电压互感器二次并列运行灯灭； （10）检查表计指示正确； （11）拉开10kV分段000断路器； （12）检查10kV分段000断路器确在分闸位置	漏将电压互感器二次并列开关切至断开	

【思考与练习】

1.母线电压互感器操作中有哪些异常现象？

2.电压互感器停电操作危险点及控制措施是什么？

*任务3.6　电容器、电抗器一般停、送电操作

【学习目标】

知识目标：1. 熟悉变电站10kV 1号电容器组停、送电操作前的运行方式。

2. 掌握10kV 1号电容器组停、送电操作的基本原则及要求；10kV 1号电容器组停、送电操作票的正确填写。

3. 掌握变电仿真系统10kV 1号电容器组的倒闸操作流程。

能力目标：1. 能说出变电站10kV 1号电容器组停、送电操作前的运行方式。

2. 能正确填写变电站10kV 1号电容器组停、送电操作的倒闸操作票。

3. 能在仿真机上熟练进行10kV 1号电容器组的停、送电倒闸操作。

态度目标：1. 能主动学习，在完成任务过程中发现问题、分析问题和解决问题。

2. 能严格遵守相关规程及规章制度，与小组成员协商、交流配合，按标准化作业流程完成学习任务。

【任务描述】

本任务中变电站无功补偿装置主要是电容器。电网通过无功补偿装置的投、退可以实现无功功率的动态平衡和电压的调整与控制。下面介绍电容器由运行转检修、由检修转运行时的停、送电操作。

任务中介绍了电容器、电抗器的一般停、送电的操作原则和注意事项，电容器和电抗器一般停、送电操作中的异常，调度规程中对电容器和电抗器操作的相关规定。通过要点讲解和案例介绍，掌握电容器、电抗器一般停、送电的操作规定和操作方法，能发现操作中的异常。

【相关知识】

变电站补偿装置包括低压电容器、电抗器和高压电抗器。电网通过补偿装置的投、退来进行电网电压的调整（控制）和改善电网的无功功率。

补偿装置的一般停、送电操作是指低压电容器、低压电抗器及高压电抗器正常情况下的停、送电操作。

一、低压电容器、电抗器的操作原则

（1）停电时，先断开断路器，后拉开元件侧隔离开关，再拉开母线侧隔离开关。

（2）送电时，先合上母线侧隔离开关，后合上元件侧隔离开关，最后合上断路器。

（3）严禁空母线带电容器运行。

二、电容器、电抗器操作中的注意事项

（1）电容器送电操作过程中，如果断路器没合好，应立即断开断路器，间隔3min后，再将电容器投入运行，以防止出现操作过电压。

（2）电容器的投退操作，必须根据调度指令，并结合电网的电压及无功功率情况进行操作。

（3）有电容器组运行的母线停电操作时，应先停运电容器组，再停运母线上的其他元件；母线投运时，先投运母线上的其他元件，最后投运电容器组。

（4）无失压保护的电容器组，母线失压后，应立即断开电容器组的断路器。

（5）电容器停用时应经放电线圈充分放电后才可合接地开关，其放电时间不得少于5min。

【任务实施】

一、补偿装置操作的异常

（1）电容器组送电中出现过电压。

（2）停电操作时电容器组母线隔离开关（或断路器）不能操作。

（3）电抗器停电操作线路接地开关不能接地。

二、电容器操作中的异常处理

（1）电容器组送电中出现母线电压变动超过2.5%时：①如果电压稳定值超过2.5%，说明电容器组投入容量过大，应及时汇报调度，根据母线电压情况进行调压处理，保证母线电压在正常范围内运行。②电容器投运前未能进行充分放电，引起操作过电压。检查母线电压稳定值是否超限，检查电容设备单元其他单元设备有无异常。

（2）停电操作时电容器组母线隔离开关（或断路器）不能操作时，电容器单元不能单独进行停电。根据运行及操作规定，在此情况下，同母线上的其他馈线单元也不能进行停电，否则，形成空母线带电容器组运行的不利方式。为此，处理办法为：母线停电，隔离母线后，做母线及电容组断路器和隔离开关的检修措施。

（3）操作中综合自动化系统闭锁操作异常，应采取应对措施，严禁解锁操作。检查线路电压互感器空气开关或二次熔断器是否合上。

三、电容器操作中的危险点分析与控制措施

电容器操作中的危险点分析与控制措施见表1.3.6-1。

表1.3.6-1　电容器操作中的危险点分析与控制措施

序号	类型	危险点	预控措施
1	误操作	误拉其他断路器	（1）正确核对操作断路器名称编号，核对命名应有一个明显的确认过程，唱票复诵； （2）后台机（监控机）上拉断路器操作，由操作人、监护人分别输入密码无误后，才能进行操作
		走错间隔，误入带电间隔	（1）监护人、操作人应走到设备标识牌前进行核对；在每步操作结束后，应由监护人在原位向操作人提示下一步操作内容； （2）中断操作重新开始操作前，应重新核对设备命名； （3）执行一个操作任务中途严禁换人
		电容器断路器未拉开，造成带负荷拉隔离开关	（1）正、副值两人应同时到现场详细检查断路器实际位置； （2）检查相应电流表、红绿灯及后台遥信变位指示； （3）操作隔离开关必须戴绝缘手套；操作过程中应穿长袖棉工作服，并戴好有防护面罩的安全帽

序号	类型	危险点	预控措施
1	误操作	解锁操作，造成带负荷拉电容器隔离开关	（1）在操作过程中遇有锁打不开等问题时，严禁擅自解锁或更改操作票； （2）若确实需要进行解锁操作的，必须经本单位有权许可解锁操作的领导或技术人员同意后方能进行； （3）在使用解锁钥匙进行操作前，再次检查"四核对"内容，确认被操作设备、操作步骤正确无误后，方可解锁操作，并加强监护
		断开断路器后，3min内再次合上断路器	间隔3min后再进行送电操作，并且操作前对电容器进行放电
2	人身触电	电容器停用时，未对其逐个放电，造成人身触电	（1）进入电容器仓前，必须合上电容器接地开关及中性点隔离开关； （2）对电容器进行逐个放电后，才能允许工作人员进入
3	其他	就地操作电容器断路器	严格执行电容断路器在远方进行操作规定
		送电前后不检查电容器单元的设备	严格按运行规定进行操作前的检查，否则不能进行送电操作。完成操作项目后，认真检查无误后，再进行下一项的操作，检查工作两人进行，并共同确认检查结果

【案例分析】

案 例 10kV 1号电容器014断路器由运行转断路器、电容器检修。

某110V变电站，10kV侧单母线分段接线，中置式小车断路器柜，如图1.3.6-1所示，1号、2号电容器运行。监控机操作断路器。

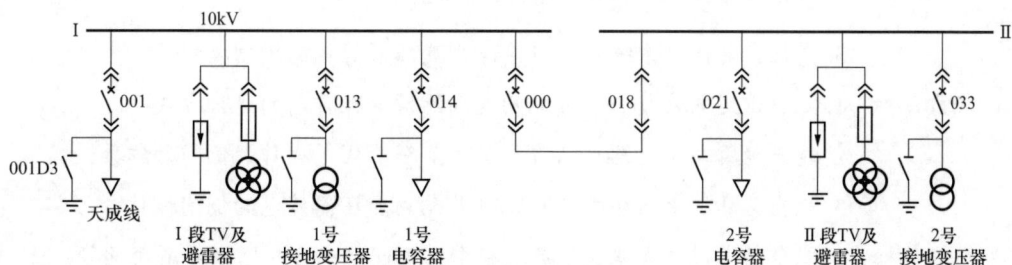

图 1.3.6-1 单母线分段接线

10kV 1号电容器014断路器由运行转断路器、电容器检修，操作步骤见表1.3.6–2。

表1.3.6–2　10kV 1号电容器014断路器由运行转断路器、电容器检修

操作目的	操作步骤	操作注意事项
运行转热备用	（1）拉开1号电容器014断路器； （2）检查1号电容器表计读数正确； （3）检查1号电容器014断路器确已拉开	正确选择断路器分闸
热备用转冷备用	（4）将1号电容器014小车断路器拉至试验位置； （5）检查1号电容器014小车断路器确已拉至试验位置	正确判断小车断路器的位置
冷备用转检修	（6）取下1号电容器014小车断路器二次插头； （7）将1号电容器014小车断路器拉至检修位置； （8）检查1号电容器014间隔线路侧带电显示灯灭（或在1号电容器侧验明确无电压）； （9）合上1号电容器014D3按接地开关； （10）检查1号电容器014D3接地开关确已合好； （11）取下（或拉开）1号电容器014断路器的操作和信号熔断器（二次开关）	1号电容器014间隔线路侧正确验电

【思考与练习】

1.电容器组送电中出现母线电压变动超过2.5%时应怎样处理？

2.低压补偿装置停电操作时主要的危险点有哪些？

任务3.7　站用交、直流系统停、送电操作

【学习目标】

知识目标：1. 熟悉变电站10kV 1号站用变压器停电操作前的运行方式；

2. 掌握10kV 1号站用变压器停电操作的基本原则及要求，熟悉10kV 1号站用变压器停电操作顺序；

3. 掌握变电仿真系统10kV 1号站用变压器停电的倒闸操作。

能力目标：1. 能说出变电站10kV 1号站用变压器停电操作前的运行方式；

2. 能正确填写变电站10kV 1号站用变压器停电操作的倒闸操作票；

3. 能在仿真机上熟练进行10kV 1号站用变压器停电的倒闸操作。

态度目标：1. 能主动学习，在完成任务过程中发现问题、分析问题和解决问题；

2. 能严格遵守"变电运行"专业相关规程标准及规章制度，与小组成员协商、交流配合，按标准化作业流程完成学习任务。

【任务描述】

本模块介绍站用交、直流系统停、送电的操作原则和注意事项，调度规程中对站用交、直流系统操作的相关规定。通过操作原则介绍、归纳讲解，掌握站用交、直流系统停、送电的操作方法。

【相关知识】

一、交流系统停、送电的操作原则

变电站一般采用两台站用变压器运行，从变电站较低电压等级的高压母线上接出，为了防止在全站失电的情况下仍能保持站用电源，一般从不同电源的变电站出线上再接入一台站用变压器，电压等级一般为 35kV 或 10kV。

站用电源的低压母线一般分为两段，称为站用电 I 段、站用电 II 段。站用电 I 段与 II 段之间装设有分段断路器或隔离开关，每一段站用电由一个站用变压器供电。要执行逐级停、送电的原则，即停电时先停负荷侧，后停站用变压器的电源侧断路器；送电时先送站用变压器的高压侧断路器，然后送站用变压器的负荷侧断路器，再逐一送出负荷。

当一台站用变压器需要停电时，可有两种方式实施操作。

（1）低压侧不停电操作：

1）站用变压器高压侧并列；

2）检查 I、II 段站用电电压差不大于 5% 后，合上站用电分段断路器，使站用电 I 段与 II 段进行并列；

3）拉开需停电的站用变压器低压（380V）总断路器；

4）拉开需停电的站用变压器高压断路器和隔离开关；

5）根据检修要求做好安全措施。

（2）低压侧停电操作：

1）拉开需停电的站用变压器相对应的站用电低压各断路器；

2）拉开需停电的站用变压器低压（380V）总断路器；

3）合上站用电分段断路器；

4）合上站用电低压各断路器；

5）拉开需停电的站用变压器高压断路器和隔离开关；

6）根据检修要求做好安全措施。

二、直流系统停、送电的操作原则

直流电源的异常停电，将给设备操作、保护及事故处理带来严重后果。装有两组蓄电池时，两条直流母线分开运行，母联隔离开关拉开，各自形成独立的直流供电系统。两个直流系统并列时，需要电压相等和极性相等。电压不相等会引起负荷分配异常变化，并使直流母线电压产生较大波动。极性不相同会引起回路短路。

直流系统供电有辐射式单回路供电方式和环路供电方式。直流系统的设备停电时，先切换或停用需停电的直流设备，后停供电回路。送电时顺序相反。蓄电池停电时，要先调整好直流电源设备输出电压及电流与直流负荷相匹配，并停用直流负荷波动大的回路，如断路器合闸电流大的回路等，再将蓄电池从直流回路中切除。

三、交、直流系统在正常操作中的注意事项

变电站站用变压器低压侧原则上不能并列，如果不慎并列则可能造成事故或不正常工作状态。

当两台站用变压器联结组别不同时，则并列后在30°相位差的电压下，产生很大的不平衡电流，将可能引起故障。

站用变压器联结组别虽然相同，但阻抗百分比数可能不同，则并列后会产生环流，使变压器出力降低，严重时可能造成变压器发热及并列断路器或低压断路器跳闸。

对于接自外来电源的站用变压器，虽然联结组别与其他站用变压器一样，但由于外来电源可能与本站电源相位不同，所以并列也会发生事故。为此，在实际操作中，站用变压器低压侧应采用先拉（短时失电）后合的办法。由于大型变压器风冷及潜油泵大多采用异步电动机，故失电后重新投入时自启动电流较大，有可能要冲掉风冷电源或站用变压器自动断路器，这对强油风冷变压器的运行是极为不利的。为此，一般可采用下列两种方法：

停电时间要短，即切换要快，这样可减少异步电动机的自启动电流，但应避免误操作。

切换前停用变压器部分冷却器，但最少应保留四组，切换后再投入。另外，在站用变压器切换过程中，还要考虑直流电源充电机装置的运行。由于站用变压器低压侧操作一般由各站自行掌握，所以值班员应正确熟练操作站用电。

站用变压器停电时，应先切断负荷侧，后切断电源侧；送电时，先合上电源侧，后合上负荷侧。对高压侧装有熔断器的站用变压器，其高压熔断器必须在停电采取安全措施后才能取下、压上。对于开关和熔断器的低压回路，停电时应先拉隔离开关，后取下熔断器，送电时相反。

110kV及以下变电站直流系统一般采用高频开关直流操作电源系统，有操作控制

回路母线和动力回路母线。高频开关电源模块目前有 5、10A 和 20A 三种，根据负载要求和蓄电池容量的不同，可以由多台模块按照 $N+1$ 备份原则并联组成几十安到几百安的直流操作电源系统。单母线接线方式，模块输出和直流母线、蓄电池组并联，平时蓄电池处于全浮充状态。对于控制、动力母线分别设置的直流操作电源系统，有两种接线方式：一种是所有模块的输出与电池组和动力母线并联，在动力母线和控制母线之间设置自动调压装置，控制母线的负荷由动力母线经自动调压装置提供，该方式要求自动调压装置有较高的可靠性；另一种是将模块分成两组，一组输出与动力母线、电池组并联，另一组输出与控制母线并联，动力母线和控制母线之间设置自动调压装置，在正常情况下，控制母线负荷由模块提供，自动调压装置由于承受反压处于备用状态，只有当交流停电或控制母线的所有模块全部故障时，自动调压装置才投入运行，这种接线方式要求两组模块均按照负荷进行 $N+1$ 配置。直流系统负载一般是单回路辐射式供电方式，停电时按照先切断负荷侧，后切断电源侧；送电时，先合上电源侧，后合上负荷侧的原则。

【任务实施】

一、在交、直流系统的停、送电操作中发现异常的处理原则

（1）在负载回路中有自切装置，在一段站用电失电后，应检查自切动作是否正确，并隔离失电侧。

（2）当站用变压器故障或上级电源失电后，运行人员应立即恢复站用电失电母线的运行。

（3）当站用电一段母线故障而又一时不能排除时，应检查负载侧的自切情况，做好负载侧的联络操作，并做好隔离工作。

（4）当站用变压器高压熔断器熔断时，应先将站用变压器改为检修状态，及时调换高压熔断器。在检查无异常后，及时恢复运行。

（5）当低压侧熔断器熔断时，应先查明原因，再更换熔件恢复运行。

（6）有些站用电低压侧设备，一般在两段低压母线有电的情况下，是被闭锁的，即两个进线和一个分段低压断路器，三选二运行方式。在要合上站用电低压分段断路器时，必须将任一低压进线断路器断开。

（7）在站用电负载中有不少重要回路是由站用电Ⅰ段、Ⅱ段同时供电的，负载回路中的联络隔离开关或联络小断路器不允许并列运行。只有当其中一段失电，并作隔离后才能并列。

（8）站用电的低压释放回路应按照反事故措施要求进行拆除。

二、交、直流系统停、送电操作的危险点源预控

1. 站用变压器交流系统停、送电的危险点源预控

（1）备用站用变压器空载运行，与另一站用变压器高压侧已并列，检查备用站用变压器响声正常，油色、油位正常，高压断路器或高压熔断器运行正常。

（2）将备用站用变压器低压侧恢复备用，隔离开关应合上，检查隔离开关合到位，操作时必须戴手套进行。

（3）测量备用站用变压器低压侧两侧电压差，电压差不能超过30V，测量时应注意万用表量程是否合适，电压差不能过大，否则两台站用变压器无法并列。

（4）合上备用站用变压器低压侧断路器，检查负荷电流及各分路运行情况，认真检查备用站用变压器带负荷是否正常，低压侧断路器必须合到位。否则需停站用变压器低压侧断路器时造成甩低压负荷。

（5）断开需停站用变压器低压侧断路器，认清位置，防止断错断路器，认真核对设备编号，严格执行监护唱票复诵制度。

（6）380V系统母线运行正常，需停站用变压器低压侧断路器确已断开，站用变压器系统及各带负荷正常。

（7）拉开需停站用变压器低压侧隔离开关，检查确已拉开，操作时应戴绝缘手套，拉时要快而谨慎。

（8）取下需停站用变压器低压侧断路器操作熔断器，应先取负极，后取正极，要认清位置，戴绝缘手套或使用绝缘夹钳。

（9）断开需停站用变压器高压侧断路器，认真核对设备名称及编号，检查表计、信号及灯光指示，检查断路器本体及机构是否正常。

（10）拉开需停站用变压器高压侧隔离开关或拉出小车，认真核对设备名称及编号，断开位置正确，操作后注意检查闭锁装置正常或销牢隔离开关，以免滑脱发生事故。

（11）在需停站用变压器高压套管引出线上验电，验电前检查试验验电器正常，在三相逐相进行验电，验380V时，应用万用表或低压验电笔进行验电，验电时要注意站位和验电器绝缘部分与带电部分的距离，以免造成绝缘部分被短接。

（12）在需停站用变压器高压套管引出线上和低压套管引出线上各装一组地线，要认真检查地线各部有无断股，螺钉连接处有无松动，截面是否符合要求，戴绝缘手套，先接地端，后接导体端。

2. 直流系统停、送电的危险点源预控

直流回路操作是变电站运行值班人员常见的操作项目：直流系统发生一点接地时查找

接地点的检查，某些继电保护及自动装置临时性的检查、退出、投入等。直流回路操作同样存在危险点，如操作方法不正确，也将造成某些保护及自动装置误动作，因此直流回路操作同样应遵守一些规定。

（1）取下直流控制熔断器时，应先取正极，后取负极。装上直流控制熔断器时，应先装负极，这样做的目的是防止产生寄生回路，避免保护装置误动作。装、取熔断器应迅速，不得连续地接通和断开，取下和再装上之间要有一段时间间隔（应不小于5s）。

（2）运行中的保护装置要停用直流电源时，应先停用保护出口连接片，再停用直流回路。恢复时次序相反。

（3）母线差动保护、失灵保护停用直流熔断器时，应先停用出口连接片。在加用直流回路以后，要检查整个装置工作是否正常，必要时，使用高内阻电压表测量出口连接片两端无电压后，再加用出口连接片。

（4）在断路器停电的操作中，断路器的控制熔断器应在拉开断路器并做好安全措施（指挂地线或装绝缘罩）之后取下。因为当断路器万一未断开，造成带负荷拉隔离开关时，断路器的保护可动作于跳闸。如果在拉开隔离开关之前取下熔断器，则会因断路器不能跳闸而扩大事故。

（5）在断路器送电操作中，断路器的控制熔断器应在拆除安全措施之前装上。这是因为在装上控制熔断器后，可以检查保护装置和控制回路工作状态是否完好。如有问题，可在安全措施未拆除时，予以处理。另外，这时保护装置已处于准备工作状态，万一在后面的操作中，因断路器的原因造成事故，保护回路可以动作于跳闸。如果在合上隔离开关后，再装上控制熔断器，万一因断路器未断开造成带负荷合隔离开关，使断路器不能跳闸而扩大事故。

（6）如站内有两套直流系统，可将其中一套退出运行，进行维护，倒换运行方式。检查两套直流系统的电压是否一致，如果压差过大，应调整一致，压差不应超过±5%。将直流负荷全部倒由另一套直流盘带，检查直流系统运行正常。

（7）在直流母线分段运行的直流系统母线上工作时，严禁用分路断路器合环。

【案例分析】

> **案　例**　2号站用变压器带全部低压负荷，1号站用变压器由运行转为检修。

某变电站站用电接线如图1.3.7-1所示，正常运行方式下：1号站用变压器带400V段低压负荷，2号站用变压器带400V Ⅱ段低压负荷，站用变压器高、低压均分段运行。一台站用变压器需要停电检修（采用低压侧不停电操作）。

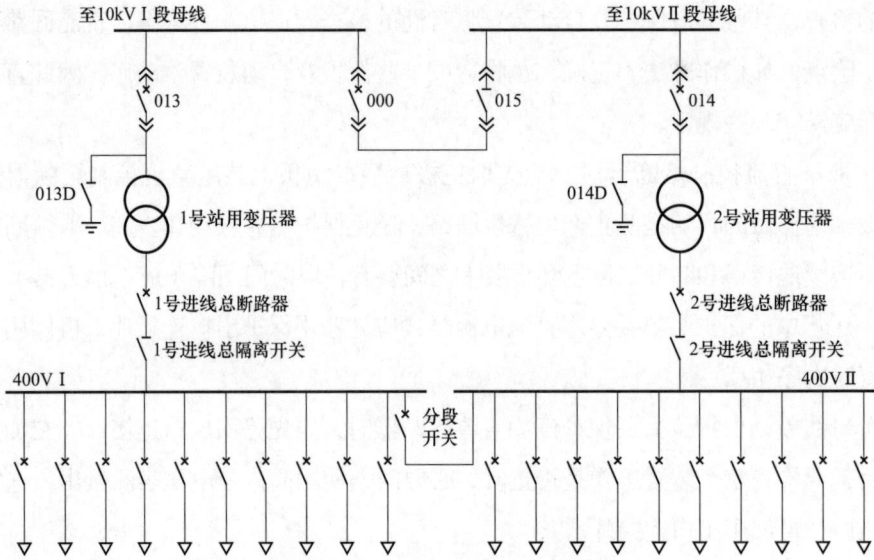

图 1.3.7-1 变电站站用电接线

2号站用变压器带全部低压负荷，1号站用变压器由运行转为检修，操作步骤见表1.3.7-1。

表 1.3.7-1 2号站用变压器带全部低压负荷，1号站用变压器由运行转为检修

操作目的	操作步骤	操作注意事项
10kV分段断路器由热备用转运行	（1）检查10kV I、II段母线分段000小车断路器确在热备用； （2）合上10kV分段000断路器； （3）检查10kV分段000断路器确已合好	正确选择断路器
站用变压器低压侧并列	（4）合上站用变压器低压侧400V母线分段断路器； （5）检查站用变压器低压侧400V母线分段断路器确已合好	并列前检查站用电电压差不大于5%
1号站用变压器由运行转冷备用	（6）拉开1号站用变压器低压侧进线总断路器； （7）检查1号站用变压器低压侧进线总断路器确已拉开； （8）拉开1号站用变压器低压侧进线总隔离开关； （9）检查1号站用变压器低压侧进线总隔离开关确已拉开； （10）拉开1号站用变压器013小车断路器； （11）检查1号站用变压器013小车断路器确已拉开； （12）将1号站用变压器013小车断路器拉至试验位置； （13）检查1号站用变压器013小车断路器确已拉至试验位置	正确选择小车断路器
1号站用变压器由冷备用转检修	（14）验明1号站用变压器与013小车断路器之间确无电压； （15）合上1号站用变压器013D接地开关； （16）检查1号站用变压器013D接地开关确已合好	正确地进行验电

【思考与练习】

1.交、直流系统操作的原则是什么？

2.交、直流系统操作的注意事项是什么？

3.交、直流系统操作中异常的处理原则是什么？

4.举例说明交、直流系统停电操作危险点及控制措施是什么？

任务3.8　二次设备操作

【学习目标】

知识目标：1.掌握保护及二次设备停、投操作注意事项。

2.掌握保护及二次设备停、投操作原则是什么。

3.了解二次设备停、送电的危险点源预控分析。

能力目标：1.会停、投及维护220kV及以下变电站的主要二次设备。

2.能说出防止二次线接错的主要措施。

态度目标：1.能主动学习，在完成任务过程中发现问题、分析问题和解决问题。

2.在严格遵守安全规范的前提下，能与小组成员协作共同完成本学习任务。

【任务描述】

本任务介绍一般保护及二次设备的操作原则和注意事项，调度规程中对保护及二次设备操作的相关规定。通过操作原则的讲解、案例介绍，掌握保护及二次设备的一般操作方法。

【相关知识】

一、保护及二次设备停投操作的运行管理

（1）电网调度是电网继电保护技术管理的职能机构，实施全网继电保护的专业管理。

（2）继电保护整定计算和运行操作按调度管辖范围进行。各级调度管辖的继电保护及自动装置（以下简称保护装置）的投、停按本级值班调度员的指令执行，其他人员（包括保护人员）不得操作运行中的保护装置。当保护装置有故障可能误动时，需立即处理时，值班人员应先行立即处理，然后向值班调度员汇报。

（3）调度管辖的保护装置定值按调度下达的定值通知单执行。定值整定试验完毕，现

场值班人员与值班调度员核对无误后，方可投入运行。

（4）保护装置出现异常并威胁设备或人身安全，现场值班人员可先停用保护装置进行处理，然后报告值班调度员。

（5）电气设备不允许无保护运行。特殊情况下，需请示本单位总工程师批准。

（6）值班人员应熟悉所管理的保护装置，发现负荷电流超过允许值时，应立即报告值班调度员。

（7）带有交流电压回路的保护装置（如距离保护、高频保护、方向保护、低压保护、相互闭锁的电流电压保护、低频减载装置、备用电源自动投入装置等），运行中不允许失去电压。当电压互感器或电压回路故障时，值班人员应将此类保护停用，并立即报告值班调度员。

二、二次设备停、送电的危险点源预控分析

二次回路是一个错综复杂的有机整体，在现场作业前均应充分考虑对相关二次系统和二次设备安全运行可能造成的直接或间接影响，认真开展作业危险点分析工作，制定并采取预控措施。

应针对不同的保护设备类别，分别对新设备安装、一次设备更换、端子箱和二次电缆更换、保护设备改造、新技术方案和反措实施等不同的作业种类，分门别类地制定有针对性的危险点分析和控制措施。继电保护现场作业危险点分析和控制应突出以下重点：

（1）对于新安装验收检验，二次回路查线应设专人监护，只在工作票允许的范围内工作，防止误入运行间隔；电压互感器二次回路通电试验时，应断开二次开关或熔断器，防止电压互感器反充电和人身触电；保护和控制直流电源回路的接引工作应谨慎进行，送直流前检查受电回路有无短路或接地的情况，防止造成运行中的直流系统短路、接地和越级跳闸；断路器、隔离开关传动时在高压配电装置现场设专人监护，防止和其他专业人员交叉作业，防止机械伤人；注意检查电压互感器、电流互感器二次回路有且只有一点接地，并有明显的标识；保护相量检查工作中正确封闭电流互感器二次回路并可靠接地，慎重模拟抽取零序电压，操作中使用带绝缘手柄的工具，禁止粗暴拉扯回路线。

（2）一次设备或间隔停电检修、保护设备检验，应可靠断开启动失灵保护的回路；严防误向母差保护电流互感器回路加入故障量；可靠断开本间隔母线电压互感器二次开关，并设明显标志，防止电压互感器二次回路反充电或短路；保护装置绝缘试验需拔出全部静态插件，并隔离录波、监控、网络回路，防止损坏被检设备和有关联设备的元器件。

（3）一次设备运行、部分保护退出的检验，需可靠封住运行电流互感器二次交流电流回路，打开与运行交流电压回路的连线，防止交流回路故障；工作前先检查保护出口连接片和失灵连接片已可靠断开，避免保护误跳断路器或误启动失灵保护。

（4）母差保护检验，应认真核对回路编号，正确短封母线保护电流互感器二次回路，并保证可靠接地，严防开路；断开电压互感器二次电压回路，严禁短路或接地；检查出口连接片、启动母联失灵、联跳主变压器各侧的出口连接片可靠打开。

（5）继电保护设备检验后恢复运行，装置定值有变更时要重新核对，还应检查保护交流采样数值、断路器量输入状态等是否正确，检查差动类保护的差电流或差电压是否在合格范围内，纵联保护和远方跳闸通道工作状态是否完好。

（6）拆除与运行回路的接线，工作前检查安全措施是否齐全完备，相关连接片是否断开；用高内阻电压表测量各线头，确认无电压并两端校核正确后，方可拆除连线，并设专人监护，逐一拆除后再用绝缘胶布包裹，做好记录。

（7）线路纵联电流差动保护传动试验中，两侧差动保护应同时退出，防止误跳对侧断路器；在内桥断路器主接线电流互感器二次"和电流"回路上工作应防止误短接运行电流互感器的二次电流。

（8）安全自动装置的调试试验，防止误跳本站和其他站的运行设备；电压控制装置和系统（VQC、AVC等）试验，防止误切、误投电容器和电抗器设备，误调主变压器调压分接头。

（9）注意充电保护等辅助保护的投退规定，谨防漏退充电保护造成保护误动作跳闸。

（10）旁路转带操作中的保护投停、电流互感器二次回路的切换，防止因漏封或错封电流互感器回路，造成保护误动作。

（11）日常运行中按规定的时间和方法进行继电保护通道测试，在线路恢复送电前及转带操作或恢复原断路器运行操作时，按规程要求进行通道测试。

（12）按规定对保护设备进行巡视检查，室外各类端子箱箱门关闭、密封良好。

【任务实施】

一、保护及二次设备停投操作原则

（1）继电保护装置及二次回路的检查、试验应配合一次设备停电进行。

（2）输配电线路设备停电，断路器、继电保护装置、自动装置及二次回路无工作时，保护装置可不停用，但跳其他运行断路器的出口连接片应解除。

（3）对设有相互联切保护装置的有关设备，在操作前应根据值班调度员指令，解除有关联切保护连接片。

（4）投入保护装置的顺序：先投入保护装置的交流回路，检查正常后，投入直流电源和逆变电源，检查无异常信号后投入跳闸出口连接片；投直流回路时，应先投负极熔断器，后投正极熔断器，以免可能由于寄生回路造成保护装置误动作。停用保护装置的顺序与之相反。

（5）保护装置投跳闸前，运行人员必须检查信号指示正常（包括高频保护通道、差动保护差电流等）。

（6）母联（分段）兼旁路断路器作旁路断路器运行时，投入带路运行的保护，解除其他保护跳母联（分段）的连接片；作母联（分段）断路器运行时，投入其他保护跳母联（分段）的连接片，停用带路运行的保护。

二、保护及二次设备停投操作注意事项

（1）电气设备不允许无保护运行。

（2）继电保护及自动装置的投入或停用必须按照值班调度员或值班负责人的指令执行。

（3）运行中发现保护及二次回路发生不正常现象，值班人员应立即汇报值班调度员。当判明继电保护装置确有误动危险时，值班人员可先行将该保护装置停用，事后立即汇报值班调度员。

（4）在运行中的保护屏或相邻保护屏上进行打孔洞等工作前为防止振动误跳断路器，应申请调度停用有关保护装置的跳闸连接片。

（5）继电保护及自动装置经检修或校验后，应结合终结工作票，由继电保护人员向值班人员详细交代，并经值班员验收合格，才可投入运行。

（6）非事故处理，值班人员不准拆动二次回路线。

（7）在二次回路上进行工作前，应得到值班调度员的许可，若保护定值或二次接线更改，需凭有关专职人员发出的整定通知单（或值班调度员的指令）进行，否则值班人员应阻止其工作。

（8）投入运行中设备的保护跳闸连接片之前，必须以高内阻电压表测量连接片端对地无异极性电压后，才准投入其跳闸连接片，不得用表计直接测量连接片两端之间的电压，防止造成保护误动跳闸。

（9）电能表电压切换开关（指10~35kV线路），主变压器电压切换开关的位置应与一次设备所在母线同名，主变压器或线路改冷备用或检修时，电压切换开关可不予操作。

（10）运行设备的二次回路更改或操作后（如保护用电压开关、保护定值或二次连接片等），在交接班时应到现场交代并查看，以达到各班都能清楚掌握二次方式运行状态。

（11）微机型保护装置在运行中应将"远控、就地"位置断路器打至"远控"位置，并不得随意改变。

【案例分析】

案 例 二次及保护设备操作。

某110kV变电站接线如图1.3.8-1所示。正常运行方式：黄姚线、1号主变压器运行在Ⅰ段母线，黄新线（热备用）、2号主变压器运行在Ⅱ段母线，母联100断路器在合位。10kV新海线为小发电并网配电线路运行在10kVⅠ段母线，110kV备用电源自动投入装置联切10kV并网小发电新海线。

（1）停用110kV线路备用电源自动投入装置，操作步骤见表1.3.8-1。

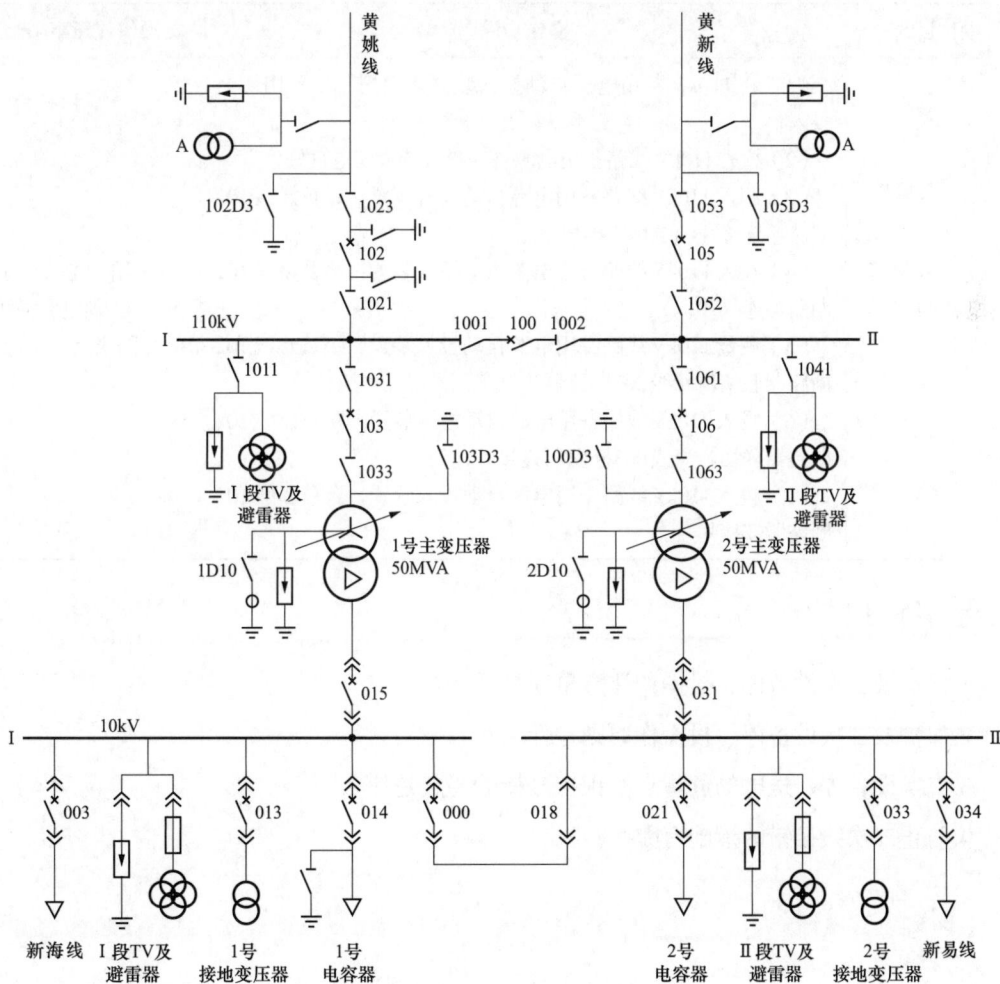

图 1.3.8-1 110kV 变电站接线图

表1.3.8-1 停用110kV线路备用电源自动投入装置

操作目的	操作步骤	操作注意事项
停用线路备用电源自动投入装置	（1）停用110kV线路备用电源自动投入装置，跳黄姚线102断路器连接片； （2）停用110kV线路备用电源自动投入装置，跳黄姚线102断路器联切新海线003断路器连接片； （3）停用110kV线路备用电源自动投入装置，合黄新线105断路器连接片； （4）将110kV备用电源自动投入装置切换把手由投入切至停用	备用电源自动投入装置联切小发电并网线路

（2）投入110kV线路备用电源自动投入装置，操作步骤见表1.3.8-2。

表1.3.8-2 投入110kV线路备用电源自动投入装置

操作目的	操作步骤	操作注意事项
投入线路备用电源自动投入装置	（1）将110kV备用电源自动投入装置切换把手由停用切至投入； （2）检查110kV线路备用电源自动投入装置充电良好； （3）测量110kV线路备用电源自动投入装置，跳黄姚线102断路器连接片两端确无电压； （4）投入110kV线路备用电源自动投入装置，跳黄姚线102断路器连接片； （5）测量110kV线路备用电源自动投入装置，跳黄姚线102断路器联切新海线003断路器连接片两端确无电压； （6）投入110kV线路备用电源自动投入装置，跳黄姚线102断路器联切新海线003断路器连接片； （7）投入110kV线路备用电源自动投入装置，合黄新线105断路器连接片	备用电源自动投入装置联切小发电并网线路

【思考与练习】

1.保护及二次设备停、投操作注意事项是什么？

2.保护及二次设备停、投操作原则是什么？

3.二次设备停、送电的危险点源预控分析的要点是什么？

4.防止二次线接错的措施有哪些？

项目 ④　**变电站异常处理**

任务4.1　变压器常见异常分析处理及危险点源控制

【学习目标】

知识目标：1.了解变电站变压器正常运行时的运行情况。

2.掌握变电站变压器出现异常时的异常状态。

3.掌握变电站变压器异常处理的方法。

能力目标：1.能收集变电站变压器异常信息，并对信息进行处理。

2.能正确分析变电站变压器出现异常的原因，且找出异常点。

3.能及时准确地处理好变压器的异常，尽快恢复一次设备的正常运行。

态度目标：1.具有爱岗敬业、勤奋工作、团结协作的职业道德风尚。

2.能主动学习，在完成任务过程中发现问题、分析问题和解决问题。

3.在严格遵守安全规范的前提下，能与小组成员协作共同完成本学习任务。

【任务描述】

本任务介绍变压器一般常见的异常。通过形象化的描述，熟悉变压器声音异常、油位异常、油温异常等常见异常的现象，掌握发现变压器异常的方法。

介绍变压器常见异常原因分析、异常处理的危险点源预控。通过举例分析和讲解，掌握变压器常见异常分析及处理方法，能正确进行危险点分析。

【相关知识】

一、变压器声音异常及现象

（1）变压器声响明显增大，内部有爆裂声。温度表指示明显升高，油位随温度升高而升高，自动化显示遥测温度明显升高。

（2）变压器运行中发出的"嗡嗡"声有变化，声音时大、时小，但无杂音，规律正常。变压器油位计、温度表指示正常。

（3）变压器运行中除"嗡嗡"声外，内部有时发出"哇哇"声。变压器油位计、温度表指示正常。

（4）变压器运行中发出的"嗡嗡"声音变闷、变大。报警，自动化信息显示"某变电站某号变压器过负荷"。

（5）运行中变压器声音"尖""粗"而频率不同，规律的"嗡嗡"声中央有"尖声""粗声"。报警，自动化信息显示"交流系统某段母线绝缘降低"。

（6）变压器音响夹有放电的"吱吱""噼啪"声。把耳朵贴近变压器油箱，则可能听到变压器内部由于有局部放电或电接触不良而发出的"吱吱"或"噼啪"声。

（7）变压器声响中夹有水的"咕嘟咕嘟"沸腾声，严重时会有巨大轰鸣声。同时油位计指示升高、温度表指示数值急剧升高。

（8）变压器内部有振动或部件松动的声音。变压器油位计、温度表指示正常。

二、变压器油位异常及现象

（1）油位降低。报警，自动化信息显示"某变电站某号变压器油位降低""某变电站某号变压器轻瓦斯动作"。变压器油位计指示严重降低或看不见油位、变压器漏油（或变压器无漏油）。

（2）油位升高。报警，自动化信息显示"某变电站某号变压器油位升高"，遥测温度升高；"某变电站某号变压器过负荷"。变压器油位计指示升高、变压器冷却效果不良。

三、变压器温度异常及现象

（1）报警，自动化工作站信息显示"某变电站某号变压器温度升高"，变压器负荷正常。油位计指示升高，变压器风冷投入正常、冷却效果良好。

（2）报警，自动化工作站信息显示"某变电站某号变压器温度升高""某变电站某号变压器过负荷"。变压器油位计指示升高，变压器风冷投入不足、冷却效果不好。

四、变压器过负荷异常及现象

报警，自动化工作站信息显示"某变电站某号变压器过负荷"，遥测温度升高、变压器负荷电流指示超额定电流。变压器发出沉重的"嗡嗡"声，变压器温度表指示升高、油位计指示升高，对变压器进行红外测温与温度表指示相同。

五、变压器冷却系统异常及现象

（1）报警，自动化信息显示"某变电站某号变压器冷却器全停""某变电站某号变压器工作电源一故障""某变电站某号变压器工作电源二故障"，遥测变压器温度指示升高、负荷正常、站内交流380V母线电压为零。变压器冷却器全停、变压器温度表指示升高、油位计指示升高，变压器风冷控制箱工作电源一、工作电源二电源灯熄灭，站内交流屏

380V 母线失电、电压表指示均为零；风冷全停跳变压器三侧的连接片在退出。

（2）报警，自动化信息显示"某变电站某号主变压器冷却器全停""某变压器工作电源二故障"，遥测变压器温度指示升高、负荷正常、站内交流 380V 母线电压正常。变压器冷却器全停、温度表指示升高、油位计指示升高；站内交流屏 380V 母线电压表指示正常、变压器风冷控制箱工作电源二电源低压断路器跳开；变压器风冷控制箱工作电源二电源灯熄灭，电源一、三切换接触器冒烟。风冷全停跳变压器三侧的连接片在退出。

（3）报警，自动化信息显示"某变电站某号变压器备用冷却器投入"，遥测变压器温度、负荷正常；变压器温度表、油位计指示正常，原运行的冷却器停运、备用的冷却器运行灯亮。

（4）报警，自动化信息显示"某变电站某号变压器辅助冷却器投入"，风冷箱内某号辅助冷却器运行灯亮。

（5）报警，自动化信息显示"某变电站某号变压器工作电源二故障""某变电站某号变压器工作电源一投入"，遥测温度正常、变压器负荷正常、站内交流 380V 母线电压正常。现场检查变压器冷却器运行正常、变压器温度表指示正常；变压器风冷控制箱工作电源二故障光字牌亮，电源灯熄灭；站内交流屏 380V 电压表指示正常，变压器风冷控制箱工作电源二低压断路器跳开。

六、变压器轻瓦斯动作异常及现象

（1）报警，自动化信息显示"某变电站某号变压器轻瓦斯动作"，遥测温度指示正常、变压器负荷正常。气体继电器内有气体，变压器保护装置显示"轻瓦斯动作"；变压器温度表、油位计指示正常。

（2）报警，自动化信息显示"某变电站某号变压器轻瓦斯动作""某变电站1号变压器油位降低"，遥测温度正常。气体继电器内无油，变压器保护装置显示"轻瓦斯动作"。

（3）报警，自动化信息显示"某变电站某号变压器轻瓦斯动作"，遥测温度升高、变压器负荷正常。气体继电器内有气体，变压器保护装置显示"轻瓦斯动作"。

七、变压器压力释放阀动作异常及现象

报警，自动化信息显示"某变电站某号变压器压力释放阀动作"，遥测温度正常、负荷正常。变压器压力释放阀喷油，变压器油位无明显变化、温度计指示正常、气体继电器内无气体、气体继电器连接管路阀门已开启、变压器声音正常、变压器铁芯电流正常。

八、变压器套管异常及现象

（1）油位降低，看不见油位。

（2）变压器套管严重污秽。异常天气有"吱吱"放电声，发出蓝色、橘红色的电晕。

（3）接头接触电阻增大。报警，自动化信息显示"某变电站某号变压器过负荷"，遥测温度升高。变压器套管接头温度异常升高，变压器温度计指示升高，变压器冷却系统正常。

（4）套管异音。套管部位有放电的"吱吱""噼啪"声。

【任务实施】

一、变压器常见异常产生原因分析及处理

（一）变压器声音异常产生原因分析及处理

1. 变压器声音异常产生原因分析

（1）变压器声响明显增大，内部有爆裂声。可能是变压器的器身内部绝缘有击穿现象。

（2）变压器运行中发出的"嗡嗡"声有变化，声音时大、时小，但无杂音，规律正常。这是因为有较大的负荷变化造成的声音变化，无故障。

（3）变压器运行中除"嗡嗡"声外，内部有时发出"哇哇"声。这是由于大容量动力设备启动所致。另外变压器如接有电弧炉、晶闸管整流器设备，在电弧炉引弧和晶闸管整流过程中，电网产生高次谐波过电压，变压器绕组产生谐波过电流。若高次谐波分量很大，变压器内部也会出现"哇哇"声，这就是人们所说的晶闸管、电弧炉高次谐波对电网波形的污染。

（4）变压器运行中发出的"嗡嗡"声音变闷、变大。这是由于变压器过负荷，铁芯磁通密度过大造成的声音变闷，但振荡频率不变。

（5）运行中变压器声音"尖""粗"而频率不同，规律的"嗡嗡"声中央有"尖声""粗声"。这是中性点不接地系统中发生单相金属性接地，系统中产生铁磁饱和过电压，使铁芯磁路发生畸变，造成振荡和声音不正常。

（6）变压器音响夹有放电的"吱吱""噼啪"声。可能是变压器内部有局部放电或接触不良。

（7）变压器声响中夹有水的"咕嘟咕嘟"沸腾声，严重时会有巨大轰鸣声。可能是绕组匝间短路或分接开关接触不良而局部严重过热引起。

（8）变压器内部有震动或部件松动的声音。可能是变压器铁芯、夹件松动。

2. 变压器声音异常处理

（1）负荷变化造成的声音变化，变压器可继续运行。

（2）大容量动力设备启动引起的声音异常，应减少大容量动力设备启动频次数。

（3）变压器过负荷引起的声音异常按变压器过负荷处理。

（4）单相金属性过电压引起的声音异常。汇报调度，查找、处理接地故障。

（5）声响明显增大，内部有爆裂声，既大又不均匀；变压器声响中夹有水的"咕嘟咕嘟"沸腾声。汇报调度，立即将变压器停电。

（6）音响夹有放电的"吱吱""噼啪"声。汇报调度，停止变压器运行。

（7）变压器声响较大而嘈杂。应上报停电计划，尽快将变压器停运。

（二）变压器油位异常原因分析及处理

1. 变压器油位异常原因分析

（1）油位降低。可能是变压器漏油；也可能是假油位。如果是备用变压器在温度低时油位过低，没有渗漏油，应是变压器储油柜容积不符合要求（+40℃满载状态下油不溢出，在−30℃变压器未投入运行时，位计应指示有油）或以前添油不足。

（2）油位异常升高。可能是假油位、负荷增加冷却器投入不足或效果不良，也可能是变压器内部绕组、铁芯过热性故障引起。怀疑是内部故障时，对变压器进行红外热像仪测温，检查变压器过热发生的部位，安排进行油色谱分析，进一步判断。

2. 变压器油位异常处理

（1）当油位降低时，应进行补油。补油时应汇报调度将重瓦斯保护改信号。当运行变压器因漏油造成轻瓦斯动作时，应联系调度立即停电处理。

（2）当油位异常升高，综合判断为内部故障并根据试验结论确定故障有发展，应立即将变压器停电。如果油位过高是因冷却器运行不正常引起，则应检查冷却器表面有无积灰，油管道上、下阀门是否打开，管道有否堵塞，风扇、潜油泵运转是否正常合理，根据情况采取措施提高冷却效果，并应放油，使油位降至与当时油温相对应的高度，以免溢油或将油位计损坏。放油前应先汇报调度将重瓦斯改投信号。当确认是假油位，需打开放气或放油阀时，也应先汇报调度将重瓦斯保护改信号。

（三）变压器温度异常原因分析及处理

1. 变压器温度异常原因分析

（1）自动启动风冷的定值设定错误或投入数量不足。负荷增加备用风冷未启动，达不到与负荷相对应的冷却器投入组数。

（2）变压器内部过热或放电异常。如分接开关接触不良、绕组匝间短路、铁芯硅钢片间短路、变压器缺油。在正常负载和冷却条件下，变压器油温不正常并不断上升，且经检查证明温度指示正确，则认为变压器已发生内部异常。此时应检查变压器的气体继电器内是否积聚了可燃气体，联系相关单位进行色谱分析判断。对变压器进行红外测温，确定引发温度异常重点部位。

（3）冷却效果不良。变压器室的通风不良、散热器有关蝶阀未开启、散热管堵塞或有胀污杂物附着在散热器上。

（4）冷却系统异常。部分冷却器异常停运、损坏或冷却器全停。

2. 变压器温度异常处理

（1）自动启动风冷的定值设定错误或投入数量不足。应手动投入冷却器并联系相关专业调整定值。

（2）变压器内部过热性或放电异常。应联系调度，尽快将变压器停运。如色谱分析判断故障有发展，应立即汇报调度将变压器停运。

（3）冷却效果不良。启动通风、联系相关专业进行水冲洗、开启阀门或停电处理管路堵塞。

（4）冷却系统异常。手动启动备用冷却器后通知相关专业处理；冷却器全停按照冷却器全停处理方案进行处理。

（四）变压器过负荷原因分析及处理

1. 变压器过负荷异常原因分析

（1）由于负荷突然增加、运行方式改变或变压器容量选择不合理而造成。

（2）当一台变压器跳闸后，由于没有过负荷联切装置或备用电源自动投入装置动作未联切负荷，而造成运行的变压器过负荷。

2. 变压器过负荷异常处理

（1）风冷变压器过负荷运行时，应投入全部冷却器。

（2）及时调整运行方式，调整负荷的分配，如有备用变压器，应立即投入。

（3）在变压器过负荷时，应加强温度、油色谱及接点红外测温等的监视、检查和特巡，发现异常立即汇报调度。

（4）变压器的过负荷倍数和持续时间要视变压器热特性参数、绝缘状况、冷却系统能力等因素来确定。变压器有严重缺陷、绝缘有弱点时，不允许过负荷运行。为了确保设备安全，一般变压器过负荷不应超过1.3倍I_N，变压器过负荷超过允许规定时间应立即减负荷。变压器不允许长时间连续过负荷运行，对正常或事故过负荷可能超过1.3倍额定电流的变压器可加装过负荷连切装置。

（5）若变压器过负荷运行引起油温高报警，在顶层油温超过105℃时，应立即按照事先做好的预案或规定拉路降低负荷。

（五）变压器冷却系统异常原因分析及处理

1. 变压器冷却系统异常原因分析

（1）冷却器全停。可能是运行的站用变压器失电，交流屏电源切换装置故障；变压器冷却器运行回路电缆、空气断路器、熔断器、把手损坏，风冷控制箱内电源切换装置故障或备用电源已经处于故障状态；风冷箱或交流屏烧损；站用变压器全停。

（2）备用冷却器启动。可能是冷却器某组风冷电动机、潜油泵、二次回路异常或损坏，造成风冷停运。

（3）备用冷却器启动后故障。可能是冷却器某组风冷、潜油泵电动机、二次回路异常或损坏，造成风冷停运。备用冷却器投入后由于上述某原因又停运。

（4）辅助冷却器启动。可能是变压器过负荷、外温高、冷却效果不良等原因造成温度高达到启动定值，温度表接点接通，冷却器启动。

2. 变压器冷却系统异常处理

（1）变压器冷却器全停。运行的站用变压器失电，交流屏备用电源切换装置故障，应手动进行切换，如切换不了，将有关情况及时汇报调度，通知有关专业尽快处理；变压器冷却器运行回路电缆、空气断路器、熔断器、把手损坏，风冷控制箱内备用电源切换装置故障，应手动进行切换，如切换不了，将有关情况及时汇报调度，通知有关专业尽快处理；风冷箱或交流屏烧损，将有关情况及时汇报调度，通知有关专业尽快处理。

油浸（自然循环）风冷变压器，风扇停止工作时，允许的负载和运行时间，应按制造厂的规定；强油循环风冷变压器允许带额定负载运行20min，如20min后顶层油温尚未达到75℃，则允许上升到75℃，但这种状态下运行的最长时间不得超过1h。根据变压器温度、负荷和运行时间及时联系调度转移负荷或按照事先做好的事故预案规定拉路降低负荷。做好退出该变压器运行的准备。

（2）备用冷却器启动。将故障冷却器把手切至停用，将备用冷却器把手切至运行，通知有关人员处理。如仍有备用冷却器，将其把手切至备用。

（3）备用冷却器启动后故障。如仍有备用冷却器，将其投入；如没有应监视变压器温度、负荷、油位，汇报，通知有关专业尽快处理。

（4）辅助冷却器启动。将启动的辅助冷却器把手切至运行，如果是变压器过负荷按过负荷异常处理执行，如果是冷却效果不良，汇报，通知有关专业立即处理。

（六）变压器轻瓦斯动作原因分析及处理

1. 变压器轻瓦斯动作原因分析

（1）因滤油、加油、换油或冷却系统不严密，空气进入变压器。

（2）检修、安装后空气未排净。

（3）二次回路故障造成。

（4）可能是漏油使油面降低到气体继电器以下。

（5）可能由于内部严重过热、短路引发变压器油少量汽化而使轻瓦斯动作。

2. 变压器轻瓦斯动作异常处理

（1）气体继电器内无气体，应是继电器等二次回路有异常，通知相关专业处理。

（2）气体继电器内有气体，如气体继电器内有气体，则应记录气体量，取气方法如下：操作人员将乳胶管套在气体继电器的气嘴上，乳胶管另一头夹上弹簧夹，将注射器针头刺入乳胶管拔出抽空，再重复一次，最后将插入乳胶管取出 20~30mL 气体，拔下针头用胶布密封，不要让变压器油进入注射器的气体中。取气后观察气体的颜色交相关单位进行分析。

（3）若气体继电器内的气体为无色、无臭且不可燃，色谱分析判断为空气，则放气后变压器可继续运行。

（4）若信号动作是因剩余气体逸出或强油循环系统吸入空气而动作，而且信号动作间隔逐次缩短，将造成跳闸时应将重瓦斯改投信号。

（5）漏油引起的动作应安排补油，补油前应汇报调度将重瓦斯保护改投信号，并进行渗漏处理，如带电无法处理应申请将变压器停电处理。

（6）如果轻瓦斯动作发信后经分析已判为变压器内部存在故障，且发信间隔时间逐次缩短，则说明故障正在发展，汇报调度，立即将该变压器停运。

（七）变压器压力释放阀动作原因分析及处理

1. 变压器压力释放阀动作原因分析

变压器压力释放阀动作，可能是变压器内部故障，产生大量气体，达到其动作值而动作喷油，同时伴随变压器气体保护的动作；也可能是误动。变压器负荷、温度、油位均正常，气体继电器管路阀门开启，但气体继电器内无气体，压力释放阀动作喷油，可初步怀疑是误动原因引起。通知有关专业取变压器本体油样进行色谱分析，如果色谱正常，则可基本确定压力释放阀误动作。误动原因可能是压力释放阀升高座放气塞未打开，积聚气体因气温变化发生误动或其自身密封压力元件出现异常。

2. 变压器压力释放阀动作处理

压力释放阀误动喷油，应立即汇报，安排变压器检修。

（八）变压器套管异常原因分析及处理

1. 变压器套管异常原因分析

（1）油位降低，看不见油位。可能是套管裂纹、油标、接线端子、末屏等密封破坏，造成渗漏油，也可能是长时间取油样试验而没有及时补油。

（2）套管严重污秽。可能是环境恶劣，造成表面严重脏污或长时间未清扫。若电晕不断延长，说明外部污秽程度不断增强。

（3）接点过热。施工工艺不良，接触面紧固不到位，接触压力不够；材料质量不良，螺纹公差配合不合理，接触面不够；在负荷增大或过负荷时，可能会出现接点发红。

（4）套管异音。可能是套管末屏接地不良或套管发生表面污秽放电。

2. 变压器套管异常处理

（1）套管油位降低，看不见油位。油位在油标以下不再渗油，申请计划停电处理。绝缘子破裂油位已经在储油柜以下应立即联系调度停电处理。

（2）套管严重污秽。重新测试污秽等级，检查爬距是否已不满足所在地区的污秽等级要求，避免污闪事故的发生。如电晕现象比较严重，应汇报，尽快安排处理。如无明显放电现象，应汇报，安排计划停电处理。

（3）接点过热。接点已经发红，应汇报调度，降低负荷，申请变压器立即停电处理。接点发热，汇报调度，降低负荷，根据测温异常性质，尽快安排停电处理。

（4）套管异音。末屏接地不良而放电。应汇报调度，立即将变压器停电处理。

二、变压器异常分析处理及危险点源预控

（1）异常处理的原则是保人身、保电网、保设备、保重要用户。

（2）当变压器内部有爆裂声、沸腾声等明显内部故障征象，如需要立即停电的，转入事故处理程序。

（3）变压器带电补油、放油、排气等需要请示调度将重瓦斯保护改信号。

（4）气体继电器取气登高作业应有可靠的安全措施并保持与带电部位有足够的安全距离，同时应做好监护防止误碰重瓦斯探针。

（5）如冷却器全停时人员已经到达现场，应将延时跳闸连接片退出。

【案例分析】

> **案　例**　变压器冷却系统全停。

1. 运行方式

110kV 变电站接线如图 1.4.1-1 所示。110kV 分段 100 断路器在热备用，35kV 分段 300 断路器在热备用，10kV 分段 000 断路器在热备用。

1、2 号变压器额定容量均为 50MVA，1 号变压器 10kV 侧带负荷 15MVA、35kV 侧带负荷 20MVA，2 号变压器 10kV 侧带负荷 17MVA、35kV 侧带负荷 20MVA。变压器冷却方式为自然循环风冷。两台变压器 110kV 侧中性点均不接地运行。

10、35kV 分段备用电源自动投入装置投入，联切 10kV 利息线（负荷 6MVA）、钓鱼线（负荷 8MVA）连接片投入。

站内交流系统接线方式为单母线，1 号站用变压器带负荷，2 号站用变压器充电备用。变压器风冷箱内电源一运行、电源二带电备用。

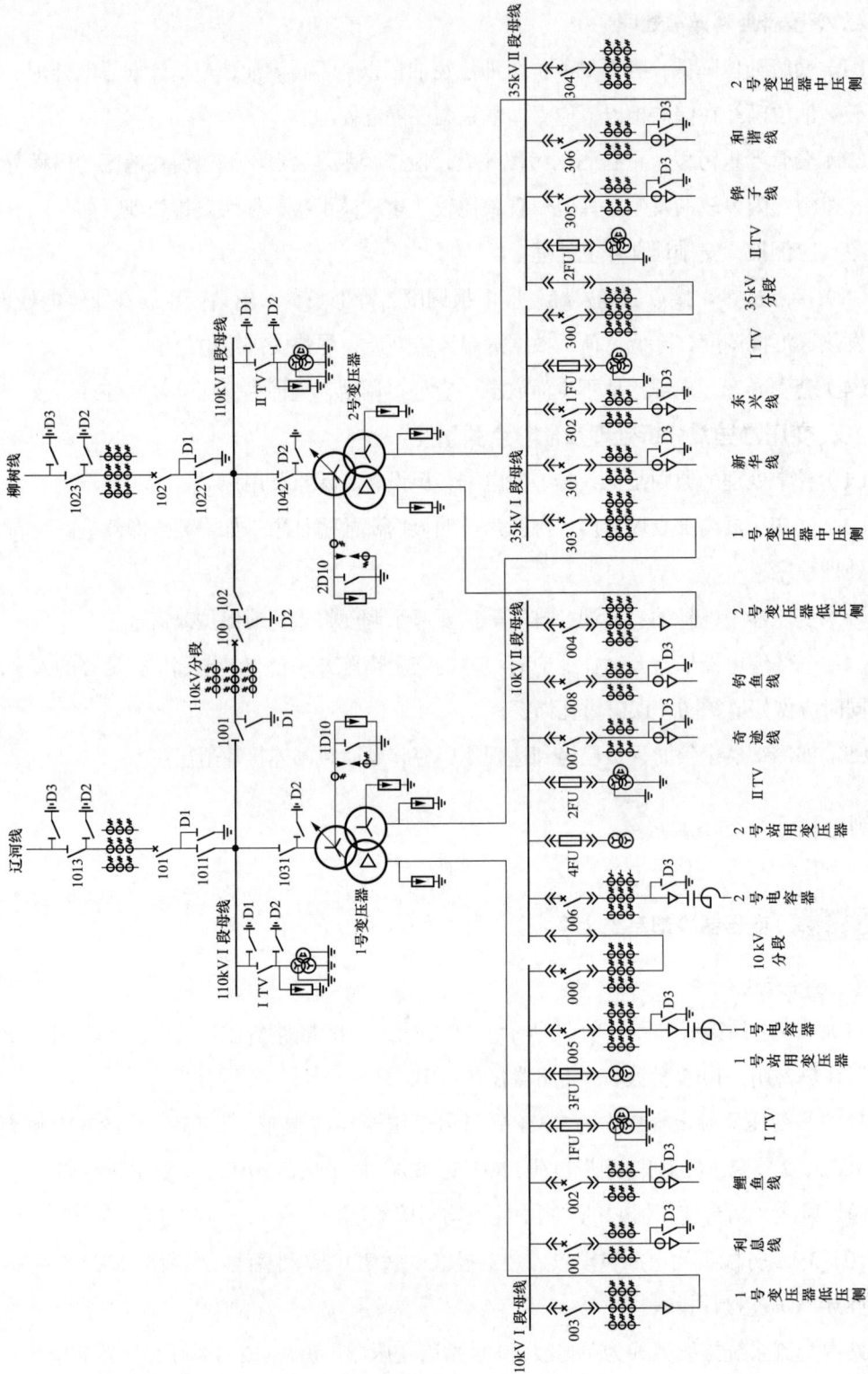

图 1.4.1—1　110kV 变电站接线

2. 异常现象

报警，自动化信息显示"1号变压器风冷全停""1号变压器风冷电源故障"，遥测温度为76℃。

现场检查1号变压器温度已经上升到76℃（环境温度20℃），风冷控制箱门在开位，箱内电源切换装置烧损、"风冷电源一"灯熄灭。交流屏电压正常，"风冷电源一"低压断路器跳闸，电缆沟内"风冷电源一"主电缆短路。

3. 异常分析和判断

某变电站1号变压器风冷全停。风冷电源一交流屏至风冷控制箱间电缆因绝缘损坏短路故障烧损，风冷电源二应自动投入，但在电源切换过程中，1号变压器风冷箱内电源切换装置线圈由于受潮烧损而无法投入，短时无法恢复。变压器负荷为$0.7I_N$，且冷却系统全停后已经运行40min，变压器温度已达76℃，超过允许温升55℃，并不断升高，对变压器绝缘造成损伤，需要立即停电处理。

4. 异常处理步骤

1号变压器转冷备用，辽河线101断路器转冷备用，柳树线带全部负荷，处理步骤如下：

（1）退出110kV、35kV、10kV分段备用电源自动投入装置。

（2）退出10kV分段备用电源自动投入装置联切利息线连接片。

（3）退出10kV分段备用电源自动投入装置联切钓鱼线连接片。

（4）合上110kV分段100断路器。

（5）拉开10kV利息线001断路器。

（6）拉开10kV钓鱼线008断路器。

（7）合上35kV分段300断路器。

（8）合上10kV分段000断路器。

（9）拉开1号变压器低压侧003断路器。

（10）检查2号变压器负荷情况。

（11）拉开1号变压器中压侧303断路器（报警，自动化信息显示"2号主变压器过负荷"）。

（12）投入2号主变压器全部冷却器，并加强监视。

（13）将1号变压器中性点间隙保护退出。

（14）合上1号变压器中性点1D10接地开关。

（15）投入1号变压器零序电流保护。

（16）拉开辽河线101断路器。

（17）拉开辽河线101断路器两侧1011、1013隔离开关。

（18）拉开110kV分段100断路器。

（19）拉开110kV分段100断路器两侧1001、1002隔离开关。

（20）拉开1号变压器高压侧1031隔离开关。

（21）退出1号主变压器中后备跳35kV分段300断路器连接片。

（22）退出1号主变压器低后备跳10kV分段000断路器连接片。

（23）将变压器中压侧小车303断路器拉至试验位置。

（24）将变压器低压侧小车003断路器拉至试验位置。

5. 防范措施

（1）加强巡视，对箱门的锁紧状况进行检查，及时安排大负荷回路的测温。

（2）对低压交流电缆、绝缘子应定期试验。

（3）对变压器的风冷电源切换装置定期进行切换试验。

（4）加强设备验收管理工作。

【思考与练习】

1. 变压器常见的异常有哪些？

2. 变压器油位异常及现象有哪些？

3. 变压器冷却系统异常及现象有哪些？

4. 举一实例，对变压器异常及处理进行分析。

任务4.2　高压开关类设备异常分析处理及危险点源控制

【学习目标】

知识目标：1. 了解变电站高压开关类设备正常运行时的运行情况。

2. 掌握变电站高压开关类设备出现异常时的异常状态。

3. 掌握变电站高压开关类设备异常处理的方法。

能力目标：1. 能收集变电站高压开关类设备异常信息，并对信息进行处理。

2. 能正确分析变电站高压开关类设备出现异常的原因，且找出异常点。

3. 能及时准确地处理好高压开关类设备的异常，尽快恢复其正常运行。

态度目标：1. 具有爱岗敬业、勤奋工作、团结协作的职业道德风尚。

2. 能主动学习，在完成任务过程中发现问题、分析问题和解决问题。

3.在严格遵守安全规范的前提下，能与小组成员协作共同完成本学习任务。

【任务描述】

本任务介绍断路器、隔离开关、GIS组合电器一般常见异常。通过对各种异常现象的描述讲解，掌握声音异常、压力（油位）异常、接点发热、闭锁装置失灵等常见异常的现象，掌握发现异常的方法。常见异常的现象及处理方法，能正确进行危险点源预控。

【相关知识】

一、断路器常见异常及现象

1.声音异常及现象

（1）SF_6断路器本体有"吱吱""丝丝"声；

（2）开关柜内有"吱吱"声；

（3）真空断路器灭弧室内有"吱吱"声。

2.SF_6压力异常及现象

（1）报警，自动化信息显示"某变电站某断路器SF_6压力低补气"。SF_6压力表计指示低于额定补气压力，断路器无明显漏气声。

（2）报警，自动化信息显示"某变电站某断路器SF_6压力低补气""某变电站某断路器合闸闭锁""某变电站某断路器分闸闭锁""某变电站某断路器控制回路断线"。SF_6压力表指示低于额定闭锁压力，断路器本体内有轻微"丝丝"漏气声，断路器位置灯灭。

3.真空断路器灭弧室异常及现象

真空断路器灭弧室真空度降低，断开断路器时发出橘红色的光。

二、GIS组合电器常见异常及现象

1.SF_6压力异常及现象

（1）报警，自动化信息显示"某变电站GIS组合电器某气室SF_6压力低补气"。压力表指示低于额定补气压力，检漏仪监测有漏气报警。

（2）报警，自动化信息显示"某变电站某断路器气室SF_6压力低补气、闭锁"。防爆膜破损，压力表指示低于闭锁压力，断路器位置灯灭。

（3）防爆膜变形，可听到某气室内部有轻微放电声，SF_6压力表指示大于额定压力，尚未造成漏气。

2.声音异常及现象

（1）设备内部放电类似小雨点落在金属外壳的声音；

（2）气室内振动过大；

（3）气室内有励磁声，并且不同于变压器正常的励磁声。

三、隔离开关常见异常及现象

1. 接触电阻增大

（1）触头、接点颜色变化，蜡触试即化；

（2）试温贴片、温度在线装置显示温度高或塑封等外敷部件受热变形；

（3）冬天雪后触头、接头处融化较快并冒气；

（4）红外测温发现触头、接点温度异常升高；

（5）触头、接头发红。

2. 绝缘子异常及现象

（1）绝缘子裂纹、断裂；

（2）绝缘子严重污秽，在天气恶劣时有"吱吱"放电声，发出蓝色或橘黄色电晕。

3. 防误闭锁装置异常及现象

（1）"微机五防"装置与自动化工作站通信中断、电脑钥匙损坏；现场机械挂锁处于开启状态无法锁上、挂错位置、已加装挂锁的箱门依然可以打开。

（2）携带型接地线的接地点未经五防闭锁。

（3）开关柜后盖板可随意打开，没有强制闭锁。

【任务实施】

一、断路器常见异常分析及处理

（一）断路器常见异常分析

1. 声音异常分析

（1）SF_6 断路器本体"吱吱"声，可能是本体内部绝缘不良、动静触头接触不良、绝缘拉杆等放电；SF_6 断路器本体"丝丝"声，压力表压力逐步降低，是漏气造成。

（2）开关柜内有"吱吱"声，可能是某单元电缆头、绝缘子等绝缘元件绝缘降低，引起的放电声；也可能是开关柜内某单元固定的二次引线等脱落，造成对带电部位绝缘距离不足而引起的放电声。

（3）真空断路器灭弧室内有"吱吱"声。可能是真空灭弧室真空度降低，产生的放电声。

2. SF_6 压力异常分析

当 SF_6 断路器本体漏气时，首先发出补气信号。如漏气时间长或突然漏气量大已来不及补气，发 SF_6 压力低闭锁信息，并将断路器的分、合闸闭锁，断开控制回路，此时禁止操作断路器。造成漏气的主要原因有：

（1）密封不良。密封面加工工艺不良、尘埃落入密封面、密封圈变形、密封面紧固螺栓松动、滑动密封处密封圈损伤或滑动杆表面粗糙度不够、瓷套的胶垫连接处胶垫老化或位置未放正、瓷套与法兰胶合处胶合不良、管接头处及自封阀处固定不紧或有杂物、压力表或接头处密封垫损伤。

（2）焊缝渗漏。

（3）瓷套管裂纹或破损。

3. 真空断路器灭弧室异常原因分析

真空断路器是利用真空的高介质强度灭弧。真空度必须保证在0.0133Pa以上，才能可靠地运行。若低于此真空度，则不能灭弧。由于现场测量真空度非常困难，因此一般均以检查其承受耐压的情况为鉴别真空度是否下降的依据。正常巡视检查时要注意屏蔽罩的颜色，应无异常变化。特别要注意断路器分闸时的弧光颜色，真空度正常情况下弧光呈微蓝色，若真空度降低则变为橙红色。这时应及时更换真空灭弧室。造成真空断路器真空度降低的原因主要有：

（1）使用材料气密情况差。

（2）金属波纹管密封质量差。

（3）超程过大，受冲击力太大造成或在调试过程中，行程超过波纹管的范围。

（二）断路器常见异常处理

1. 声音异常处理

SF_6断路器本体、开关柜内、真空断路器灭弧室内有"吱吱"声，立即断开控制电源。汇报调度，立即将断路器停运。SF_6断路器本体发出"丝丝"声，压力表压力逐步降低，已经闭锁断路器，立即断开控制电源，汇报调度，尽快通过断开上级电源或旁路带供的方式将断路器停运。

2. SF_6压力异常处理

（1）SF_6压力降低，发出补气信号，而无明显的"丝丝"声或使用检漏仪未检测到漏气点，可在保证安全的情况下，用合格的SF_6气体做补气处理。

（2）当SF_6压力低，断路器已经闭锁时，应汇报调度，将断路器停电处理。

3. 断路器真空度降低处理

断开真空断路器灭弧室内发橘红色的光，有爆炸的危险。汇报调度，立即将断路器停运。

二、GIS组合电器常见异常分析及处理

（一）GIS组合电器常见异常分析

1. SF_6压力异常分析

（1）气室SF_6压力降低。气室漏气是GIS的主要异常之一，通过统计调查，管路接头

处、焊接点、电流互感器端子处密封面是漏气多发地点。造成漏气的具体原因有：

1）振动对密封的破坏。

2）由于密封圈密封的密封面、隔离开关的转动密封面的转动部分老化，断路器拉杆的滑动密封面表面光滑度不够。

3）密封阀和压力表的接合部。

4）法兰处静态密封垫产生裂纹、凹陷或表面粗糙度不够；运行中受到内部连续运行电压的影响，缺陷得到发展。

5）引出线套管裂纹。

（2）气室 SF_6 压力低闭锁。是由于上述漏气原因，漏气点比较大，一般现场可听到"*丝丝*"声。

（3）气室 SF_6 压力升高。应是内部有低能放电所致。可能是 GIS 内部金属微粒、粉尘、水分引发的放电情况加剧。气室内放电声，是由于气室内金属颗粒、尘埃、气体中的水分引发的，能量低时不易听清楚，当气体中微粒增加，放电能量不断加大时，可听到，说明故障的概率增大。可听到某气室内部有轻微放电声，其放电能量不断放大，伴随防爆膜变形、SF_6 压力表指示升高，说明异常，有发展成故障的可能。

2. 声音异常分析

（1）设备内部放电类似小雨点落在金属外壳的声音。是由于局部放电声音频率比较低，且音质与其噪声也有不同之处，但如果放电声微弱，分不清放电声来自电器内部还是外部，或者无法判断是否放电声，可通过局部放电测量、噪声分析方法，定期对设备进行检查。

（2）气室内振动过大。是因为部件有松动现象，振动声可能会伴随过热，需要配合对振动处的外壳进行温度检查与出厂说明中的温升比较。

（3）气室内有不同于变压器的励磁声。说明存在螺栓松动等情况，需要进一步检查，综合进行判断。

（二）GIS 组合电器常见异常处理

1. 压力异常处理

（1）SF_6 压力降低，发出补气信号，而无明显的"丝丝"声或使用检漏仪未检测到漏气点，可在保证安全的情况下，用合格的 SF_6 气体做补气处理。

（2）当 SF_6 压力低，断路器已经闭锁时，应汇报调度，将断路器停电处理。

（3）气室压力升高。汇报调度，立即停电处理。

2. 异常声音处理

（1）气室内放电声。汇报调度，立即停电处理。

（2）气室内振动声过大、有不同于变压器的励磁声。汇报，尽快安排停电处理。

三、隔离开关常见异常分析及处理

（一）隔离开关常见异常分析

1. 接触电阻增大异常分析

隔离开关触头、接头接触电阻增大，是常见的异常现象，特别是负荷增加时更易发生。对于在大负荷、方式变化时应安排测温工作，对于封闭式开关柜可通过粘贴试温片和对壳体测温的方式判断。及时、及早发现异常。造成触头、接头发热原因有：

（1）接头过热可能是紧固不良、接触面积不足、接头老化、接头表面涂抹的导电膏老化或质量差、过负荷等造成。

（2）触头过热原因可能是过负荷、触头结构不合理、接触压力和接触面不够、接触面表面涂抹的凡士林由于积尘而绝缘老化造成，触头连接的软连接螺钉松动也能造成触头发热。

2. 绝缘子异常分析

（1）隔离开关瓷柱裂纹、断裂主要由以下几个方面原因造成：

1）制造质量不良。

2）涂防水胶等反措落实不到位，气候恶劣。

3）安装、检修不当造成异常受力。

其中制造质量原因一直占主要因素，目前已经使用探伤的手段进行检测，但现场没有有效措施进行瓷质检测，一旦有质量不良瓷柱入网运行，往往是成批次的，给安全生产带来极大危害。

（2）绝缘子严重污秽异常分析。绝缘子严重污秽原因有：

1）长时间未清扫。

2）环境突然恶劣、污秽等级提高，绝缘子迅速脏污，其外绝缘爬距已不满足所处地区污秽等级的需要。

3. 防误闭锁装置异常分析

（1）"微机五防"装置与自动化工作站通信中断，可能是规约不配合或通信线损坏。

（2）电脑钥匙损坏，可能是在充电过程中由于电池损坏过热将钥匙烧损、电脑钥匙质量不良或已达到使用寿命。

（3）现场机械挂锁处于开启状态无法锁上，可能是在安装过程中没有进行充分试验，附件安装位置或方法不当，造成在另一个位置时无法锁住。已加装挂锁的箱门依然可以打开，是箱门把手与锁具配合问题，由于锁住箱门锁孔后，锁杆比较细，箱门把手仍有较大活动空间，造成门仍可开启。锁具挂错位置，是锁具未安装防移动挂链，设备检修时，锁具被移动，锁具标志不清，验收人员将锁具挂错。

（4）携带型接地线的接地点未经五防闭锁。当接地开关检修或没有接地开关的间隔检修时，需要悬挂接地线，而接地线的接地点没有事先列入防误装置的强制闭锁，造成防止带电挂接地线、带接地线合闸没有强制闭锁，为事故埋下隐患。

（5）开关柜后盖板没有强制闭锁。由于开关柜厂家设计不完善和现场验收把关不严，造成开关柜本身五防功能不健全，防止误入带电间隔功能没有强制闭锁，为事故埋下隐患。

（二）隔离开关常见异常处理

1. 接触电阻增大异常处理

（1）触头、接头发热已明显可见过热发红，应立即停电处理。

（2）满足下列条件之一者应限期停电处理：

1）相对温差大于等于95%。

2）接点温度超过GB/T 11022—2020《高压交流开关设备和控制设备标准的共用技术要求》规定的最高允许温度10%及以上。

（3）满足下列条件之一者应尽快停电处理：

1）相对温差在80% ~95%之间。

2）接点温度达到GB/T 11022—2020《高压交流开关设备和控制设备标准的共用技术要求》最高允许温度的规定，但未超过最高允许温度10%。

（4）相对温差大于等于35%，且小于等于80%。应确定检修计划，按计划处理。

2. 绝缘子异常处理

（1）隔离开关瓷柱裂纹或断裂应禁止操作。

（2）瓷柱裂纹应汇报调度，尽快安排停运。

（3）瓷柱断裂应汇报调度，立即安排停电处理。

（4）绝缘子严重污秽异常处理。汇报，尽快安排停电处理。

3. 防误闭锁装置异常处理

（1）"微机五防"装置与自动化工作站通信中断，应联系厂家处理，在未处理期间"微机五防"独立运行应做好对位和回传管理。

（2）电脑钥匙损坏，应立即用备品更换，更换后使用前重新掌握使用方法。

（3）现场机械挂锁处于开启状态无法锁上、已加装挂锁的箱门依然可以打开，应立即进行处理；锁具挂错位置，应立即改正，加装防移位挂链、完善标志牌。

（4）携带型接地线的接地点未经五防闭锁。应补充完善"微机五防"程序；对于逻辑闭锁应考虑将接地点使用电磁锁引入逻辑闭锁程序，可采用专门的接地线管理系统作为临时补充措施。

（5）开关柜后盖板没有强制闭锁。应采用"微机五防"弥补。也可进行改造，加装带电显示器与电磁锁配合进行防误。对于有接地开关的间隔，可使用接地开关对后门进行闭锁。

四、高压开关设备常见异常处理时的危险点源控制

1. 异常处理时的危险点

（1）异常处理时造成人身伤害；

（2）误操作引起事故扩大。

2. 控制措施

（1）防止异常处理时造成人身伤害的控制措施：

1）当真空开关灭弧室有"吱吱"声或断开时发出橘红色的光时，操作人员应立即撤离。

2）小车断路器如出现异常，已禁止操作，小车应在停电后方可拉出。检查小车断路器的位置除进行分合闸位置指示器检查外，应检查保护或自动化显示的三相电流值，防止带负荷拉隔离开关造成人身伤害和设备毁坏。

3）室外SF_6气体发生泄漏时，在接近设备时要谨慎，应选择从"上风"接近设备。室内SF_6气体发生泄漏时，除应采取紧急措施处理，还应开启风机通风l5min后方可进入室内。接近SF_6气体泄漏的高压开关，必要时要戴防毒面具、穿SF_6防护服。

4）隔离开关瓷柱严重裂纹禁止操作，应迅速远离，尽量采取远方操作的方式退出运行。

5）GIS设备检查时应远离GIS防爆膜。

6）SF_6压力异常闭锁时，应立即断开高压开关的操作电源。

（2）防止误操作的控制措施：

1）操作中需要使用解锁钥匙或解除电气闭锁、逻辑闭锁，应履行相关手续。

2）当断路器闭锁后用隔离开关解环时应将环路内断路器控制电源断开。防止带负荷拉隔离开关。

3）当断开高压开关时应检查三相位置，断开断路器、拉开隔离开关前应再次检查三相电流。

4）在异常处理过程中应加强对保护使用的正确性管理，防止异常扩大为事故。

5）防误闭锁装置异常应立即处理，并采取可靠的临时弥补措施。

【案例分析】

案例 110kV辽王线101断路器气室SF$_6$压力低闭锁。

1. 运行方式

某变电站110kV接线如图1.4.2-1所示。辽王线和1号变压器高压侧运行在110kV Ⅰ段母线，2号变压器运行110kV Ⅱ段母线，110kV桥100断路器在合位。海王线102断路器热备用，线路备用电源自动投入装置投入。

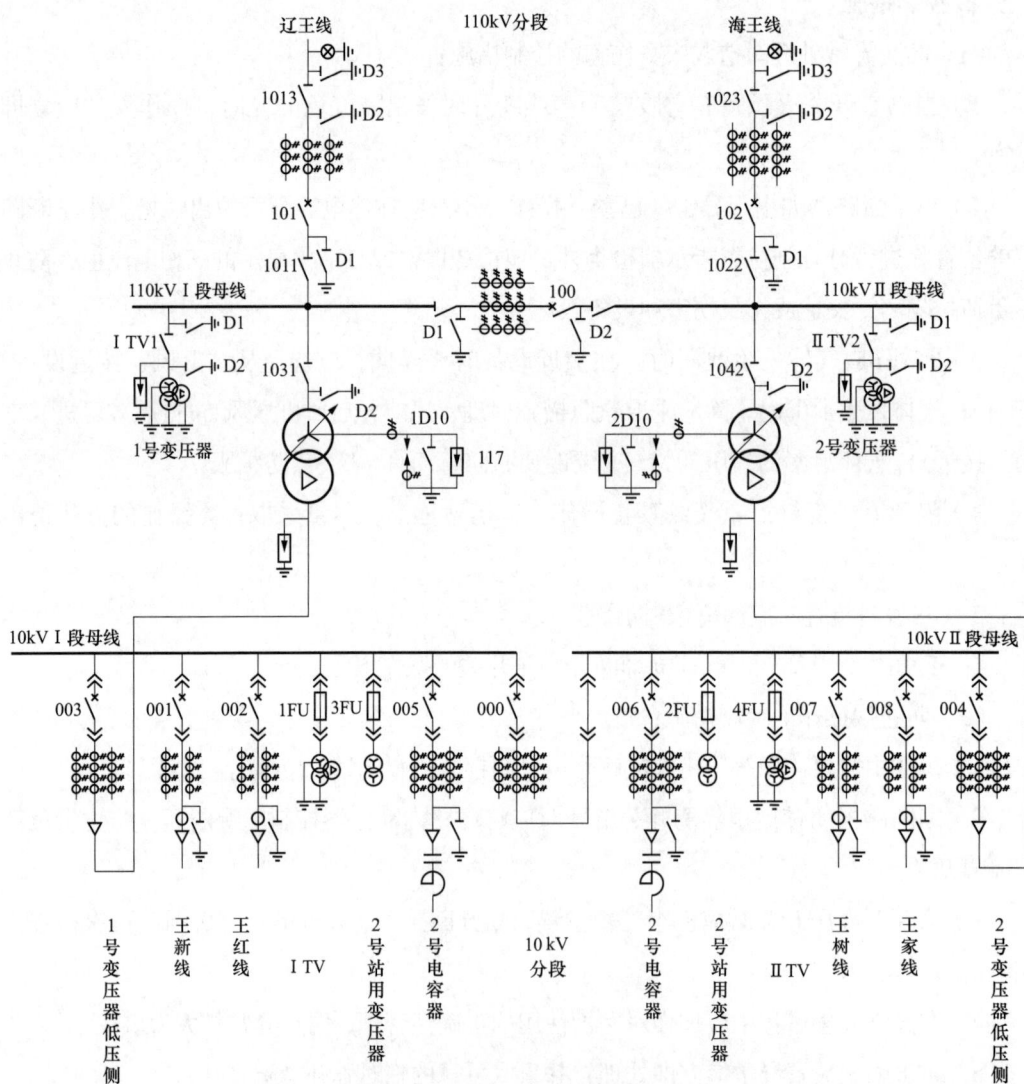

图 1.4.2-1 110kV 变电站电气主接线

10kV Ⅰ段母线、Ⅱ段母线分段000断路器在热备用。10kV分段备用电源自动投入装置投入，联切王树线007（负荷11MVA）。

1、2号变压器容量均为50MVA，1号变压器带负荷30MVA，2号变压器带负荷27MVA。1号变压器中性点隔离开关1D10在分位，2号变压器中性点隔离开关2D10在分位。变压器间隙保护投入，零序电流保护退出。

2. 异常现象

报警，自动化信息显示"某110kV变电站辽王线101断路器气室SF$_6$压力低补气、压力低闭锁、控制回路断线、分合闸闭锁"。将上述情况汇报调度。

现场检查发现辽王线101断路器气室SF$_6$压力为0.31MPa（额定闭锁压力0.33MPa），断路器在合位，断路器气室法兰处有轻微漏气声。立即断开辽王线101断路器操作电源开关。

3. 异常分析和判断

某110kV变电站辽王线101断路器气室SF$_6$压力低闭锁，断路器法兰处有轻微漏气声，需要立即停电处理。1号变压器配合操作转备用期间，需要限制负荷。

4. 异常处理

辽王线101断路器转冷备用，用海王线带1、2号变压器运行，处理步骤如下：

（1）退出110kV、10kV备用电源自动投入装置。

（2）合上海王线102断路器。

（3）退出10kV备用电源自动投入装置，联切王树线连接片。

（4）拉开王树线007断路器。

（5）合上10kV分段000断路器。

（6）拉开1号变压器低压侧003断路器。

（7）检查2号变压器负荷。

（8）1号变压器中性点间隙保护退出。

（9）合上1号变压器中性点接地开关1D10。

（10）投入1号变压器中性点零序电流保护。

（11）拉开110kV分段100断路器。

（12）拉开1号变压器高压侧1031隔离开关。

（13）验明辽王线线路侧确无电压。

（14）解锁，拉开辽王线1013、1011隔离开关。

（15）合上1号变压器高压侧1031隔离开关。

（16）合上110kV分段100断路器。

（17）拉开1号变压器1D10中性点接地开关。

（18）退出1号变压器中性点零序电流保护。

（19）投入1号变压器间隙保护。

（20）合上1号变压器低压侧003断路器。

（21）拉开10kV分段000断路器。

（22）投入10kV备用电源自动投入装置。

（23）合上王树线007断路器、投入10kV备用电源自动投入装置联切王树线连接片。

5. 防范措施

（1）加强对组合电器的施工和验收管理，在投运前进行检漏。

（2）在日常巡视过程中应认真检查SF_6压力表指示值。

（3）定期对压力低的气室进行检漏。

【思考与练习】

1.SF_6断路器压力异常有哪些现象？

2.隔离开关常见异常有哪些？

3.隔离开关接触电阻增大如何处理？

4.断路器常见异常如何处理？

5.通过实例分析断路器异常的处理步骤。

任务4.3　母线设备异常分析处理及危险点源预控

【学习目标】

知识目标：1.了解变电站母线设备正常运行时的运行情况。

2.掌握变电站母线设备出现异常时的异常状态。

3.掌握变电站母线设备异常处理的方法。

能力目标：1.能收集变电站母线设备异常信息，并对信息进行处理。

2.能正确分析变电站母线设备出现异常的原因，且找出异常点。

3.能及时准确地处理好母线设备的异常，尽快恢复其正常运行。

态度目标：1.具有爱岗敬业、勤奋工作、团结协作的职业道德风尚。

2.能主动学习，在完成任务过程中发现问题、分析问题和解决问题。

3.在严格遵守安全规范的前提下，能与小组成员协作共同完成本学习任务。

【任务描述】

本任务介绍母线设备一般常见异常。通过对常见异常现象的描述和图片展示，熟悉母线设备常见异常的现象，能准确发现母线异常。

介绍母线设备常见异常分析和处理方法，母线设备异常处理的危险点源预控。通过异常分析及案例介绍，掌握母线设备常见异常分析处理方法、能正确进行危险点分析。

【相关知识】

母线、母线设备一般常见异常及现象主要有：

1. 声音异常及现象

（1）管母线振动。

（2）开关柜封闭母线室内有放电声。

（3）SF_6 封闭母线气室内有"丝丝"声。

（4）SF_6 封闭母线气室内部放电类似小雨点落在金属外壳的声音。

（5）SF_6 封闭母线气室内振动过大。

（6）SF_6 封闭母线气室内有励磁声，并且不同于变压器正常的励磁声。

（7）母线绝缘子有放电声。恶劣天气绝缘子有"吱吱"放电声，发出蓝色或橘红色的电晕。

2. 母线设备发热异常及现象

（1）接点颜色变化。

（2）试温贴片、温度在线装置显示温度高或塑封等外敷部件受热变形。

（3）冬天雪后触头、接头处融化较快并冒气。

（4）红外测温发现接点温度异常升高。

（5）接头发红。

（6）母线穿过的金属板过热。

3. SF_6 封闭母线气室压力异常及现象

（1）报警，自动化信息显示"某变电站110kV母线某气室 SF_6 压力低补气"。压力表指示低于额定补气压力，检漏仪监测有漏气报警。

（2）防爆膜变形，可听到某气室内部有轻微放电声，SF_6 压力表指示高于额定压力，尚未造成漏气。

4. 母线绝缘子外观异常及现象

（1）支持瓷绝缘子严重裂纹。

（2）支持瓷绝缘子断裂。

（3）母线瓷绝缘子表面有破损，损坏2个瓷沿。

（4）管母线塌陷。

（5）母线绝缘子表面污秽严重。恶劣天气绝缘子有"吱吱"放电声，发出蓝色或橘红色的电晕。

【任务实施】

一、母线设备常见的异常分析及处理

（一）声音异常分析及处理

1. 声音异常分析

（1）管母线振动。可能是管母线内部阻尼线脱落，由于风的频率与管母线固有频率相同，而引发共振。

（2）开关柜封闭母线室有放电声。可能是母线绝缘设备绝缘降低引发放电。

（3）SF_6封闭母线气室内有"丝丝"声，压力表压力逐步降低，是漏气造成。

（4）SF_6封闭母线气室内部放电类似小雨点落在金属外壳的声音。是由于局部放电声音频率比较低，且音质与其噪声也有不同之处，但如果放电声微弱，分不清放电声来自电器内部还是外部，或者无法判断是否放电声，可通过局部放电仪测量、噪声分析方法，定期对设备进行检查。

（5）SF_6封闭母线气室内振动过大。是因为部件有松动现象，振动声可能会伴随过热，需要配合对振动处的外壳进行温度检查与出厂说明中的温升比较。

（6）SF_6封闭母线气室内有励磁声，并且不同于变压器正常的励磁声。说明存在螺栓松动等情况，需要进一步检查，综合判断。

（7）母线绝缘子有放电声。可能是绝缘子表面有裂纹或严重污秽造成绝缘降低。

2. 声音异常处理

（1）管母线振动。汇报，尽快安排停电处理。

（2）开关柜封闭母线室有放电声。汇报调度，立即停电处理。

（3）SF_6封闭母线气室内有"丝丝"声，应查明漏气部位，根据其漏气性质和速率决定处理办法，如带电无法处理，汇报，申请停电处理。

（4）SF_6封闭母线气室内部放电类似小雨点落在金属外壳的声音。如判断为放电引起，汇报调度，立即停电处理。

（5）SF_6封闭母线气室内振动过大。汇报，尽快安排停电处理。

（6）SF_6封闭母线气室内有励磁声，并且不同于变压器正常的励磁声。汇报，如确认

是螺栓松动，尽快安排停电处理。

（7）母线绝缘子有放电声。汇报，尽快安排停电清扫、涂刷防污涂料。

（二）母线设备发热异常分析及处理

1. 母线设备发热异常分析

（1）接头过热可能是紧固不良、接触面积不足、接头老化、接头表面涂抹的导电膏等老化或质量不良、过负荷造成。

（2）在大负荷、新设备投运、方式变化时没安排测温工作。

（3）母线穿过的金属板等过热。可能是由于母线电流大而在其穿过的金属板上产生涡流而引起过热。

2. 母线设备发热异常处理

接头发热已明显可见过热发红。汇报调度，应立即停电处理。

（1）满足下列条件之一者应限期停电处理：

1）相对温差大于等于95%。

2）接点温度超过GB/T 11022—2020《高压交流开关设备和控制设备标准的共用技术要求》规定的电器中各零件材料的最高允许温度10%及以上，电器中各零件材料的最高允许温度见表1.4.3-1。

表1.4.3-1　电器中各零件材料的最高允许温度

接点类别	表面材料	最高允许温度（空气中）（℃）
触头	裸铜或裸铜合金	75
	镀锡	90
	镀银或镀镍（包括镀厚银及镶银片）	105
导体接合部分（包括端子及接线板）	裸铜（铜合金）或裸铝（铝合金）	90
	镀（搪）锡	105
	镀银（镀厚银）或镀镍	115
用螺栓或螺钉与外部导体连接的端子	裸铜或裸铝（铝合金）	90
	镀（搪）锡或镀银（镀厚银）	105

（2）满足下列条件之一者，应尽快停电处理：

1）相对温差在80%～95%之间。

2）接点温度达到GB/T 11022—2020《高压交流开关设备和控制设备标准的共用技术

要求》规定的最高允许温度，但未超过最高允许温度10%。

（三）SF$_6$封闭母线气室压力异常分析及处理

1. SF$_6$封闭母线气室压力异常分析

（1）气室漏气发出补气信号，主要原因有：

1）振动对密封的破坏是漏气的主要原因。

2）焊缝渗漏。

3）密封阀和压力表的接合部。

4）法兰处静态密封由于罐体中心不对位而产生的裂纹、凹陷、突起等或表面粗糙度不够，运行中移位体现在外法兰处或法兰内部，或出厂质量不良在运行中受到内部连续运行电压的环境影响和缺陷得到发展。

（2）气室SF$_6$压力低闭锁。是由于上述漏气原因，漏气点比较大，一般现场可听到"*丝丝*"声。

（3）气室SF$_6$压力升高。应是内部有低能放电所致。可能是GIS内部金属微粒、粉尘、水分引发的放电情况加剧。气室内放电声，是由于气室内金属颗粒、尘埃、气体中的水分引发的，能量低时不易听清楚，当气体中微粒增加，放电能量不断加大时，可听到，说明故障的概率增大。可听到某气室内部有轻微放电声，其放电能量不断放大，伴随防爆膜变形、SF$_6$压力表指示升高，说明异常有发展成故障的可能。

2. 压力异常处理

（1）SF$_6$压力降低，发出补气信号，而无明显的"丝丝"声或使用检漏仪未检测到漏气点，可在保证安全的情况下，用合格的SF$_6$气体做补气处理。

（2）当SF$_6$压力低，断路器已经闭锁时，应汇报调度，将断路器停电处理。

（3）气室压力升高。汇报调度，立即停电处理。

（四）母线绝缘子外观异常分析及处理

1. 母线绝缘子外观异常分析

（1）支持瓷绝缘子严重裂纹、断裂。主要由以下几个方面原因造成：

1）制造质量不良。

2）涂防水胶等反措落实不到位，气候恶劣。

3）安装不当造成异常受力。

其中制造质量原因一直占主要因素，目前已经使用了探伤的手段进行检测，但现场没有有效措施进行瓷质检测，一旦有质量不良瓷柱入网运行，往往是成批次的，会造成人身、电网事故，给安全生产带来极大危害。

（2）母线瓷绝缘子表面有破损。可能是受外力打击造成。

（3）管母线塌陷。可能是安装工艺不符合要求、质量不良、跨度大造成。

（4）母线绝缘子表面污秽严重。可能是所处地区污秽程度加剧或长期未清扫造成。

2.母线绝缘子外观异常处理

（1）支持瓷绝缘子严重裂纹、断裂。汇报，安排停电更换。如对绝缘影响严重应尽快停电处理；在天气异常可能发生绝缘事故时应立即停电处理。

（2）母线瓷绝缘子表面有破损。汇报，安排停电更换。如对绝缘影响严重应尽快停电处理；在天气异常可能发生绝缘事故时应立即停电处理。

（3）管母线塌陷。汇报，尽快安排处理。

（4）母线绝缘子表面污秽严重。汇报，安排停电清扫、涂防污闪涂料或更换。

二、母线设备常见异常处理时的危险点源控制

（1）室外GIS母线气室发生泄漏时，在接近设备时要谨慎，应选择从"上风"接近设备。

（2）室内GIS母线气室发生泄漏时，除应采取紧急措施处理，还应开启风机通风15min后方可进入室内。

（3）接近SF$_6$气体泄漏的母线气室，必要时要戴防毒面具、穿SF$_6$防护服。

（4）检查设备时应远离GIS防爆膜。

（5）绝缘子有严重裂纹或断裂，运行人员应远离，不宜采用会使其受力的操作方式进行停电操作。

（6）母线间隔的封闭隔板应采用特制专用螺栓，必须使用专用工具方可打开，专用工具必须进行有效管理，防止人员误开启。

【案例分析】

案　例　某110kV变电站灯三线1011母线隔离开关母线侧引线U相接点过热。

1.运行方式

某110kV变电站接线如图1.4.3-1所示。110、35、10kV系统均为单母分段接线，110、35、10kV系统母线电压互感器均运行，其低压侧并列把手在断开位置。

110kV分段100断路器、35kV分段300断路器、10kV分段000断路器在热备用。

1、2号变压器容量均为50MVA，1号变压器带负荷33MVA，2号变压器带负荷30MVA。中性点接地开关1D10在合位、2D10在分位。

110、35、10kV分段备用电源自动投入装置投入，35、10kV分段备用电源自动投入装置联切红砖线002断路器（负荷8MVA）、山城线007断路器（负荷7MVA）。

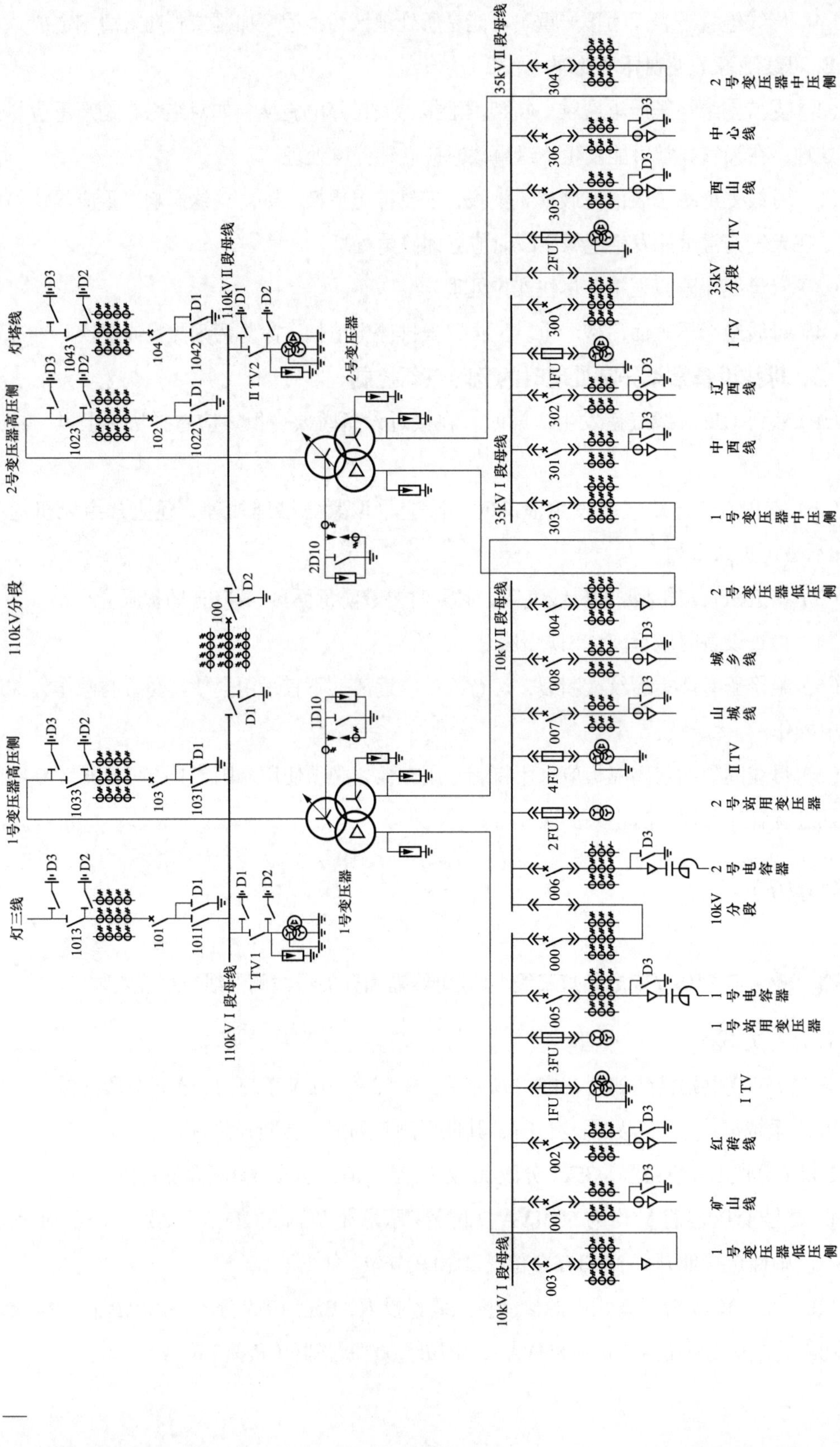

图 1.4.3-1 110kV 变电站主接线

110kV线路隔离开关额定电流为630A。

2. 异常现象

红外成像测温特巡，发现110kV灯三线1011母线隔离开关U相母线侧引线接头发热，由原来的45℃已经升高到130℃，负荷电流168A。同时对灯塔线测温各接点温度无异常。

3. 异常分析和判断

110kV灯三线1011母线隔离开关U相母线侧引线接头发热，130℃，分析为原压接工艺不当，也可能压接管内由于存在缝隙已经进灰，造成接触面不够，经观察异常有发展，需要停电处理。

4. 异常处理

110kV灯三线1011母线隔离开关由运行转检修，全部负荷由2号主变压器带，处理步骤如下：

（1）退出110kV分段备用电源自动投入装置。

（2）合上110kV分段100断路器。

（3）退出35、10kV分段备用电源自动投入装置。

（4）退出备用电源自动投入装置联切红砖线002断路器、山城线007断路器连接片。

（5）拉开红砖线002断路器。

（6）拉开山城线007断路器。

（7）合上35kV分段300断路器。

（8）合上10kV分段100断路器。

（9）拉开灯三线101断路器。

（10）拉开灯三线101断路器两侧1013、1011隔离开关。

（11）退出2号主变压器间隙保护。

（12）合上2号主变压器中性点接地开关2D10。

（13）投入2号主变压器中性点零序电流保护。

（14）拉开1号变压器低压侧003断路器。

（15）拉开1号变压器中压侧303断路器。

（16）拉开1号变压器高压侧103断路器。

（17）检查2号变压器负荷情况，将全部冷却器投入。

（18）退出1号主变压器中后备跳35kV分段300断路器连接片。

（19）退出1号主变压器低后备跳10kV分段000断路器连接片。

（20）拉开1号变压器高压侧103断路器两侧1033、1031隔离开关。

（21）将1号变压器中压侧303小车断路器拉至试验位置。

（22）将1号变压器低压侧003小车断路器拉至试验位置。

（23）拉开110kVⅠ段母线电压互感器低压侧保护二次开关、计量二次开关。

（24）拉开110kVⅠ段母线电压互感器回路1101隔离开关。

（25）拉开110kV分段100断路器。

（26）拉开110kV分段100断路器两侧1001、1002隔离开关。

（27）在110kVⅠTV1隔离开关母线侧引线上三相验电确无电压。

（28）合上110kVⅠ段母线电压互感器1101D1接地开关。

（29）在灯三线101断路器至母线隔离开关间引线上三相验电确无电压。

（30）合上灯三线101D1隔离开关。

5. 防范措施

检修和安装新设备验收时应测量接触电阻。在定期测温的基础上，对新设备投运、运行方式变化、负荷有增长应安排测温。

【思考与练习】

1.母线设备常见异常及现象有哪些？

2.母线设备发热的现象有哪些？

3.母线设备声音异常如何处理？

4.母线绝缘子外观异常如何处理？

任务4.4　互感器设备异常分析处理及危险点源预控

【学习目标】

知识目标：1.了解变电站互感器设备正常运行时的运行情况。

2.掌握变电站互感器设备出现异常时的异常状态。

3.掌握变电站互感器设备异常处理的方法。

能力目标：1.能收集变电站互感器设备异常信息，并对信息进行处理。

2.能正确分析变电站互感器设备出现异常的原因，且找出异常点。

3.能及时准确地处理好互感器设备的异常，尽快恢复其正常运行。

态度目标：1.具有爱岗敬业、勤奋工作、团结协作的职业道德风尚。

2.能主动学习，在完成任务过程中发现问题、分析问题和解决问题。

3.在严格遵守安全规范的前提下，能与小组成员协作共同完成本学习任务。

【任务描述】

本任务介绍电压互感器、电流互感器一般常见异常。通过对常见异常现象的讲解，熟悉互感器声音异常、油位异常、二次开路、短路等的常见异常现象，能发现互感器异常。

介绍电压互感器、电流互感器常见异常原因分析，互感器异常处理的危险点源预控等内容。通过分析及案例介绍，掌握常见异常处理方法，能正确进行危险点分析。

【相关知识】

案 例 互感器设备一般异常。

1. 互感器油位异常及现象

（1）油位降低。从油位指示器中看不到油位。

（2）油位升高。油标已满，金属膨胀器异常膨胀变形。

2. 互感器异常声音及现象

（1）互感器设备内部有放电、振动声响。

（2）树脂浇注互感器出现表面严重裂纹，有放电"吱吱"声音。

（3）互感器外绝缘污秽严重，气候恶劣时发出强烈的"吱吱"放电声和蓝色火花、橘红色的电晕。

3. SF$_6$互感器压力异常及现象

SF$_6$互感器外部绝缘采用复合材料，内部充有SF$_6$气体，正常时，应监视其额定压力符合设备厂家规定[一般为0.4MPa（20℃），低压报警0.35MPa（20℃）]，SF$_6$密度表指针指示应正常。

SF$_6$互感器密度表表盘上有三种颜色区，绿色区表示正常工作压力区，黑色指针在该区内表示压力正常，绿色区与橙色区交界处表示互感器最小的运行压力，当压力值小于该压力值时，报警，自动化信息显示"电压互感器SF$_6$气压低补气"。SF$_6$密度表指针指向橙色区。

4. 互感器外绝缘异常及现象

（1）瓷套出现严重裂纹。

（2）瓷套破损。

5. 互感器过热异常及现象

（1）互感器本体严重过热。

（2）引线端子有发热或发红。

6. 电压互感器高压侧熔断器熔断异常及现象

（1）一相熔断：报警，自动化信息显示"变压器保护TV断线""母线接地"。遥测一相相电压降低很多，另外两相接近相电压。电压互感器高压侧一相熔断器熔断，二次开关正常，互感器温度正常、外观无异常。电能表显示电压异常。

（2）两相熔断报警，自动化信息显示"变压器保护TV断线""母线接地""某变压器母线TV失压"。遥测两相相电压降低很多，另外一相接近相电压。现场检查电压互感器高压侧两相熔断器熔断、二次开关正常，互感器温度正常、外观无异常。绝缘监察装置绝缘降低报警，电能表显示电压异常。

7. 电压互感器二次断线异常及现象

报警，自动化信息显示"母线TV失压""变压器保护TV断线"。断线相相电压严重降低或到零，完好相相电压指示正常，断线相与完好相之间电压降低，完好相之间电压为线电压，相应的有功、无功表指示降低或到零，电能表跑慢。

8. 电磁式电压互感器发生谐振

变电站倒闸操作过程中，出现断路器断口电容器与电磁式电压互感器及空载母线构成的串联谐振回路，产生谐振过电压。产生谐振过电压时的现象：报警，自动化信息显示某段"母线接地"，三相电压无规律变化，如一相降低、两相升高或两相降低、一相升高或三相同时升高，互感器伴有异音产生。

当小电流接地系统单相接地、电压互感器一次熔断器熔断、谐振均发"接地信号"，它们之间的区别见表1.4.4-1。

表1.4.4-1　单相接地与电压互感器熔断器熔断、谐振的区别

故障性质	相对地电压	报警信号	小电流接地装置
单相接地	接地相电压降低，其他两相电压升高；金属性接地时，接地相电压为0，其他两相升高为线电压	接地报警	对应母线接地指示灯亮
电压互感器高压熔断器熔断	熔断相降低，其他两相不变	接地报警，电压回路断线	对应母线接地指示灯亮
谐振	三相电压无规律变化，如一相降低、两相升高或两相降低、一相升高或三相同时升高	接地报警	对应母线接地指示灯亮

9. 电流互感器二次开路异常及现象

报警，自动化信息显示保护装置发出"电流回路断线""装置异常"等信号。开路处发生火花放电，电流互感器本体发出"嗡嗡"声音，不平衡电流增大，相应的电流表、功

率表、有功表、无功表指示降低或摆动，电能表转慢或不转。

【任务实施】

一、互感器常见异常分析及处理

（一）油位异常分析及处理

1. 油位异常分析

（1）油位降低。可能互感器胶圈老化、密封部件工艺不良、油箱有砂眼、长期取油样而未补油或瓷套裂纹造成互感器渗、漏油。漏油严重后会将线圈暴露在空气中引发受潮、绝缘降低，造成接地等事故。

（2）油位升高。油位异常升高，可能是内部放电性故障，造成油过热或产生气体而膨胀，严重时会使金属膨胀器异常膨胀变形。

2. 油位异常处理

（1）油位降低。互感器漏油或漏油造成看不见油位。漏油应汇报，尽快安排计划停电处理；如漏油不断发展并已经造成看不见油位或电容式电压互感器漏油，应汇报调度，申请停电处理。

（2）油位升高。在油位升高后如没有造成膨胀器变形，应立即进行油色谱分析，如确定内部已经有故障，应汇报，申请停电处理。如内部故障造成膨胀器变形，应汇报调度，申请停电处理。

（二）异常声音分析及处理

1. 异常声音分析

（1）互感器设备内部有放电、振动异常声响。可能是铁芯或零件松动、过负荷、电场屏蔽不当、二次开路、接触不良或绝缘损坏放电；也可能是末屏接地开路，造成末屏产生悬浮电位而放电。铁芯穿心螺杆松动，硅钢片松弛，随着铁芯里交变磁通的变化，硅钢片振动幅度增大而引起铁芯异音；严重过载或二次开路磁通急剧增加引起非正弦波，使硅钢片振动极不均匀，从而发出较大噪声。

（2）树脂浇注互感器出现表面严重裂纹，可能是制造质量原因造成外绝缘损坏，绝缘降低放电，发出"吱吱"声音。

（3）互感器外绝缘污秽严重，造成表面绝缘降低，气候恶劣时发出强烈的"吱吱"放电声和蓝色火花、橘红色的电晕放电，可能会引发放电故障。互感器外绝缘污秽严重的原因可能是未及时清扫、所处地区的污秽等级升高、瓷套爬距不满足要求，在天气潮湿时会产生放电声，并产生蓝色火花或橘红色电晕放电，存在故障的危险。

2. 异常声音处理

（1）互感器内部有振动声，如果是穿心螺杆松动，硅钢片松弛造成，应汇报，尽快安排停电处理。

（2）树脂浇注互感器出现表面严重裂纹，应汇报调度，立即安排停电处理。

（3）互感器外绝缘污秽严重，应汇报，尽快安排停电检修，清扫、涂防污涂料或更换。

（三）压力异常分析及处理

1. 压力异常分析

（1）互感器 SF_6 气体压力表偏出绿色区域或指示在红区，达到需要补气的压力。互感器 SF_6 气体压力表指示异常可能的原因有：

1）密封不良。密封面加工工艺不良、尘埃落入密封面、密封圈变形、密封面紧固螺栓松动、瓷套的胶垫连接处胶垫老化或位置未放正、瓷套与法兰胶合处胶合不良、压力表或接头处密封垫损伤。

2）焊缝渗漏。

3）瓷套管裂纹或破损。

（2）互感器 SF_6 气体压力表指示达到橙色区或指示为零，可能是严重泄漏造成。此时互感器绝缘能力严重降低，可能会造成放电故障。

2. 压力异常处理

（1）互感器 SF_6 气体达到补气的压力，但无明显漏气现象，可进行补气。

（2）互感器 SF_6 气体压力表指示进入橙色区，且压力继续降低，应汇报调度，申请停电处理。

（四）互感器过热异常分析及处理

1. 电流互感器过热异常分析

互感器本体或引线端子有发热或严重过热原因分析。可能是内、外接头松动，一次过负荷，二次开路，绝缘介质损耗升高或绝缘损坏放电造成。长时间过热会将内部绝缘损坏而引发事故。

2. 互感器过热异常处理

（1）接线端子发热应汇报，尽快安排停电处理。

（2）严重过热应汇报调度，降低负荷或立即安排停电处理。

（五）外绝缘异常分析及处理

1. 外绝缘异常分析

瓷套出现严重破损、裂纹。可能是瓷套受到外力作用造成，还可能是由于瓷套质量不良造成。由于裂纹处绝缘降低，会引起放电，同时也有漏油，严重漏油的危险。

2. 外绝缘异常处理

（1）互感器瓷套出现严重裂纹。应汇报调度，尽快安排停电处理。

（2）互感器瓷套出现破损，应根据破损的大小和对瓷套强度影响情况。汇报，安排计划停电或汇报调度立即停电。

（六）电压互感器高压侧熔断器熔断异常分析及处理

1. 电压互感器高压侧熔断器熔断异常分析

电压互感器高压侧熔断器熔断。可能是系统发生雷电，雷电窜入熔断器回路；电压互感器本身发生故障；系统发生谐振使电压互感器电流增大；系统接地并伴随间歇过电压造成回路瞬间电流增大均可能造成高压侧熔断器熔断。

2. 电压互感器高压侧熔断器熔断异常处理

当判明高压熔断器熔断时，应拉开二次开关，拉开一次隔离开关，将二次负载切换至另一台电压互感器，做好安全措施，更换同型号熔断器试送，若再次熔断，将电压互感器停电处理。

（七）电压互感器二次断线异常分析及处理

1. 电压互感器低压侧断线异常分析

电压互感器二次熔断器熔断（或二次开关跳开）。可能是异物、污秽、潮湿、小动物、误接线、误碰等原因造成回路中有瞬时或永久的短路故障，也可能是锈蚀或施工、验收不到位等造成接触不良。

2. 电压互感器二次断线异常处理

（1）退出该互感器影响的可能会误动的低电压保护、距离保护、方向保护、备用电源自动投入装置、低频。

（2）低压空气开关跳闸可试合一次（低压熔断器熔断，应更换同型号熔件试送），若再次跳闸（或熔断）应检查二次电压小母线及各负载回路有无故障，试送时宜采用逐级分段试送的方式，以便发现故障点，缩小故障区域。在未查明原因和隔离故障点以前，不得将二次负载切换至另一台电压互感器。

（八）电磁式电压互感器发生谐振分析及处理

1. 电压互感器发生谐振原因分析

由于变电站倒闸操作引起的操作过电压作用，电磁式电压互感器励磁特性饱和，激发铁磁谐振，使母线电压异常升高。严重时，损坏母线电压互感器，甚至导致电压互感器爆炸。由于铁磁谐振具有随机性，在这种情况下操作前应有防谐振预想和措施。操作过程中，如发生电压互感器谐振，采取措施破坏谐振条件以达到消除谐振的目的。

2. 防止谐振的措施

（1）在运行方式上和倒闸操作过程中，防止断路器断口电容器与空载母线及母线电压互感器构成串联谐振回路。它包括两个方面：一是避免用带断口电容器的断路器切带电磁式电压互感器的空载母线；二是避免用带断口电容器回路的隔离开关对带电磁式电压互感器的空载母线进行合闸操作。具体可采用下述方式来实现：在切空母线时，先拉开电压互感器，再对母线断电；在投空母线时，先断开被送电母线 TV，对母线送电，再合母线电压互感器。

（2）在进行投切空母线操作时，加强母线电压监视，发生铁磁谐振时，应立即合上带断口电容器的断路器，切除回路电容；或投入一条线路，破坏谐振条件；或立即断开充电的断路器，切断回路电源等。避免谐振过电压危及设备安全。

（3）对于110kV采用电容式电压互感器；优先选用励磁特性饱和点较高的抗谐振型电压互感器；35kV和10kV母线上的星形接线电压互感器，其中性点一次侧加装消谐器，二次侧开口三角加装二次消谐器或合适消谐电阻。

（4）减少同一系统中电压互感器高压侧中性点接地数量，除电源侧电压互感器高压侧中性点接地外，其他电压互感器中性点尽可能不接地。

（5）在电压互感器开口三角绕组装设二次消谐器或消谐电阻；在电压互感器一次绕组中性点装设一次消谐器。

（6）110kV电网谐振过电压的产生，主要因断路器的非全相操作或熔断器非全相熔断，致使变压器、电压互感器产生铁磁谐振过电压。因此要求110kV变压器中性点接地运行，在不允许变压器中性点接地运行时，应在变压器中性点装设间隙。在变压器操作过程中，应先将变压器中性点临时接地。

（九）电流互感器二次开路异常分析及处理

1. 电流互感器二次开路异常分析

电流互感器二次开路。可能是互感器本身、分线箱、综合自动化屏内回路的接线端子接触不良，综合自动化装置内部异常，误接线、误拆线、误切回路连接片造成开路。电流互感器二次开路，其阻抗无限大，二次电流等于零，那么一次电流将全部作用于励磁，使铁芯严重饱和。磁饱和使铁损增大，电流互感器发热，电流互感器线圈的绝缘也会因过热而被烧坏。最严重的是由于磁饱和，交变磁通的正弦波变为梯形波，在磁通迅速变化的瞬间，二次绕组上将感应出很高的电压，其峰值可达几千伏，如此高的电压作用在二次绕组和二次回路上，对人身和设备都存在着严重的威胁。

2. 电流互感器二次开路异常处理

（1）立即汇报调度及有关人员，必要时停用有关的保护，通知专业人员处理。

（2）根据现象对电流互感器二次回路进行检查，寻找开路点。

（3）若开路点明显时，立即穿绝缘靴，戴绝缘手套，用绝缘工具在开路点前的端子处进行短接。

（4）当判断电流互感器二次出线端子处开路，如不能进行短接处理时，应申请调度降低负荷或停电处理。短接后本体仍有不正常音响，说明内部开路，应申请停电处理。

（5）凡检查电流互感器回路的工作，必须注意安全，至少应有两人在一起工作，使用合格的绝缘工具进行。

（6）若二次开路引起着火，应先切断电源，然后做灭火处理。

二、互感器异常处理的危险点源分析控制

（1）室外SF_6互感器发生泄漏时，在接近设备时要谨慎，应选择从"上风"接近设备。

（2）室内SF_6互感器发生泄漏时，除应采取紧急措施处理，还应开启风机通风15min后方可进入室内。

（3）接近SF_6气体泄漏的互感器，必要时要戴防毒面具、穿SF_6防护服。

（4）对于互感器冒烟、着火、内部高温引发的异味、膨胀器急剧变形、内部有严重放电声、电磁式电压互感器低压侧电压明显降低等内部故障的设备，运行人员应迅速远离。如未跳闸使用断路器将设备停电。

（5）查找或发现电流回路断线情况，应按要求穿好绝缘鞋、带好绝缘工具、戴好手套等。

（6）电压互感器高压侧熔断器熔断，应断开二次开关防止反充电，观察异音、异味、瓷套管破裂、漏油或喷油，无异常后，拉开隔离开关（手车）。再次确认互感器有无明显故障，布置安全措施，进行试验，根据结果确定是否继续送电。更换敞开式开关柜的熔断器应使用绝缘手套、绝缘夹钳。

（7）电流回路开路，回路电流比较小，短接其端子时应站在绝缘垫上并使用绝缘工具进行。

（8）电压回路断线，及时退出距离保护、低频、备用电源自动投入装置、方向保护、低电压保护。

（9）电流回路开路，回路电流、互感器异常声音比较大时，应立即停用电流互感器。

【案例分析】

案　例　10kV I 母电压互感器高压侧 U 相熔断器熔断。

1. 正常运行方式

某110kV变电站10kV侧接线如图1.4.4-1所示。10kV分段000断路器热备用，10kV分

段备用电源自动投入装置投入。10kV线路配置微机过流保护、低频、重合闸。电容器配置微机低压保护、过压保护、不平衡电压保护、过流保护。

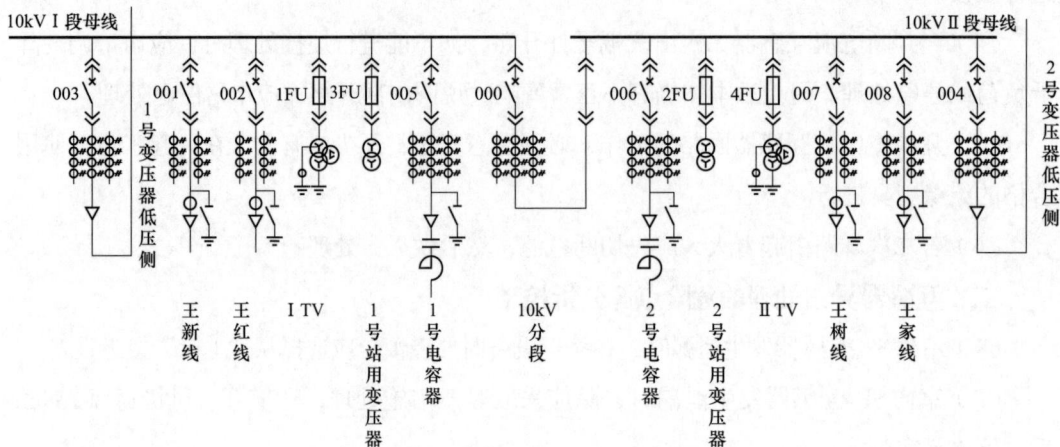

图 1.4.4-1　110kV 变电站 10kV 侧接线

2. 异常现象

报警，自动化信息显示"变压器保护TV断线""母线接地"。遥测一相相电压降低很多、另外两相接近相电压。

3. 异常分析和判断

现场检查互感器外观无异常，通过电压表读数，分析是电压互感器一相熔断器熔断。

4. 异常处理

（1）退出1号电容器低电压保护、10kV分段备用电源自动投入装置、低频减载装置。

（2）检查10kV I 段母线电压互感器 I TV 无异常。

（3）拉开10kV I 段母线电压互感器 I TV 二次开关。

（4）将10kV I TV1手车拉出至检修位置，检查U相熔断器熔断。

（5）合上10kV分段000断路器。

（6）将10kV电压并列把手切至并列位置。

（7）检查10kV I 母电压显示正常。

（8）投入1号电容器低电压保护、低频减载装置。

（9）更换同型号熔断器试送（如试送成功，转正常运行方式；如试送不成功，熔断器再次熔断，电压互感器停电检修）。

5. 异常处理时的危险点及防范措施

（1）电压互感器高压侧熔断器熔断，电压互感器二次开关并列前，应断开二次开关防止反充电。

（2）退出电容器低电压保护、备用电源自动投入装置、低频减载装置，防止二次失压，造成误动。

【思考与练习】

1.电压互感器一次一相熔断器熔断与单相接地、谐振如何区别？

2.互感器设备常见异常有哪些？

3.电压互感器一次熔断器一相熔断应如何处理？

4.电流互感器二次开路应如何处理？

*任务4.5　补偿装置异常及缺陷处理

【学习目标】

知识目标：1.了解变电站补偿装置正常运行时的运行情况。

2.掌握变电站补偿装置出现异常时的异常状态。

3.掌握变电站补偿装置异常处理的方法。

能力目标：1.能收集变电站补偿装置异常信息，并对信息进行处理。

2.能正确分析变电站补偿装置出现异常的原因，且找出异常点。

3.能及时准确地处理好补偿装置的异常，尽快恢复其正常运行。

态度目标：1.具有爱岗敬业、勤奋工作、团结协作的职业道德风尚。

2.能主动学习，在完成任务过程中发现问题、分析问题和解决问题。

3.在严格遵守安全规范的前提下，能与小组成员协作共同完成本学习任务。

【任务描述】

本任务介绍了补偿装置的常见异常。通过原理讲解、要点归纳，了解电容器、电抗器常见异常现象和产生的原因。对补偿装置异常处理中的危险点源进行了分析。通过要点讲解，能够制定相应的预控措施。

【相关知识】

补偿装置主要有并联电容器组、电抗器、接地变压器、消弧线圈及静止无功补偿器等。补偿装置在变电站中主要起着补偿系统的无功功率，维持系统电压的作用。消弧线圈和接地变压器可以补偿小电流接地系统接地电流。

一、并联电容器组常见异常现象及原因分析

1. 渗漏油

电容器在运行中如外壳或下部有油渍则可能是发生了渗漏油，渗漏油会使电容器中的浸渍剂减少，内部元件易受潮从而导致局部击穿。造成电容器渗漏油的原因有：

（1）搬运、安装、检修时造成法兰或焊接处损伤，使法兰焊接出现裂缝。

（2）接线时拧螺钉过紧、瓷套焊接出现损伤。

（3）产品制造缺陷。

（4）温度急剧变化，由于热胀冷缩使外壳开裂。

（5）在长期运行中漆层脱落，外壳严重锈蚀。

（6）设计不合理，如使用硬排连接，由于热胀冷缩，极易拉断电容器套管。

2. 外壳膨胀变形

运行中电容器的外壳可能发生鼓肚等变形现象。外壳膨胀变形的原因有：

（1）介质内产生局部放电，使介质分解而析出气体。

（2）部分元件击穿或极对外壳击穿，使介质析出气体。

（3）运行电压过高或拉开断路器时重燃引起的操作过电压作用。

（4）运行温度过高，内部介质膨胀过大。

3. 单台电容器熔丝熔断

单台电容器熔丝熔断的现象可通过巡视发现，有时也会反映为电容器组三相电流不平衡。单台电容器熔丝熔断的原因有：

（1）过电流。

（2）电容器内部短路。

（3）外壳绝缘故障。

4. 温升过高，接头过热或熔化

通过红外测温、试温蜡片或雨雪天观察能够发现电容器或接头温度过高的现象。造成电容器组温度过高的原因有：

（1）电容器组冷却条件变差，如室内布置的电容器通风不良，环境温度过高，电容器布置过密等。

（2）系统中的高次谐波电流影响。

（3）频繁切合电容器，使电容器反复承受过电压的作用。

（4）电容器内部元件故障，介质老化、介质损耗增大。

（5）电容器组过电压或过电流运行。

5. 声音异常

电容器发出异常音响的原因有：

（1）内部故障击穿放电。

（2）外绝缘放电闪络。

（3）固定螺钉或支架等松动。

6. 过电流运行

运行中的电容器可能发生过电流运行的现象。造成电容器过电流的原因有：

（1）过电压。

（2）高次谐波影响。

（3）运行中的电容器容量发生变化，容量增大。

7. 过电压运行

电容器组运行电压过高的主要原因有：

（1）电网电压过高。

（2）电容器未根据无功负荷的变化及时退出，造成补偿容量过大。

（3）系统中发生谐振过电压。

8. 套管破裂或放电，瓷绝缘子表面闪络

电容器套管表面脏污或环境污染，再遇上恶劣天气（如雨、雪）和遇有过电压时，可能产生表面闪络放电，引起电容器损坏或跳闸。电容器套管破裂会使套管绝缘性能降低，在雨雪天气，裂缝处进水造成闪络接地，冬天融雪水进入套管裂缝处结冰会造成套管破裂。

9. 三相电流不平衡

电容器组在运行中容量发生变化或者分散布置电容器组某一相有单只电容器熔丝熔断造成三相容量不平衡，会引起电容器三相电流不平衡。

二、电抗器常见异常现象及原因分析

变电站中的电抗器分为串联电抗器和并联电抗器两种。串联在电容器组内的电抗器，用以减小电容器组涌流倍数及抑制谐波电压。并联电抗器接在主变压器低压侧，用于补偿输电线路的容性无功功率，维持系统电压稳定。下面介绍电抗器常见的异常现象及产生原因。

1. 声音异常

电抗器正常运行时，发出均匀的"嗡嗡"声，如果声音比平时增大或有其他声音都属于声音异常。

（1）响声均匀，但比平时增大，可能是电网电压较高，发生单相过电压或产生谐振过

电压等，可结合电压表计的指示进行综合判断。

（2）有杂音，可能是零部件松动或内部原因造成的。

（3）有放电声，外表放电多半是污秽严重或接头接触不良造成的；内部放电声多半是不接地部件静电放电、线圈匝间放电等。

（4）对于干式空芯电抗器，在运行中或拉开后经常会听到"咔咔"声，这是电抗器由于热胀冷缩而发出的正常声音，如有其他异声，可能是紧固件、螺钉等松动或是内部放电造成的。

2. 温度异常

温度异常一般表现为油浸电抗器温度计指示偏高或已经发出超温报警，干式电抗器接头及包封表面过热、冒烟。电抗器过热的主要原因有：

（1）过电压运行。

（2）温升的设计裕度取得过小，使设计值与国标规定的温升限值很接近。

（3）制造的原因，如绕制绕组时，线轴的配重不够、绕制速度过快和停机均可造成绕组松紧度不好和绕组电阻的变化。

（4）附近有铁磁性材料形成铁磁环路，造成电抗器漏磁损耗过大。

（5）接线端子与绕组焊接处的焊接电阻由于焊接质量的问题产生附加电阻，该焊接电阻产生附加损耗使接线端子处温升过高；另外，在焊接时由于接头设计不当、焊缝深宽比太大，焊道太小，热脆性等原因产生的焊缝金属裂纹都将降低焊接质量，增大焊接电阻，也会造成焊接处温度升高。

3. 套管闪络放电

套管闪络放电会导致发热老化，绝缘下降引发爆炸。常见原因如下：

（1）表面粉尘污秽过多，阴雨雾天气因电场不均匀发生放电。

（2）系统出现过电压，套管内存在隐患而放电闪络击穿。

（3）高压套管制造质量不良，末屏出线焊接不良或小绝缘子芯轴与接地螺套不同心，接触不良以及末屏不接地，导致电位提高而逐步损坏形成放电闪络。

4. 油浸式电抗器常见异常及原因分析

（1）油位异常。现象和原因有：

1）油位过低。主要原因是电抗器严重渗漏油、气温过低、储油柜储量不足、气囊漏气等。

2）油位过高。当环境温度很高，高压电抗器储油柜储油较多时，可能出现油位高信号。

（2）油浸高压电抗器渗漏油。常见部位和原因如下：

1）阀门系统。蝶阀胶垫材质安装不良，放油阀精度不高，螺纹处渗漏。

2）胶垫、接线螺钉、高压套管基座、TA出线接线螺钉胶垫密封不良无弹性，小绝缘子破裂渗漏。

3）胶垫因材质不良，龟裂失去弹性，不密封而渗漏。

4）高压套管升高座法兰、油箱外表、油箱法兰等焊接处因材质薄加工粗糙形成渗漏等。

（3）呼吸器硅胶变色过快。可能是由于硅胶罐有裂纹破损，呼吸管道密封不严，油封罩内无油或油位太低，胶垫龟裂不合格，螺钉松动或安装不良等使湿空气未经油过滤而直接进入硅胶罐中。

5. 干式电抗器常见异常现象及原因分析

（1）干式电抗器包封表面有爬电痕迹、裂纹或沿面放电。电抗器在户外的大气条件下运行一段时间后，其表面会有污物沉积，同时表面喷涂的绝缘材料也会出现粉化现象，形成污层。在大雾或雨天，表面污层会受潮，导致表面泄漏电流增大，产生热量。这使得表面电场集中区域的水分蒸发较快，造成表面部分区域出现干区，引起局部表面电阻改变。电流在该中断处形成很小的局部电弧。随着时间的增长，电弧将发展合并，在表面形成树枝状放电烧痕，引起沿面树枝状放电，绝大多数树枝状放电产生于电抗器端部表面与星状板相接触的区域。而匝间短路是树枝状放电的进一步发展，即短路线匝中电流剧增，温度升高致使线匝绝缘损坏，甚至高温下导线熔化。

（2）支持绝缘子有倾斜变形或位移、绝缘子裂纹。电抗器安装时支持绝缘子受力不均匀、基础沉陷或地震等都会造成支持绝缘子倾斜变形或绝缘子破裂。变电站中常见的是由于电抗器基础沉陷造成支持绝缘子倾斜变形或破裂。另外，绝缘子受到冰雹或大风刮起的杂物碰撞也会造成破损裂纹。

（3）接地体、围网、围栏等异常发热。在电抗器轴向位置有接地网，径向位置有设备、遮栏、构架等，都可能因金属体构成闭环造成较严重的漏磁问题，对周围环境造成严重影响。若有闭环回路，例如地网、构架、金属遮栏等，其漏磁感应环流达数百安培。这不仅增大损耗，更因其建立的反向磁场同电抗器的部分绕组耦合而产生严重问题，如是径向位置有闭环，将使电抗器绕组过热或局部过热，相当于电抗器二次侧短路；如是轴向位置存在闭环，将使电抗器电流增大和电位分布改变，故漏磁问题并不能简单地认为只是发热或增加损耗。

（4）有撑条松动或脱落情况。造成这种现象的原因主要有安装质量不良或长期运行振动导致紧固螺钉松动等。

（5）绝缘支柱绝缘子或包封不清洁，金属部分有锈蚀现象。

（6）干式电抗器内有鸟窝或有异物，影响通风散热。

三、接地变压器和消弧线圈的常见异常现象及原因分析

接地变压器和消弧线圈出现故障与系统中的故障及异常运行情况有很密切的关系。接地变压器和消弧线圈一般只有在系统有接地、断线及三相电流严重不对称时，才有较大的电流通过，内部故障的现象才会显现出来。

1. 渗漏油

接地变压器和消弧线圈发生渗漏油时能在其外壳或下部看到油渍或油滴，渗漏油会造成油面降低，使绝缘暴露在空气中，使绝缘材料老化加剧，绝缘性能降低。渗漏油还会使绝缘油中进入空气，造成绝缘油劣化。渗漏油的原因有：

（1）外壳密封不良。

（2）油标管与外壳间有缝隙。

（3）放油或加油后阀门关闭不严密。

（4）油位过高，温度升高时有油从上部溢出。

2. 内部有放电声

巡视时如听到接地变压器和消弧线圈内部有"噼啪"声或"吱吱"声，则可能是内部发生了放电现象，内部放电会造成绝缘过热烧损，甚至击穿造成事故。引起内部放电的原因有：

（1）绕组绝缘损坏，对外壳或铁芯放电。

（2）铁芯接地不良，在感应电压作用下对外壳放电。

3. 套管污秽严重、破裂、放电或接地

（1）接地变压器和消弧线圈安装地点空气污染较重、长期得不到清扫等会造成套管污秽严重。在雨、雪、大雾等潮湿天气，套管上的污秽与水相结合会形成导电带，造成套管放电或接地。

（2）套管安装质量不良，受力不均匀或者受到恶劣天气（如冰雹等）影响会使套管破损裂纹，套管破裂后潮气侵入套管内部使套管绝缘性能下降，严重时也会造成套管放电或接地。

4. 本体温度（或温升）超过极限值、冒烟甚至着火

接地变压器和消弧线圈内部放电、分接开关接触不良、主变压器中性点电压位移过大或者长时间通过接地电流时都会产生温升过高现象，严重时会造成接地变压器和消弧线圈内部绝缘材料烧坏、冒烟甚至起火。

5. 分接开关接触不良

消弧线圈分接位置调整不到位、分接头接触部分生锈或有油膜会造成分接开关接触

不良。分接开关接触不良会造成在通过接地补偿电流时发生过热现象，严重时会使设备烧损。

6. 接地变压器和消弧线圈外壳鼓包或开裂

接地变压器和消弧线圈外壳膨胀、开裂缺陷常会伴随发生渗漏油现象。外壳膨胀或开裂的原因主要有：

（1）内部过热使绝缘油膨胀或气化，外壳承受过高的压力造成膨胀或开裂。

（2）地震等外力破坏使外壳承受过高的应力作用发生开裂。

（3）外壳焊接质量不良造成开裂。

7. 中性点位移电压大于15%相电压

导致系统中性点位移电压过大的原因有：

（1）系统中有接地故障。

（2）系统负荷严重不平衡。

（3）系统电源非全相运行。

（4）谐振过电压。

此外还有次导流部分发热变色。由于导流部分接触不良，引起过热。设备的试验、油化验等主要指标超过相关规定等。

【任务实施】

补偿装置发生异常，会影响变电站无功补偿能力，造成系统电压质量降低，所以发现补偿装置异常应及时进行处理。

一、电容器组异常处理

1. 电容器组立即停运的情况

遇有下列异常情况之一时电容器应立即退出运行：

（1）电容器发生爆炸。

（2）触头严重发热或电容器外壳测温蜡片熔化。

（3）电容器外壳温度超过55℃或室温超过40℃，采取降温措施无效时。

（4）电容器套管发生破裂并有闪络放电。

（5）电容器严重喷油或起火。

（6）电容器外壳明显膨胀或有油质流出。

（7）三相电流不平衡超过5%。

（8）由于内部放电或外部放电造成声音异常。

（9）密集型并联电容器压力释放阀动作。

2. 电容器组应加强监视的情况

电容器组有以下异常现象时应查找原因、采取措施尽快停电处理：

（1）电容器组渗油时，如渗油不严重，可不申请停电处理，只需要按照缺陷管理制度上报缺陷，但必须随时监视；若渗油严重，必须申请停电进行处理。

（2）电容器温度过高，必须严密监视和控制环境温度，如室温过高，应改善通风条件或采取冷却措施控制温度在允许范围内，如控制不住则应停电处理。在高温、长时间运行的情况下，应定时对电容器进行温度检测。如是电容器本身的问题或触点温度过高则应停电处理。

（3）由于外部固定螺钉或支架松动等外部原因造成声音异常。

（4）电容器单台熔断器熔断后的处理：

1）严格控制运行电压。

2）将电容器组停电并充分放电后更换熔断器，投入后继续熔断，应退出该组电容器。

3）报缺陷由检修人员测量绝缘，对于双极对地绝缘电阻不合格或交流耐压不合格的应及时更换。

4）因熔断器熔断引起相间电流不平衡接近2.5%时，应更换故障电容器或拆除其他相电容器进行调整。

（5）发现电容器三相电流不平衡度不超过5%时，应立即检查系统电压是否平衡、单台电容器熔丝是否熔断，查出原因后报调度或检修单位处理。如无上述现象，可能是电容器组容量发生变化，应尽快将该组电容器退出运行，报检修单位处理。

（6）母线电压超过电容器额定电压后，过电压倍数及运行持续时间按表1.4.5-1规定执行。

（7）电容器运行电流超过额定电流，但不到1.3倍时。

表1.4.5-1　电力电容器过电压倍数及运行持续时间表

过电压倍数（U_9/U_N）	持续时间	说明
1.05	连续	—
1.10	每24h中8h	—
1.15	每24h中30min	系统电压调整与波动
1.20	5min	轻荷载时电压升高
1.30	1min	轻荷载时电压升高

二、高压电抗器异常处理

1. 干式电抗器异常处理

（1）干式电抗器有以下异常应立即停电处理：

1）接头及包封表面异常过热、冒烟。

2）干式电抗器出现沿面放电。

3）绝缘子有明显裂纹或倾斜变形。

4）并联电抗器包封表面有严重开裂现象。

（2）电抗器有以下异常时应加强监视并尽快退出运行：

1）设备有过热点，接地体发热，围网、围栏等异常发热。若发现电抗器有局部发热现象，则应减少该电抗器的负荷，并加强通风。必要时可采用临时措施，采用轴流风扇冷却（户内设备），待有机会停电时，再进行处理。

2）包封表面存在爬电痕迹以及裂纹现象。

3）支持绝缘子有倾斜变形（或位移），暂不影响继续运行。

4）有撑条松动或脱落情况。

（3）电抗器有以下异常时应报缺陷按检修计划处理：

1）包封表面不明显变色或轻微振动。

2）绝缘支柱绝缘子或包封不清洁，金属部分有锈蚀现象。

3）干式电抗器内有鸟窝或有异物，影响通风散热。

4）引线散股。

2. 油浸高压电抗器异常处理

（1）温度异常。检查油位、油色有无异常，并结合无功负荷、电压高低、环境温度分析对照，初步判明高压电抗器内部有无问题。将检查分析结果汇报调度和工区，听候处理。

（2）声响异常。

1）高压电抗器响声均匀，但比平时增大，应加强监视。

2）高压电抗器有杂音，首先检查有无零部件松动，查看电流表、电压表指示是否正常。以上检查未见异常时，有可能是内部原因造成的，应报告调度和工区。

3）高压电抗器有放电声。应仔细检查判明放电声是来自表面还是由内部发出，外表放电多半是污秽严重或接头接触不良造成的，应停电处理；内部放电声多半是不接地部件静电放电、线圈匝间放电等。这时应严密监视，及时上报调度和工区。

（3）油位异常。

1）油位偏低或偏高时，应加强监视，报缺陷处理。

2）由于渗漏油造成油位过低，应汇报调度申请停电处理。

（4）渗漏油。

1）轻微漏油或渗油属于一般缺陷，可加强监视，报调度和工区，安排计划处理。

2）严重漏油应申请停电处理，在停电前加强监视，做好事故预想和应急处理准备。

（5）呼吸器硅胶变色过快，应查找变色过快的原因，报缺陷处理。

三、接地变压器和消弧线圈异常处理

消弧线圈动作或发生异常现象时，应记录好动作时间、中性点位移电压、电流及三相对地电压，并及时向调度汇报。

1. 接地变压器和消弧线圈立即停运的情况

接地变压器或消弧线圈有以下异常时应立即退出运行：

（1）设备漏油，从油位指示器中看不到油位。

（2）设备内部有放电声响。

（3）一次导流部分接触不良，引起发热变色。

（4）设备严重放电或瓷质部分有明显裂纹。

（5）绝缘污秽严重，存在污闪可能。

（6）阻尼电阻发热、烧毁或接地变压器温度异常升高。

（7）设备的试验、油化验等主要指标超过相关规定，由试验人员判定不能继续运行。

（8）消弧线圈本体或接地变压器外壳鼓包或开裂。

2. 接地变压器和消弧线圈应加强监视的情况

接地变压器或消弧线圈有以下异常时，应查找原因、采取措施，并尽快退出运行：

（1）设备渗漏油，还能够看到油位。

（2）红外测量设备内部异常发热。

（3）工作、保护接地失效。

（4）瓷质部分有掉瓷现象，不影响继续运行。

（5）绝缘油中有微量水分，游离碳呈淡黑色。

（6）二次回路绝缘下降，但不超过30%。

（7）中性点位移电压大于15%相电压。

（8）设备不清洁、有锈蚀现象。

3. 隔离故障设备的方法

将故障接地变压器或消弧线圈退出运行的方法如下：

（1）在系统存在接地故障的情况下，不得停用消弧线圈，且应严格对其上层油温加强监视，其值最高不得超过95℃，并迅速查找和处理单相接地故障，应注意允许带单相接地

故障运行时间不得超过2h，否则应将故障线路断开，停用消弧线圈。

（2）若接地故障已查明，将接地故障切除以后，检查接地信号已消失，中性点位移电压很小时，方可用隔离开关将消弧线圈拉开。

（3）若接地故障点未查明，或中性点位移电压超过相电压的15%时，接地信号未消失，不准用隔离开关拉开消弧线圈。可做如下处理：

1）投入备用变压器或备用电源。

2）将接有消弧线圈的变压器各侧断路器断开。

3）拉开消弧线圈的隔离开关，隔离故障。

4）恢复原运行方式。

【案例分析】

案例　补偿装置异常处理举例。

某变电站电容器组频繁发生单台熔丝熔断现象，经检修单位测试检查电容器有轻微容量变化，但尚在允许范围内。运行一段时间后，电容器组事故跳闸，检查发现多台电容器熔丝发生熔断，电容器本体及围栏有烧损现象。测试发现该组电容器均发生容量增大现象。经事故调查分析，原因为电容器组断路器分闸速度不够，在操作中拉开电容器时发生电弧重燃。电容器组在电弧重燃过电压的作用下内部绝缘介质局部击穿，造成电流增大，损坏严重的电容器熔丝熔断。同时，由于电容器熔丝安装时角度调整不够，使熔丝熔断时分断速度过小，电弧不能断开，造成弧光短路，引起整组电容器跳闸。事后该变电站更换了所有电容器组断路器，并对全部电容器熔丝进行了调整，消除了电容器组缺陷。

【拓展提高】

补偿装置异常处理危险点源分析。

一、补偿电容器组异常处理危险点分析

1. 检查处理电容器组异常现象时人身触电

控制措施：检查处理电容器组异常现象时，不得触及电容器外壳或引线，以防止电容器内部绝缘损坏造成外壳带电；若有必要接触电容器，应先拉开断路器及隔离开关，然后验电装设接地线，并对电容器进行充分放电。

2. 更换单只电容器熔断器时人身触电

控制措施：在接触电容器前，应戴绝缘手套，用短路线将电容器的两极短接，方可动

手拆卸；对双星形接线电容器的中性线及多个电容器的串接线，还应单独放电。

3. 摇测电容器两极对外壳和两极间绝缘电阻时人身触电

控制措施：由两人进行，测量前用导线将电容器放电；测试完毕后，将电容器上的电荷放尽。

4. 处理电容器着火时人身触电

控制措施：先将电容器停电后再进行灭火，由于电容器可能有部分电荷未释放，所以应使用绝缘介质的灭火器，并不得接触电容器外壳和引线。

5. 检查处理电容器组异常现象时电容器爆炸伤人

控制措施：发现电容器内部有异常音响或外壳严重膨胀等异常现象，应立即将电容器停电，停电前不得再接近发生异常的电容器组。

6. 电容器组投切操作时电容器爆炸伤人

控制措施：应先检查无人在电容器组附近后再进行操作。

7. 由于处理不当造成电容器爆炸

控制措施：

（1）电容器组断路器跳闸后，在未查明原因并处理前不得试送电容器。

（2）电容器组切除后再次投入运行，应间隔5min后进行。

（3）发现电容器有需要立即退出运行的异常现象时，应立即将电容器停电处理。

二、电抗器异常处理危险点分析

1. 由于处理不当造成设备损坏

控制措施：按照电抗器异常处理方法将需立即停电的电抗器退出运行。

2. 处理电抗器异常时人身被烧、烫伤

控制措施：

（1）发现电抗器或周围围栏等设备过热时，不得触及设备过热部分。

（2）电抗器冒烟或着火，灭火时应做好个人防护措施，必要时报火警。

3. 检查处理电抗器异常时人身受到伤害

控制措施：发现干式电抗器有异常声响、放电或支持绝缘子严重破损或位移时，应立即远离故障电抗器，并迅速将其退出运行。

4. 检查处理电抗器异常时人身触电

控制措施：

（1）在电抗器停电并做好安全措施前，不得进入电抗器围栏或接触干式电抗器外壳。

（2）电抗器冒烟或着火，应在断开电源后用于粉、二氧化碳等采用绝缘灭火材料的灭火器灭火。

三、接地变压器或消弧线圈异常处理危险点源分析

1. 接地变压器和消弧线圈停电操作中带负荷拉合隔离开关

控制措施：

（1）在进行接地变压器或消弧线圈投、停操作前，需查明电网内确无单相接地，且消弧线圈电流小于10A后，方可用隔离开关进行操作。

（2）若接地故障点未查明，或中性点位移电压超过相电压的15%时，接地信号未消失，不准用隔离开关拉开接地变压器或消弧线圈。

（3）严禁用隔离开关拉、合发生异常的接地变压器或消弧线圈。

2. 将带有消弧线圈的主变压器退出运行后其他主变压器过负荷

控制措施：

（1）一台主变压器停运操作前，先检查负荷情况，联系调度，提前限制负荷。

（2）拉开主变压器低、中压侧断路器后，检查运行主变压器各侧负荷情况，发现过负荷及时处理。

3. 处理过程中发生系统谐振

控制措施：在进行消弧线圈投入和退出电网的操作时，应密切监视电网运行情况，发现谐振立即处理。

【思考与练习】

1.并联电容器组有哪些常见异常现象？

2.消弧线圈有哪些常见异常现象？

3.电容器外壳膨胀变形的原因有哪些？

4.电抗器有哪些常见异常现象？

5.为什么有些电抗器周围的围栏会发热？

6.电容器有哪些异常现象时应停电处理？

7.电抗器有哪些异常现象时应停电处理？

8.接地变压器或消弧线圈有哪些异常现象时应停电处理？

9.电容器组发生一台电容器熔断器熔断，需运行人员更换熔断器，请进行处理过程中的危险点源分析。

10.如何防止接地变压器或消弧线圈异常处理过程中发生带负荷拉隔离开关？

*任务4.6　二次设备异常处理

【学习目标】

知识目标：1. 了解变电站二次设备正常运行时的运行情况。

2. 掌握变电站二次设备出现异常时的异常状态。

3. 掌握变电站二次设备异常处理的方法。

能力目标：1. 能收集变电站二次设备异常信息，并对信息进行处理。

2. 能正确分析变电站二次设备出现异常的原因，且找出异常点。

3. 能及时准确地处理好二次设备的异常，尽快恢复二次设备的正常运行。

态度目标：1. 具有爱岗敬业、勤奋工作、团结协作的职业道德风尚。

2. 能主动学习，在完成任务过程中发现问题、分析问题和解决问题。

3. 在严格遵守安全规范的前提下，能与小组成员协作共同完成本学习任务。

【任务描述】

变电站二次设备在运行中，经常会发生各种类型的异常现象，如果不及时处理，会导致电网稳定破坏和大面积停电事故。因此，掌握主要二次设备异常处理的基本原则和基本步骤是变电运行人员的一项重要技能。本任务要求在已学习掌握了二次设备的基本结构、工作原理、运行要求和工作特点的基础上，能够正确分析二次设备出现异常的原因，且找出异常点，并按照规定的处理步骤及时正确地对二次设备各种类型异常进行处理，尽快恢复二次设备的正常运行。

【相关知识】

一、保护、自动装置一般常见异常及现象

（1）装置异常。报警，自动化信息显示"某变电站保护装置异常、呼唤"，保护装置显示"保护装置异常或装置告警、呼唤"。

（2）纵联保护通道异常、呼唤。报警，自动化信息显示"某变电站纵联保护装置通道异常（故障）、呼唤"。保护装置显示"某变电站纵联保护装置通道异常（故障）、呼唤"。

（3）装置告警、呼唤。报警，自动化信息显示"某变电站保护装置告警、呼唤"，保护装置显示"保护装置异常或装置告警、呼唤"。

（4）冒烟、异味。装置端子排或内部冒烟、异味。

（5）自动装置未充电。重合闸、备用电源自动投入装置等自动装置未充电。

（6）告警不能复归。报警，自动化信息显示"某变电站保护告警、异常、呼唤"。信号不能复归。

（7）装置液晶面板不亮。

（8）电源消失。报警，自动化信息显示"某变电站保护装置电源消失"，"某变电站保护装置电源（运行灯）熄灭"。

二、自动化设备一般常见异常及现象

（1）与"微机五防"通信中断。报警，自动化信息显示"某变电站'微机五防'与自动化系统通信中断"。

（2）部分设备信息收不到。某变电站重合闸动作信息现场有指示，断路器已经变位，而自动化系统没有显示。

（3）信息中断。自动化信息中断，画面不刷新，工作站自动退出；报警，自动化信息显示"某变电站信息中断"。

（4）工作站信息不全，分级不合理。变电站保护显示"变压器轻瓦斯动作"，气体继电器内有气体，工作站无信息。断路器跳闸，保护动作信息未在工作站保护动作栏内，分级不合理。

（5）GPS对钟异常。报警，自动化信息显示"某变电站GPS异常"。自动化设备、工作站、现场保护装置时钟紊乱，GPS对钟装置运行灯灭。

（6）电量采集系统异常。电量采集系统不刷新，数据不全或无数据。

（7）防火、防盗装置报警。报警，自动化信息显示"某变电站防火、防盗装置报警"。电容器保护屏后端子冒烟，无盗情。

（8）冒烟、异味。变电站自动化设备模块冒烟、异味。

（9）逻辑闭锁失灵、错误。变电站扩建调试时，误将自动化系统运行设备五防逻辑修改错误、逻辑闭锁失灵或逻辑闭锁异常退出。

（10）电源消失。报警，自动化信息显示"某变电站自动化装置电源消失"，"自动化装置电源灯（运行灯）熄灭"。

（11）遥控失灵。遥控三次并更换工作站遥控未成功。

三、二次回路一般常见异常及现象

（1）控制回路断线。报警，自动化信息显示"断路器控制回路断线"，汇控柜断路器位置灯灭。

（2）自动化系统图显示与实际不对应。

（3）电气闭锁失灵。电气闭锁电源开关跳开；不符合开启条件的电磁锁可开启。

【任务实施】

一、保护装置常见异常分析及处理

1. 保护装置常见异常分析

（1）装置异常。可能是装置插件或软件出现问题。

（2）纵联保护通道异常、呼唤。可能是通道断或接口插件异常，或天气异常等造成。

（3）装置告警、呼唤。可能是装置插件或软件出现问题。

（4）冒烟、异味。可能是装置内部过热、短路。

（5）自动装置未充电。可能是插件问题或充电回路未接通、方式改变不满足备用电源自动投入装置等自动装置充电要求。

（6）告警不能复归。可能是插件内部存在问题。

（7）液晶面板不亮。可能是接触不良造成或质量原因液晶板损害。

（8）电源消失。可能是装置电源插件损坏或内部短路造成装置电源开关跳闸。

2. 保护装置常见异常处理

（1）装置异常。联系调度，退出保护，如断路器不能进行旁路代送，应直接将断路器停电。

（2）纵联保护通道异常、呼唤。联系调度退出纵联保护。

（3）装置告警、呼唤。联系调度退出保护。

（4）冒烟、异味。汇报调度，立即断开装置电源进行灭火准备，将一次设备停电。

（5）自动装置未充电。联系调度退出自动装置。

（6）告警不能复归。联系调度退出保护。

（7）液晶面板不亮。汇报，安排停电更换液晶板。

（8）电源消失。联系调度退出保护。

二、自动化装置常见异常分析及处理

1. 自动化装置常见异常分析

（1）自动化与"微机五防"系统通信中断。可能是通信线断，规约配合不良、运行不稳定。

（2）部分设备信息收不到。对于一个模块故障，有的需要借助另一个模块发出信息，当另一个模块的一次设备处于未投运状态时，其模块电源可能被关闭而不能发出信息。也可能是自动化总控与保护管理机通信不畅或接线错误、自动化文件配置错误、回路转换接点等接触或转换不良等造成。

（3）信息中断。一般信息中断是通道问题，变电站信息中断除通道原因外也可能是

电站自动化设备软件问题造成信息不定期中断。主站或工作站由于电源消失也会造成信息中断。

（4）工作站信息不全，分级不合理。可能是传动工作不细致或专业提供的信息表不全，传动时漏掉信息；对分级原则的理解错误或在主站分级过程中由于信息多造成部分错误。

（5）GPS对钟异常。可能是装置本身插件或软件异常，也可能是通信异常。

（6）电量采集系统异常。可能是更换电能表后，通信规约不满足采集系统要求，通信中断或采集软件平台异常等造成。

（7）防火、防盗装置报警，检查现场无火情、无盗情。防盗装置误报，可能是现场环境或杂物引起报警或装置本身出现异常。

（8）冒烟、异味。可能是装置内部过热、短路。

（9）逻辑闭锁失灵、错误。可能是设置不全面，没有传动出来，或运行过程中程序混乱造成。

（10）电源消失。可能是电源插件异常或装置内部短路电源开关跳闸。

（11）遥控失灵。可能是通道中断，主站配置文件和自动化设备异常、回路异常。

2. 自动化装置常见异常分析及处理

（1）自动化与"微机五防"系统通信中断。汇报，联系厂家尽快处理，在此期间操作使用"微机五防"，先将"微机五防"手动对位后确认与系统相符。

（2）部分设备信息收不到。汇报，通知相关专业自动化总控与保护管理机通信不畅或接线错误、检查配置文件和回路转换接点等问题。将为模块故障发信的另一个模块电源投入，同时检查处理同类问题。

（3）信息中断。汇报，通知相关专业处理通道及问题，对自动化设备软件、电源设备进行检查。派人到变电站值班，限期处理并加强考核。

（4）工作站信息不全，分级不合理。汇报，通知相关单位重新检查信息分级并进行修改，完善信息并传动。

（5）GPS对钟异常。汇报，手动核对时钟，通知相关专业处理。

（6）电量采集系统异常。汇报，通知相关专业检查、处理。

（7）防火、防盗装置报警，检查现场有火情、无盗情。汇报调度，立即断开装置电源进行灭火准备。清理影响防盗系统防盗装置误报的杂物。汇报，通知相关专业进行冒烟的装置、防盗装置本身异常处理。未处理前安排人员值班或加强巡视。通过视频巡查发现火情严重应立即向119报火警。

（8）冒烟、异味。汇报调度，立即断开装置电源进行灭火准备，通知相关专业处理。

（9）逻辑闭锁、失灵错误。汇报，安排计划停电处理。具有解除功能的在未处理前需要按解锁钥匙规定履行解除手续。

（10）电源消失。汇报调度，退出装置，通知相关专业处理。未处理前安排人员值班或加强巡视。微机防误装置、自动化系统位置运行指示与实际位置不对应，应做好防误措施。未处理前安排人员值班。

（11）遥控失灵。改为就地操作，通知专业人员限期处理。

三、二次回路常见异常分析及处理

1. 二次回路常见异常分析

（1）控制回路断线。可能是回路中某接点松动、设备过热烧损或转换开关位置发生变化而开路或短路造成控制开关跳闸。

（2）位置显示与实际不对应。可能是自动化模块电源断开了或电源模块损坏。也可能是二次接线接反，传动中未发现或发现后自动化以取反的方式进行转换，但没有转换正确。

（3）电气闭锁失灵。电源开关跳开可能是回路存在短路；电磁锁应闭锁的未闭锁可能是回路转换接点位置未转换造成。

2. 二次回路常见异常处理

（1）控制回路断线。汇报调度，将断路器停电处理。

（2）位置显示与实际不对应，根据产生的原因进行不同的处理：

1）发现自动化模块电源断开，如不是单元内部短路原因造成，应合上。

2）发现模块损坏，应汇报调度，退出装置，通知相关专业处理。未处理前安排人员值班或加强巡视。微机防误装置、自动化系统位置运行指示与实际位置不对应，应做好防误措施。

3）发现二次接线接反，汇报，通知相关专业，安排计划停电处理。

（3）电气闭锁失灵。

1）电源开关跳开，检查无问题，可试送，不成功通知相关专业进行检查处理。

2）电磁锁应闭锁的未闭锁，通知相关专业对回路转换接点进行检查。在处理前应对此电磁锁采取可靠的防误措施。

四、二次设备异常处理危险点分析预控

（1）二次设备冒烟，准备灭火时应使用1211或二氧化碳灭火器进行。

（2）自动化信息（信息分级）修改后必须进行传动确认。

（3）自动化设备异常影响监控时，应限期处理，在未处理期间，操作人员应安排值班或加强巡视。

（4）单元（汇控柜）电气闭锁、逻辑闭锁的解锁钥匙和解锁工具应严格按照规定管理，履行审批手续。

（5）对于自动化位置显示不正确的，必须立即处理。

（6）五防闭锁逻辑应报专业管理部门审核。

（7）电气闭锁失灵，应对失灵单元（锁具）做好可靠的防误措施。

【案例分析】

案 例　110kV海王线102断路器控制回路断线。

1. 运行方式

某110kV变电站接线如图1.4.6–1所示。海王线带1、2号主变压器运行，110kV桥100断路器在合位。辽王线101断路器热备用，线路备用电源自动投入装置投入。10kV分段000断路器在热备用。10kV分段备用电源自动投入装置投入，联切王树线007（负荷11MVA）。

1、2号变压器额定容量均为50MVA，1号变压器带负荷30MVA，2号变压器带负荷27MVA。1号变压器中性点接地开关1D10在分位、2号变压器中性点接地开关2D10在分位。间隙过流保护用间隙回路电流互感器，零序电流保护用中性点电流互感器，中性点接地开关切换时，间隙保护与零序电流保护不需要切换。

2. 异常现象

报警，自动化信息显示"某110kV变电站海王线102断路器控制回路断线"。将上述情况汇报调度。

现场检查海王线102断路器在合位，断路器直流二次开关跳开，汇控柜断路器运行灯灭，对其控制回路检查未见异常。

3. 异常分析和判断

可能是海王线102断路器控制回路发生短路造成二次开关跳闸。需要停电处理。

4. 异常处理

海王线102断路器由运行转检修，由辽王线恢复供电，步骤如下：

（1）退出110kV线路备用电源自动投入装置。

（2）合上辽王线101断路器。

（3）退出10kV备用电源自动投入装置。

（4）退出10kV备用电源自动投入装置联切王树线连接片。

（5）拉开王树线007断路器。

（6）合上10kV分段000断路器。

电气运行

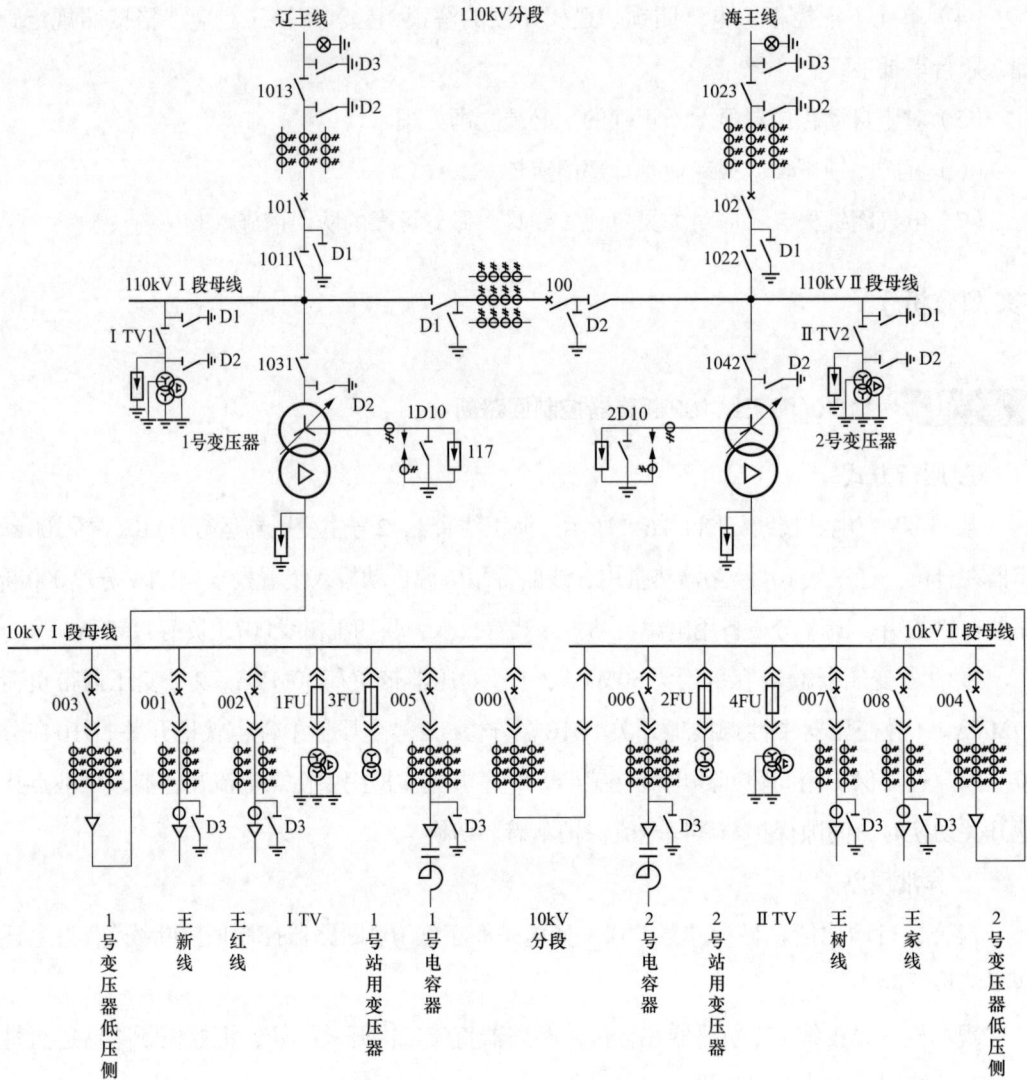

图 1.4.6-1　110kV 变电站电气主接线

（7）拉开 2 号变压器低压侧 004 断路器。

（8）检查 1 号变压器负荷。

（9）合上 2 号变压器 2D10 中性点接地开关。

（10）拉开 110kV 桥 100 断路器。

（11）验明海王线线路侧确无电压。

（12）解锁，拉开海王线 102 断路器两侧 1023、1022 隔离开关。

（13）合上 110kV 分段 100 断路器。

（14）合上 2 号变压器低压侧 004 断路器。

（15）拉开 2 号变压器 2D10 中性点接地开关。

（16）拉开10kV分段000断路器。

（17）投入10kV备用电源自动投入装置。

（18）合上王树线007断路器、投入10kV备用电源自动投入装置联切王树线连接片。

（19）在海王线102断路器至母线1022隔离开关间引线上三相验电确无电压。

（20）合上辽王线1022D1接地开关。

（21）在海王线电流互感器至1023线路隔离开关间引线上三相验电确无电压。

（22）合上辽王线1023D2接地开关。

5. 防范措施

（1）应定期对低压控制电缆进行绝缘测试。

（2）禁止交直流混用一根电缆。

（3）严格执行二次作业措施票，防止人为原因造成直流回路短路。

【思考与练习】

1. 二次回路常见异常有哪些？

2. 保护、自动装置常见异常及现象有哪些？

3. 保护装置常见异常如何处理？

4. 二次回路常见异常如何处理？

项目 ⑤ 变电站事故处理

任务5.1　事故处理基本原则及步骤

【学习目标】

知识目标：1.掌握事故处理的主要任务。

　　　　　2.掌握变电站事故处理的原则及要求。

　　　　　3.掌握变电站事故处理的一般流程。

能力目标：1.能准确判断事故的性质和影响范围。

　　　　　2.能对220 kV及以下电压等级的事故处理的一般步骤熟练描述。

态度目标：1.能主动学习，在完成任务过程中发现问题、分析问题和解决问题。

　　　　　2.能严格遵守安全规程，具有较高的安全意识、质量意识和追求效益的观念。

　　　　　3.能与小组成员协商、交流配合完成本学习任务。

【任务描述】

本任务介绍事故处理的主要事项、基本原则和有关规定。通过要点讲解，掌握电力系统产生事故的主要原因，事故处理的主要任务，事故处理的一般步骤、基本原则、要求、有关规定和注意事项。

【相关知识】

电力系统事故是指由于电力系统设备故障或人员工作失误而影响电能供应数量或质量超过规定范围的事件。事故分为人身事故、电网事故和设备事故三大类，其中设备和电网事故又可分为特大事故、重大事故和一般事故。

当电力系统发生事故时，变电站运行人员应根据断路器跳闸情况、保护动作情况、表计指示变化情况、监控后台信息和设备故障等现象，迅速准确地判断事故性质，尽快处理，以控制事故范围，减少损失和危害。

一、引起电力系统事故的原因

引起电力系统事故的原因主要有下面三类：

（1）自然灾害引起的有大风、雷击、污闪、覆冰、树障、山火等。

（2）设备原因引起的有设计、产品制造质量、安装检修工艺、设备缺陷等。

（3）人为因素引起的有设备检修后验收不到位、外力破坏、维护管理不当、运行方式不合理、继电保护定值错误和装置损坏、运行人员误操作、设备事故处理不当等。

二、事故处理的主要任务

（1）尽速限制事故的发展，消除事故的根源，解除对人身和设备的威胁。

（2）用一切可能的方法保持对用户的正常供电，保证站用电源正常。

（3）尽速对已停电的用户恢复供电，对重要用户应优先恢复供电。

（4）及时调整系统的运行方式，使其恢复正常运行。

【任务实施】

一、事故处理的一般步骤

（1）系统发生故障时，变电站运行人员初步判断事故性质和停电范围后迅速向调度汇报故障发生时间、跳闸断路器、继电保护和自动装置的动作情况及其故障后的状态、相关设备潮流变化情况、现场天气情况。

（2）根据初步判断检查保护范围内的所有一次设备故障和异常现象及保护、自动装置动作信息，综合分析判断事故性质，作好相关记录，复归保护信号，把详细情况报告调度。如果人身和设备受到威胁，应立即设法解除这种威胁，并在必要时停止设备的运行。

（3）迅速隔离故障点并尽力设法保持或恢复设备的正常运行。根据应急处理预案和现场运行规程的有关规定采取必要的应急措施，如投入备用电源或设备，对允许强送电的设备进行强送电，停用有可能误动的保护，拉开控制电源解除设备自保持等。

（4）进行检查和试验，判明故障的性质、地点及其范围（在绝大多数的情况下，处理事故的快慢决定于判明事故原因或设备是否完整的迅速程度。电气部分发生的事故常常只是由于系统中的某个元件发生了事故，故应力求直接判明事故的原因，使停电部分迅速恢复送电）。如果运行人员自己不能检查出或处理损坏的设备时，应立即通知检修或有关专业人员（如试验、继保等专业人员）前来处理。在检修人员到达之前，运行人员应把工作现场的安全措施做好（如将设备停电、安装接地线、装设围栏和悬挂标示牌等）。

（5）除必要的应急处理以外，事故处理的全过程应在调度的统一指挥下进行。

（6）做好事故全过程的详细记录，事故处理结束后编写现场事故报告。

二、事故处理的组织原则

（1）各级当值调度员是领导事故处理的指挥者，应对事故处理的正确性、及时性负责。变电站当班值长是现场事故、异常处理的负责人，应对汇报信息和事故操作处理的正确性负责。因此，变电站运行人员要和值班调度员密切配合，迅速果断地处理事故。在事故处理和异常中必须严格遵守安全工作规程、事故处理规程、调度规程、运行规程及其他有关规定。

（2）发生事故和异常时，运行人员应坚守岗位，服从调度指挥，正确执行当值调度员和值长的命令。值长要将事故和异常现象准确无误地汇报给当值调度员，并迅速执行调度命令。

（3）运行人员如果认为调度命令有误时，应先指出，并作必要解释。但当值班调度员认为自己的命令正确时，变电站运行人员应该立即执行。如果值班调度员的命令直接威胁人身或设备的安全，则在任何情况下均不得执行。当值值长接到此类命令时，应该把拒绝执行命令的理由报告值班调度员和本单位的总工程师，并记载在值班日志中。

（4）如果在交接班时发生事故，而交接班的签字手续尚未完成，交班人员应留在自己的岗位上，进行事故处理，接班人员可在上值值长的领导下协助处理事故。

（5）事故处理时，除有关领导和相关专业人员以外，其他人员均不得进入主控制室和事故地点，事前已进入的人员均应迅速离开，便于事故处理。发生事故和异常时，运行人员应及时向站长（工区主任）汇报。站长可以临时代理值长工作，指挥事故处理，但应立即报告值班调度员。

（6）发生事故时，如果不能与值班调度员取得联系，则应按调度规程和现场事故处理规程中有关规定处理。这些规定应经本单位的总工程师批准。

三、事故处理的要求和有关规定

（1）变电站事故处理必须严格遵守电力安全工作规程、事故处理规程、调度规程、现场运行规程、反事故措施以及其他有关规定。

（2）事故和异常处理过程中，运行人员应认真监视监控画面和表计、信号指示。事故及处理过程应在值班日志、事故障碍记录及断路器跳闸等记录簿上做好详细记录。

（3）对设备的检查要认真、仔细，正确判断故障的范围及性质，汇报术语准确并简明扼要，所有电话联系均应录音。

（4）事故处理可以不用操作票，但为了提高操作的正确性，可参考典型操作票操作。操作中应严格执行操作监护制并认真核对设备的位置、名称、编号和拉合方向，防止误操作。事故抢修、事故试验可以不用工作票，但应使用事故抢修单。所有事故抢修、事故试验均应履行工作许可手续。事故处理后恢复送电的操作应填写倒闸操作票。

（5）下列各项操作现场运行人员可不待调度指令而自行进行：

1）将直接威胁人身或设备安全的设备停电。

2）确知无来电可能性时，将已损坏的设备隔离。

3）当站用电源部分或全部停电时，恢复其电源。

4）交流电压回路断线或交流电流回路断线时，按规定将有关保护或自动装置停用，防止保护和自动装置误动。

5）单电源负荷线路断路器由于误碰跳闸，将跳闸断路器立即合上。

6）当确认电网频率、电压等参数达到自动装置整定动作值而断路器未动作时，立即手动断开应跳的断路器。

7）当母线失压时，将连接该母线上的断路器断开（除调度指定保留的断路器外）。

除自行管辖的站用变压器停电处理以外，以上事故紧急处理以后应立即向调度汇报。

（6）发生事故后应将事故的详细情况及时汇报给本单位生产领导。发生重大事故或者有人员责任的事故，在事故处理结束以后，运行人员应将事故处理全过程的资料进行汇总，汇总资料应完整、准确、明了。编写出详细的现场事故报告，以便专业人员对事故进行分析。现场事故报告应包括以下内容：

1）发生事故的时间、事故前后的负荷情况等。

2）中央信号、表计指示、断路器跳闸情况和设备告警信息。

3）保护、自动装置动作情况。

4）微机保护的打印报告并对其进行的分析。

5）故障录波器打印报告及测距。

6）现场设备的检查情况。

7）事故的处理过程和时间顺序。

8）人员和设备存在的问题。

9）事故初步分析结论。

四、事故处理的注意事项

1. 准确判断事故的性质和影响范围

（1）运行人员在处理故障时应沉着、冷静、果断、有序地将各种故障现象，如断路器动作情况、潮流变化情况、信号报警情况、保护及自动装置动作情况、设备的异常情况，以及事故的处理过程作好记录，并及时向调度汇报。

（2）运行人员在平时应了解全站保护的相互配合和保护范围，充分利用保护和自动装置提供的信息，便于准确分析和判断事故的范围和性质。

（3）运行人员要全面了解保护和自动装置的动作情况，在检查保护和自动装置动作情况时应依次检查，作好记录，防止漏查、漏记信号影响对事故的判断。

（4）为准确分析事故原因和查找故障，在不影响事故处理和停、送电的情况下，应尽可能保留事故现场和故障设备的原状。

2. 限制事故的发展和扩大

（1）故障初步判断后，运行人员应到相应的设备处进行仔细地查找和检查，找出故障点和导致故障发生的直接原因。若出现着火、持续异味等危及设备或人身安全的情况，应迅速进行处理，防止事故的进一步扩大。确认故障点后，运行人员要对故障进行有效的隔离，然后在调度的指令下进行恢复送电操作。

（2）发生越级跳闸事故，要及时拉开保护拒动的断路器和拒分断路器的两侧隔离开关。在操作两侧隔离开关前，一般需要解除五防闭锁，因而应提前作好准备，以便缩短事故停电时间。在拉隔离开关前，必须检查向该回路供电的断路器在断开位置，防止带负荷拉隔离开关。

（3）对于事故紧急处理中的操作，应注意防止系统解列或非同期并列。对于联络线，应经过并列装置合闸，确认线路无电时方可解除同期闭锁合闸。

（4）用控制开关操作合闸，若合闸不成功，不能简单地判断为合闸失灵，应注意在合闸过程中监视表计指示和保护动作信息，防止多次合闸于故障线路或设备，导致事故的扩大。

（5）加强监视故障后线路、变压器的负荷状况，防止因故障致使负荷转移，造成其他设备长期过负荷运行，及时联系调度消除过负荷。

3. 恢复送电时防止误操作

（1）恢复送电时应在调度的统一指挥下进行，运行人员应根据调度命令，考虑运行方式变化时本站自动装置、保护的投退和定值的更改，满足新方式的要求。

（2）恢复送电和调整运行方式时要考虑不同电源系统的操作顺序。

（3）运行人员在恢复送电时要分清故障设备的影响范围，先隔离故障设备，对于经判断无故障的设备，按调度命令恢复送电，防止误操作导致故障的扩大。

4. 事故时应保证站用交、直流系统的正常运行

站用交、直流系统是变电站正常运行、操作、监控、通信的保证。交、直流系统异常会造成保护自动装置、操作电源、通信电源、变压器冷却系统电源都会失去控制电源，将使得事故处理更困难，若在短时间内交、直流系统不能恢复，会使事故范围扩大，甚至造成电网事故和大面积停电事故。因而事故处理时，应设法保证交、直流系统正常运行。

【思考与练习】

1.发生事故时，运行人员应向调度汇报哪些内容?

2.哪些项目在事故处理时运行人员可以自行操作后再汇报调度?

3.简述事故处理的一般步骤。

4.现场事故报告应包括哪些内容?

任务5.2　母线事故处理

【学习目标】

知识目标：1.掌握导致母线事故的主要原因。

2.掌握母线事故处理的基本原则和步骤。

能力目标：1.能根据保护动作情况判断母线的故障类型。

2.能对220kV及以下电压等级的母线故障进行正确处理。

态度目标：1.能主动学习，在完成任务过程中发现问题、分析问题和解决问题。

2.能严格遵守安全规程，具有较高的安全意识、质量意识和追求效益的观念。

3.能与小组成员协商、交流配合完成本学习任务。

【任务描述】

本任务介绍各种接线方式母线故障现象、故障原因及母线事故处理的基本步骤。通过对母线故障原因分析、处理步骤的讲解及案例分析，能根据母线事故现象分析母线事故性质，能处理母线事故，能进行事故处理过程中的危险点源分析和预控。

【相关知识】

一、110kV变电站母线接线方式

110kV变电站的110kV母线接线一般有以下方式：

（1）桥形接线方式（含内桥、外桥、扩展式内桥）;

（2）单母线分段接线方式;

（3）单母线接线方式;

（4）双母线接线方式。

目前110kV变电站用的比较普遍的接线方式是内桥和单母线分段接线，本事故处理模

块以这两种接线方式为典型接线进行讨论和分析。35kV及10kV一般采用单母线分段的接线方式。

二、母线故障的类型

（1）母线单相接地故障。对小电流接地系统，母线单相接地故障的现象和线路单相接地的现象相同，在确认为母线故障且故障点无法隔离的，应根据调度指令将负荷转移后将母线停电，待故障排除后再根据调度指令送电。如果故障点可以隔离（如故障点在某线路母线侧隔离开关和断路器之间），则在故障点隔离之后恢复母线和其他正常设备的运行。

对大电流接地系统，母线发生单相接地故障，对单母线分段接线的（母线无母差保护），将会使得其上级电源断路器跳闸。对内桥接线的，则对应的主变压器差动保护动作。

（2）母线相间故障。对小电流接地系统（如35、10kV侧），母线发生相间故障，将会使得主变压器对应侧的断路器及分段断路器跳闸。对大电流接地系统，母线发生相间故障，对单母线分段接线的，将会使得其上级电源断路器跳闸。对内桥接线的，则对应的主变压器差动保护动作。

三、母线故障的主要原因

（1）误操作（如带电合接地开关或悬挂接地线等）或操作时设备损坏（如母线侧隔离开关绝缘子断裂等）。

（2）母线及连接设备的绝缘子发生闪络，引起母线接地或短路。

（3）母线上设备发生故障，如母线上设备引线接头松动造成接地，断路器、隔离开关、互感器、避雷器等发生接地或短路故障。

（4）外力破坏、悬浮物等引起母线接地或短路等。

四、母线故障的一般处理步骤

（1）复归音响，记录故障时间，检查自动化故障信息显示，确认后复归信号。

（2）根据事故前运行方式，及事故后继电保护和安全自动装置动作情况、自动化信息显示、断路器跳闸等情况，综合判明故障性质及故障发生的范围。若站用电消失，应根据本站站用电接线情况（如利用站用备用变压器）恢复站用电，特别是夜间时应投入事故照明。

（3）到保护室检查保护动作信号，确认后记录并复归保护信号。

（4）到现场母线及连接设备上检查有无故障迹象。

（5）拉开失压母线上的所有断路器。并检查是否确实拉开，发现未拉开的，应在确保没有电压的情况下拉开其两侧隔离开关。

（6）若高压侧母线失压，造成中、低压侧母线失压，经现场确认中、低压侧母线无故障现象（如主变压器中、低压侧没有保护动作信号，在中、低压侧母线上，无分路保护动作信号，现场检查没有发现中、低压侧母线上设备有故障点等），可以利用备用电源或合上母线分段断路器，先恢复中、低压侧母线运行（应考虑其他运行主变压器的负荷情况），再处理高压侧母线故障。

（7）采取以上措施后，根据保护动作情况、母线及连接设备上有无故障，故障能否迅速隔离，按不同情况，采取相应的措施处理。

【任务实施】

一、母线事故处理过程中可能存在的危险点

（1）失压母线上的断路器未全部拉开，在事故处理过程中可能发生对故障母线再次充电。

（2）对多段式母线接线，故障点在母线电压互感器上，将母线电压互感器隔离，一次并列后未进行电压互感器二次并列，未仔细检查就恢复该母线上线路（主变压器）运行，使得线路（主变压器）保护失去交流电压。

（3）对多段式母线接线，故障点在母线电压互感器上，当母线电压互感器一次侧隔离开关拉开后二次开关未拉开，对该段母线充电后进行电压互感器二次并列操作，可能发生反充电引起正常运行的另一段母线电压互感器二次开关跳闸，造成保护失去交流电压。

（4）失压母线上的拒动断路器没有发现或未隔离，在对母线充电时将引起充电断路器再次跳闸。

（5）母线故障后，未对设备进行全面检查，没有发现故障点或是故障点没有全部找到，造成误判断或是事故处理时造成事故扩大。

（6）母线故障引起接在该段母线上的主变压器失压后，未密切关注其他运行主变压器的负荷情况，可能引起其他运行中的主变压器出现过负荷。

二、预控措施

（1）母线失压时应立即拉开失压母线上的所有断路器。

（2）失压母线充电正常后，应进行电压互感器二次并列操作，再恢复该母线上线路（主变压器）运行。

（3）母线电压互感器故障隔离，应注意拉开电压互感器二次开关。

（4）在手动拉开失压母线上的断路器时，应检查断路器确已在拉开位置。

（5）母线故障时，现场运行值班人员应根据继电保护及自动装置动作情况、断路器跳闸情况、仪表指示、运行方式、现场发现故障的声光等信号，判断故障性质和范围，并对故障母线上的各元件设备进行认真检查，及时准确发现故障点。如未发现故障点，未经试验不得强送电。

（6）密切关注其他运行主变压器的负荷情况。如果运行中的主变压器出现过负荷，应根据现场运行规程的过负荷倍数和允许运行时间等规定，向调度申请转移负荷或进行压负荷。

【案例分析】

案 例 110kVⅠ段母线电压互感器1031隔离开关靠Ⅰ段母线侧V相绝缘子闪络放电。

1. 运行方式

某110kV变电站主接线如图1.5.2-1所示。110kV东涵Ⅰ线101断路器、东涵Ⅱ线102断路器运行，110kV桥100断路器热备用，1、2号主变压器运行，1、2号主变压器中性点接地开关在断开位置。35kV分段300断路器、10kV分段000断路器热备用，110kV备用电源自动投入装置投入，35kV及10kV备用电源自动投入装置停用，35、10kV各线路及电容器组运行。1号站用变压器充电备用，2号站用变压器运行。1、2号主变压器额定容量为40MVA，事故前1、2号主变压器负荷均为18MVA。继电保护及安全自动装置配置见表1.5.2-1。

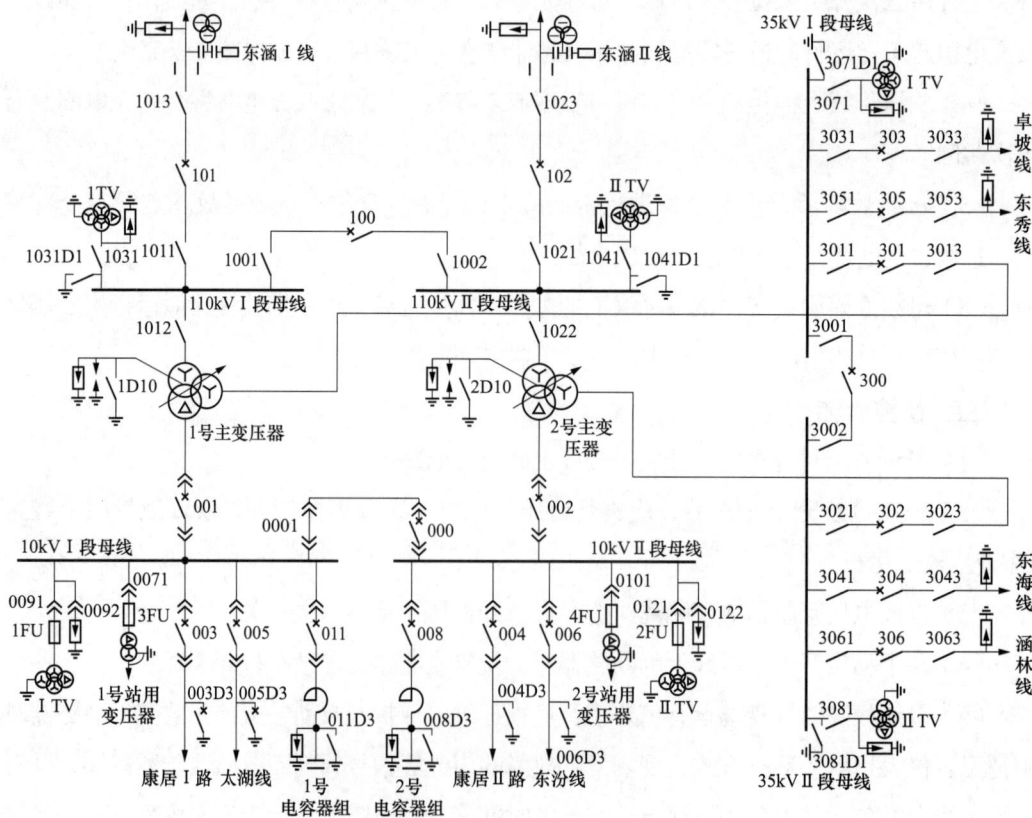

图 1.5.2-1　110kV 变电站主接线图

表 1.5.2–1 继电保护及安全自动装置配置

保护单元	装置功能
主变压器保护	差动保护； 高压侧后备保护； 中、低压侧后备保护； 零序电流保护； 间隙保护； 非电量保护及监控单元
35、10kV 线路保护	三段式相间电流、电压闭锁，三相一次重合闸，低频减载，过负荷告警，电度量，GPS 对时，遥测、遥信、遥控及远方管理
电容器组保护	二段式相间电流保护、过电压、欠电压、三相不平衡电压、电度量、GPS 对时、遥测、遥信、遥控及远方管理
110kV 备用电源自动投入装置	备用电源自动投入、分段断路器保护（两段式定时限过流保护、零序电流保护、充电保护、合闸后加速保护）、控制回路断线告警、TV 断线告警、装置告警、遥测、遥信、遥控
故障录波装置	系统异常时事件记录、数据记录及判断线路故障点等电量参数、自动打印

2. 现象

（1）报警，自动化信息显示 110kV 东涵Ⅰ线 101 断路器、1 号主变压器 35kV 侧 301 断路器、10kV 侧 001 断路器、1 号电容器组 011 断路器闪烁，110kVⅠ段母线、35kVⅠ段母线及 10kVⅠ段母线电压指示为零，相应的电流表、功率表均指示为零。

（2）自动化信息显示 1 号主变压器"差动保护动作""110kV Ⅰ段母线 TV 断线""35kV Ⅰ段母线 TV 断线""10kV Ⅰ段 TV 断线""故障录波动作""1 号电容器组保护动作"，Ⅰ段母线上各馈线"微机保护装置异常"等信号。

3. 巡视检查

（1）巡视检查保护室，1 号主变压器保护屏上显示"差动保护动作"、1 号电容器组保护屏上显示"电容器组保护动作"信号，微机保护打印出详细的报告。经两人确认无误后复归保护信号。

（2）现场对 1 号主变压器差动保护范围内设备进行巡视检查，110kV 东涵Ⅰ线 101 断路器、1 号主变压器 35kV 侧 301 断路器、10kV 侧 001 断路器、1 号电容器组 011 断路器在分闸位置，110kVⅠ段母线电压互感器 1031 隔离开关靠Ⅰ段母线侧 V 相绝缘子有闪络放电痕迹，其他设备未发现异常。

4. 分析判断

根据事故现象和现场巡视检查，可以判断是 110kVⅠ段母线电压互感器 1031 隔离开关靠Ⅰ段母线侧Ⅴ相绝缘子闪络放电，引起1号主变压器差动保护动作，110kV东涵Ⅰ线101断路器、1号主变压器35kV侧301断路器、10kV侧001断路器跳闸，造成110kVⅠ段母线、35kVⅠ段母线及10kVⅠ段母线失压，1号电容器组低电压保护动作，1号电容器组011断路器跳闸。

5. 处理步骤

隔离故障点，2号主变压器带全部负荷，处理步骤如下：

（1）拉开10kVⅠ段母线康居Ⅰ路003小车断路器。

（2）拉开10kVⅠ段母线太湖线005小车断路器。

（3）1号主变压器10kV侧001小车断路器拉至试验位置。

（4）拉开35kVⅠ段母线卓坡线303断路器。

（5）拉开35kVⅠ段母线东秀线305断路器。

（6）拉开1号主变压器35kV侧301断路器两侧3013、3011隔离开关。

（7）拉开110kV东涵Ⅰ线101断路器两侧1011、1013隔离开关。

（8）拉开110kV桥100断路器两侧1001、1002隔离开关。

（9）合上35kV分段300断路器。

（10）合上35kVⅠ段母线卓坡线303断路器。

（11）合上35kVⅠ段母线东秀线305断路器。

（12）合上10kV分段000断路器。

（13）合上10kVⅠ段母线康居Ⅰ线003小车断路器。

（14）合上10kVⅠ段母线太湖线005小车断路器（根据母线电压情况投入电容器组）。

（15）退出1号主变压器中后备保护跳35kV分段300断路器连接片。

（16）退出1号主变压器低后备保护跳10kV分段000断路器连接片。

（17）退出110kV备用电源自动投入装置。

（18）拉开110kVⅠ段母线ⅠTV电压互感器二次开关。

（19）拉开110kVⅠ段母线TV电压互感器一次1031隔离开关。

35、10kV分段断路器无充电保护，当合闸于故障母线时，利用主变压器后备保护的时限速断跳分段断路器。

【思考与练习】

1.母线故障的一般处理步骤是什么？

2.母线故障的主要原因有哪些？

3.母线事故处理过程中可能存在哪些危险点？

任务5.3　变压器事故处理

【学习目标】

知识目标：1.掌握导致主变压器事故的主要原因。

2.掌握主变压器事故处理的基本原则和步骤。

能力目标：1.能根据保护动作情况判断主变压器的故障类型。

2.能对主变压器故障进行正确处理。

态度目标：1.能主动学习，在完成任务过程中发现问题、分析问题和解决问题。

2.能严格遵守安全规程，具有较高的安全意识、质量意识和追求效益的观念。

3.能与小组成员协商、交流配合完成本学习任务。

【任务描述】

本任务介绍主变压器简单故障类型和现象、故障原因及主变压器事故处理的基本步骤。通过对主变压器简单故障原因分析及处理步骤的讲解，能根据主变压器事故现象，判断主变压器故障性质，能处理主变压器简单故障。

【相关知识】

一、主变压器跳闸处理原则

（1）主变压器的断路器跳闸时，应首先根据保护的动作情况和跳闸时的外部现象，判明故障原因后再进行处理。

（2）检查相关设备有无过负荷现象。一台主变压器跳闸后应严格监视其他运行中的主变压器负荷。

（3）主变压器主保护（差动、气体保护）动作，在未查明原因、消除故障前不得送电。

（4）如果只是过流等后备保护动作，检查主变压器无问题后可以送电。

（5）当主变压器跳闸时，应尽快转移负荷、改变运行方式，同时查明故障是何种保护动作。在检查主变压器跳闸原因时，应查明主变压器有无明显的异常现象，有无外部短路、线路故障，有无明显的异常声响、喷油等现象。如果确实证明主变压器各侧断路器跳闸不是由于内部故障引起，而是由于外部短路或保护装置误动造成的，则可以申请试送一次。

（6）如因线路故障，保护越级动作引起主变压器跳闸，则在故障线路隔离后，即可恢复主变压器运行。

（7）主变压器跳闸后应首先考虑确保站用电的供电。

二、主变压器应立即停止运行的严重异常情况

（1）主变压器内部声响异常或声响明显增大，并伴随有爆裂声；

（2）压力释放装置动作（同时伴有其他保护动作）；

（3）主变压器冒烟、着火、喷油；

（4）在正常负荷和冷却条件下，主变压器温度不正常并不断上升超过允许运行值（应确定温度计正常）；

（5）主变压器严重漏油使油位降低，并低于油位计的指示限度；

（6）套管有严重破损和放电现象。

【任务实施】

一、主变压器差动保护动作

1. 差动保护动作跳闸的原因

（1）主变压器引出线及变压器绕组发生多相短路；

（2）单相严重的匝间短路；

（3）在大电流接地系统中绕组及引出线上的接地故障；

（4）保护二次回路问题引起保护误动作；

（5）差动保护用电流互感器二次回路故障。

2. 差动保护动作跳闸现象

报警，自动化信息显示主变压器"差动保护"动作，主变压器各侧断路器闪烁，相应的电流、有功功率、无功功率等指示为零。根据接线形式和备用电源装置配置的不同，可能发"备用电源自动投入装置动作""TV断线信号"信号。

3. 巡视检查

（1）巡视检查保护室，主变压器保护屏显示"差动保护动作"信号，微机保护打印出详细的报告，经两人确认无误后复归保护信号。

（2）到现场检查差动保护范围内的所有设备有无接地、短路、闪络或破裂的痕迹等。检查主变压器本体有无异常，包括油面、油温、油色是否正常等。

4. 分析判断

（1）检查发现主变压器本身有异常和故障迹象或差动保护范围内一次设备有故障现象，可以判断变压器差动保护范围内设备故障引起主变压器保护动作。

（2）检查未发现任何异常及故障迹象，但有气体保护动作，即使只是报出轻瓦斯保护信号，属主变压器内部故障的可能性极大。

（3）检查主变压器及差动保护范围内一次设备，未发现异常及故障迹象，主变压器气体保护未动作，其他设备和线路保护均无动作信号，应通过对主变压器进行试验后才能准确判断是保护误动还是一次设备存在故障。

（4）检查主变压器及差动保护范围内一次设备，未发现异常及故障迹象，主变压器气体保护未动作，其他设备和线路保护均无动作信号，但直流系统有"直流接地"信号出现，可能是因为直流多点接地造成保护误动。

5. 处理步骤

（1）检查发现主变压器本身有异常、故障迹象或差动保护范围内一次设备有故障现象，应根据调度指令将故障点隔离或主变压器转检修，由相关专业人员进行检查、试验、处理。试验合格后方可投入运行。

（2）检查未发现任何异常及故障迹象，但有气体保护动作，即使只是报出轻瓦斯保护信号，属主变压器内部故障的可能性极大，应经过内部检查并经试验合格后方可投入运行。

（3）检查主变压器及差动保护范围内一次设备，未发现异常及故障迹象，主变压器气体保护未动作，其他设备和线路保护均无动作信号，根据调度指令将主变压器转检修，测量主变压器绝缘，若无问题，根据调度指令试送一次。

（4）检查主变压器及差动保护范围内一次设备，未发现异常及故障迹象，主变压器气体保护未动作，其他设备和线路保护均无动作信号，但直流系统有"直流接地"信号出现，可能是因为直流多点接地造成保护误动，根据调度指令将主变压器转检修，由专业人员进行检查。

（5）如果中低压侧没有备用电源自动投入装置或备用电源自动投入装置未动作，断开失压母线上的所有断路器。并检查是否确实断开，发现未断开的，应在确保没有电压的情况下断开其两侧隔离开关（对手车式断路器，按下紧急分闸按钮，将断路器拉开，后将手车断路器拉至试验位置进行隔离）。根据其他运行变压器的负荷情况向调度申请，通过合上中、低压侧分段断路器恢复中、低压侧母线及全部或部分线路运行。

（6）如果运行中的主变压器出现过负荷，应根据现场运行规程的过负荷倍数和允许运行时间等规定，向调度申请转移负荷或进行压负荷。

二、主变压器重瓦斯保护动作处理

1. 重瓦斯保护动作跳闸的原因

（1）主变压器内部严重故障。

（2）保护二次回路问题引起保护误动作。

（3）某些情况下，由于储油柜内的隔膜安装不良，造成呼吸器堵塞，油温发生变化后，呼吸器突然冲开，油流冲动使重瓦斯保护误动作。

（4）外部发生穿越性短路故障（浮筒式气体继电器可能误动）。

（5）主变压器附近有较强的振动。

2. 重瓦斯保护动作跳闸现象

报警，自动化信息显示主变压器"重瓦斯保护"动作，主变压器各侧断路器闪烁，相应的电流、有功功率、无功功率等指示为零。中、低压侧备用电源自动投入装置投入时，备用电源自动投入装置动作。

3. 巡视检查

（1）巡视检查保护室，主变压器保护屏显示"重瓦斯保护动作"信号，微机保护打印出详细的报告，经两人确认无误后复归保护信号。

（2）到现场检查主变压器本体有无异常，检查的主要内容：油温、油位、油色情况，有无着火、爆炸、喷油、漏油等情况，外壳是否有变形，气体继电器内有无气体，防爆管隔膜是否冲破等。

4. 分析判断

（1）若主变压器差动保护等同时动作，说明主变压器内部有故障。

（2）若主变压器外部检查有明显异常和故障痕迹（如喷油），说明主变压器内部故障。

（3）取气检查分析，如果气体继电器内的气体有色、有味、可燃，则无论主变压器外部检查有无明显的异常或故障现象，都应判定为内部故障。

（4）检查主变压器本体未发现异常及故障迹象，气体继电器内充满油，无气体，其他设备和线路保护均无动作信号，但直流系统有"直流接地"信号出现，可能是因为直流多点接地造成保护误动。

5. 处理

（1）根据调度指令将跳闸主变压器转检修，等待专业人员进行检查、试验。试验合格后方可投入运行。

（2）如果中低压侧没有备用电源自动投入装置或备用电源自动投入装置未动作，断开失压母线上的所有断路器。并检查是否确实断开，发现未断开的，应在确保没有电压的情况下断开其两侧隔离开关（对手车式断路器，按下紧急分闸按钮，将断路器拉开，后将手车断路器拉至试验位置进行隔离）。根据其他运行变压器的负荷情况向调度申请，通过合上中、低压侧分段断路器恢复中、低压侧母线及全部或部分线路运行。

（3）如果运行中的主变压器出现过负荷，应根据现场运行规程的过负荷倍数和允许运行时间等规定，向调度申请转移负荷或进行压负荷。

变压器内部严重的故障，气体保护和差动保护可能同时动作。

三、主变压器着火处理

1. 主变压器着火现象

主变压器有冒烟或燃烧现象，主变压器油温出现异常升高，主变压器差动保护（外部出现短路或接地故障）或重瓦斯保护（内部故障）可能动作。

2. 主变压器着火处理

（1）主变压器起火时，如果保护没有动作跳开主变压器各侧断路器，应立即断开主变压器各侧断路器，并立即停止冷却装置运行。

（2）立即切除主变压器所有二次控制电源。

（3）立即到现场检查主变压器起火是否对周围其他设备有影响。

（4）立即向消防部门报警。

（5）在确保人身安全的情况下迅速采取灭火措施，防止火势蔓延。

（6）立即将情况向调度及有关部门汇报。

（7）必要时开启事故排油阀排油；若油溢在主变压器顶盖上着火，则应打开下部油门至适当油位；若主变压器内部故障引起着火，则不能放油，以防主变压器爆炸；处理时，应首先保证人身安全。

（8）消防人员灭火时，必须指定专人监护，并指明带电部分及注意事项。

（9）火情消除后，根据其他运行变压器的负荷情况向调度申请通过合10kV侧母线分段断路器，恢复中10kV侧母线及全部或部分线路运行。

【案例分析】

案 例 1号主变压器110kV侧套管U相击穿。

1. 运行方式

某110kV变电站接线如图1.5.3-1所示，运行方式为：110kV东涵I线101断路器、东涵II线102断路器运行，110kV桥100断路器热备用，1、2号主变压器运行，1、2号主变压器中性点接地开关在断开位置。35kV分段300断路器、10kV分段000断路器热备用，110、35kV及10kV备用电源自动投入装置投入，35、10kV各线路及电容器组运行。1号站用变压器运行，2号站用变压器充电备用。1、2号主变压器容量均为40MVA，事故前1、2号主变压器负荷均为18MVA。继电保护及安全自动装置配置见表1.5.3-1。

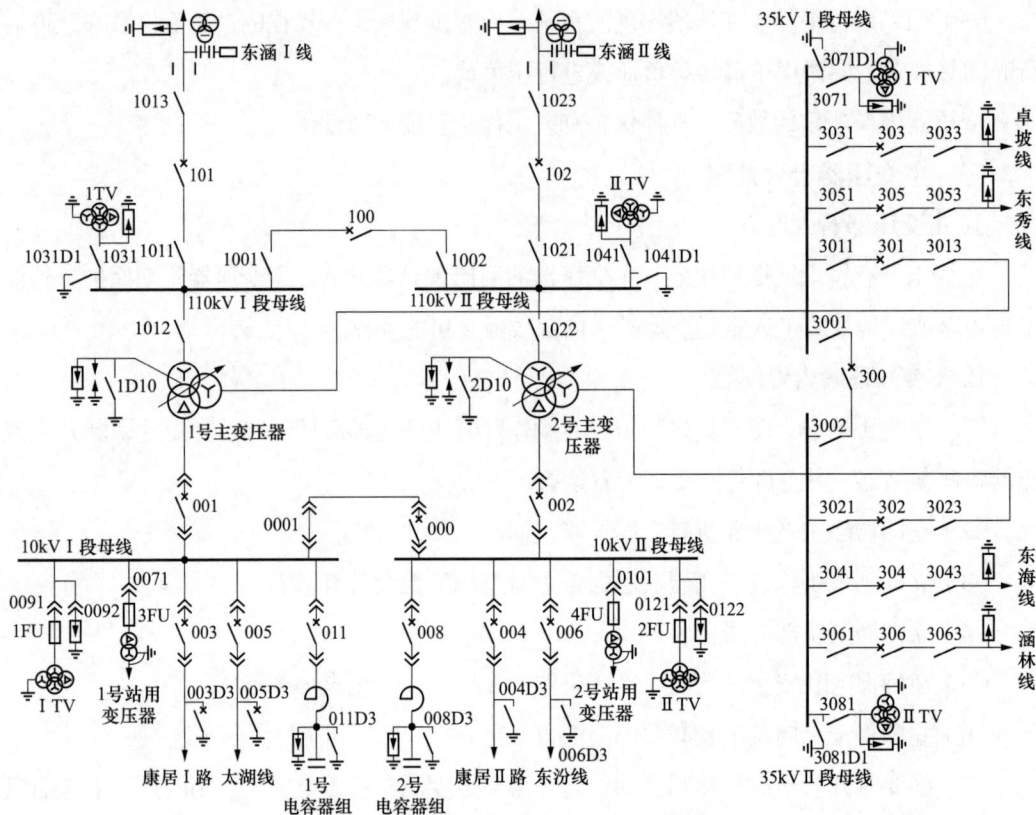

图 1.5.3-1　某 110kV 变电站接线图

表 1.5.3-1　继电保护及安全自动装置配置

保护单元	装置功能
35、10kV 线路保护	差动保护； 高压侧后备保护； 中、低压侧后备保护； 零序电流保护； 间隙保护； 非电量保护及监控单元
35、10kV 分段断路器保护	三段式相间电流、电压闭锁、三相一次重合闸、低频减载、过负荷告警、电度量、GPS 对时、遥测、遥信、遥控及远方管理
电容器组保护	二段式相间电流保护、过电压、欠电压、三相不平衡电压、电度量、GPS 对时、遥测、遥信、遥控及远方管理
110kV 备用电源自动投入装置	备用电源自动投入装置、分段断路器保护（两段式定时限过流保护、零序电流保护、充电保护、合闸后加速保护）、控制回路断线告警、TV 断线告警、装置告警
35、10kV 备用电源自动投入装置	备用电源自动投入装置、TV 断线告警、装置告警、遥测、遥信、遥控
故障录波装置	系统异常时事件记录、数据记录及判断线路故障点等电量参数、自动打印

2. 现象

（1）报警，自动化信息显示110kV东涵I线101断路器、1号主变压器35kV侧301断路器、10kV侧001断路器闪烁，35kV分段300断路器及10kV分段000断路器闪烁。1号主变压器三侧电流、有功功率、无功功率等指示为零，110kV I段母线失压。

（2）自动化信息显示1号主变压器"差动保护动作"、"故障录波动作"、35kV及10kV"备用电源自动投入装置动作"、"110kV I段母线TV断线"等信号。

3. 巡视检查

（1）巡视检查保护室，1号主变压器保护屏上显示"差动保护动作"信号，35kV及10kV备用电源自动投入装置保护屏显示"备用电源自动投入装置动作"信号，微机保护打印出详细的报告。经两人确认无误后复归保护信号。

（2）现场对1号主变压器差动保护范围内设备进行巡视检查，110kV东涵I线101断路器、1号主变压器35kV侧301断路器、10kV侧001断路器在分闸位置，35kV分段300断路器、10kV分段000断路器在合闸位置。1号主变压器110kV侧U相套管击穿，其他设备未发现异常。

4. 分析判断

根据事故现象和现场巡视检查，可以判断是1号主变压器110kV侧U相套管击穿，引起1号主变压器差动保护动作，110kV东涵I线101断路器、1号主变压器35kV侧301断路器、10kV侧001断路器跳闸，35kV及10kV I段母线失压，35kV及10kV备用电源自动投入装置动作，自动投入35kV分段300断路器及10kV分段000断路器。

5. 处理步骤

110kV东涵I线101断路器、1号主变压器转冷备用，处理步骤如下：

（1）1号主变压器10kV侧小车001断路器拉至试验位置。

（2）拉开1号主变压器35kV侧301断路器两侧3013、3011隔离开关。

（3）拉开110kV东涵I线101断路器两侧1011、1013隔离开关。

（4）拉开110kV桥100断路器两侧1001、1002隔离开关。

（5）退出1号主变压器后备保护跳35kV分段300断路器、10kV分段000断路器连接片。

（6）退出110kV备用电源自动投入装置。

（7）退出35kV备用电源自动投入装置。

（8）退出10kV备用电源自动投入装置。

（9）密切监视2号主变压器负荷情况，2号主变压器所有冷却装置应全部投入。

【拓展提高】

一、主变压器事故处理过程中可能存在的危险点

（1）一台主变压器故障跳闸后，若中、低压侧并列运行或备用电源自动投入装置动作后，未能及时处理其他运行中主变压器过负荷，造成运行主变压器过热。

（2）主变压器故障未能明确，就盲目对主变压器充电，引起事故扩大甚至损害主变压器。

（3）对内桥接线方式的，一台主变压器故障跳闸后，未将该主变压器跳110kV侧母联断路器或高压侧断路器的连接片解除，当对故障主变压器保护进行试验时可能引起110kV母联断路器或高压侧断路器跳闸，遇到特殊运行方式将扩大事故。

（4）跳闸主变压器经检修、试验合格后送电时，中性点没有保持接地，可能引起操作过电压损害主变压器。

（5）变压器着火时，未根据现场实际的火情情况，盲目进行排油，威胁人身安全。

二、预控措施

（1）一台主变压器事故跳闸后，应立即根据事故前的负荷情况考虑主变压器过负荷问题。根据主变压器过负荷倍数和相应的允许运行时间，向调度申请转移负荷或压负荷，确保主变压器正常运行。

（2）主变压器故障跳闸，一定要经过专业人员进行检查、试验合格后方可投运。

（3）应解除故障主变压器跳其他回路断路器的保护连接片。

（4）跳闸主变压器恢复送电时，其中性点应接地。

（5）变压器着火时，应根据现场实际的火气情况确定是否进行排油。切不可盲目靠近着火的变压器。

【思考与练习】

1.主变压器跳闸处理原则是什么？

2.差动保护动作跳闸现象有哪些？

3.重瓦斯保护动作跳闸的现象有哪些？

4.以案例接线及运行方式为例，说明1号主变压器内部故障110kV东涵Ⅰ101断路器拒动时的现象。

5.主变压器着火如何处理？

6.变压器事故处理过程中可能的危险点有哪些？

7.举例说明变压器事故处理过程中存在的危险点。

任务5.4　线路事故处理

【学习目标】

知识目标：1.掌握导致线路事故的主要原因。

　　　　　2.掌握线路事故处理的基本原则和步骤。

能力目标：1.能根据保护动作情况判断线路的故障类型。

　　　　　2.能对110 kV及以下电压等级的线路故障进行正确处理。

态度目标：1.能主动学习，在完成任务过程中发现问题、分析问题和解决问题。

　　　　　2.能严格遵守安全规程，具有较高的安全意识、质量意识和追求效益的观念。

　　　　　3.能与小组成员协商、交流配合完成本学习任务。

【任务描述】

本任务介绍线路简单故障类型和现象、故障原因及线路事故处理的基本步骤。通过归纳讲解和案例分析，能根据线路事故现象判断线路故障性质，能处理线路简单事故；同时进一步介绍线路较复杂故障类型、故障现象和原因分析及线路事故跳闸处理步骤。通过对线路故障案例现象、原因分析及处理步骤的讲解，能根据线路事故现象正确判断和分析线路较复杂事故性质，能处理线路复杂事故。

【相关知识】

一、线路故障的类型

线路故障分为瞬时性故障和永久性故障，其中瞬时性故障出现的概率最大，为线路故障的70% ~ 80%。线路故障按其性质可分为单相接地故障、相间接地故障、相间短路故障。

发生不同性质的线路故障，一次系统电气参数的变化是不同的，同时，也与系统的中性点接地方式密切相关。下面对中性点直接接地系统的线路故障情况进行简要分析。

1.单相接地故障

（1）中性点直接接地系统单相接地时，故障相电流增大，电压降低（若为金属接地，故障相电压为零）。

（2）出现负序、零序电压，在短路点负序、零序电压最高。

2.相间接地短路

（1）中性点直接接地系统两相接地短路时，故障相电流增大，电压降低。

（2）出现负序电压、零序电压，在短路点负序电压、零序电压最高。

3. 相间短路故障

（1）中性点直接接地系统两相短路时，故障相电流增大，电压降低。

（2）出现负序电压、负序电流，在短路点负序电压最高，未出现零序电压、电压电流。

4. 三相短路故障

（1）中性点直接接地系统三相短路时，电流增大，电压降低。

（2）无负序、零序电压及电流。

二、线路故障的原因

线路故障的原因很多，情况也比较复杂。如站内线路出现设备支撑绝缘子、线路绝缘子闪络，大风、雷雨、大雾、大雪等天气原因造成沿面放电，线路走廊树木过高、鸟巢等引起对地、相间短路等瞬时性故障。设备缺陷、施工隐患、外力破坏、绝缘子破损等永久性故障以及瞬时性故障发展为永久性故障等。

三、线路事故处理的一般要求

（1）线路保护动作跳闸，无论重合闸装置是否动作或动作成功与否，均应对断路器进行外部检查。

（2）线路断路器跳闸后，重合闸装置有投入但不动作，可强送电一次。

（3）线路有电缆或按规定不能投重合闸（如线路作业要求重合闸退出）的线路发生跳闸后，未查明原因不能送电。

（4）断路器遮断容量不够、跳闸次数累计超过规定次数，重合闸装置退出运行，保护动作跳闸后，一般不能试送电。

（5）线路发生跳闸后，现场运行人员应立即向调度员作线路断路器跳闸等情况的简要汇报。经检查后，再详细汇报如下内容：

1）跳闸时保护装置及安全自动装置动作情况。

2）断路器动作情况及外部有无明显缺陷。

3）对故障跳闸线路的有关设备进行检查的情况。

4）其他线路状态及潮流情况。

5）故障录波器、故障测距情况。

四、线路事故处理的基本步骤

（1）复归音响，记录故障时间，检查自动化故障信息显示，确认后复归信号。

（2）检查保护动作情况，确认后复归信号。

（3）根据上述现象初步判断故障性质、范围。

（4）到现场检查断路器实际位置及线路保护范围内的设备有无短路、接地故障；设备（如电流互感器、断路器等）情况是否完好。

（5）根据调度指令进行处理。

（6）做好各项记录。

五、线路事故处理危险点源预控分析

1. 线路事故处理过程中可能存在的危险点

（1）线路故障跳闸后，没有认真检查该线路间隔的所有设备，可能在该断路器因为切除故障电流后存在故障，在恢复该断路器运行时，如果再次合闸于故障线路将造成该断路器爆炸等严重故障。

（2）线路故障后未确认断路器在断开位置就拉开断路器两侧隔离开关，可能引起带负荷拉隔离开关。

（3）线路断路器跳闸后，没有记录事故跳闸累计次数，可能因断路器事故跳闸次数累计超过规定次数，在断路器再次切除故障电流时可能会引起爆炸等事故。

（4）对电缆（海缆）线路或按规定不能投重合闸的线路发生跳闸后，未查明原因就对该线路强送电。

（5）110kV 线路故障引起 110kV 某段母线失压，在恢复主变压器运行时，没有合上主变压器中性点隔离开关，可能因为操作过电压等造成主变压器绝缘损坏。

（6）在用分段断路器对母线充电后，未停用分段断路器充电保护，在母线带上负荷时引起充电保护动作，分段断路器跳闸。

2. 预控措施

（1）线路故障后应对故障间隔所属设备全面进行检查，防止其设备在切断故障电流后存在安全隐患而恢复运行。

（2）要拉开断路器两侧的隔离开关时，应确认该断路器确在断开位置，否则应在确认该断路器没有电压的情况下（如断开该断路器的上级电源）方可拉开两侧隔离开关。

（3）线路断路器跳闸后，应及时记录事故跳闸累计次数，如果事故跳闸累计次数超过规定次数，应立即上报。

（4）电缆（海缆）线路或按规定不能投重合闸的线路发生跳闸后，应待查明原因后才能强送。

（5）在合上主变压器高压侧断路器前，应先合上中性点接地开关，并进行零序保护和间隙保护的切换。

（6）利用分段断路器对母线充电正常后，应立即解除分段断路器充电保护。

【任务实施】

一、线路瞬时性故障跳闸后重合闸动作成功的事故处理

1. 现象

报警，自动化信息显示某线路保护"出口跳闸""重合闸动作""保护动作"，故障录波动作。

2. 巡视检查

（1）巡视检查保护室，某线路保护屏上故障线路保护及重合闸等信号灯亮，并指示故障性质及故障相别、测距等情况（对只配置过流保护的线路，保护只显示故障相别、故障电流等信息），微机保护打印出详细的报告，经两人确认无误后复归保护信号。

（2）到现场检查断路器实际位置及线路保护范围内的设备有无短路、接地等故障，检查故障某线路断路器间隔设备有无异常。

3. 分析判断

根据事故现象和现场巡视检查，可以判断为线路瞬时性故障跳闸后重合闸动作成功。

4. 处理步骤

线路瞬时性故障跳闸后重合闸动作成功，值班人员应做好断路器跳闸记录，核对断路器故障跳闸次数，若达到临时检修次数，应汇报上级及有关部门通知检修人员进行临时检修。

二、永久性故障跳闸后重合闸动作未成功的事故处理

1. 现象

报警，自动化信息显示某断路器位置指示闪烁，显示某线路保护"重合闸动作""出口跳闸""保护动作""重合闸动作后加速"等信号，故障录波动作。

2. 巡视检查

（1）巡视检查保护室，故障线路保护屏上故障线路保护及重合闸等信号灯亮，并指示故障性质及故障相别、测距等情况（对只配置过流保护的线路，保护只显示故障相别、故障电流等信息），微机保护打印出详细的报告，经两人确认无误后复归保护信号。

（2）到现场检查断路器实际位置及线路保护范围内的设备有无短路、接地等故障，检查跳闸断路器间隔设备有无异常。

3. 分析判断

根据事故现象和现场巡视检查，可以判断为线路永久性故障跳闸后重合闸动作未成功。

4. 处理步骤

根据调度指令将故障线路停电，做好安全措施，待故障排除后再根据调度指令送电。

三、线路故障断路器跳闸重合闸未动作

1. 现象

报警，自动化信息显示跳闸断路器位置指示绿灯闪光，显示某线路"出口跳闸""保护动作"等信号，故障录波动作。

2. 巡视检查

（1）巡视检查保护室，故障线路保护屏上故障线路保护等信号灯亮，并指示故障性质及故障相别、测距等情况（对只配置过流保护的线路，保护只显示故障相别、故障电流等信息），微机保护打印出详细的报告，经两人确认无误后复归保护信号。

（2）到现场检查断路器实际位置及线路保护范围内的设备有无短路、接地等故障，检查跳闸断路器间隔设备有无异常。检查断路器外观、压力值等有无异常。

3. 分析判断

根据事故现象和现场巡视检查，可以判断为线路故障断路器跳闸重合闸未动作。

4. 处理步骤

（1）断路器外观、压力值等检查未发现明显异常，而重合闸正常投入未动作时，可以手动强送电一次，然后报告调度。对重合闸因故停用、双回路供电线路及架空充电线路等，不得强送，应根据调度指令送电。

（2）对重合闸正常投入而重合闸拒动的线路，应汇报调度及有关部门，由专业人员查找拒动的原因。

（3）如果强送不成功，根据调度指令将故障线路停电，做好安全措施，待故障排除后再根据调度指令送电。

【案例分析】

<kbd>案　例</kbd>　东秀线305线路末端故障，重合不成功。

1. 运行方式

某110kV变电站35kV侧部分接线图如图1.5.4–1所示。

2. 线路保护配置

三段式相间电流保护，三相重合闸。

3. 现象

（1）报警，自动化信息显示东秀线305断路器位置指示闪烁，相应电流、有功功率、无功功率等指示为零。

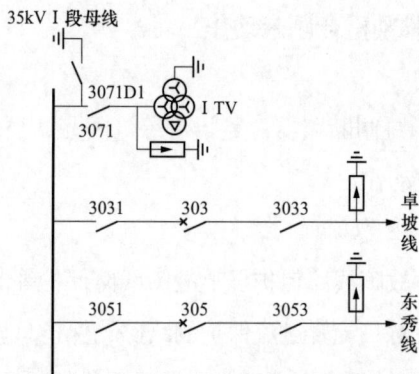

图 1.5.4-1 某 110kV 变电站 35kV 侧部分接线

（2）自动化信息显示东秀线 305 线路保护"重合闸动作""出口跳闸""过流Ⅱ段保护动作"等信号。

4. 巡视检查

（1）巡视检查保护室，东秀线 305 线路保护屏上"过流Ⅱ保护动作""重合闸动作"等信号灯亮。保护液晶屏显示故障相别为 UV 相，故障电流（二次侧）为 18.08A。经两人确认无误后复归保护信号。

（2）到现场检查，东秀线 305 断路器在分闸位置，线路保护范围内的设备（站内设备）无短路、接地等故障，东秀线 305 间隔设备无异常。

5. 分析判断

根据事故现象和现场巡视检查，可以判断为线路发生 UV 相末端短路，故障跳闸后重合闸动作未成功。

6. 处理步骤

根据调度指令将东秀线 305 线路停电，做好安全措施，待故障排除后再根据调度指令送电。

【拓展提高】

线路复杂事故处理。

一、线路较复杂故障的类型

（1）35kV（或 10kV）线路故障断路器拒动。

（2）35kV（或 10kV）线路故障保护拒动。

（3）110kV 线路故障。

二、35kV（或 10kV）线路故障断路器拒动

1. 现象

报警，自动化信息显示主变压器中压侧（35kV 侧）或主变压器低压侧（10kV）"复

压过流"保护动作，相应的主变压器中压侧或低压侧断路器闪烁，分段断路器闪光（当35kV或10kV侧在并列运行时），对应母线失压，失压母线上的电容器组低压保护动作。某35kV（或10kV）线路"保护动作"信号灯亮。

2. 巡视检查

（1）巡视检查保护室，主变压器保护屏显示主变压器35kV（或10kV）"复压过流保护动作"、某35kV（或10kV）线路保护屏显示"出口跳闸""保护动作"、电容器组保护屏显示"保护动作"等信号，微机保护打印出详细的报告，经两人确认无误后复归保护信号。

（2）到现场检查主变压器35kV（或10kV）断路器实际位置及主变压器35kV（或10kV）侧过流保护范围内设备有无明显异常，主变压器本体外观有无明显异常。

3. 分析判断

根据事故现象和现场巡视检查，站内设备未发现异常现象，由于某35kV（或10kV）线路保护动作，而该线路断路器在合闸位置，可以初步判断为某35kV（或10kV）线路故障断路器拒动引起主变压器后备保护动作。

4. 处理步骤

（1）拉开失压母线上各线路断路器，发现"保护动作"信号的线路断路器无法拉开，到现场检查该断路器在合闸位置，可以判断该开关拒动，应在确保没有电压的情况下拉开其两侧隔离开关（对手车式断路器，按下紧急分闸按钮，将断路器拉开，后将手车断路器拉至试验位置进行隔离）。

（2）根据调度指令，在失压母线上的各断路器均在拉开的情况下，合上主变压器跳闸侧断路器（对分段断路器有充电保护的，可用分段断路器对失压母线进行充电），对母线充电正常后，恢复其他线路和设备的运行。

（3）如果失压母线上有电容器组，在母线恢复正常运行后根据母线电压情况投入电容器组。

三、35kV（或10kV）线路故障保护拒动

1. 现象

报警，自动化信息显示主变压器中压侧（35kV侧）或主变压器低压侧（10kV）"复压过流"保护动作，相应的主变压器中压侧或低压侧断路器闪烁，分段断路器闪烁（当35kV或10kV侧在并列运行时），对应母线失压，失压母线上的电容器组低压保护动作。

2. 巡视检查

（1）巡视检查保护室，主变压器保护屏显示主变压器35kV（或10kV）"复压过流保护动作"、电容器组保护屏显示"保护动作"等信号，微机保护打印出详细的报告，经两人确认无误后复归保护信号。

（2）到现场检查主变压器35kV（或10kV）断路器实际位置及主变压器35kV（或10kV）侧过流保护范围内设备有无明显异常，主变压器本体外观有无明显异常。

3. 分析判断

根据事故现象和现场巡视检查，站内设备未发现异常现象，可以初步判断为某35kV（或10kV）线路故障保护拒动引起主变压器后备保护动作。

4. 处理步骤

（1）根据调度指令，在失压母线上的各断路器均在拉开的情况下，合上主变压器跳闸侧断路器，对母线充电正常后，依次逐条线路试送，试合各线路断路器时，应密切注意线路的相关表计及保护是否再次动作。当试送到某条线路时主变压器"复压过流"保护再次动作，则说明这条线路故障而该线路保护拒动，应将该线路转冷备用后再重复上述步骤恢复无故障线路的运行。

（2）如果失压母线上有电容器组，在母线恢复正常运行后根据母线电压情况投入电容器组。

四、110kV线路故障

案 例 石大线102线路永久性故障，102断路器拒动。

1. 运行方式

某110kV变电站电气主接线图见图1.5.4-2，大黄线101断路器运行，石大线102断路器运行，110kV桥100断路器热备用，110kV备用电源自动投入装置投入。中、低压侧未装设备用电源自动投入装置。1、2号主变压器，35、10kV各线路及电容器组运行。1、2号主变压器中性点接地开关在断开位置。1号站用变压器运行，2号站用变压器充电备用。35kV分段300断路器、10kV分段000断路器热备用。

2. 现象

报警，自动化信息显示2号电容器组008断路器闪烁，"110kV Ⅱ段母线TV断线"，"35kV Ⅱ段母线TV断线"，"10kV Ⅱ段母线TV断线"，"石大线102线路TV断线"，"2号电容器组保护动作"，110、35kV及10kV Ⅱ段母线上各馈线及2号主变压器"微机保护装置异常"信号出现。110、35kV及10kV Ⅱ段母线电压指示为零，相应的电流表、功率表均指示为零。

3. 巡视检查

（1）巡视检查保护室，2号电容器组保护屏上显示"2号电容器组保护动作"，微机保护打印出详细的报告。经两人确认无误后复归保护信号。

（2）到现场对2号主变压器，110、35kV和10kV Ⅱ段母线及其连接设备进行检查，发现石大线102断路器在合闸位置，其他设备未发现异常。

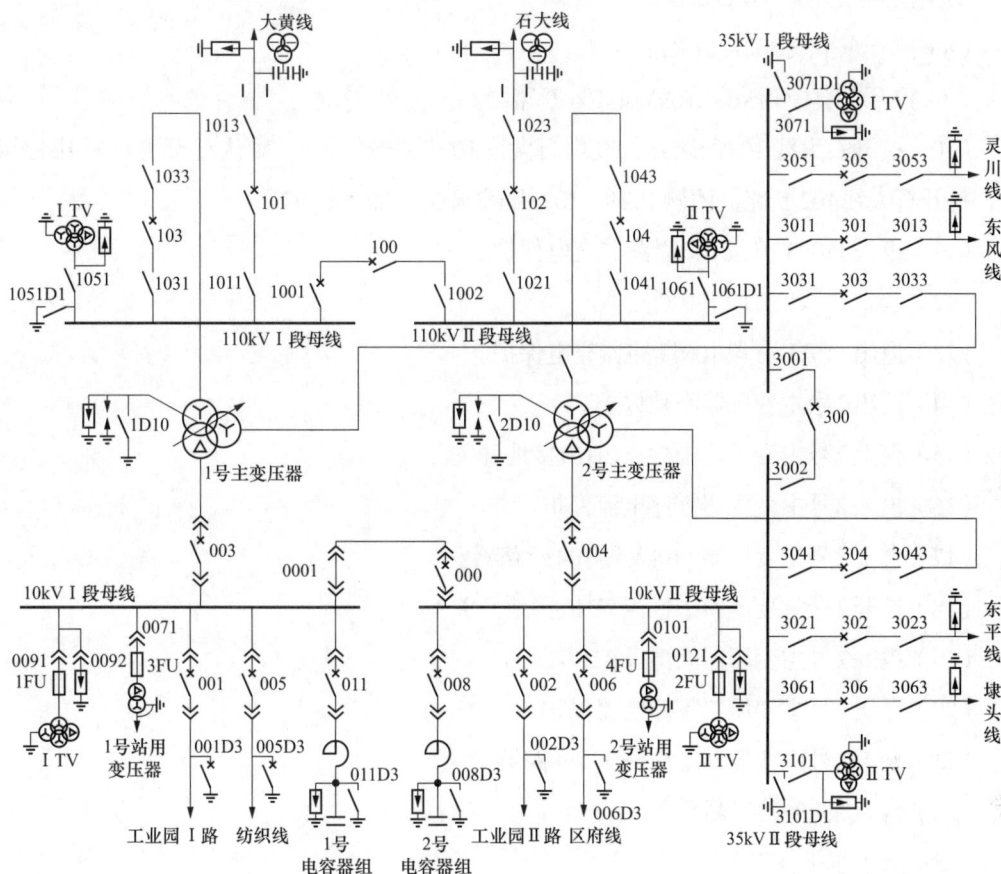

图 1.5.4-2 某 110kV 变电站电气主接线

4. 分析判断

根据事故现象和现场巡视检查，可初步判断为石大线102线路永久性故障，对侧重合闸不成功，110kV备用电源自动投入装置虽然启动，但因为石大线102断路器拒动，闭锁备用电源自动投入装置，引起110、35kV及10kV Ⅱ段母线失压。

5. 处理步骤

隔离故障点，35kV及10kV Ⅱ段母线按原方式恢复供电，处理步骤如下：

（1）退出110kV备用电源自动投入装置。

（2）拉开2号主变压器低压侧004断路器。

（3）拉开工业园Ⅱ路002断路器。

（4）拉开区府线006断路器。

（5）2号站用变压器小车0101隔离开关拉至试验位置。

（6）拉开2号主变压器中压侧304断路器。

（7）拉开堪头线306断路器。

（8）拉开东平线302断路器。

（9）拉开2号主变压器110kV侧104断路器。

（10）拉开石大线102断路器，发现石大线102断路器拒分，确认石大线102线路无电压，拉开石大线102断路器两侧1021、1023隔离开关（需解锁）。

（11）投入110kV分段100断路器充电保护。

（12）合上110kV分段100断路器。

（13）退出110kV分段100断路器充电保护。

（14）退出2号主变压器间隙保护。

（15）合上2号主变压器中性点2D10接地开关。

（16）投入2号主变压器零序电流保护。

（17）合上2号主变压器110kV侧104断路器。

（18）拉开2号主变压器中性点2D10接地开关。

（19）投入2号主变压器间隙保护。

（20）退出2号主变压器零序电流保护。

（21）合上2号主变压器中压侧304断路器。

（22）合上堪头线306断路器。

（23）合上东平线302断路器。

（24）合上2号主变压器低压侧004断路器。

（25）合上工业园Ⅱ路002断路器。

（26）合上区府线006断路器（根据母线电压情况投入电容器组）。

（27）2号站用变压器小车0101隔离开关推至运行位置。

【思考与练习】

1.线路事故处理的一般要求有哪些？

2.线路永久性故障跳闸后重合闸动作未成功的现象有哪些？

3.线路故障断路器跳闸自动重合闸未动作的现象有哪些？

4.35kV（或10kV）线路故障断路器拒动有哪些现象？

5.35kV（或10kV）线路故障保护拒动有哪些现象？

6.举一实例说明线路故障保护拒动的现象及处理步骤。

任务5.5　补偿装置事故分析及处理

【学习目标】

知识目标：1.掌握导致电力电容器事故的主要原因。

2.掌握电力电容器事故处理的基本原则和步骤。

能力目标：1.能根据保护动作情况判断电力电容器的故障类型。

2.能对10 kV电压等级的电力电容器故障进行正确处理。

态度目标：1.能主动学习，在完成任务过程中发现问题、分析问题和解决问题。

2.能严格遵守安全规程，具有较高的安全意识、质量意识和追求效益的观念。

3.能与小组成员协商、交流配合完成本学习任务。

【任务描述】

本任务介绍电容器、电抗器故障跳闸事故的一般概念。通过要点讲解和案例分析，熟悉电容器、电抗器事故跳闸的征象，掌握并联电容器跳闸和并联电抗器跳闸事故处理的原则。

【相关知识】

无功补偿装置多接于变电站低压母线，并联电容器为容性无功设备，用于补偿系统感性无功；而并联电抗器为感性无功设备，用于补偿系统容性无功。电容器、电抗器故障跳闸在变电站比较常见。

一、并联电容器跳闸现象

（1）事故警报、警铃鸣响，监控后台机主接线图，电容器断路器标志显示绿闪。

（2）故障电容器电流、功率指示均为零。

（3）监控后台机出现告警窗口，显示故障电容器某种保护动作信息。故障电容器保护屏显示保护动作信息（信号灯亮）。

（4）电容器设备短路故障，可伴随声光现象。充油电容器内部故障时可有冒烟、鼓肚、喷油现象。

（5）电容器跳闸同时伴有系统或本站其他设备故障，则往往是由母线电压波动引起的电容器跳闸，应根据现象区别处理。

二、并联电容器跳闸处理原则

（1）并联电容器断路器跳闸后，没有查明原因并消除故障前不得送电，以免带故障点送电引起设备的更大损坏和影响系统稳定。

（2）并联电容器电流速断保护、过电流保护或零序电流保护动作跳闸，同时伴有声光现象时，或者密集型并联电容器压力释放阀动作，则说明电容器发生短路故障，应重点检查电容器，并进行相应的试验。如果整组检查查不出故障原因，就需要拆开电容器组，逐台进行试验。若电容器检查未发现异常，应拆开电容器连接电缆头，用2500V绝缘电阻表遥测电缆绝缘（遥测前后电缆都应放电）。若绝缘击穿，应更换电缆。

（3）并联电容器不平衡保护动作跳闸应检查有无熔断器熔断。对于熔断器熔断的电容器应进行外观检查。外观无异常的应对其放电后拆头，进行极间绝缘摇测及极间对外壳绝缘摇测，20℃时绝缘电阻应不低于2000MΩ。若绝缘测量正常，对电容器进行人工放电后更换同规格的熔断器。若绝缘电阻低于规定或外观检查有鼓肚、渗漏油等异常，应将其退出运行。同时要将星形接线的其他两相各拆一只电容器的熔断器，以保持电容器组的运行平衡。

（4）工作前，在确认并联电容器断路器断开后，应拉开相应隔离开关，然后验电、装设接地线，让电容器充分放电。由于故障电容器可能发生引线接触不良、内部断线或熔断器熔断，装设接地；有一部分电荷可能未放出来，所以在接触故障电容器前应戴绝缘手套，用短路线将故障电容器的两极短接，方可接触电容器。对双星形接线电容器的中性线及多个电容器的串接线，还应单独放电。

（5）若发现电容器爆炸起火，在确认并联电容器断路器断开并拉开相应隔离开关后，进行灭火。灭火前要对电容器放电（装设接地线），没有放电前人与电容器要保持一定距离，防止人身触电（因电容器停电后仍储存有电量）。若使用水或泡沫灭火器灭火，应设法先将电容器放电，要防止水或灭火液喷向其他带电设备。

（6）并联电容器过电压或低电压保护动作跳闸，一般是由于母线电压过高或系统故障引起母线电压大幅度降低引起的，应对电容器进行一次检查。待系统稳定以后，根据无功负荷和母线电压再投入电容器运行。电容器跳闸后至少要经过5min方可再送电。

（7）接有并联电容器的母线失压时，应先拉开该母线上的电容器断路器，待母线送电后根据无功负荷和母线电压再投入电容器运行。拉开电容器断路器是为了防止母线送电时造成母线电压过高，损坏电容器。因为母线送电、空母线运行时，母线电压较高，如果带着电容器送电，电容器在较高的电压下突然充电，有可能造成电容器喷油或鼓肚。同时，因为母线没有负荷，电容器充电后大量无功向系统倒送，致使母线电压升高，超过了电容器允许连续运行的电压值（电容器的长期运行电压不应超过额定电压的1.05倍）。

另外，变压器空载投入时产生大量的三次谐波电流，此时，如果电容器电路和电源的阻抗接近于谐振条件，其电流可达电容器额定电流的2～5倍，持续时间1～30s，可能引起过电流保护动作。

三、并联电抗器跳闸的现象

（1）事故警报、警铃鸣响，监控后台机主接线图，电抗器断路器标志显示绿闪。

（2）故障电抗器电流、功率指示均为零。

（3）监控后台机出现告警窗口，显示故障电抗器某种保护动作信息。故障电抗器保护屏显示保护动作信息（信号灯亮）。

（4）电抗器外部设备短路故障伴随声光现象。充油电抗器内部故障可有冒烟、喷油现象。

四、并联电抗器跳闸处理原则

（1）并联电抗器断路器跳闸，应对电抗器进行检查试验。若发现电抗器爆炸起火，应向消防部门报警，并拉开电抗器隔离开关进行灭火。使用水或泡沫灭火器灭火，要防止水或灭火液喷向其他带电设备。若带电灭火，应使用气体或干粉灭火器灭火，不得使用水或泡沫灭火器灭火。

（2）并联电抗器断路器跳闸后，没有查明原因不得送电，以免带故障点送电引起设备的更大损坏和影响系统稳定。

（3）故障点不在电抗器内部，可不对电抗器进行试验。排除故障后恢复电抗器送电。

（4）为防止系统电压过高，主变压器可带并联电抗器停、送电。并联电抗器断路器跳闸后如引起系统电压升高超过允许运行的电压，应立即汇报调度，由调度决定应对措施。

（5）并联电抗器断路器跳闸后，经检查试验未发现任何故障，应检查保护有无误动可能。

【案例分析】

案 例 1号电容器301电容器组引线相间短路（保护、断路器动作正确），主接线图如图1.5.5-1所示。

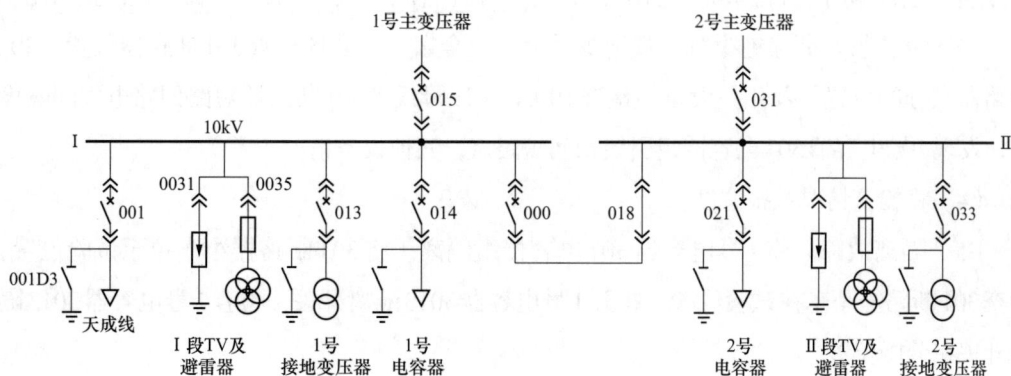

图 1.5.5-1　110kV 变电站 10kV 接线图

1. 1号电容器301电容器组正常运行方式

1号电容器301电容器组的作用是向10 kV Ⅰ段母线输送无功功率。1号电容器301电容器组正常运行方式如下所述。

（1）一次部分为：1号主变压器310断路器带10 kV Ⅰ段母线负荷；1号电容器301电容器组接10kV Ⅰ段母线；1号电容器301断路器小车工作位置。

（2）二次部分为：1号电容器301电容器组保护为欠电压保护、过电压保护、过电流保护和不平衡保护；370分段断路器自动投入装置运行。

2. 事故分析

当1号电容器301电容器组引线相间短路故障（保护、断路器动作正确），由10 kV 1号电容器组过电流动作跳开301断路器切除故障。按照事故处理的基本原则及一般程序分析，1号电容器301电容器组引线相间短路故障（保护、断路器动作正确）的基本处理思路为：一次设备组、二次设备组（每组检查人员不少于2人）分别对一、二次设备进行检查；将并1号电容器301电容器组隔离；安排1号电容器301电容器组检修。

3. 事故处理

根据事故处理基本原则及一般程序，通过以上任务分析，正确写出1号电容器301电容器组引线相间短路故障（保护、断路器动作正确）的处理步骤，并结合《电力安全工作规程》、各级调度规程和其他有关规定进行事故处理。

（1）记录事故发生时间及故障现象，恢复警报。故障现象主要包括：一次系统接线图显示的跳闸断路器位置信息，301断路器变绿色闪光，相关表计指示301断路器回路电流为0值；告警信息窗显示的事故总信号；保护与重合闸动作信息；断路器跳闸信息。

（2）汇报调度及有关人员。

（3）检查故障相关设备。二次设备组人员检查本站二次设备运行工况，主要检查本站监控机、1号电容器301电容器组保护屏，并与监控机核对保护动作无误（10 kV 1号电容器301过电流保护动作）；记录保护动作情况，复归保护信号；复归301断路器手把停止闪光。

一次设备组人员穿绝缘靴，戴绝缘手套、安全帽，到现场检查301断路器位置（301断路器在分闸位置）及相关设备（检查10 kV Ⅰ段母线，301断路器短路回路电气间隔设备，发现1号电容器301电容器组引线相间短路点，其他设备情况正常）。

（4）将检查情况汇报调度。

（5）隔离故障。将1号电容器301电容器组隔离（将301断路器小车拉至试验位置，检查301断路器小车在试验位置；拉开1号电容器3013隔离开关，检查1号电容器3013隔离开关在分闸位置）。

（6）将1号电容器301电容器组转检修。在1号电容器3013隔离开关靠电容器侧验电确无电压，在 1 号电容器 3013 隔离开关靠电容器侧挂 1 地线；拉开 1 号电容器 301 断路器控制电源快分开关；拉开 1 号电容器 301 断路器储能电源快分开关。

（7）将上述情况汇报调度及有关人员，同时准备好 1 号电容器 301 电容器组送电的操作票。

【拓展提高】

一、电容器过电压产生的原因

（1）由于雷电波侵入或者断路器投切、系统谐振时，电容器所在母线电压升高使电容器承受过电压。

（2）由于电容器组中个别电容器内部故障或者故障后熔断器熔断，使电容器组容抗发生变化，电容器之间电压分配也变化，引起部分电容器端电压升高。

二、电容器欠电压产生的原因

（1）系统发生故障导致母线失电压，造成低电压。

（2）一次设备正常运行，TV 更换熔丝或者二次空气开关拉开等原因导致测量不到电压，造成低电压。

【思考与练习】

1. 并联电容器组有哪些常见异常现象？

2. 消弧线圈有哪些常见异常现象？

3. 电容器外壳膨胀变形的原因有哪些？

4. 电抗器有哪些常见异常现象？

5. 为什么有些电抗器周围的围栏会发热？

6. 电容器有哪些异常现象时应停电处理？

7. 电容器组发生一台电容器熔断器熔断，需运行人员更换熔断器，请进行处理过程中的危险点源分析。

*任务 5.6　站用交、直流系统事故分析及处理

【学习目标】

知识目标：1. 掌握导致站用电的主要原因。

2. 掌握站用电事故处理的基本原则和步骤。

能力目标：1.能根据保护动作情况判断站用电故障类型。

2.能对站用电、直流系统故障进行正确处理。

态度目标：1.能主动学习，在完成任务过程中发现问题、分析问题和解决问题。

2.能严格遵守安全规程，具有较高的安全意识、质量意识和追求效益的观念。

3.能与小组成员协商、交流配合完成本学习任务。

【任务描述】

本任务介绍站用交、直流系统简单故障类型和现象，站用交、直流系统事故处理的基本步骤。通过分析讲解及案例介绍，能根据两系统事故现象判断故障性质，能处理交、直流两系统简单事故。

【相关知识】

1. 站用低压配电屏支路故障现象

变电站站用负荷主要有远动屏、火灾报警、逆变电源、直流充电机、主变压器冷却风扇、断路器储能、事故照明、逆变电源、主变压器调压控制、110kV配电装置、10kV配电装置、照明箱等。有的支路二次开关跳闸，自动化信息报警；有的支路故障，二次开关跳闸，要结合巡视才能发现。

2. 站用低压配电屏支路故障处理步骤

（1）到站用低压配电屏查找所跳的二次开关支路。

（2）断开该支路的所有下级二次开关。

（3）合上该支路二次开关，若再次跳闸说明该支路故障或支路二次开关故障，应立即上报缺陷并联系检修人员进行检查。

（4）合上站用低压配电屏所跳的支路二次开关，正常后再逐一合上下级二次开关，同时检查二次开关容量配置是否符合配置标准。当合到某一下级二次开关时，站用低压配电屏支路二次开关再次跳开，应立即断开该二次开关。重新合上低压配电屏支路二次开关，逐一合上其他下级二次开关，上报缺陷并联系检修人员。

【任务实施】

一、站用变压器低压侧断路器跳闸

1. 站用变压器低压断路器跳闸现象

站用变压器低压断路器跳闸（或低压侧熔断器熔断）现象与站用电接线的形式有关，例如两台站用变压器同时工作，分别带380V Ⅰ、Ⅱ段母线，分段断路器断开，其现象为：

报警，自动化信息显示"站用电某段母线失电"，380V某段母线站用配电屏上各配电支路电流表、电压表显示为"零"。

2. 站用变压器低压断路器跳闸处理步骤

（1）断开失压的低压母线上各二次开关（或熔断器），检查该段母线上有无异常。

（2）若380V母线上无故障现象，合上站用变压器低压侧二次开关（或更换熔断器），试送母线成功后，逐条分路检查无异常后试送（先试送主干线，后送分支线）一次，以查出故障点。对于经检查有异常现象的分支，不能再投入运行。

（3）若发现母线上有故障现象，应立即排除或隔离后，合上站用变压器低压侧二次开关（或更换熔断器），试送母线成功后，逐条恢复各分路运行。若试送不成功，则将重要的负荷（如主变压器冷却器电源、直流充电装置、监控机电源等）倒至另一段低压母线上供电。应注意逐条分路倒换，并注意在倒换时有无异常，若出现短路现象应立即将其拉开，再恢复正常支路的运行。同时立即联系检修人员进行抢修。

二、站用变压器故障

1. 站用变压器故障现象

站用变压器故障，其故障现象与站用电接线的形式、站用变压器高压侧装设熔断器还是断路器，以及有无备用电源自动投入装置有关，例如两台站用变压器同时工作，分别带380V Ⅰ、Ⅱ段母线，分段断路器断开，站用变压器高压侧采用断路器，配置两段式电流保护。

报警，自动化信息显示某号站用变压器回路断路器闪烁，"某号站用变压器电流保护"动作，"站用电某段母线失压"，某号站用变压器回路表计读数为零，380V某段母线站用配电屏上各配电支路电流表为"零"，失压母线电压表读数为零。

2. 站用变压器故障处理步骤

（1）记录故障时间，检查后台监控机上的故障信息，确认后复归信号。

（2）到保护室检查保护动作信号，确认后复归保护信号（站用变压器没有装设保护的，此项略）。

（3）到现场对保护范围内设备进行检查。应对站用变压器进行外部检查，重点检查支柱绝缘子、套管等有无短路现象，站用变压器本体是否有异常。

1）若是站用变压器速断保护跳闸，应立即将该站用变压器进行隔离，汇报调度，经专业人员对该站用变压器试验合格后方可投入使用。

2）若是站用变压器过流保护动作，经外部检查未发现异常的，可汇报调度，根据调度指令试送一次。一般情况下，如果另一台站用变压器运行正常，则应在对跳闸站用变压器进行试验合格后再恢复运行。

3）若是站用变压器没有装设备用电源自动投入装置的，应手动合上380V分段断路器，这时应注意断开停电的站用变压器的低压侧断路器。

4）若是装设备用电源自动投入装置动作后380V分段低压断路器再次跳闸，则说明该段380V母线或某条支路有短路故障，应在查明故障的支路后恢复该段380V母线运行。

5）若是380V供电线路故障，支路断路器未能断开造成越级跳闸，则应隔离该支路后恢复站用电供电。

（4）若380V装设备用电源自动投入装置且动作成功，则等查明具体故障后再恢复站用变压器正常运行方式。

三、直流系统充电机故障

1. 直流系统充电机故障现象

报警，自动化信息显示"充电机输出电压异常"，充电机屏显示充电模块"故障"或"微机监控单元异常"告警信号灯亮。

2. 直流系统充电机故障处理步骤

（1）若有两台硅整流充电机，应先断开故障充电机后，再合上备用充电机，两台充电机不得并列运行。

（2）使用充电模块，应先断开故障充电模块，再合上备用充电模块。

（3）充电机故障会导致蓄电池组电压下降，所投入充电机可先均充一段时间，待蓄电池组电压上升至额定电压后，切换为浮充方式。

（4）若只有单台充电机运行时，应严密监视直流母线的电压，采取措施（如限制部分不重要的直流负荷）确保直流母线电压在允许范围内，并立即汇报调度，等待专业人员进行处理。

四、蓄电池故障

1. 蓄电池故障现象

报警，自动化信息显示"蓄电池熔断器熔断"及"直流母线电压异常"等信息。

2. 蓄电池故障处理步骤

（1）蓄电池室检查蓄电池是否有异常。

（2）如果发现蓄电池组熔断器熔断，应检查对应的直流母线是否运行正常，用蓄电池巡检仪进行检测，若没有发现电压异常的蓄电池且对应的直流母线运行正常，则可更换同一型号、容量的熔断器。若熔断器再次熔断，应立即汇报调度，等待处理。

（3）如果是充电电压异常引起蓄电池电压出现异常报警，应通过手动或自动方式调整充电电压以确保直流母线电压在允许范围内。

（4）如果经检查发现蓄电池存在故障，应将蓄电池隔离，用直流充电机对直流母线供电，此时应密切注意充电机运行情况，同时应通过手动或自动方式调整充电电压以确保直流母线电压在允许范围内，并立即汇报调度，等待专业人员进行处理。

五、直流母线故障

1. 直流母线故障现象

报警，自动化信息显示"直流母线电压异常""微机保护装置异常""控制回路断线"等信息。

2. 直流母线故障处理步骤

（1）检查直流充电屏，查充电机输入电流、电压，输出电流、电压等情况。

（2）检查直流馈线屏，查直流母线、各馈线及蓄电池熔断器等情况。

（3）有明显故障点，故障点能隔离的，应立即隔离，恢复直流母线运行。

（4）有明显故障点，故障点不能隔离的，应立即汇报调度，等待专业人员抢修，对全站只有一段直流母线的，根据调度指令进行监视或操作（如停用相关保护）。各馈线若有备用电源（如双回路供电的）的，在检查各分路无故障异常后，先断开原电源二次开关，合上备用电源。

（5）若无明显故障点，可断开所有馈线，对直流母线进行试送，试送成功再逐一恢复各馈线，查找故障馈线。在试送过程中应根据调度指令停用相关保护，防止处理过程中保护误动。

六、站用电全停故障

1. 站用电全停现象

报警，自动化信息显示"站用电源Ⅰ、Ⅱ段母线失电""机构储能电动机失电""直流母线电源异常"等报文信息。站用配电屏上各配电支路电流表、电压表显示为"零"，全站照明、站用电全失，事故照明亮。

2. 站用电全停处理步骤

（1）检查站用电母线电压、电流，各侧母线电压，应分清全站失压还是站用电全停故障。

（2）检查站用电系统，查明故障点。若未发现明显故障点，可断开母线上所有馈线，用站用变压器低压侧二次开关对该母线进行试送，试送成功后可恢复各馈线，在恢复馈线时又出现站用电全停时，隔离该馈线，按原方法重新试送母线，恢复馈线。

（3）若故障点在站用电母线上，应立即抢修。

（4）若一时无法恢复站用电时，应立即汇报调度，并严密监视主变压器油温及绕组温度的变化、监视直流母线的电压、USP 装置的运行情况等，如果断路器操动机构是液压或气压的，还要密切关注操动机构的压力情况。条件允许可以申请用发电车暂时恢复站用交流电。

【案例分析】

案例 380V Ⅰ段母线故障。

1. 运行方式

如图1.5.6-1所示，1号站用变压器、2号站用变压器运行，380V低压分段400断路器热备用。站用变压器配置两段过流保护，站用变压器低压侧断路器无保护装置。

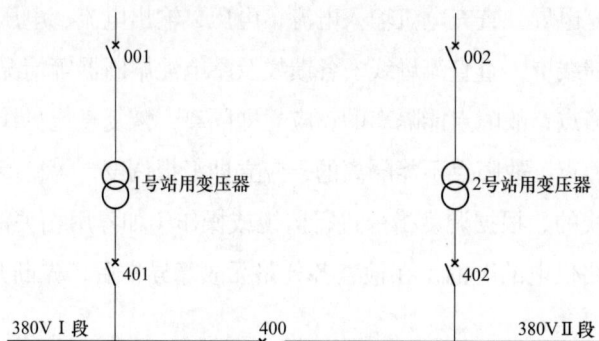

图1.5.6-1 站用电接线示意图

2. 现象

（1）报警，自动化信息显示1号站用变压器高压侧001断路器闪烁。

（2）自动化信息显示1号站用变压器"过流Ⅱ段动作""380V Ⅰ段母线失电"等信号。

3. 巡视检查

（1）巡视检查保护室，1号站用变压器保护屏上显示"过流Ⅱ段动作"信号，微机保护打印出详细的报告，经两人确认无误后复归保护信号。

（2）现场对1号站用变压器过流保护范围内设备进行巡视检查，1号站用变压器高压侧001断路器处于分闸位置。380V Ⅰ段母线有小动物短路痕迹。其他支路未发现异常。

4. 分析判断

根据事故现象和现场巡视检查，可以判断是380V Ⅰ段母线有小动物短路，1号站用变压器过流保护动作，跳开1号站用变压器高压侧001断路器，380V Ⅰ段母线失压。

5. 处理步骤

（1）拉开1号站用变压器低压侧401断路器。

（2）将380V Ⅰ段母线双回路供电的支路转为380V Ⅱ段母线供电。

（3）如果380V Ⅰ段母线上故障能尽快修复，则在380V Ⅰ段母线上故障消除后，按原方式恢复站用电。

【拓展提高】

站用交、直流系统事故处理及危险点源预控分析。

一、交流系统

1. 交流系统事故处理过程中可能存在的危险点

（1）处理交流系统时，因工作人员使用工具不合格或是其他原因造成短路。

（2）处理不及时造成变电站长时间失去交流电源。

（3）站用变压器跳闸时，没有查明原因就对其进行强送。

（4）一台站用变压器故障，在合上 380V 母线分段低压断路器前未断开故障站用变压器低压侧断路器，造成对故障站用变压器反充电。

2. 预控措施

（1）处理交流故障时，应戴绝缘手套，使用的工器具应有绝缘包扎。

（2）站用电全失时，应尽量把备用站用电投入运行，或者申请外来电源恢复站用电，以保证站用电系统的正常运行。

（3）站用变压器高压侧速断保护跳闸（或高压熔断器两相熔断）时，没有查明原因前，不能强送，以免损坏站用变压器。

（4）在合上 380V 母线分段低压断路器前应断开故障站用变压器低压侧断路器。

二、直流系统

1. 直流系统事故处理过程中可能存在的危险点

（1）在处理过程中造成两台充电机，或是两组蓄电池并列运行。

（2）处理直流故障时，引起直流两点失地等造成保护误动。

2. 预控措施

（1）按照本站现场运行规程进行操作，不得造成两台充电机，或是两组蓄电池并列运行。

（2）处理直流故障时，应严格执行有关规定（如查找接地点禁止使用灯泡寻找的方法；使用仪表检查时，表计内阻应不低于 $2000\Omega/V$；直流系统发生接地故障时，禁止在二次回路上工作等）。为防止在查找直流故障时引起保护误动，必要时在断开操作直流电源前，解除可能误动的保护，操作电源正常后再投入保护。

【思考与练习】

1.请写出站用低压配电屏支路故障处理步骤。

2.请写出直流系统充电机故障处理步骤。

3.请写出直流母线故障处理步骤。

4.请写出站用电全停处理步骤。

5.交流系统事故处理过程中可能存在的危险点有哪些?

6.直流系统事故处理过程中可能存在的危险点有哪些?

*任务5.7　二次设备事故分析及处理

【学习目标】

知识目标：1.了解变电站二次设备正常运行时的运行情况。

2.掌握变电站二次设备出现异常时的异常状态。

3.掌握变电站二次设备异常处理的方法。

能力目标：1.能收集变电站二次设备异常信息，并对信息进行处理。

2.能正确分析变电站二次设备出现异常的原因，且找出异常点。

3.能及时准确地处理好二次设备的异常，尽快恢复二次设备的正常运行。

态度目标：1.具有爱岗敬业、勤奋工作、团结协作的职业道德风尚。

2.能主动学习，在完成任务过程中发现问题、分析问题和解决问题。

3.在严格遵守安全规范的前提下，能与小组成员协作共同完成本学习任务。

【任务描述】

本任务介绍简单二次设备故障类型、现象及二次设备事故处理步骤。通过归纳讲解和案例分析，能根据二次设备事故现象发现事故和判断二次设备事故的性质。

介绍二次设备各种事故处理危险点源预控分析。通过分析讲解和案例介绍，能正确进行危险点分析、制定预控措施。

【相关知识】

根据继电保护"四性"要求，在电网发生故障时，继电保护应能迅速、正确、可靠地切除故障，保证设备和系统安全稳定运行。但当继电保护设备本身存在缺陷或因为"三误"等可能造成保护不能正确动作。

引起继电保护事故的原因是多方面的，所以继电保护或二次设备出现问题后，有时很难判断故障的根源，必须由专业人员进行分析、查找。

一、二次设备事故类型及原因分析

1.保护装置元器件损坏

保护核装置元器件损坏，主要是因为装置内部元器件质量不良，部分元器件老化严重。

虚焊、装配不良等造成的。微机保护中元器件损坏，通过保护自检功能，会闭锁保护。

2. 装置工作电源故障

保护及二次设备的工作电源对其工作的可靠性以及正确动作有着直接的影响。根据电源的不同种类分述如下：

（1）直流充电装置问题。直流充电装置是站内直流系统的核心，变电站的直流系统正常处于"浮充"方式，如果直流系统设备的滤波稳压性能较差，保护电源很难保证其波形的稳定性，波纹系数严重超标，对设备寿命和可靠工作影响不容忽视。

（2）直流熔断器或低压断路器的配置问题。如果直流熔断器或低压断路器出现上下级配置不合理，可能导致回路过流时熔断器越级熔断（或低压断路器越级跳闸），扩大事故。

（3）保护装置本身的逆变电源问题。逆变电源的工作原理是将输入的 220V 或 110V 直流电源经断路器电路转换为方波交流，再经过逆变器变成保护装置需要的 ±5、±12、±24V 电压，作为保护装置 CPU 工作、内部开入开出回路的电源。如果存在电源的波纹系数过高、输出功率不足、稳压性能问题、本身逆变电源的保护问题，可能造成保护逻辑错误、影响保护的逻辑配合、烧坏保护装置的内部元器件等事故，导致保护误动或拒动。

3. 保护性能或原理存在缺陷

保护性能或原理存在缺陷主要是因为保护装置选型错误或原理上存在缺陷，不能满足设备保护性能要求。

4. 二次回路绝缘问题

二次回路绝缘事故是二次回路中最为常见的事故。由于二次回路的接线复杂，运行环境、条件较差，容易引起二次回路绝缘下降和损坏，运行中因二次回路绝缘破坏造成的继电保护事故较多。

5. 保护定值问题

正确的整定计算及执行是保护正确动作的两个重要条件。如果定值计算错误或继保人员现场更改定值时未严格按照定值单更改保护定值时，将造成保护误动、拒动等事故。另外，因为温度、电源、元件老化或损坏等影响，也可能引起继电保护整定值自动漂移，引起保护误动或拒动。

6. 设计或现场施工接线错误问题

设计错误、现场施工接线错误（如电流互感器变比接线错误）等，造成保护误动作或拒动。

7. 误碰、误操作问题

检修维护人员在操作或工作中误碰运行中的二次设备及回路、运行人员在操作中误操作（如误投退连接片等），将引发保护误动作。

8. 继电保护装置抗干扰性能问题

变电站一次回路强电磁干扰和二次回路本身的电磁干扰，通过感应、传导和辐射等途径引入到半导体型电子元器件上。当干扰水平超过了装置逻辑元件或逻辑回路允许的干扰水平时，将引起保护装置逻辑回路的不正确动作。

二、二次设备事故处理危险点源预控分析

1. 二次设备事故处理过程中可能存在的危险点

（1）没有认真检查设备，未发现设备较为隐蔽的故障点，就盲目判定为保护误动或拒动，按照保护误动或拒动，造成事故扩大。

（2）未熟悉保护装置原理，未能对二次设备事故进行准确的判断，造成事故处理不当或是扩大事故。

2. 预控措施

（1）要对设备进行认真细致的检查，确认所检查的设备没有发现异常现象，同时经过综合判定，以确认是否因为二次设备异常引起保护误动或是拒动。

（2）应加强对保护装置原理的培训，使运行人员（特别是值班长）熟悉自己所管辖的保护装置的原理，能对故障性质进行准确判断和处理。

【任务实施】

一、二次设备事故的现象

（1）后台监控机出现"保护装置异常""保护电源消失""交流电压回路断线""直流电压消失"等信号。

（2）保护屏内出现异常声音、冒烟等。

（3）微机保护屏上"OP"灯灭、运行监视灯异常、装置自检报警等。

（4）系统正常运行或系统冲击时保护误动。

（5）设备故障时保护出现拒动或不正确工作。

二、保护装置事故的处理原则

（1）查明是哪个设备哪套保护装置故障或发生异常现象。同时按照现场运行规程停用相关保护。

（2）事故时，如果出现保护不正确动作，应根据事故前运行方式，保护及自动装置动作情况、报警信号、断路器跳闸及设备外观等情况判明是哪套保护不正确动作。

（3）对保护装置外观（如保护面板上的信号灯、液晶显示内容、交直流空气断路器等）进行检查，判明故障原因。

（4）若出现"电压回路断线""电流回路断线"等信号，应按现场运行规程要求进行检查处理。

（5）若是怀疑保护装置内部有故障，或是经过上述现象查找不到具体原因，应立即上报，等待专业人员处理。

（6）保护误动作时，应汇报调度停用该保护。

【案例分析】

案　例　1号主变压器本体气体继电器接线盒进水，造成本体重瓦斯保护误动。

1. 运行方式

某110kV变电站接线如图1.5.7-1所示。正常运行方式为：110kV东涵Ⅰ线101断路器、东涵Ⅱ线102断路器运行，110kV桥100断路器热备用，1、2号主变压器运行，1、2号主变压器中性点接地开关在断开位置。10kV分段000断路器热备用，110kV备用电源自动投入装置投入，10kV备用电源自动投入装置停用，10kV各线路及电容器组运行。1号站用变压器充电备用，2号站用变压器运行。1、2号主变压器容量均为40MVA，事故前1、2号主变压器负荷均为18MVA。

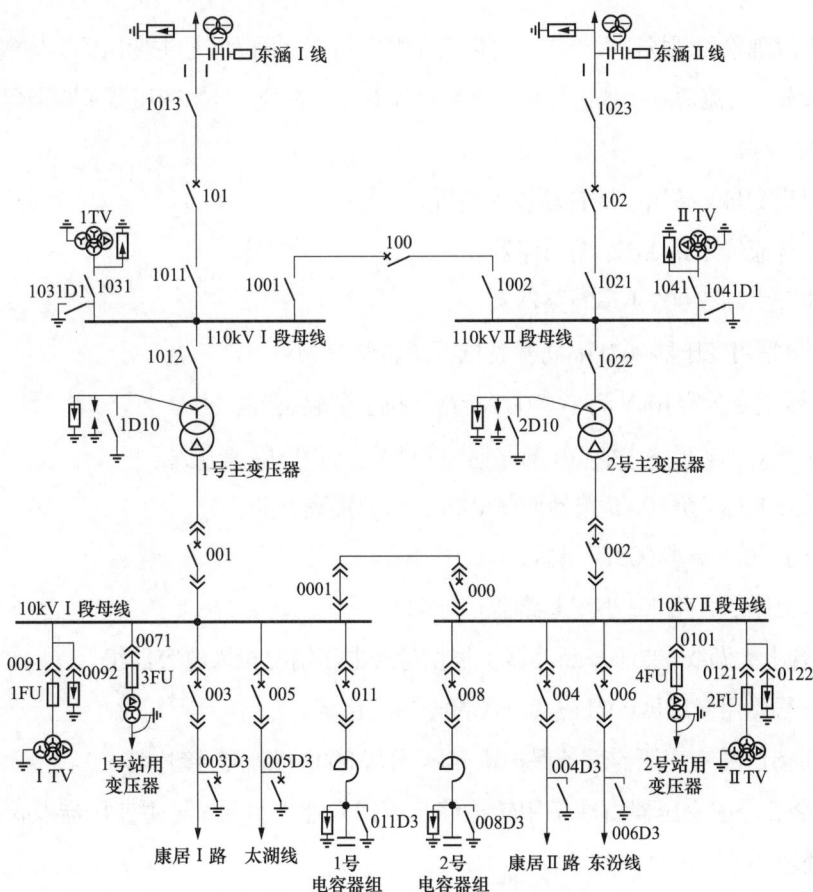

图 1.5.7-1　某 110kV 变电站接线

2. 现象

（1）报警，自动化信息显示110kV东涵I线101断路器、1号主变压器10kV侧001断路器、1号电容器组011断路器闪烁。110kV及10kV I 段母线电压指示为零，相应的电流表、功率表均指示为零。

（2）自动化信息显示1号主变压器"重瓦斯保护动作"、"110kV I 段母线TV断线"、"10kV段TV断线"、"故障录波动作"、"1号电容器组保护动作"、I 段母线上各馈线"微机保护装置异常"、"直流母线绝缘降低"等信号。

3. 巡视检查

（1）巡视检查保护室，1号主变压器保护屏上显示"重瓦斯保护动作"、1号电容器组保护屏上显示"电容器组保护动作"信号，微机保护打印出详细的报告。经两人确认无误后复归保护信号。站内直流系统存在正极接地现象，并检查直流系统正对地电压为15V，负对地电压为206V，判断为正极接地。

（2）现场对1号主变压器瓦斯保护范围内设备进行巡视检查，1号主变压器本体无明显故障现象，1号主变压器本体气体继电器接线盒进水，其他设备未发现异常。

4. 分析判断

根据事故现象和现场巡视检查，可以初步判断可能是因为1号主变压器本体气体继电器接线盒进水引起直流两点接地，短接气体继电器触点，造成1号主变压器重瓦斯保护误动。

5. 处理步骤

（1）退出110kV备用电源自动投入装置。

（2）拉开康居I路003小车断路器。

（3）拉开太湖线005小车断路器。

（4）1号站用变压器0071隔离开关拉至试验位置。

（5）1号主变压器10kV侧小车001断路器拉至试验位置。

（6）拉开110kV东涵I线101断路器两侧1011、1013隔离开关。

（7）拉开110kV桥100断路器两侧1001、1002隔离开关。

（8）合上10kV分段000断路器。

（9）合上康居I路003小车断路器。

（10）合上太湖线005小车断路器（根据母线电压情况投入电容器组）。

（11）1号站用变压器0071隔离开关推至运行位置。

（12）退出1号主变压器后备保护跳10kV分段000断路器连接片。

（13）将1号主变压器由冷备用转检修，等待专业人员对1号主变压器及保护进行试验、检查处理。

【思考与练习】

1.二次设备事故的现象有哪些?

2.保护装置事故的处理原则是什么?

3.二次回路上工作时,防止保护误动的措施有哪些?

4.图1.5.7–1中,1号主变压器检修,2号主变压器带全部负荷,1号主变压器应退哪些保护连接片。

模块二 发电厂运行

发电厂是电力系统有功电源的主要来源，起着生产电能并将电能输送给电网的作用。发电厂主要由发电机及励磁系统，电力变压器（主变压器），厂用变压器，馈电线（进线、出线）和母线，隔离开关（接地开关），断路器，电压互感器TV、电流互感器TA，避雷器及微机保护装置、自动装置、调度自动化和通信等相应的辅助设备组成。

发电厂电气运行的基本任务是给电网各用户提供优质、可靠而充足的电能，确保电力系统安全稳定运行。其主要内容有发电厂电气运行工况监控、发电厂电气设备巡视及维护、发电机－变压器组（简称发电机－变压器组）异常及事故处理。本模块以典型100MW热电厂、典型2×300MW发电机－变压器组为例，学习完成发电厂电气运行的各项基本工作。

项目 1 发电厂运行监控

【项目描述】

发电厂电气运行工况监视，主要学习发电厂基础知识、电气主接线及在DCS上的工况运行监视。

学习完本项目必须具备以下专业能力、方法能力、社会能力。

（1）专业能力：具备发电厂电气设备基础知识，了解电气主接线及DCS系统上各种符号的表示。

（2）方法能力：具备正确理解、分析发电机运行规程和发电厂一、二次系统运行方式的能力，具备较强的发现问题、解决问题能力。

（3）社会能力：愿意交流，主动思考，善于在反思中进步；学会服从指挥，遵章守纪，吃苦耐劳，安全作业；学会团队协作，认真细致，保证目标实现。

任务1.1 发电厂电气运行认知

【学习目标】

知识目标：1.了解发电厂电气运行的概念。

2.掌握遵守发电机运行规程及各项安全规程。

能力目标：1.能正确分析发电厂运行规程，具备较强抽象思维能力。

2.熟练掌握"两票三制"，并在工作中实施。

态度目标：1.能严格遵守各项运行规章制度，与小组成员协商、交流配合。

2.按标准化作业流程完成学习任务。

【任务描述】

在掌握发电厂电气运行基本知识的基础上，领会电气运行的工作制度及工作流程。

【相关知识】

一、发电厂电气运行的主要任务及基本要求

1. 发电厂电气运行的主要任务

发电厂电气运行的基本任务是给电网各用户提供优质、可靠而充足的电能，确保电力系统安全稳定运行。

从事电气运行的工作人员，称为运行值班员。

电气运行是电气运行值班人员对完成电能在发电厂形成过程中的电气设备与输配线路所进行的监视、控制、操作与调节的过程。

2. 发电厂电气运行基本要求

运行值班人员在电气运行中必须做到的"四勤"：

（1）勤联系：在负荷增减和事故处理过程中，有关人员必须相互及时联系和配合。

（2）勤调整：对系统中的电能质量和有关设备运行的工作参数必须随时调整到规定允许值范围内。

（3）勤分析：对运行中的设备状态随时进行分析、联想和总结，以便采取更科学的对策和做到更完善的管理。

（4）勤检查：为了及时消除设备的隐患与故障，电气运行人员必须根据运行规程的规定，定时、定责、定岗巡查对应的运行设备。

二、发电厂电气运行组织

电网调度机构是电网运行的组织、指挥、指导和协调的机构，负责电网的运行。目前我国的电网调度机构是五级调度管理模式，即国调、网调、省调、地调和县（市）调。

发电厂、变电站运行值班的每一个班组（或变电站控制中心的每一个班组）称为运行值班单位。

电网调度指挥系统由发电厂、变电站运行值班单位（含变电站控制中心），电网各级调度机构等组成。电网的运行由电网调度机构统一调度。根据电网调度管理条例相关规定，调度机构调度管理管辖范围内的发电厂、变电站的运行值班单位必须服从该级调度机构的调度，下级调度机构必须服从上级调度机构的调度。

三、发电厂电气运行调度原则

1. 发电厂电气运行调度原则

电力系统的发电、供电和用电是一个不可分割的整体。为了保障电力系统的安全、经济运行，必须实行集中管理、统一调度。

调度机构是电网的生产运行单位，又是国网、省网、市县公司的职能部门，代表网

国、省网、市县公司在电网运行工作中行使指挥权。各级调度在电力系统的运行指挥中是上下级关系。因此，按照下级服从上级的原则，下级调度机构制定的调度规程不应与上级调度制定的调度规程相矛盾，各发电厂和变电站的现场运行规程中涉及调度业务部分，均应取得相应调度机构的同意，如有调度规程相矛盾的条文，应根据调度规程原则予以修订。在跨省大区电网中，网调是最高调度管理机构；在省内电网中，中调是最高调度管理机构。

2. 调度的操作命令

调度的操作命令分为综合令和具体令。

（1）综合令。倒闸操作只涉及一个发电厂、一个变电站或不必观察对电网影响的操作，一般下综合令。受令单位接令后负责组织具体操作，地线自理。

（2）具体令。倒闸操作涉及两个及以上单位或新设备第一次送电，一般下具体令。具体令由调度按操作票内容逐项下达。每一项操作完成，接到回复令，再下达下一项，直到操作全部结束。

四、发电厂电气运行的管理制度

科学的电气运行管理制度，是每个运行值班人员在电气运行中的行为准则及指导思想，各级电气运行人员必须熟悉本单位的各项管理制度。

电气运行管理制度最基本的内容是人们常说的"两票三制"，即工作票制度、操作票制度、交接班制度、运行巡回检查与运行分析制度、设备定期试验与切换制度。据统计，电力系统中因工作票和操作票执行不严而造成的误操作占85%左右。

（一）"两票三制"

1. 工作票制度

正常情况下（事故情况除外），凡在电气设备上的工作，均应填用工作票或按命令（口头或电话）执行的制度，称为工作票制度。工作票制度是保证检修人员在电气设备上安全工作的组织措施之一，是为避免发生人身和设备事故，而必须履行的一种设备检修工作手续。

（1）工作票的作用。工作票是批准在电气设备上工作的书面命令，也是明确安全职责，严格执行安全组织措施，向工作人员进行安全交底，履行工作许可手续，工作间断、工作转移和工作终结手续，同时实施安全技术措施等的书面依据。因此，在电气设备上工作时，必须按要求填写工作票。

（2）工作票的种类及使用范围。根据工作性质的不同，在电气设备上工作时的工作票可分为三种：第一种工作票，第二种工作票，口头或电话命令。

（3）执行工作票的程序。签发工作票→送交现场→审核把关→布置安全措施→许可工作→开工会→收工会→工作终结→工作票终结。

2. 操作票制度

凡影响机组生产（包括无功负荷）或改变电力系统运行方式的倒闸操作及机炉开、停等较复杂的操作项目，均必须填用操作票的制度称为操作票制度。

（1）操作票的作用。电气运行人员完成一个操作任务常常需要进行十几项甚至几十项的操作，对这种复杂的操作，仅靠记忆是办不到的，也是不允许的，因为稍有疏忽、失误，就会造成人身、设备事故或严重停电事故。填写操作票是安全正确进行倒闸操作的依据，它把经过深思熟虑制定的操作项目记录下来，从而根据操作票面上填写的内容依次进行操作。电气设备改变运行状态时，必须使用操作票进行倒闸操作，这是防止误操作的主要措施之一。

（2）操作票的填写方法。操作票由操作人根据值班调度员下达的操作任务、值班负责人下达的命令或工作票的工作要求填写，填写前操作人应了解本站设备的运行方式和运行状态，对照模拟图安排操作项目。

3. 运行交接班制度

运行值班人员在进行交班和接班时应遵守有关规定和要求的制度，称为交接班制度。交接班制度是确保连续正常发供电的一项有力措施。运行值班人员在进行交接班时，要认真负责，接班要做到心中有数。只有认真执行交接班制度，才能避免因交接班不清而引发的事故。

4. 运行巡回检查制度

运行值班人员在值班时间内，对有关电气设备及系统进行定时、定点、定专责全面检查的制度，称为巡回检查制度。通过巡回检查可以及时发现设备缺陷和排除设备隐患，掌握设备的运行状况和健康水平，积累设备运行资料，从而保证设备安全运行，每个运行值班人员应按各自的岗位职责，认真、按时执行巡回检查制度。巡回检查分交接班检查，经常监视检查和定期巡回检查。

5. 设备定期试验与切换制度

发电厂、变电站按规定对主要设备进行定期试验与切换运行，这种制度称为设备的定期试验与切换制度。通过对设备的定期试验与切换运行，以保证设备的完好性，保证在运行设备故障时备用设备能真正起到备用作用。该制度规定了设备定期试验与切换的有关要求，设备定期试验与切换的项目及周期等，设备定期试验与切换应填写操作票，应做好记录。

（二）电气运行规程

发电厂、变电站根据现场实际编制了本单位相应电气设备及系统电气运行规程，配置了电力系统调度规程。电气运行规程包括电气主系统、厂用电系统、发电机、变压器、电动机、配电装置、继电保护、自动装置等运行规程。这些规程是电气设备安全运行的科学总结，反映了电气设备运行的客观规律，是保证发电厂、变电站安全生产的重要技术措施，是电气运行值班人员工作的基本依据，各岗位运行人员必须掌握规程的规定条文，严格按照规程的规定进行运行调整、系统倒换、参数控制、故障处理。

（三）值班日志和运行日志

为了使值班人员及时掌握设备的运行情况，了解设备运行的历史及积累资料，值班控制室一般设有交接班记录本、倒闸操作登记本、工作票登记本、设备变更记录本、设备绝缘登记本、继电保护和自动装置定值变更本、配电盘记事本、断路器事故遮断登记本、设备缺陷登记本、熔断器更换登记本、变压器分接头位置登记本、消弧线圈分接头位置登记本等。这些统称为值班日志。

运行日志的记录是值班工作的动态文字反映，是整个运行工作中的一个重要内容。它能帮助值班人员掌握电气设备的运行参数，进行运行分析，发现设备的隐患，及时调整负荷和更改运行方式，从而保证生产任务的完成和降低消耗指标。运行值班人员应学会记录运行日志，计算有关的参数。

运行日志中的主要参数有以下几项：

（1）电量（kWh）。它包括发电量、厂用电量、受电量（指发电厂与系统并列运行时，发电厂从系统接受的电量）、送出电量等。

（2）功率（kW）。它包括发电功率、受电功率、送出功率、厂用电功率、最大负荷和最小负荷。

（3）几项指标。它包括厂用电率、负荷率、煤耗率、给水泵用电消耗、循环水用电消耗、制粉用电消耗、锅炉风机用电消耗等；主要设备的电流、温度和各母线的电压。

（四）其他制度

1. 运行分析制度

运行分析是运行管理的主要工作，是保证安全、经济生产的重要环节。为了不断掌握生产规律，积累运行经验，提高运行管理水平，必须经常对设备的运行、操作、异常情况以及人员执行规章制度的情况等进行科学、细致和全面地分析。通过运行分析，找出薄弱环节，及时发现问题，有针对性制订防范措施，保证设备和系统的安全、经济运行。该制度规定了运行分析的内容、方法及要求，各级生产人员应认真做好运行分析工作。

2. 设备缺陷管理制度

运行值班人员对发现的设备缺陷进行审核、登记、上报、处理及缺陷消除结果进行记录的制度，称为设备缺陷管理制度。该制度是为了及时消除影响安全运行或威胁安全生产的设备缺陷，提高设备完好率、保证安全生产的一项重要制度，它为编制设备检修试验计划提供了依据。该制度规定了设备缺陷的分类、缺陷的审核、缺陷记录及记录要求、缺陷的上报、缺陷的处理、缺陷处理后的验收及记录。

3. 运行维护制度

该制度规定了对电刷、熔断器等部件的维护，按制定的维护项目、维护周期进行清扫、检查、测试。对发现的设备缺陷，运行值班人员能处理的应及时处理，不能处理的由检修人员或协助检修人员进行处理，以保证设备处于良好运行状态。

【任务实施】

电气运行值班流程如图2.1.1-1所示。

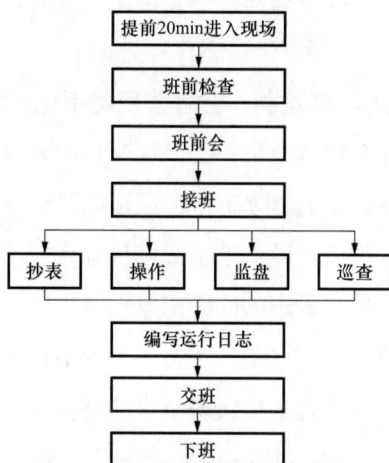

图 2.1.1-1　电气运行值班流程图

一、接班前的准备工作

（1）接班人员应提前20min进入现场。

（2）接班人员到达各控制室、设备管辖范围后，应立即开始接班前现场检查。

（3）接班人员应携带手电筒、听针等简单工具到现场进行接班前设备检查。

（4）检查的内容包括且不局限于：现场设备的泄漏情况，现场的卫生情况，设备的异常（噪声、振动、参数异常等）情况。

二、班前会

（1）上班后全班人员到中控室参加由调度长主持召开的班前会。

（2）班前会内容包括且不局限于：调度长详细介绍上几值的重要运行情况；设备异动及重要设定值变动情况；本值要进行的主要工作；安排相关岗位的值班人员；本值安全生产要注意的问题，提出存在的安全风险，布置安全措施；如部门领导参加班前会，则做必要补充；传达公司、部门有关的技术命令、技术通知及指令。

三、岗位对口交接班内容

岗位对口交接班的内容包括且不局限于：本岗位本值运行方式变动情况及目前设备运行情况；本岗位设备缺陷发生及处理情况，执行的安全措施情况；本值发生的人身或设备异常情况及其简要原因；有关技术命令、技术通知、上级指令等；需要下一班注意的其他运行事项及可能的操作内容；接班人员查阅运行日志、记录及报表；定期工作的执行情况；清点工器具、钥匙等；检查岗位卫生工作；接班人员对交班人员的口述如有不清之处，应主动提出询问，交班人员有义务耐心给予回答。

四、交接班注意事项

（1）接班时，交班人员忙于处理异常，接班方应在交班方负责人的要求下，协助交班人员工作，但必须受交班调度长统一指挥；待异常原因查明，恢复正常后，履行正常的接班手续。

（2）接班人员上班前4h内不能饮酒，并且接班时不应有酒气。交班方发现接班人员酒后接班，应拒绝交班并立即汇报调度长，交班调度长应要求接班方换人接班；当接班方无人接班时，交班人必须留在岗位上继续工作，直至部门领导派人接班。

（3）在完成现场检查后，如发现设备缺陷或其他疑惑应及时向上一班提出。

（4）接班时检查不认真，应当发现的问题未发现，责任、后果由接班方负责。

（5）检查所辖设备状态是否与交班记录相符，发现不符之处必须立即指出。

（6）交班人员应本着为本值负责、为接班负责的态度进行交接班。

（7）交班人员应在交班前30min对所辖的设备、卫生情况进行检查，确认无问题后将交班情况总结，准备向接班人员交代，双方确认无问题后，准时签字交接班。

（8）交班人员必须耐心听取并回答接班人员的询问。听取接班人员的意见或建议，主动做好本值应完成的各项工作，主动为接班人员创造良好的工作条件。

五、接班

（1）原则按岗位对口进行交接。

（2）各岗位接班前检查并确认设备、文明卫生、工器具、办公设施等符合要求后，就地签名接班，并将接班情况汇报调度长。

（3）在中控室完成接班工作。

（4）调度长收到各岗位接班前的检查情况的汇报，并确认没有问题后，宣布中控室各岗位签名接班。

某岗位不能接班时，原则上不影响中控室的交接班，应在日志上记录其详细情况。

六、拒绝接班的规定

接班人员在下列情况可拒绝接班，待交班人员处理好后再接班。

（1）交班记录不清、不全。

（2）设备状况交代不清。

（3）工器具缺失或损坏未记录。

（4）钥匙、通信（操作）工器具不全或未记录。

（5）定期工作未完成。

（6）设备、系统出现异常未处理好，原因未查明。

（7）转机设备维护不好。

（8）查阅运行记录，设备缺陷记录本，发现有记录不清或不能理解之处，必须立即向交班人员询问清楚，交代不清可向上级汇报，仍不清楚，可拒绝接班。

（9）卫生不合格。

（10）其他责任未落实。

七、接班后的工作

（1）监盘。认真监盘，精心调整，确保各系统、设备正常运行。监盘人员应保持良好的精神状态，坐姿端正。严禁监盘人员围坐聊天，做与监盘无关的事。

（2）操作。精心操作，精心调整，确保输送系统及其附属设备、斗轮机、卸船机、装船机、有关工程车辆的安全经济运行。正确使用各种安全用具。严格执行操作票制度和工作票制度。严格执行设备定期试验、轮换制度。

（3）巡回检查。按规定时间、路线、内容对所属设备进行巡回检查。巡回检查中，若发现异常情况，应及时处理，并逐级汇报上级。巡回检查中，发现的设备缺陷，应及时填写设备缺陷单，重大缺陷或不及时消除将影响设备正常运行的缺陷，应立即报告调度长，并由调度长通知检修人员尽快消除，在设备缺陷未消除之前，运行人员应加强监视并采取相应的措施。

（4）抄表化验。按规定时间正确抄好各运行记录表，定期检查或化验煤质。正确统计各经济小指标。

（5）卫生。下班前30min，按文明生产管理标准做好所辖设备和区域的卫生；控制室保持地面清洁，桌椅整齐，桌面清洁，各种日记本、运行等记录表及公用工器具按定置要求放置鉴齐。

（6）填写运行日记。包括运行方式、设备检修备用情况、本岗位的作业与异常情况。

八、交班

交班时间到点，接班人员无异议并在运行记录本上签字后，完成交班手续。

【思考与练习】

　　1.发电厂电气运行的基本任务？

　　2.运行值班人员在电气运行中必须做到的"四勤"。

　　3.什么是"两票三制"？

任务1.2　典型100MW热电厂主接线及正常运行方式

【学习目标】

　　知识目标：1.掌握典型100MW及以下热电厂电气一次系统与电气二次系统的正常运行方式；

　　　　　　　2.熟悉100MW热电厂仿真系统的功能及使用。

　　技能目标：1.能识读发电厂电气主接线图、厂用电系统接线图、直流系统接线图；

　　　　　　　2.能分别对照典型100MW热电仿真系统的主接线图、厂用电系统接线图、直流系统接线图，核对100MW热电厂电气一次系统与电气二次系统的正常运行方式。

　　态度目标：1.能主动学习，在完成任务过程中发现问题、分析问题和解决问题；

　　　　　　　2.能严格遵守发电厂相关运行规程及各项安全规程，与小组成员讨论、交流配合，按标准化作业流程完成学习任务。

【任务描述】

　　（1）识读典型100MW热力发电厂电气一次系统与电气二次系统接线图。能识读发电厂电气主接线图、厂用电系统接线图、直流系统接线图等，掌握发电厂电气主接线形式、厂用电系统接线形式、直流系统接线形式及特点。

　　（2）分析典型100MW热力发电厂正常运行方式。分别对照100MW热力发电厂主接线图、厂用电系统接线图、直流系统接线图，说出300MW发电厂断路器、隔离开关的接通与断开状态，互感器投退状态、保护投退情况等运行情况。

【相关知识】

一、发电厂电气主接线

　　确定电气主接线的具体方案，要综合考虑发电厂（变电站）容量、单机容量、用户的性质和引出线的数目，及其在电力系统中的地位、作用等各种因素，经过技术经济比较，最终确定一个较合理的方案。根据火力发电厂的容量及其在电力系统中的地位，一般可将火力发电厂分为区域性火力发电厂和地方性火力发电厂。这两类火力发电厂的电气主接线有各自的特点。

地方性火力发电厂的单机容量和总装机容量都较小，一般都建在负荷中心附近（城市边缘）。所发出的电能有较大部分以发电机电压（10kV）经线路直接送到附近的用户，或升至35kV送到稍远些的用户，其余的电能则升压到110kV或220kV送入系统。在本厂发电机故障或检修时，可由系统返送电能给地方负荷。

发电机电压母线在地方性火电厂主接线中显得非常重要，一般采用单母线分段、双母线不分段、双母线分段接线等形式。为限制过大的短路电流，分段断路器回路中常串入限流电抗器，10kV出线也常需要串入限流电抗器。这样就可以选用较便宜的轻型断路器。升高电压级则根据具体情况，一般可以选用单母线、单母线分段、双母线不分段等接线形式。

二、发电厂厂用电及其接线

自用电接线是指从自用变压器的高压侧引接到自用负荷供电的整个网络，包括电源引接方式、接线形式和供电网络等部分。

厂用电接线的设计应按照运行、检修和施工的要求，考虑全厂发展规划，积极慎重地用成熟的技术和设备，使设计达到经济合理、技术先进，保证机组安全、经济地运行。

有关规程规定，火电厂可采用3、6、10kV作为高压厂用电的电压，并在满足技术要求时，优先采用较低的电压，以获得较高的经济效益。发电机单机容量为60MW及以下，发电机电压为10.5kV时，可采用3kV电压；容量在100～300MW的机组，宜采用6kV电压；容量为300MW以上的机组，当经济技术合理时，也可采用两种高压厂用电电压。

对于电动机，按实践经验，容量在75kW以下的电动机采用380V电压、220kW及以上的电动机采用6kV电压、1000kW以上的电动机采用10kV电压，具有比较好的经济性。

大、中型火力发电厂厂用电一般均用两级电压，且大多为6kV及380/220V两个等级。当发电机额定电压为6.3kV时，高压厂用电压即定为6kV；当发电机额定电压为10.5kV或更高时，需设高压厂用变压器降压至6kV供电。有些中型热电厂的发电机额定电压为10.5kV，厂用电电压采用3kV及380/220V两级，这是由于在这类电厂中200kW以上的大型电动机不多，而3kV的电动机多为75kW及以上之故。小型火电厂厂用电只设置380/220V母线，少量高压电动机直接接于发电机电压母线上。

发电厂的厂用电系统通常采用单母线不分段或分段接线。在火电厂中，因为锅炉的辅助设备多、容量大，所以高压厂用母线都按锅炉台数分段。凡属同一台锅炉的厂用电动机都接在同一段母线上，与锅炉同组的汽轮机的厂用电动机一般也接在该段母线上。但每台汽轮机组有两台循环水泵和两台凝结水泵时，因其中一台属备用性质，允许分别接在不同分段上。锅炉容量在400～1000t/h时，每一高压厂用母线应分为两段。

【任务实施】

一、典型100MW热电厂主接线图识读及正常运行方式核对

图2.1.2-1所示为某地方性中型火力发电厂的电气主接线图。该厂设有四台发电机，其中G1、G2容量为100MW，发电机电压母线采用双母线分段，设有母线分段电抗器。G1、G2和10kV线路均匀分布在发电机电压母线的两个分段上，G1、G2一部分电能直接以10kV电缆线路供电给附近用户（出线都带电抗器），剩余电能经两台三绕组变压器升压为35kV和110kV供电给较远用户和系统。因为有两条架空线路供电给稍远一点的较大用户，故35kV采用内桥式接线。110kV采用双母线带旁路母线接线，有6回架空出线与系统相连并供电给大企业和城市110/10kV变电站。发电机G3、G4容量为125MW，额定电压为13.8kV，以发电机-变压器单元接线形式直接将电能并网汇入110kV系统。

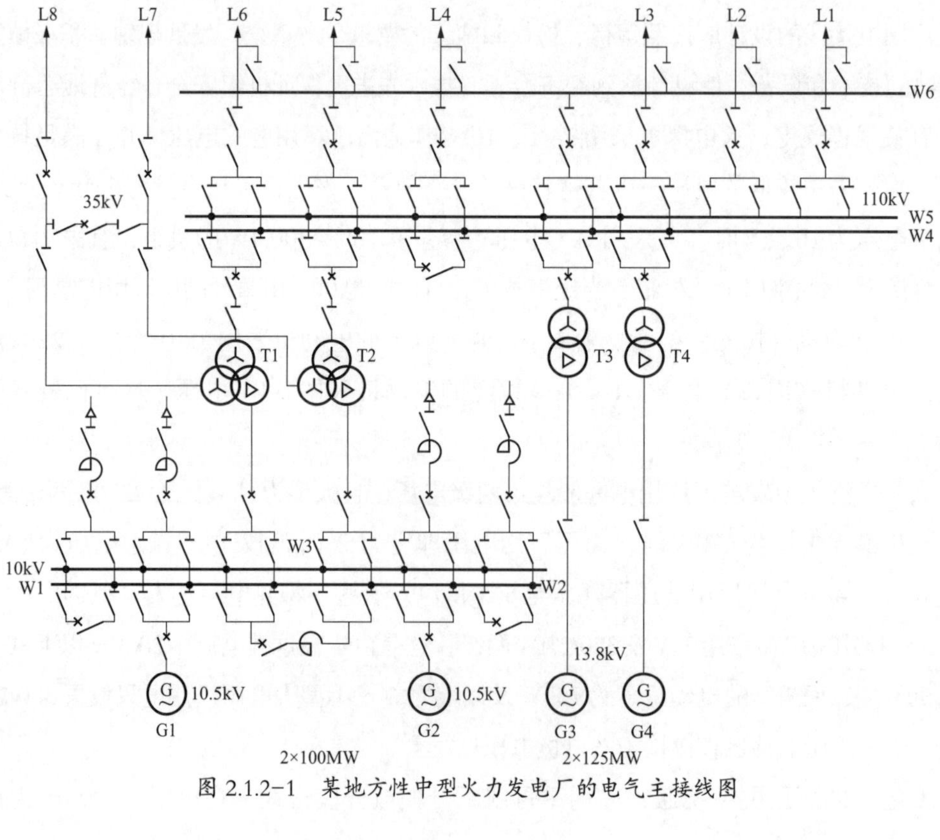

图 2.1.2-1　某地方性中型火力发电厂的电气主接线图

热电厂常建在工业区附近，除向附近用户供电外，还向其供热，也属于地方性火力发电厂。该厂是为了满足气候较冷的北方大城市集中供热，减轻城市烟尘污染的需要而建的，可为附近建筑供热。该厂虽然也承担向附近几个有较大负荷的企业和居民点供电的任务，但并未设置发电机电压母线，而是采用发电机–变压器单元接线直接将电能送入110kV高压母线，以110kV线路向企业和居民点的110/6～10kV变电站供电。

二、典型100MW热电厂厂用电一次系统接线图识读及正常运行方式核对

火电厂的厂用电负荷容量较大，分布面较广，尤其以锅炉的辅助机械设备耗电量大，如引风机、送风机、排粉机、磨煤机、给粉机、电动给水泵等大型设备，其用电量约占厂用电量的60%以上。为了保证厂用电系统的供电可靠性和经济性，高压厂用母线均按锅炉分段，低压厂用母线一般也按锅炉分段，厂用电源则由相应的高压厂用母线供电。

厂用电各级电压均采用单母线分段（按锅炉分段）接线方式，具有下列特点：

（1）若某一段母线发生故障，只影响其对应的一台锅炉的运行，使事故影响范围局限为一机一炉；

（2）用电系统发生短路时，短路电流较小，有利于电气设备的选择；

（3）将同一机炉的厂用电负荷接在同一段母线上，便于运行管理及安排检修。

图2.1.2-2所示为某中型热电厂的厂用电接线图。该电厂共有三台发电机组，因此高压厂用母线按锅炉数分为三段，厂用高压电压等级为6kV，通过T1、T2、T3三台高压工作厂用变压器分别从三台主变压器低压侧引过来。由于机组容量不是很大，低压厂用母线分为两段。备用电源采用明备用方式，即专门设置了高压备用厂用变压器T4和低压备用厂用变压器T6。

对厂用电动机的供电，可分为分别供电和成组供电两种方式。高压电动机的供电电路为分别供电方式，即从6kV对每台电动机均敷设一条电缆线路，通过专用的高压开关柜或低压配电盘进行控制。55kW及以上的I类厂用电负荷和40kW以上的Ⅱ、Ⅲ类厂用重要机械的电动机均采用分别供电方式。对一般的不重要机械的小电动机和距离厂用配电装置较远的车间（如中央水泵房）的电动机，则采用成组供电方式最为适宜，即数台电动机只占用一条线路，送到车间专用盘后，再分别引接电动机。这种方式可以节省电缆，简化厂用配电装置。

【思考与练习】

1.中型热电厂有何特点？

2.中型热电厂厂用电系统有何特点？

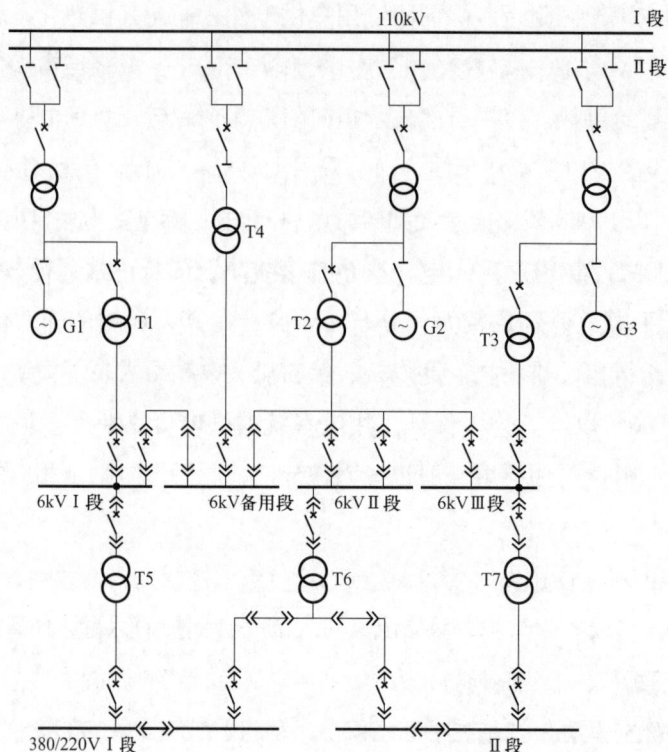

图 2.1.2-2　某中型热电厂的厂用电接线

任务1.3　典型300MW发电厂主接线及正常运行方式

【学习目标】

知识目标：1. 掌握典型300MW发电厂电气一次系统与电气二次系统的正常运行方式；

2. 熟悉300火电仿真系统的功能及使用。

技能目标：1. 能识读发电厂电气主接线图、厂用电系统接线图、直流系统接线图；

2. 能分别对照典型300MW火电仿真系统的主接线图、厂用电系统接线图、直流系统接线图，核对300MW发电厂电气一次系统与电气二次系统的正常运行方式。

态度目标：1. 能主动学习，在完成任务过程中发现问题、分析问题和解决问题；

2. 能严格遵守发电厂相关运行规程及各项安全规程，与小组成员讨论、交流配合，按标准化作业流程完成学习任务。

【任务描述】

1. 识读典型300发电厂电气一次系统与电气二次系统接线图

能识读发电厂电气主接线图、厂用电系统接线图、直流系统接线图等，掌握发电厂电气主接线形式、厂用电系统接线形式、直流系统接线形式及特点。

2. 分析典型300MW发电厂正常运行方式

分别对照300MW发电厂主接线图、厂用电系统接线图、直流系统接线图，说出300MW发电厂断路器、隔离开关的接通与断开状态，互感器投退状态、保护投退情况等运行情况。

【相关知识】

发电厂的电气系统分为电气一次系统和电气二次系统。电气一次系统的设备用于产生电能和电能的交换和分配，发电厂中主要一次设备除有发电机外，还有电力变压器、断路器、隔离开关、互感器等，这些都是电压高、电流大的强电设备。电气二次系统的设备是对电气一次系统设备进行监视、控制、保护、调节，并与上级有关部门和电力系统进行联络通信的有关设备，主要包括各种继电保护和自动装置、测量与监控设备、直流电源和远动通信设备等，这些都是电压较低、电流较小的弱电设备。

为了给电力系统提供合格的电能质量，确保电力系统的安全稳定运行，发电厂电气一次系统和电气二次系统必须正常稳定运行。

一、发电厂电气主接线

发电厂的电气主接线有多种典型接线形式，它们都有相应的运行方式。所谓电气主接线的运行方式（即一次系统运行方式），是指电气主接线中各电气元件实际所处的工作状态（运行、备用、检修）及其相连接的方式。电气主接线的运行方式分为正常运行方式和非正常运行方式。

电气主接线正常运行方式（即一次系统正常运行方式）是指正常情况下，全部设备投入运行时，电气主接线经常采用的运行方式。电气主接线正常运行方式一经确定，发电机和变压器及其母线接线的运行方式、中性点的运行方式也随之确定，且继电保护和自动装置的投入也随之确定。电气主接线的正常运行方式只有一种，发电厂电气主接线正常运行方式一经确定，任何人不得随意改变。

电气一次主接线可分为单母线接线、双母线接线、桥形接线和单元接线等。其中单母线接线和双母线接线又称有母线接线方式，桥形接线和单元接线又称无母线接线方式。其内容在《发电厂及变电站电气设备》（哈尔滨工业大学出版社，2020年6月出版）已有详细介绍，不再赘述。

二、单元机组及单元接线

1. 单元机组

现代化大型火力发电厂，为了使机组获得比较高的经济性，对于大容量机组，均采用蒸汽中间再热方式。该种方式要求蒸汽在汽轮机高压缸做功以后，返回锅炉加热，而后又送入汽轮机中、低压缸继续做功。这样一来，当几台汽轮机承担的负荷不完全一致的时候，要求各台锅炉提供的蒸汽初参数和再热蒸汽参数完全一致是非常困难的。于是出现了单元机组，即由一台锅炉配合一台汽轮机、一台发电机和主变压器构成纵向联系的独立单元。每个单元发出的电功率直接送到变电站的母线，各个单元之间没有大的横向联系（各个单元之间有公用蒸汽系统作机组启动、停运等用）。在正常运行的时候，本单元所需要的蒸汽和厂用电均取自本单元。这种独立单元系统的机组称为单元机组。

2. 单元接线

单元接线如图2.1.3-1所示。图2.1.3-1（a）为发电机-双绕组变压器单元接线，断路器装于主变压器高压侧作为该单元共同的操作和保护电器，在发电机和变压器之间不设断路器，可装一组隔离开关供试验和检修时作为隔离元件。

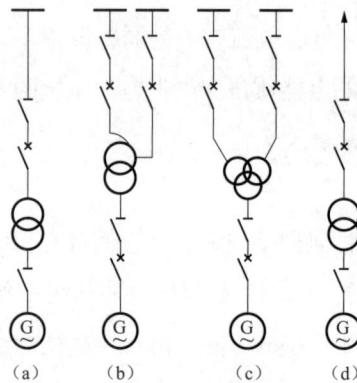

图 2.1.3-1　单元接线

（a）发电机-双绕组变压器单元接线；（b）发电机-自耦变压器单元接线；
（c）发电机-三绕组变压器单元接线；（d）发电机-变压器-线路组单元接线

当高压侧需要联系两个电压等级时，主变压器采用三绕组变压器或自耦变压器，就组成发电机-三绕组变压器（自耦变压器）单元接线，如图2.1.3-1（b）、（c）所示。为了能保证发电机故障或检修时高压侧与中压侧之间的联系，应在发电机与变压器之间装设断路器。若高压侧与中压侧对侧无电源时，发电机和变压器之间可不设断路器。

图2.1.3-1（d）为发电机-变压器-线路组单元接线。它是将发电机、变压器和线路直接串联，中间除了自用电外没有其他分支引出。这种接线实际上是发电机-变压器单元

和变压器–线路单元的组合，常用于1~2台发电机、一回输电线路，且不带近区负荷的梯级开发的水电厂，把电能送到梯级开发的联合开关站。

发电机–变压器单元接线的特点是：

（1）接线简单清晰，电气设备少，配电装置简单，投资少，占地面积小。

（2）不设发电机电压母线，发电机或变压器低压侧短路时，短路电流小。

（3）操作简便，可降低故障的可能性，提高了工作的可靠性，继电保护简化。

（4）任一元件故障或检修时需要全部停止运行，检修时灵活性差。

单元接线适用于机组台数不多的大、中型不带近区负荷的区域发电厂以及分期投产或装机容量不等的无机端负荷的中、小型水电厂。

【任务实施】

一、典型300MW电厂主接线图识读及正常运行方式核对

根据电气主接线运行方式的设计原则，以及发电厂现场运行方式按调度令执行的规定，通过以上任务分析，对典型2×300MW发电厂正常运行方式进行核对。

1. 2×300MW机组发电厂一次系统接线图

典型2×300MW发电机–变压器组单元接线发电厂一次系统接线如图2.1.3-2所示。

2. 典型2×300MW发电机–变压器组单元接线发电厂一次系统正常运行方式核对

（1）220kV主接线采用双母线带旁路接线，正常运行方式为双母线运行，母联断路器合上。

（2）1号发电机接至220kV Ⅰ段母线上运行，2号发电机接至Ⅱ段母线上运行。

（3）LY1、LY2、LH1线接至220kV Ⅰ段母线上运行，LH2、LD1、LD2线接至220kV Ⅱ段母线上运行。

（4）高压启动备用变压器接至220kV Ⅰ段母线上，但在单机运行时，应与发电机组接于不同的母线上。

（5）主变压器220kV中性点接地方式由调度决定，但在主变压器停、送电操作前，必须合上其中性点接地开关。

（6）1号发电机与5号主变压器采取单元组接线。

（7）2号发电机与4号主变压器采取单元组接线。

二、典型2×300MW电厂厂用电一次系统接线图识读及正常运行方式核对

1. 单元接线发电厂厂用电一次系统接线

典型2×300MW发电机–变压器组单元接线发电厂厂用电一次系统接线如图2.1.3-3所示。

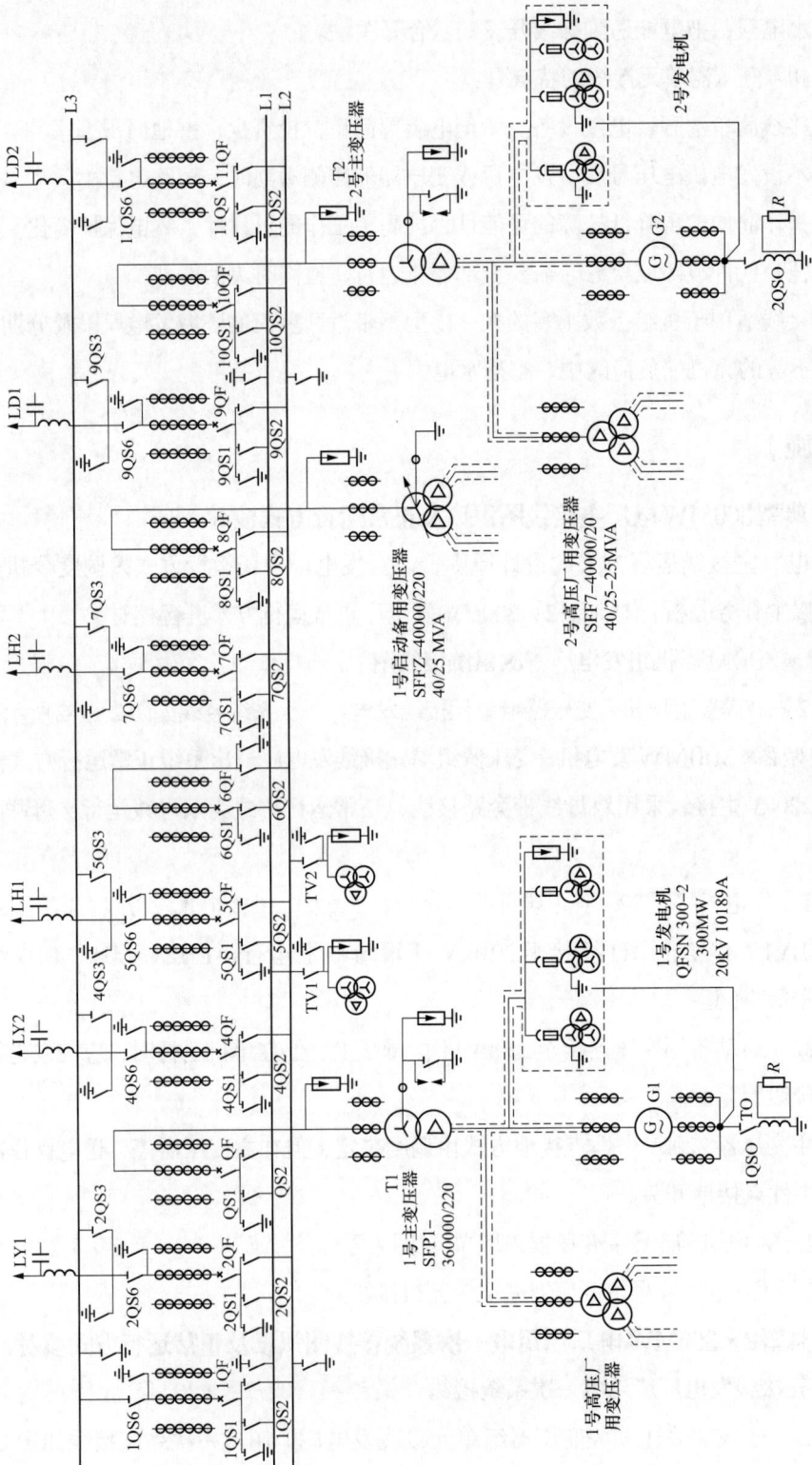

图 2.1.3-2 典型 2×300MW 发电机－变压器组单元接线发电厂一次系统接线图

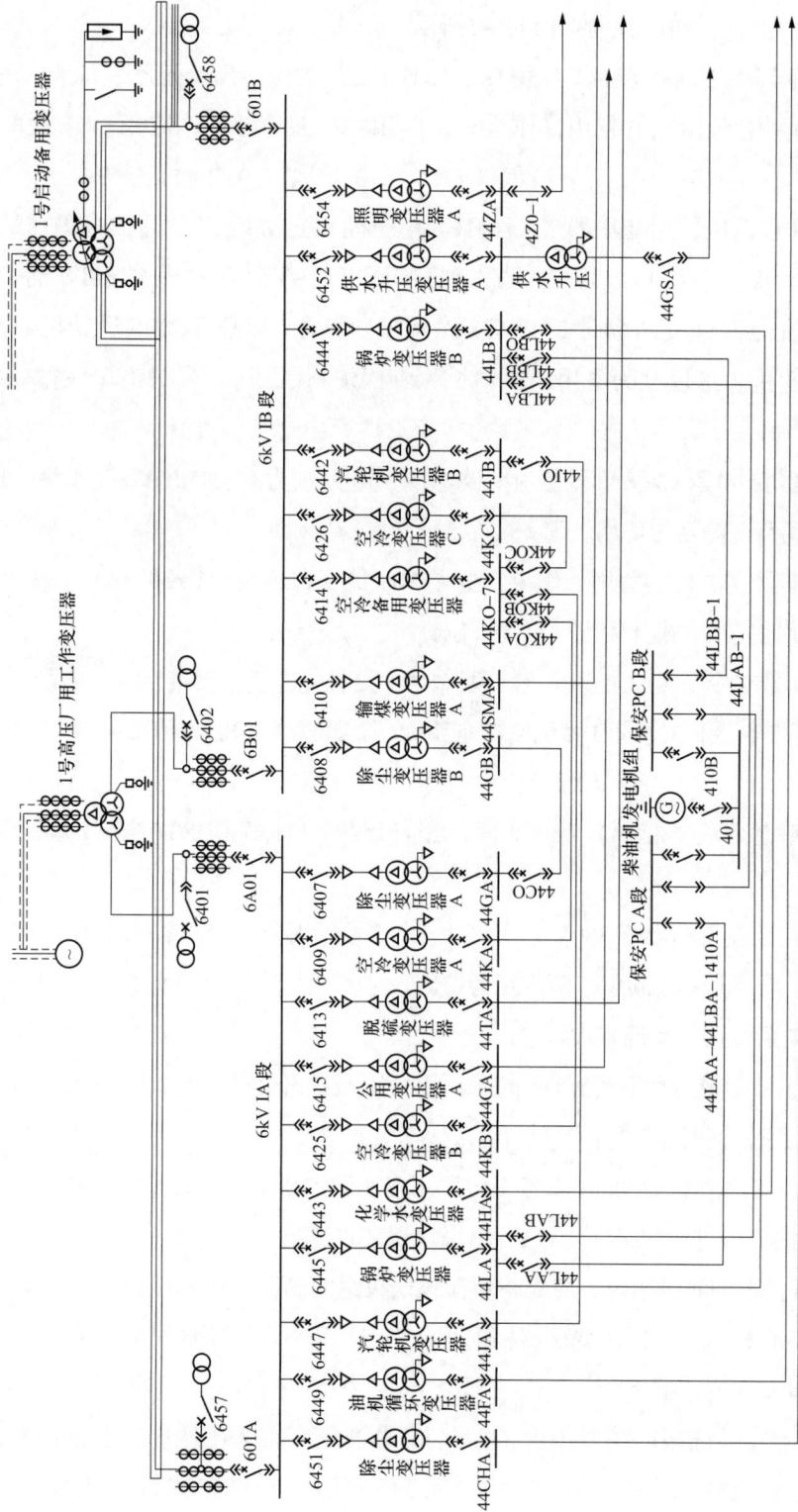

图 2.1.3-3 典型 2×300MW 发电机-变压器组单元接线发电厂厂用电一次系统接线图

2. 单元接线发电厂厂用电一次系统正常运行方式核对

（1）厂用电正常运行方式，如图2.1.3-2所示。

1）1号高压厂用变压器带6kV厂用IA、IB段；2号高压厂用变压器带6kV厂用IIA、IIB段；启动备用变压器充电备用，作为6kV厂用IA、IB段和厂用IIA、IIB段的备用电源。

2）1号机1号低压厂用变压器带1号机380V汽轮机PCA段、1号机2号低压厂用变压器带1号机380V汽轮机PCB段。1号炉1号低压厂用变压器带1号炉380V锅炉PCA段、1号炉2号低压厂用变压器带1号炉380V锅炉PCB段。1号机380V汽轮机PCA段、1号机380V汽轮机PCB段互为备用；1号炉380V锅炉PCA段、1号炉380V锅炉PCB段互为备用。

3）1号机保安A段、保安B段各由两路电源供电分别为1号炉380V PCA段、1号炉380V PCB段，两路电源互为备用。

4）1号机柴油发电机热备用，作为1号机380V保安PCA段、1号机380V保安PCB段的备用电源，就地控制方式开关投"自动"位置。

5）1号机1号空冷变压器带空冷PCA段、1号机2号空冷变压器带空冷PCB段、1号机3号空冷变压器带空冷PCC段、1号机空冷备用变压器作为1号机空冷PCA、B、C段的备用电源。

6）1号机照明变压器带380V照明A段，2号机照明变压器带380V照明B段，两段互为备用。

7）1号厂用公用变压器带380V公用PCA段，2号厂用公用变压器带公用PCB段，隔离开关在合位，联络开关在断位，两段互为备用。

（2）厂用电系统其他运行方式。

1）1号机组停运或启动期间，1号高压厂用变压器退出运行时，6kV厂用IA、IB段由启动备用变压器带，同时6kV厂用IIA、IIB段快切装置退出。

2）2号机组停运或启动期间，2号高压厂用变压器退出运行时，6kV厂用IIA、IIB段由启动备用变压器带，同时6kV厂用IA、IB段快切装置退出。

3）1、2号机组同时停运时，应先将负荷较低机组的高压厂用变压器倒为启动备用变压器运行，另一台机组高压厂用变压器根据两台机组厂用电负荷不超过启动备用变压器额定负荷倒为启动备用变压器运行。

4）当1号机1号低压厂用变压器（1号机2号低压厂用变压器）退出运行时，1号机380V汽轮机A段PC（1号机380V汽轮机B段PC）可由1号机380V汽轮机B段（1号机380V汽轮机A段PC）串带。

5）当1号炉1号低压厂用变压器（1号炉2号低压厂用变压器）退出运行时，1号炉380V锅炉A段PC（1号炉380V锅炉B段PC）可由1号炉380V锅炉B段PC（J号炉380V锅炉A段PC）段接带。

6）380V系统MCC盘的运行方式：采用双路电源供电的MCC盘，正常方式为一路运行，另一路备用；两路电源侧开关均在合闸位，就地盘上开关选择其中一路运行。单电源MCC盘正常情况下，电源侧开关与就地盘上开关均在合闸位。

三、直流220V系统接线图识读及正常运行方式核对

1. 单元接线发电厂直流220V系统接线图

典型2×300MW发电机–变压器组单元接线发电厂直流220V系统接线图如图2.1.3-4所示。

2. 单元接线发电厂直流220V系统正常运行方式核对

（1）直流220V系统正常运行方式。直流220V系统由蓄电池组和充电柜在直流母线上并列运行，充电柜除带正常220V母线上负荷外，同时对蓄电池组浮充电。1、2号机直流Ⅰ、Ⅱ分段断路器在断开位置。1号充电柜1号蓄电池组上Ⅰ段直流母线，2号充电柜2号蓄电池组上Ⅱ段直流母线，3号充电柜备用。直流母线绝缘监测仪投入运行。

（2）直流系统的监控参数。直流220V母线电压应维持在235V，以确保单个蓄电池的浮充电压在2.15～2.17V为原则。

【拓展提高】

单元接线发电厂UPS系统正常运行方式核对。

1. UPS带有下列负荷

UPS电源系统图如图2.1.3-5所示。

炉DCS电源柜、机DCS电源柜、DEH机柜、TSI机柜、ETS机柜、励磁调节柜、数据网接入设备屏、保护及故障信息远传系统、远方电量计费、AGC及RTU屏、NCS工程师站、远动通信柜电源、电子间管理机、NCS上位机电源、柴油发电机控制柜、发电机–变压器组变送器及故障录波器等。

2. UPS的运行方式

正常运行时，UPS由380V交流工作电源经整流—逆变后，产生稳频稳压高质量的交流电供给负荷，直流电源作为备用。当交流主电源失去后，逆变器改由直流电源供电。当逆变单元故障时，运行方式自动切换至旁路系统，经旁路变压器自动调压器向负荷供电。

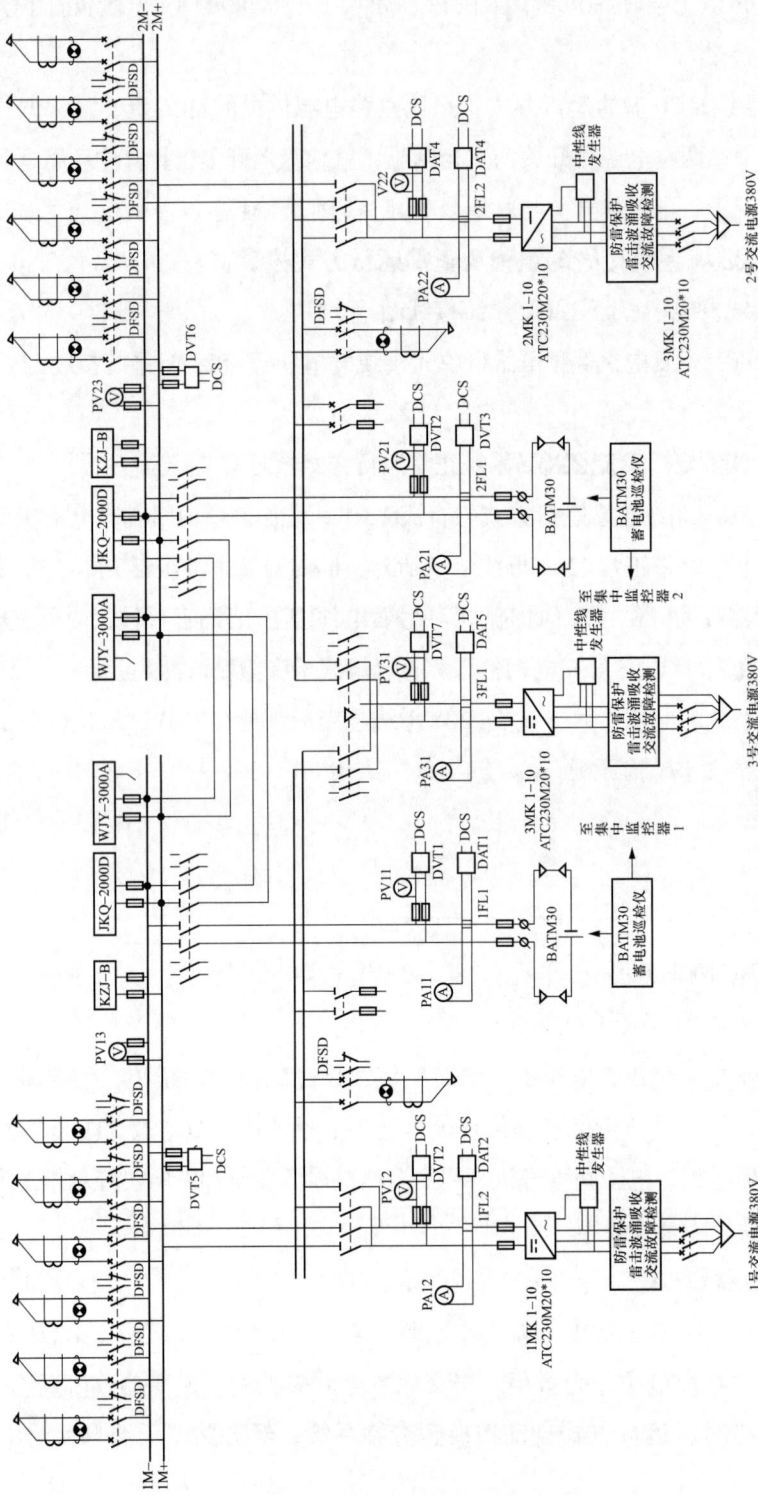

图 2.1.3-4 典型 2×300MW 发电机-变压器组单元接线发电厂直流系统接线图

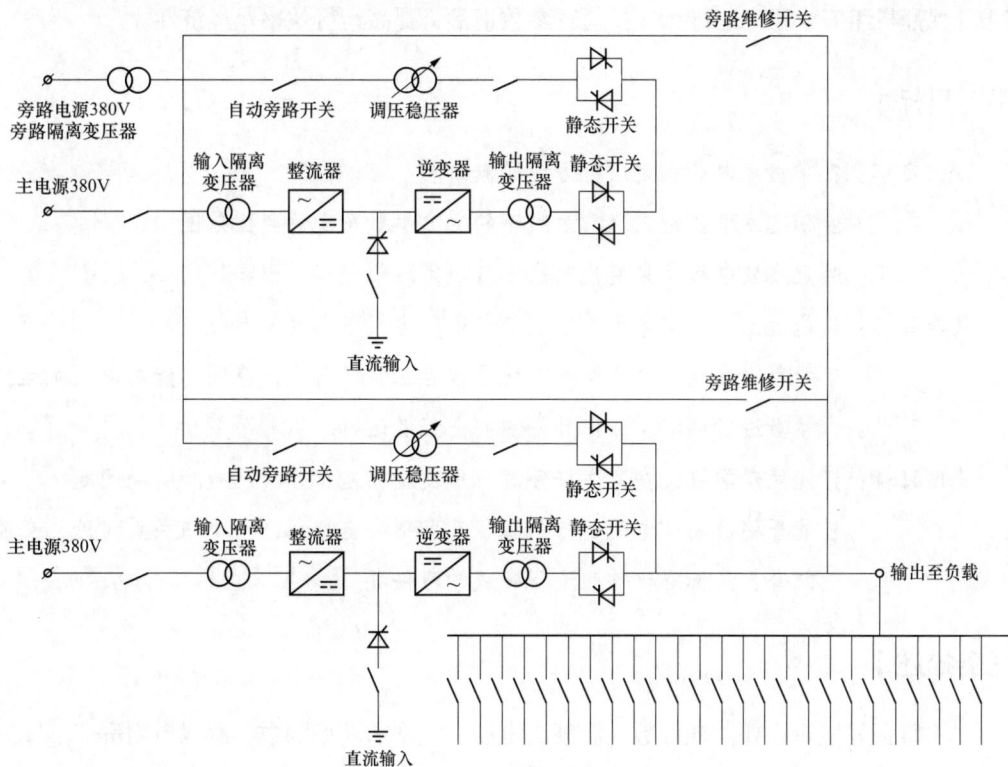

图 2.1.3-5　UPS 电源系统图

正常运行：交流输出（整流器的工作电源）经过输入隔离变压器、整流器、逆变器、输出隔离变压器、静态开关供给配电柜（负载）。

旁路运行：在工作电源故障，而电池放电接近电压的下限或逆变器发生故障时自动转入旁路运行。当UPS进行检修工作时，采用先合后断的方法转为旁路运行。工作电源部分、直流电源部分、旁路系统均可进行自动切换，而保证负荷稳定连续不间断供电。

【思考与练习】

1.什么是电气主接线？对主接线有哪些基本要求？

2.电气主接线有哪些基本类型？

3.什么是运行方式？说明各电气主接线正常运行方式分别是怎样的？

4.结合厂、站自用电接线图说明其正常和非正常运行方式是什么？

任务1.4　典型300MW发电机的正常运行监视

发电厂通过机组正常运行控制参数限额，监视、调整机组运行工况，使主要参数符合规定；按照电网负荷需求，及时调整机组负荷，维持机组正常运行工况，满足电、热负荷需求，保证机组安全稳定运行，保持运行参数正常，提高运行效率及经济性。

【学习目标】

知识目标：1. 掌握发电厂额定运行方式的概念。

2. 知道发电机额定运行方式下的主要参数及允许变化范围。

3. 熟悉发电机参数变化时的运行规定。

技能目标：1. 能说出发电机等主要设备额定运行方式下的主要参数。

2. 能判断发电机主要参数变化是否在正常运行允许范围，能对发电机运行参数进行调节，保证其机组安全经济运行。

态度目标：1. 能主动学习，在完成任务过程中发现问题、分析问题和解决问题。

2. 能严格遵守"电气运行"规程及各项安全规程，与小组成员讨论、交流配合，按标准化作业流程完成学习任务。

【任务描述】

（1）掌握发电机主要监视参数：温度、电压、频率、功率因数、绝缘电阻等。

（2）理解发电机参数变化允许范围及运行规定：电压、频率、过负荷、负序过负荷、失磁异步运行、调峰运行等。

（3）对发电机运行进行调节：电压、频率、功率因数、有功负荷、无功负荷、三相电流、冷却系统等。

【相关知识】

一、发电机额定运行方式

发电机按制造厂铭牌额定参数运行的方式，称为额定运行方式。发电机的额定参数是制造厂对其在稳定、对称运行条件下规定的最合理的运行参数。当发电机在各相电压和电流都对称的稳态条件下运行时，具有损耗小、效率高、转矩均匀等优点。所以在一般情况下，发电机应尽量保持在额定或接近额定工作状态下运行。

二、发电机允许温度和温升

由于电网负荷的变化，不可能所有的发电机组都按铭牌额定参数运行，会出现某些机组偏离铭牌参数运行的情况。当发电机的运行参数偏离额定值，但在允许范围内时，这种运行方式为允许运行方式。

发电机运行时会产生各种损耗，这些损耗一方面使发电机的效率降低，另一方面会变成热量使发电机各部分的温度升高。温度过高及高温延续时间过长都会使绝缘加速老化，缩短使用寿命，甚至引起发电机事故。一般来说，发电机温度若超过额定允许温度8℃长期运行，其寿命会缩短一半（即8℃规则）。所以，发电机运行时，必须严格监视各部分的温度，使其在允许范围内。另外，由于发电机内部的散热能力与周围空气温度的变化成正比，当周围环境温度较低，温差增大时，为使发电机内各部位实际温度不超过允许值，还应监视其允许温升。

发电机的连续工作容量主要决定于定子绕组、转子绕组和定子铁芯的温度。这些部分的允许温度和允许温升，决定于发电机采用的绝缘材料等级和温度测量方法。通常容量较大的发电机，大多采用B级绝缘材料，也有的采用F级绝缘材料，绝缘材料不同则测温方法也不完全相同。因此，发电机运行时的温度和温升，应根据制造厂规定的允许值（或现场试验值）确定。若无厂家规定时，可按表2.1.4-1执行。

表2.1.4-1　发电机各主要部分的温度和温升允许值

发电机部位	允许温升（℃）	允许温度（℃）	温度测试方法
定子铁芯	65	105	埋入检温计法
定子绕组	65	105	埋入检温计法
转子绕组	90	130	电阻法

表2.1.4-1中，发电机定子铁芯和定子绕组的允许温度同为105℃。因为一方面有部分定子铁芯直接与定子绕组接触，定子铁芯的温度超过105℃时会使定子绕组的绝缘遭受损坏，特别是采用纸绝缘时，若温度经常在100℃以上，由于绝缘纸的过分干燥而较绝缘漆更易损坏，所以发电机定子铁芯的允许温度不应超过定子绕组的允许温度。

发电机转子绕组的允许温度为130℃，高于定子绕组的允许温度，其原因首先是转子绕组电压较低，且绕组温度分布均匀，不会像定子绕组因受定子铁芯温度的影响而可能出现局部过热；其次，定子、转子绝缘材料不同，测温方法也不同。

三、冷却介质的质量、温度和压力允许变化范围

发电机的冷却介质主要有氢气、水和空气。氢气冷却一般用在容量为50～600 MW的汽轮发电机中。其中，50～100 MW的汽轮发电机一般用氢表面冷却；100～250 MW的汽轮发电机的转子一般用氢内冷，而定子用氢表面冷却；200～600 MW的汽轮发电机采用定子、转子氢内冷。容量较大的发电机的定子绕组广泛采用水内冷。空气冷却一般用在50 MW以下的汽轮发电机中。目前，国内外大、中型水轮发电机主要采用空气冷却和水冷却。

为保证发电机能在其绝缘材料的允许温度下长期运行，必须使其冷却介质的温度、压力运行在规定的范围内，其冷却介质的质量也必须符合规定。

1. 氢气的质量、压力和温度

机组运行时，为防止氢气爆炸，氢气质量必须达到规定标准：氢气纯度正常时应维持在98%或以上，其湿度不大于2g/m³（一个标准大气压下）。氢冷发电机氢气压力的大小，直接影响发电机各绕组的温度和温升。任何情况下，发电机的最高和最低运行氢压不得超过制造厂的规定。为保证机组额定出力和各部分温度、温升不超过允许值，发电机冷氢温度应不超过额定的冷氢温度。温度太低，机内容易结露；温度太高，影响发电机出力。

2. 冷却水的水质、温度和水压

冷却水的水质对发电机的运行有很大影响，如果电导率大于规定值，运行中会引起较大泄漏电流，使绝缘引水管老化，过大的泄漏电流还会引起相间闪络；水的硬度过大，则水中含钙、镁离子多，运行中易使管路结垢，影响冷却效果，甚至堵塞管道。为保证发电机的安全运行，对内冷水水质有如下规定：电导率小于 $15\mu\Omega/cm$（20℃）；硬度小于 $10\mu g/L$；酸碱度（pH值）为 $7 \sim 9$。

水内冷发电机的进水温度的高低对其运行有很大影响，定子内冷水进水温度过高，影响发电机出力，而水温过低，则会使机内结露。故发电机的进水温度变化时，应根据规程规定接带负荷。发电机内冷水进水温度一般规定为 $40 \sim 45$℃，有的制造厂规定为 $45 \sim 50$℃。同时发电机定子绕组和转子绕组中的出水温度也不得超过规定值，以防止出水温度过高，引起水汽化而使绕组过热烧坏。

定子内冷水水压的高低，会影响定子绕组的冷却效果，影响机组出力，故机组内冷水进水压力应符合制造厂规定。为防止定子绕组漏水，内冷水运行压力不得大于氢压。当发电机的氢压发生变化时，应相应调整水压。

3. 冷却空气的温度

我国规定发电机进口风温不得高于40℃，出口风温一般不超过5℃，冷却气体的温升一般为 $25 \sim 30$℃。在此风温下，发电机可以连续在定容量下运行。当进口风温高于规定值时，冷却条件变差，发电机的出力就要减少，否则发电机各部分的温度和温升就要超过其允许值。反之，当进口风温低于规定值时，冷却条件变好，发电机的出力允许适当增加。

采用开启式通风的发电机，其进口风温不应低于5℃，温度过低会使绝缘材料变脆。采用密封式通风的发电机，其进口风温一般不宜低于 $15 \sim 20$℃，以免在空气冷却器上凝结水珠。

四、发电机电压的允许变化范围

发电机应运行在额定电压下。实际上，发电机的电压是根据电网的需要而变化的。发电机电压在额定值的 ±5% 范围内变化时，允许长期按额定出力运行。当定子电压较额定值减小50%时，定子电流可较额定值增加50%，因为电压低时，铁芯中磁通密度降低，因而铁损也降低，此时稍增加定子电流，绕组温度也不会超过允许值。反之，当定子电压较额定值增加 5% 时，定子电流应减小 5%。这样，如果功率因数为额定值时，发电机就可以连续地在额定出力下运行。发电机电压的最大变化范围不得超过额定值的 10%。发电机电压偏离额定值超过 ±5% 时，都会给发电机的运行带来不利影响。

1. 电压低于额定值对发电机运行的主要影响

（1）降低发电机并列运行的稳定性和电压调节的稳定性。当电压降低时，功率极限降低，若保持输出功率不变，则势必增大功角运行，而功角越接近 90°，并列运行的稳定性越差，容易引起发电机振荡或失步。另外，电压降低时发电机铁芯可能处于不饱和状态，其运行点可能落在空载特性的直线部分，励磁电流做小范围的调节都会造成发电机电压的大幅变动，且难以控制。这种情况还会影响并列运行的稳定性。

（2）使发电机定子绕组温度升高。在发电机电压降低的情况下，若保持出力不变，则定子电流增大，有可能使定子温度超过允许值。

（3）影响厂用电动机和整个电力系统的安全运行，反过来又影响发电机本身的运行。

2. 电压高于额定值对发电机运行的主要影响

（1）转子绕组温度有可能超过允许值。保持发电机有功输出不变而提高电压时，转子绕组励磁电流就要增大，这会使转子绕组温度升高。当电压升高到 1.3 ~ 1.4 倍额定电压运行时，转子表面脉动损耗增加（这些损耗与电压的二次方成正比），使转子绕组的温度有可能超过允许值。

（2）使定子铁芯温度升高。定子铁芯的温升一方面是定子绕组发热传递的；另一方面是定子铁芯本身的损耗发热引起的。当定子端电压升高时，定子铁芯的磁通密度增高，铁芯损耗明显上升，使定子铁芯的温度大大升高。过高的铁芯温度会使绝缘漆烧焦、起泡。

（3）可能使定子结构部件出现局部高温。由于定子电压升高过多，定子铁芯磁通密度增大，使定子铁芯过度饱和，会造成较多的磁通逸出轭部并穿过某些结构部件，如机座、支撑筋、齿压板等，形成另外的漏磁磁路。过多的漏磁会使结构部件产生较大涡流，可能引起局部高温。

（4）对定子绕组的绝缘造成威胁。正常情况下，定子绕组的绝缘材料能耐受 1.3 倍额定电压。但对运行多年、绝缘材料已老化或本身有潜伏性绝缘缺陷的发电机，升高电压运行，定子绕组的绝缘材料可能被击穿。

五、发电机频率的允许变化范围

正常运行时，发电机的频率应经常保持在 50 Hz。但是，因为电力系统负荷的增减频繁，而频率调整不能及时进行，因此频率不能始终保持在额定值上，可能稍有偏差。频率的正常变化范围应在额定值的 ±0.2 Hz 以内，最大偏差不应超过额定值的 ±0.5 Hz。频率

超过额定值的 ±2.5Hz 时，应立即停机。在允许变化范围内，发电机可按额定容量运行。频率变化过大将对用户和发电机带来有害的影响。

1. 频率降低对发电机运行的影响

（1）频率降低时，发电机转子风扇的转速会随之下降，使通风量减少，造成发电机的冷却条件变坏，从而使绕组和铁芯的温度升高。

（2）频率降低时，定子电动势随之下降。若保持发电机出力不变，则定子电流会增加，使定子绕组的温度升高；若保持电动势不变，使出力也不变，则应增加转子的励磁电流，也会使转子绕组的温度升高。

（3）频率降低时，若用增加转子电流来保持机端电压不变，会使定子铁芯中的磁通增加，定子铁芯饱和程度加剧，磁通逸出磁轭，使机座上的某些部件产生局部高温，有的部位甚至会冒火花。

（4）频率降低时，厂用电动机的转速会随之下降，厂用机械的出力降低，这将导致发电机的出力降低。而发电机出力下降又会加剧系统频率的再度降低，如此恶性循环，将影响系统稳定运行。

（5）频率降低，可能引起汽轮机叶片断裂。因为频率降低时，若出力不变，转矩应增加，这会使叶片过负荷而产生较大振动，叶片可能因共振而折断。

2. 频率过高对发电机运行的影响

频率过高时，发电机的转速升高，转子上承受的离心力增大，可能使转子部件损坏，影响机组安全运行。当频率高至汽轮机危急保安器动作时，会使主汽门关闭，机组停止运行。

六、发电机功率因数的允许变化范围

发电机运行时的定子电流滞后于定子电压一个角度 φ，同时向系统输出有功功率和无功功率，此工况为发电机的迟相运行，与此工况对应的 $\cos\varphi$ 为迟相功率因数。当发电机运行时的定子电流超前于定子电压一个角度 φ，发电机从系统吸取无功功率，用以建立机内磁场，并向系统输出有功功率，此工况为发电机的进相运行，与此工况对应的 $\cos\varphi$ 为进相功率因数。发电机的额定功率因数，是指发电机在额定出力时的迟相功率因数 $\cos\varphi$，其值一般为 0.8 ~ 0.9。

发电机运行时，由于有功负荷和无功负荷的变化，其 $\cos\varphi$ 也是变化的。为保持发电机的稳定运行，功率因数一般运行在迟相 0.8 ~ 0.95 范围内。$\cos\varphi$ 也可以工作在迟相的 0.95 ~ 1.0 或进相的 0.95，但此种工况下发电机的静态稳定性差，容易引起振荡和失步。因为，迟相 $\cos\varphi$ 值越高，输出的无功功率越小，转子励磁电流越小，定子、转子磁极间的吸力减小、功角增大，定子的电动势降低，发电机的功率极限也降低，故发电机的静态稳定度降低。所以，通常规定$\cos\varphi$一般不得超过迟相0.95运行，即无功功率不应低于有功功率的1/3。对于有自动调节励磁的发电机，在$\cos\varphi=1$或$\cos\varphi$在进相0.95～1.0范围内时，也只允许短时间运行。

$\cos\varphi$的低限值一般不做规定，因其不影响发电机运行的稳定性。

发电机在$\cos\varphi$变化情况下运行时，有功出力和无功出力一定不能超过发电机的允许运行范围。在静态稳定条件下，发电机的允许运行范围主要决定于下述4个条件：

（1）原动机的额定功率。原动机的额定功率一般要稍大于或等于发电机的额定功率。

（2）定子的发热温度。发热温度决定了发电机额定容量的安全运行极限。

（3）转子的发热温度。该温度决定了发电机转子绕组和励磁机的最大防磁电流。

（4）发电机进相运行时的静态稳定极限。发电机进相运行时，考虑到运行稳定，发电机的有功输出要受到静态稳定极限的限制。

七、定子不平衡电流的允许范围

在实际运行中，发电机可能处于不对称状态，如系统中有电炉、电焊等单相负荷存在，系统发生不对称短路、输电线路或其他电气设备一次回路一相断线、断路器或隔离开关一相未合上等原因,使发电机三相电流不相等（不平衡）。

不平衡电流对发电机的运行有如下不良影响。

1. 使转子表面温度升高或局部损坏

不平衡电流中含有的负序电流所产生的负序旋转磁场，其旋转方向与转子转向相反，对转子的相对速度是同步转速的2倍，它将在转子绕组、阻尼绕组、转子铁芯表面及其他金属结构部件中感应出倍频（100 Hz）电流。倍频电流因趋肤效应在转子铁芯表面流通，引起损耗使转子铁芯表面发热，温度升高。倍频电流在转子绕组、阻尼绕组中流过时，引起绕组附加铜损，使转子绕组温度升高。

转子铁芯中的倍频电流在铁芯中环流时，大部分通过转子本体，也越过许多转子金属件的接触面，如槽、套、中心环等，因接触面的接触电阻大，在一些接触面会产生局部高温，造成转子局部损坏，如套箍与齿的接触被烧伤等。

发热对汽轮发电机转子的影响尤为显著，因为汽轮发电机为隐极式转子，铁芯为圆形且用整个钢锭整体锻制而成，转子绕组放在槽中不易散热。

2. 引起发电机振动

由于定子三相电流不对称，定子负序电流产生的负序磁场相对转子以2倍同步转速旋转，它与转子磁场相互作用，产生100 Hz的交变转矩，该转矩作用在转子及定子机座上，产生100 Hz的振动。由于水轮发电机为凸极式转子，沿圆周气隙不均匀，磁阻不等、磁场不均匀，而汽轮发电机为隐极式转子，沿圆周气隙较均匀、磁阻相差不大、磁场比较均匀，故三相电流不平衡运行时，负序磁场引起的机组振动，水轮发电机比汽轮发电机严重。因此，水轮发电机常设置阻尼绕组，利用其对负序磁场的去磁作用，可以减小负序电抗，同时可以降低负序磁场对转子造成的过热，以及减小附加振动转矩。

为此，对发电机三相不平衡电流的允许范围做如下规定：

（1）正常运行时，汽轮发电机在额定负荷下的持续不平衡电流（定子各相电流之差）不应超过额定值的10%，对水轮发电机和调相机来讲，则不应超过额定值的20%，且最大相的电流不大于额定值。在低于额定负荷下连续运行时，不平衡电流可大于上述值，但不得超过额定值的20%，其具体数据应根据试验确定。

（2）长期稳定运行，每项电流均不大于额定值时，其负序电流分量不大于额定值的8%～10%。水轮发电机允许担负的负序电流，不大于额定电流的12%。

（3）短时耐负序电流的能力应满足 $I_2^2 t \leqslant 10$。

八、发电机组绝缘电阻的允许范围

在发电机启动前或停机备用期间，应对其绝缘电阻进行监测，以保证发电机能安全运行。测量对象为发电机定子绕组、转子绕组、励磁回路、励磁机轴承绝缘垫、主励定子绕组、转子绕组、副励定子绕组以及各测温元件。

1. 发电机定子绝缘电阻的规定

300 MW及以上的火电机组，一般接成发电机－变压器组单元接线，测量发电机定子回路的绝缘电阻（包括发电机出口封闭母线、主变压器低压侧绕组、厂用变压器高压绕组），一般用专用发电机绝缘测试仪进行测量。测量时，定子绕组水路系统内应通入合格的内冷水，不同条件下的测量值换算至同温度下的绝缘电阻（一般换算至75℃下），不得低于前一次测量结果的1/3～1/5，但最低不能低于20 MΩ，吸收比不得低于1.3。发电机的定子出口与封闭母线断开时，定子绝缘电阻值不应低于200 MΩ。绝缘电阻不符合上述要求时，应查明原因并处理。

在任意温度下测得的定子绕组绝缘电阻值，也可直接用温度系数 K 将其换算为75℃下的绝缘电阻值，定子绕组不同温度下绝缘电阻温度系数见表2.1.4–2。

表2.1.4–2　定子绕组不同温度下的绝缘电阻温度系数 K_t

t（℃）	K_t	t（℃）	K_t	t（℃）	K_t	t（℃）	K_t
10	0.0111	14	0.0145	18	0.0192	22	0.0256
12	0.0126	16	0.0166	20	0.0222	24	0.0294

续表

t（℃）	K_t	t（℃）	K_t	t（℃）	K_t	t（℃）	K_t
26	0.0333	38	0.0769	50	0.1754	62	0.4056
28	0.0385	40	0.0885	52	0.2041	64	0.4566
30	0.0435	42	0.1010	54	0.2326	67	0.5747
32	0.0500	44	0.1162	56	0.2703	70	0.7079
34	0.0588	46	0.1333	58	0.3030	72	0.8130
36	0.0666	48	0.1538	60	0.3571	75	1.0000

测量发电机定子回路绝缘电阻也可用 1000～2500 V 绝缘电阻表进行。

发电机转子绕组及励磁回路绝缘电阻值的规定：用 500 V 绝缘电阻表测量转子绕组绝缘电阻值，不得低于 5MΩ，包括转子绕组在内的励磁回路绝缘电阻值不得低于 1MΩ。

2. 主、副励磁机绝缘电阻值的规定

主、副励磁机定子绕组和主励磁机转子绕组的绝缘电阻值，应用 500 V 绝缘电阻表测量，其值不得低于 1MΩ。

3. 轴承和测温元件绝缘电阻值的规定

发电机和励磁机轴承的绝缘电阻值，应用 1000 V 绝缘电阻表测量，其值不得低于 1MΩ；发电机内所有测温元件的对地绝缘电阻值在冷态下应用 250 V 绝缘电阻表测量，其值不得低于 1MΩ。

【任务实施】

根据发电厂相关运行规程等相关规定，对照发电厂各主要设备配置和技术规范，对典型 2×300MW 发电厂进行运行监控。

一、发电机主要参数监视

发电机运行中的监视主要通过 DCS 的数据实时监视，主要监视发电机的有功功率（MW）、无功功率（Mvar）、定子电压（kV）、三相定子电流（kA）、功率因数（cosφ）、转子电压（V）、转子电流（A）、频率（Hz）、转子电压（V）、电流（A）等。另外还有自动励磁调节器的有关数据。当发电机在额定工况下运行时，上述各表计均应指示在相应额定值附近，AVR（自动电压调节器）为交流（AC）运行，直流（DC）跟踪，平衡电压表应始终保持在零或零值附近偏差很小的范围内。

正常运行中，值班人员应严密监视发电机各表计、自动记录装置的工作情况，除应监视各数据指示不超过规定数值外，还应根据运行资料及时分析各数据有无异常指示。例如，在一定的有功负荷、无功负荷时，定子电流及转子电压、电流的指示应相应，即不应出现个别数据指示异常升高或降低情况；在冷却条件相似的条件下，发电机各部位温度应无不正常指示升高等。监盘过程中，根据有功负荷、电网电压等情况，及时做好无功负荷、发电机电压、电流及励磁系统参数的调整，使机组在安全、经济的最佳状态下运行。

此外，还应通过运行资料和历史数据分析，针对各表计的指示值，不断监视和掌握发电机的运行工况，及时分析、判断有无异常和采取相应措施。例如对发电机定、转子绝缘的监视，转子电压的正常指示值为正、负极之间的电压，当转子某极接地时，转子绕组对地绝缘电阻为零，另一极对地电压等于正、负极之间的电压。定子各相对地电压正常时应相等且平衡，即均为相电压。当一相对地电压降低而另两相升高时，则说明对地电压低的一相对地绝缘下降（如果低至0而另外两相对地电压升高至线电压时，则表明发生了金属性接地，此时发电机定子接地保护反应报警）。上述维护、检查的周期，应根据设备的具体情况而定，一般投产初期的机组或已发现有异常的机组其周期应短一些，这在各厂的现场运行规定和制度中均应有明确规定。

二、发电机运行中的调节

1. 发电机出口电压的调节

正常运行中DCS应投入自动调节励磁，并检查出口电压在允许范围之内（$95\% U_N \leq U \leq 105\% U_N$）。如果发电机出口高电压运行（$U>105\% U_N$）时应按电压下降的比例降低发电机的总功率（MVA）。

2. 频率的调节

正常运行时，运行人员应经常检查频率在允许范围之内。当频率升至50.5Hz以上时，应将发电机有功负荷降至最低；当频率降至49.5Hz以下时，应将发电机有功负荷升至最大，并报告中调。

3. 发电机三相电流的调节

由于三相电流不平衡产生的负序电流不得超过其额定电流的10%，且每相电流不超过额定值，否则应减小发电机励磁使其符合要求。

当发电机定子电压为$95\% U_N$时，允许定子带105%的额定电流连续运行。

4. 功率因数的调节

正常运行时，应使发电机功率因数维持在允许的范围之内。调节功率因数应根据发电机所接高压电网的母线电压曲线决定，应注意低功率因数时转子电流应不大于额定值。

如果发电机必须进相运行时，应不超过由试验决定的最大进相深度。

5. 发电机负荷的调节

发电机功率应尽量满足系统稳定的需要，运行人员应创造一切条件满足要求。

发电机运行中负荷的调节包括有功和无功负荷调节，目前机组采用的多是机电炉集控方式，即锅炉、汽轮机、发电机为一个独立的系统，所以有功负荷的调节由锅炉运行人员负责。但当电力系统出现振荡且该机处于高频率系统需要立即减荷；或发电机出现失步现象需要立即降低该机有功负荷；或发电机三相定子电流不平衡超过允许值需要降低时，电气运行人员可通过值长直接调节有功负荷。在现场运行规程中均有具体规定。

无功负荷由电气运行负责调节。

（1）发电机运行中调节的原则。

1）有功负荷。正常时，按上级调度的命令进行，即由上级调度根据系统负荷的变化和需要，通知各厂增加或降低输出功率，即DCS发出相应调整燃料、水量和风量的大小。这一过程中电气运行人员应时刻监视该机数据显示，以保证发电机的正常工作。

2）无功负荷。正常情况下，根据电网给定的电压曲线按规定要求由电气运行人员通过改变AVR的工作点进行调节。

事故时，根据事故处理要求进行调节。例如，发电机失步时应增加无功负荷，三相定子电流不平衡超过规定时降低无功负荷等。

（2）调节有功负荷、无功负荷时发电机表计的变化。

1）单纯调节有功负荷，例如降低有功负荷，有功功率（MW）下降，三相定子电流（kA）平衡下降，无功功率（Mvar）略有上升，有些发电机仅装设功率因数表，则在滞后范围内下降。

2）单纯调节无功负荷，例如增加无功负荷，无功功率上升或功率因数滞后下降，三相定子电流平衡上升，转子电流（A）、转子电压（V）上升，定子电压（kV）略有上升，主励转子电压、转子电流上升。

（3）调节过程中的注意事项。

1）调节幅度应控制得小一些为好，以免被调节对象大起大落。

2）调节时，必须先认清调节对象的操作设备。根据运行经验，曾多次发生过因搞错操作对象而造成机组异常运行的事例。

3）调节过程中，必须严密监视数据变化情况，切忌在调节的同时一心多用，例如和他人谈话等，更不应该在调节时眼睛不看监视设备。实践中，曾不止一次发生过眼睛注视的监视设备与调节对象不一致，而操作者又恰巧搞错了调节设备，等到偏差过大时才发现，已客观上造成了误操作事故。

4）调节过程中，还应综合观察和分析数据显示的变化情况。例如，三相定子电流是否平衡变化；转子电流、转子电压是否相应变化等。另外，调节后，特别是增加后，应对发电机的各部分温度加强监视。正常工况下，各部分温度应稍有上升并且不会超过允许值，但是，如果由于冷却条件影响而发生温度异常升高时，应认真分析，找出可能原因并汇报上级，采取措施，包括降低有功负荷、无功负荷，使机组运行在允许范围内。

三、发电机冷却系统的监视与调整

机组正常运行时每小时应检查氢压、氢气纯度、氢冷却器冷氢温度、定子冷却进出水温度等是否正常。

1. 发电机氢气系统监视与调整

当氢压变化时，发电机的允许输出功率由绕组最热点的温度决定，即该点温度不得超过发电机在额定工况时的温度。

若氢气纯度小于98%时，必须补排氢使氢气纯度大于98%。当氢气纯度下降至95%时，应立即减负荷并进行补排氢；若氢气纯度继续下降至90%以下时，应立即停机排氢进行检查。

运行中发电机内氢气绝对湿度必须小于$2g/m^3$（机外常压取样化验$0.4g/m^3$），停机时可用降低氢压或充入干燥氢气来维持，保持氢气干燥器运行。

发电机内氢湿度在$2 \sim 2.5g/m^3$时（机外常压取样化验$0.5g/m^3$）每年不超过3次，每次持续时间不超过3d。

不同氢压、不同功率因数时发电机的功率应按容量曲线带负荷，当氢压太低或空气冷却方式下不准带负荷。特殊情况下需要降低氢压运行，须与制造厂商协商，且运行时间不超过4h。

当发电机冷氢温度为额定值时，其负荷不应高于额定值的1.1倍；当冷氢温度低于额定值时，不允许提高发电机功率；当发电机冷氢温度高于额定值时，每升高1℃时，定子电流相应减少2%。但冷氢温度超过48℃不允许发电机运行。

发电机正常运行时须投入两组（每组两台氢冷器），以维持机内冷氢温度恒定。当氢冷器在运行中停止一台运行时，发电机在额定氢压、额定功率因数下可带额定负荷的80%或以下运行。

当氢气冷却器的冷却水流量降低至额定值的75%时，信号装置报警。应适当减少发电机的负荷，同时采取措施使其流量恢复正常值。

氢气冷却器进水温度超过额定值时，可根据运行氢压和氢温调节负荷运行。

2. 发电机定子冷却水系统的监视与调整

当正常运行期间，定子冷却水的电导率小于$1.54\mu S/cm$。

正常运行时，定子冷却水泵一台运行、一台备用，备用泵的出入口门应在开启状态。

发电机定子冷却水流量降低至额定值的68%时，发出报警信号，流量继续下降至额定值的52%时，发出事故信号并使发电机断水保护动作跳闸。

定冷水离子交换器出口电导率应在0.1~0.4μS/cm。当电导率达到0.5μS/cm时，电导仪CC1将发"离子交换器电导率高"报警信号，及时通知化学人员处理。

定冷水换水应根据化学的要求使用凝结水或除盐水。

当定冷水中含氢气量超过3%时，应加强对发电机的监视，若每小时取氢样监测时发现捕集器中含氢量超过20%时，应立即将发电机解列灭磁。

正常运行时，发电机定子冷却水进水温度应控制在45~50℃；定子冷却水压控制在0.25~0.35MPa，当压力降低至0.14MPa时，延时3~5s联起备用泵。

两台冷却器同时运行，发电机可带100%负荷，此时冷却器一次出水温度应不高于50℃，两台冷却器冷却水温应保持相同。如果一台定子冷却水冷却器故障，发电机定子线圈进水温度应不超过60℃，否则应降负荷使定子线圈进水温度降至60℃以下。发电机每运行两个月以上的停机，应对发电机的线棒及引线进行反冲洗。

【思考与练习】

1.背诵发电机额定运行方式概念，说出发电机电压、频率允许变化范围及原因。

2.分析电压、频率超出允许变化范围对机组和系统的影响。

3.请说出发电机的主要技术参数有哪些。

项目 2 发电厂电气设备巡视及维护

任务2.1　发电机系统巡视及维护

【学习目标】

　　知识目标：1. 熟悉发电机巡视检查和维护内容。

　　　　　　　2. 熟悉正常运行方式下发电机巡视的标准化作业流程。

　　能力目标：1. 能对发电机进行巡检与维护，在巡视中能按照运行规程的要求，及时发现设备缺陷，填写值班记录，并用专业术语进行汇报。

　　　　　　　2. 具备正确理解、分析发电机运行规程和发电厂一、二次系统图的能力，形成发电机巡视检查及维护基本思路，具备较强抽象思维能力。

　　素质目标：1. 主动学习，在完成对发电机巡视检查过程中发现问题、分析问题和解决问题。

　　　　　　　2. 能与小组成员协商、交流配合，按标准化作业流程完成发电机的巡视检查工作。

【任务描述】

　　电气（或集控）值班员在交接班前对发电机主设备进行巡视；交接班后对发电机进行监控。

【相关知识】

一、发电机启动前的检查

　　（1）发电机-变压器组检修后启动前，应详细检查发电机及其辅助设备的工作全部结束，工作票全部终结，接地线及临时安全措施拆除，固定遮栏和常设标示牌已恢复。绝缘电阻测试合格，整组试验正确，现场整洁，符合运行条件。

　　（2）轴接地电刷，转子绝缘监测电刷接触良好，无卡死现象。

　　（3）发电机冷却系统良好，冷却水阀门应开启。

（4）检查一、二次设备及回路应具备送电条件。一次回路的设备包括发电机、出线及封闭母线、主变压器、高压厂用变压器、发电机出口电压互感器、高压厂用变压器低压侧同期电压互感器、发电机 – 变压器组和高压厂用变压器回路电流互感器、发电机中性点柜内设备一次回路的连线等。二次回路及设备包括继电保护系统、测量仪表、自动装置、监察装置及信号系统、互感器的二次回路等。一、二次设备及回路均应具备送电条件，检查的要求均按现场规定进行。

（5）检查发电机励磁回路及设备是否正常。发电机励磁回路包括各电刷、灭磁开关、励磁开关、自动励磁调节装置及其他设备。检查的项目及方法按现场规定进行。

（6）检查与启动有关设备的继电保护及自动装置，按规定已投入。

（7）测量绝缘是否符合要求。应测量绝缘的元件包括定子绕组、转子绕组、励磁回路、轴承座及随机投运的配电装置。测量按现场规定进行。

（8）检查机组冷却系统是否正常。发电机冷却气体已置换为氢气，氢气压力正常；发电机定子已通水，水压力正常；氢气系统、内冷却水系统、密封油系统投入运行正常；各冷却介质应符合要求。

启动前的有关试验项目应符合要求。启动前的试验项目有发电机主断路器及灭磁开关拉闸、合闸试验，发电机主断路器与灭磁开关的联锁试验；高压厂用工作电源断路器拉闸、合闸试验；励磁系统联锁试验；定子水泵联锁试验及断水保护试验（此试验要求由汽轮机来信号，不跳机炉，仅观察中间继电器出口动作及信号掉牌）。发电机 – 变压器组二次回路做整组跳闸试验。以上试验按现场有关规定进行。

二、发电机启动前的试验

（1）氢气冷却器的出风温度应均衡，冷氢温差在任何负荷下不得超过规定值。

（2）控制氢气纯度和温度并投入排烟风机。

（3）第一次启动及每次启动带负荷前，应监视定子绕组的温度。

（4）密封冷油温度一般应维持在规定值。

（5）密封油、轴承油的含水量不得大于0.05%，否则应处理油质，以免使油中水分带入机内增加了氢的温度。

（6）打开氢气冷却器排气管排出内部的空气，让冷却器的顶部水室、回水室和所有水管都充满了水。

（7）密封油冷却器、定子绕组内冷水的冷却器和油、水加热器。

（8）启动及运行时对氢、水、油系统等各种工况的要求符合"发电机运行工况参数表"。

（9）轴承座对地的绝缘。

（10）相序的校核。

（11）启动时对测温元件的监测。

【任务实施】

一、发电机运行时本体的检查

运行中的发电机，一般应检查下列项目：

（1）发电机运行时检查声音应正常，无金属摩擦或撞击声，无异常振动现象。若发现异常。应及时检查处理。

（2）发电机运行时，检查外壳应无漏风，机壳内无烟气和放电现象。由于定子、转子运行温度较高，冷却气体的密封可能会损坏，运行中应定期检查定子本体漏风情况。在补氢量较多时，应对本体进行查漏。当发电机内部发生短路故障，如转子端部绕组两点接地而保护失灵时，转子端部绝缘会烧坏，机端转子间隙可能发生射黑烟和火苗，并伴随异常振动，故运行中应检查机内无烟气或放电现象。

（3）发电机运行时，应检查机端绕组运行情况。从机端视孔观察，机端定子绕组应无变形、无流胶、无绝缘磨损黄粉、绑线整块无松动、绕组无结露、定子绝缘引水管接头不渗漏、无抖动及磨损、机端灭灯观察无电晕等现象。

（4）运行中的发电机。应定期检查液位检测器内的漏水、漏油情况。每班应打开一次液位检测器的排液门进行排液，其内应无水、油排出。否则，应立即排净液体，并检查机端绕组、绝缘引水管、氢气冷却器是否漏水。若漏油严重，说明密封油压不正常，应及时处理。

（5）发电机运行时，应检查集电环和电刷。集电环表面应清洁、无金属磨损痕迹、无过热变色现象，集电环和大轴接地的电刷在刷握内无跳动、冒火、卡涩或接触不良的现象，电刷未破碎、不过短，刷未脱落、未磨断，刷握和刷架无油垢、炭粉和尘埃等情况。

二、发电机运行时本体的日常维护

运行中的发电机。应做好下述维护工作：

（1）清扫脏污。对刷握和刷架上的积灰可用不含水分的压缩空气（压力适中）吹净，也可用毛刷清扫。油污可用棉布随少量四氯化碳擦净。操作时注意不要被转动部分绞住，必要时，可依次取出电刷逐个清扫。

（2）调整电刷弹簧压力。电刷运行时，应定期用手提拉每个电刷的刷辫，以检查各电刷的压力是否均匀及电刷在刷握中是否有卡涩或间隙过大的情况。刷压过大或过小电刷都会产生火花，对于压力过大的电刷，先将电刷取出，待冷却后再放回刷握，然后适当减小弹簧压力，并稍微增大其他电刷的压力；对于压力过小的电刷，可适当增大弹簧的压力。

（3）定期测量电刷的均流度。运行中的发电机，由于电刷长短、弹簧压力大小不一致，使各电刷与集电环的接触电阻相差较大，各电刷流过的电流不均匀，致使有的电刷电流为零，有的电刷电流很大。零电流电刷越多，其他电刷过载越严重，如不及时处理，大电流电刷会因严重过载而发热烧红，使刷辫熔化，继而形成恶性循环而被迫停机。

因此，应定期测量电刷的均流度，并及时处理异常。可用钳形电流表测量电刷均流度，测量前，检查钳嘴部分应绝缘良好；测量时，应注意不要将钳嘴碰到集电环面，也不要接触到接地部分。处理过程中，切忌将大电流电刷脱离集电环面，否则会加大其他大电流电刷的承载电流而造成严重后果。所以，应先处理零电流电刷，使其电流接近平均值，这样处理后，大电流电刷的电流便会自动趋于正常。

（4）更换电刷。处理零电流电刷的方法应根据不同情况而定。电刷过短时，应更换电刷；压缩弹簧压力低或失效时，应更换新弹簧；因电刷脏污引起零电流时，应用棉布擦拭或用000号细砂纸轻擦。更换新电刷的注意事项如下：

1）更换新电刷时，应执行DL/T 1164—2012《汽轮发电机运行导则》的有关条文。如工作人员应穿绝缘鞋站在绝缘垫上工作，工作服袖口扎紧，戴手套，使用良好的绝缘工具等。

2）更换的电刷必须与原电刷同型号。如几种型号的电刷混用，会因电刷材料硬度和导电性能不同，可能加速集电环面磨损或部分电刷过热而影响机组的正常运行。

3）更换电刷的过程中应防止电极接地及极间短路。严禁同时用两手碰触励磁回路和接地部分或不同极的带电部分，也不允许两个人同时进行同一机组不同极的电刷调换，以免造成励磁回路两点接地短路。

4）更换后的电刷，要保证电刷在刷握内活动自如，无卡涩，弹簧压力正常。同时，对未更换的电刷，按磨损程度将弹簧压力做适当调整，使压力正常。

5）在更换电刷过程中，不许用锐利金属工具顶住电刷增加接触效果，即使是短时间也不允许，以免造成集电环面损坏或人身事故。

三、发电机氢系统的检查与维护

发电机运行时，应随时监视机壳内的氢气压力。即使密封油系统很完善，无泄漏现象，但由于密封油会吸收氢气，机壳内的氢气压力也会逐步下降，故应定时补氢，保持机壳内氢压正常。补氢时，应观察、比较不同部位的氢压，正确判断机壳内的氢气压力，防止因表计的假指示而产生误判断。

定期检查氢气的纯度、湿度和温度。运行值班人员应根据气体分析仪检查机壳内氢气纯度，并每小时记录一次。当氢气纯度低于96%时，应进行排污，并向机内补充净氢气，以保持机内氢气纯度。化验人员应定期化验机壳内的氢气湿度，当湿度超过15 g/m³时，应排污并补入纯净氢气或适当升高冷氢温度，注意观察并降低氢源湿度，防止发电机绕组受潮。发电机运行时，规定了机内冷氢温度的最高值和最低值，可通过调节氢气冷却器的冷却水调节冷氢温度。

四、发电机冷却水系统的检查与维护

发电机运行时，氢气压力应高于定子绕组冷却水压力，这是为了防止定子线棒爆管漏水，当氢、水压力低于报警值时，应调节氢、水压力；当密封油系统故障，只能维持氢压运行时，必须保持最低水压；若水压大于氢压，只允许短时运行，但不允许长期运行。

发电机运行时，定子冷却水箱内的水质应合格，水箱内应保持一定的氮压（或氢压）。当水质不合格时，应投入离子交换器运行。水箱内维持一定的氮压，可防止水质污染。

发电机运行时，应检查定子入口冷水温度是否正常，冷却水回路及定子绕组各水支路是否通畅。故运行中应注意定子水冷却器的运行，水回路各段水压降应正常，定子绕组各水支路的水温度平均温度偏差不得超过规定值。若某出水支路水温超过规定值，应立即采取措施，如调整负荷、检查冷却水流量、降低进水温度，并应尽快查明原因予以处理，必要时应停机。

【思考与练习】

1.发电机启动前的检查项目有哪些？

2.发电机正常运行巡视内容有哪些？

3.滑环和电刷巡视和维护内容有哪些？

任务2.2 发电机励磁系统巡视及维护

同步发电机是把旋转形式的机械功率转换成三相交流电功率的设备，为了完成这一转换满足系统运行的要求，除原动机供给动能外，还需要有可以调节的直流磁场，以适应运行工况的变化。励磁功率单元、励磁调节器组成励磁系统，励磁系统是发电机运行的重要组成部分，只有认真监控及巡视，维持其正常运行，才能满足电力系统及发电机本身的安全、稳定运行的要求。

【学习目标】

知识目标：1.了解典型的发电机－变压器组单元接线发电厂励磁系统巡视检查及维护内容。

2. 熟悉正常运行方式下励磁系统巡视的标准化作业流程。

3. 掌握火电仿真系统中励磁系统巡视检查及维护相关操作及火电仿真系统的功能及使用。

能力目标：1. 能够完成对励磁系统的日常监控，及时调整励磁设备参数，使励磁系统运行参数满足规程的要求。具备对发电厂励磁系统进行运行检查和维护的能力。

2. 在巡视中能按照运行规程的要求，及时发现设备缺陷，填写值班记录，并用专业术语进行汇报。

态度目标：1. 能严格按照发电厂励磁系统运行有关规定和注意事项，与小组成员协商、交流配合。

2. 按标准化作业流程完成学习任务。

【任务描述】

掌握励磁系统的构造及主要技术参数，根据参数能够准确判断出励磁系统的工作情况。对发电机励磁系统进行巡视及参数监视与调整。

能够完成对励磁系统的日常监控，及时调整励磁设备参数，使励磁系统运行参数满足规程的要求；能够完成对励磁机的日常巡视，在巡视中能按照运行规程的要求，及时发现设备缺陷，填写值班记录，并用专业术语进行汇报。

【相关知识】

一、励磁系统的结构原理

同步发电机是根据导体切割磁力线这一基本原理工作的。因此，同步发电机应具有可以产生磁力线的旋转磁场以及切割该磁场的导体。而这一磁场是由转子的励磁电流产生的，供给同步发电机励磁电流的电源及其附属设备称为励磁系统。

同步发电机的励磁系统一般由励磁功率单元和励磁调节器两部分组成。励磁功率单元向发电机转子提供直流励磁电流以产生磁场；而励磁调节器则根据输入信号和给定的调节准则控制励磁功率单元的输出，整个励磁控制系统是由励磁调节器、励磁功率单元和发电机共同构成的一个反馈控制系统。

二、励磁系统作用

电力系统正常运行时，发电机励磁电流的变化主要影响电网的电压水平和并联运行的机组间的无功功率分配。而在事故情况下，发电机端电压降低将导致电力系统稳定性下降。因此励磁系统应具有以下作用。

（1）在正常运行的条件下供给发电机励磁电流，并根据发电机负载情况自动做出相应的调整以维持发电机端电压或电网某点电压为一定水平。

（2）当电力系统发生短路故障或其他原因，使系统电压严重下降时，对发电机进行强行励磁以提高电力系统的稳定性。

（3）当发电机突然甩负荷时，实行强行减磁以限制发电机端电压的过度增高。

（4）当发电机出现内部短路故障时，能进行灭磁以减少故障损坏程度。

（5）能使并联运行发电机的无功功率得到合理分配。

三、对励磁系统的基本要求

为完成励磁自动控制系统的各项任务，对励磁功率单元和励磁调节器分别提出如下要求。

1. 对励磁功率单元的要求

励磁功率单元受励磁调节器的控制，对它的要求如下：

（1）具有足够的调节容量，以适应发电机各种运行工况的要求。因为发电机运行中维持系统电压和输送无功功率，都是靠调节励磁电流来实现的。

（2）具有足够的励磁顶值电压和电压上升速度。励磁顶值电压和电压上升速度分别反映了励磁功率单元的强励能力和快速响应能力，较大的强励能力和较快的响应能力对改善电力系统运行条件和提高暂态稳定性是有利的。

所谓强励，是指在电力系统发生故障时，将引起发电机端电压的迅速下降，当机端电压降低到80%~85%额定电压时，迅速将励磁加到顶值的措施，即强行励磁。发电机强行励磁的作用表现在：有助于继电保护的正确动作（指带延时的保护）；缩短故障后系统电压的恢复时间，有助于系统运行的稳定性恢复和厂用电动机的自启动。

励磁顶值电压U_{fm}是指励磁功率单元在强行励磁时，可能提供的最高输出电压值。U_{fm}与额定工况下的励磁电压U_{fm}之比称为强励倍数，其值的大小涉及制造成本等因素，一般取不小于2。励磁电压的上升速度是衡量励磁功率单元动态行为的一项指标。

（3）励磁功率单元实质上是一个可控的直流电源，它应具有一定的独立性和可靠性，不受电网运行工况变化的影响。

（4）启励方式应力求简单方便。

2. 对励磁调节器的要求

励磁调节器的主要任务是检测和综合系统运行状态的信息，以产生相应的控制信号，经放大后控制励磁功率单元，以得到所要求的发电机励磁电流，因此对其要求如下：

（1）系统正常运行时，励磁调节器应能反映发电机电压的高低，以维持发电机电压在给定水平，并能合理分配机组间的无功功率和便于实现无功功率的转移。

（2）对远距离输电的发电机组，为了能在人工稳定区域运行，要求励磁调节器没有失灵区。

（3）能迅速反应系统故障，具备强行励磁等控制功能，以提高暂态稳定和改善系统运行条件。

（4）具有较小的时间常数，能迅速响应输入信息的变化。

（5）结构简单可靠，操作维护方便，并逐步做到系列化、标准化。

【任务实施】

一、励磁系统投运前巡视内容

（1）系统检查维护工作已完成。

（2）控制柜和电源柜准备待运行并且适当地被锁定。

（3）临时措施已拆除。

（4）灭磁开关控制电源及调节器电源已送电。

（5）调节屏、灭磁屏无报警和故障信息（有故障信号需复位）。

（6）灭磁屏启励电源开关投入。

（7）励磁系统切换到"远方"控制方式。

（8）励磁系统切换到"自动"运行方式。

（9）励磁系统灭磁方式切换到"逆变"灭磁方式。

二、励磁系统运行监控、巡视检查内容及步骤

（1）励磁系统各表计指示正常。

（2）各控制开关位置正确，信号指示应与工作方式一致。

（3）在自动电压调节器（AVR）处于自动运行方式时，重点监视（AVR）直流回路的跟踪情况和电压波动，AVR 的自动调节功能。

（4）盘内各元件无发热及焦臭味，各保护继电器及小开关位置符合运行方式要求，无掉牌及报警信号。

（5）励磁电流、励磁电压、发电机端电压、定子电流及运行方式指示灯应与集控室盘面一致，稳压电源输出电压正常，其他表计指示正常。

（6）可控整流柜冷却风机运行正常，无异常声音。

（7）晶闸管柜输出电流正常，风温正常。

（8）灭磁开关、励磁回路开关、隔离开关触头接触良好，无过热现象。

（9）各快速熔断器无熔断现象，各脉冲指示灯指示正常，无脉冲丢失信号，电源监视灯亮。

（10）无限制器动作。

（11）励磁调节器的设定点未达到极限设定值。

（12）通道之间是平衡的，并且通道确已准备就绪。

按《发电机现场运行规程》规定定期完成励磁系统的设备切换及检查维护，保证设备正常，可以随时启动；自动调节器励磁装置整定电位器加减方向正确，动作灵活；励磁回路励磁方式切换正常，保护联锁试验正确。

三、微机励磁调节器装置的运行规定

1. 微机励磁调节器装置组成

（1）微机励磁调节器装置由相互独立的两套励磁调节器和控制通道组成。其中每套励磁调节器包括自动方式与手动方式。励磁调节柜电源取自发电机机端的励磁变压器。

（2）晶闸管整流器。

（3）启励单元（由380V交流电源供给）。

（4）灭磁单元。

2. 微机励磁调节器运行方式

（1）微机励磁调节器运行方式有四种，即自动电压调节、手动励磁电流调节、恒无功调节方式、恒$\cos\varphi$调节方式。

（2）正常运行方式为主通道工作，另一台通道则工作在备用状态。

3. 微机励磁调节器运行方式切换

（1）调节器有两个计算机通道和一个模拟FCR通道（A/FCR），通道间不提供切换功能。初始工作状态由两台控制计算机上电自检的速度决定，先完成自检的通道为主通道工作，另一台则工作在备用状态。

（2）如果工作通道发生故障则自动退出，另一台自动投入变为主通道工作。

（3）如果双微机通道都发生故障全部退出，则模拟通道自动投入。

这些过程都是自动完成的，无需人为干预。

（4）如果必须进行人为选择通道（比如在试验过程中），那么可以通过复位主工作通道计算机的方法退出本通道，即按控制计算机CPU卡面板上端的复位按钮。主通道退出时，如果另一通道工作在备用状态则自动投入变为主通道工作，这样就实现了双计算机通道间的切换。

（5）如果另一计算机通道也被复位或因故退出，模拟通道就会自动投入。如果被复位的计算机重新启动后恢复工作或其他问题解决后恢复工作，计算机通道会自动投入运行并强制把模拟通道退出，从而实现计算机通道和模拟通道间的互相切换。

当然所有的切换都是在无扰动的情况下进行的，因为无论哪个通道在工作，其他的通道

都在跟踪运行的通道。所以，在调节器上电后无论哪个计算机通道为主通道工作都是正常的。

4. 微机励磁调节器励磁调节

（1）正常运行中应投自动电压调节。

（2）发电机正常启动升压时应投 AVR 自动，待启励后约 10s 发电机电压将自动升压至额定电压。

（3）若发电机需开机做试验或发电机－变压器组零起升压检查，应投手动励磁电流调节，手动增减励磁进行调节，并网后切至 AVR 自动。

5. 微机励磁调节器灭磁

（1）正常停机解列采用晶闸管逆变灭磁，在 CRT 画面按下"手动逆变灭磁"按钮并确认，随后灭磁开关自动断开。

（2）事故停机解列，保护动作跳开灭磁开关，跨接器自动加入发电机转子回路，采用非线性电阻灭磁（由 UR36-64S 型灭磁开关加非线性电阻器释放转子储存的能量），灭磁时间小于 3s。

6. 微机励磁调节器强励

正常运行中，三台整流柜均投入运行，两台整流柜可满足强励，强励可达 2.5 倍发电机额定电压，时间不超过 20s，强励动作期间，不得干涉。

7. 电力系统稳定器（PSS）的规定

（1）发电机的有功功率达到一定值时手动投入 PSS。

（2）PSS 可在任意时间退出运行。

（3）发电机有功功率及电压超出设定值或与机组系统解列，PSS 自动退出。

8. 整流柜风机运行

（1）如果调节器模块工作时，由调节器模块控制风机的运行，那么当程序运行在等待过程中风机不工作，当运行在其他过程时，风机自动运行。

（2）当备用 FCR 模块工作时风机一直运行，不受励磁启停（逆变开关）的控制。

（3）风机为双电源供电，即厂用电和自用电，正常情况下由厂用电供电，厂用电消失后自动切换到自用电供电。当厂用电恢复后，风机转回厂用电供电。

四、励磁系统巡视、监控任务实施

1. 危险点预控

监控巡视时应注意检查励磁控制盘面各表计指示正常，控制开关位置正确，信号指示与工作方式一致。正常运行时，重点监视 AVR 自动调节功能，AVR 无论处于何种运行方式，励磁切换开关不允许置于断开位置。

每个自动通道的主控板都含有一个自动电压调节器和励磁电流调节器（FCR）。自动跟踪功能用于实现自动电压调节方式和励磁电流调节方式间的平稳切换。在运行中监视AVR控制电压与FCR控制电压的差值；对于具有双自动通道的励磁调节器，通常是从运行通道的自动方式切换至备用通道的自动方式，任何一个通道都可以工作在运行方式或备用方式，备用通道的自动跟踪信号为运行通道控制电压和备用通道控制电压的差值，在监视时注意其差值在规定范围。

巡视检查时整流柜风机运行正常、电气元件无过热、表计指示正确。

2. 设备巡视流程及实施盘面检查

各主要参数数据显示正常、开关位置正确、信号指示与工作方式一致，AVR处自动方式。

现场检查：整流柜风机运行正常、表计指示正确、无保护信号掉牌、功率元件电流分配接近平衡，备用装置完好，可以随时启动。

励磁系统巡视卡。×号发电机出口TV、励磁变压器、励磁调节室检查项目见表2.2.2–1。

表2.2.2–1　×号发电机出口TV、励磁变压器、励磁调节室检查项目

检查项目		检查情况
1. ×号发电机出口TV （1）各连接部分完好，无发热变色，无异声异味，带电部分对地无放电现象。 （2）绝缘子表面清洁完好，无裂纹，无放电响声和火花痕迹。 （3）TV端子箱内接线完好，无松动和脱落现象，二次空气断路器位置与运行方式相符，无端子变色和放电痕迹。 （4）发电机出口TA端子箱内接线完好，无端子变色和放电痕迹		
2. ×号励磁变压器 （1）变压器A、B、C三相温度在允许范围内且各相平衡。 （2）变压器无异声异味，各连接处无发热变色；变压器柜门锁好，冷却风扇启停正常		
3. ×号发电机绝缘过热监视装置及封母微正压装置 （1）绝缘过热监视装置面板安全指示灯亮，电流百分率指示在正常区域，无报警。 （2）微正压装置正常无故障，封母压力及储气罐压力正常。		
4. ×号励磁调节室 （1）各表计、信号灯指示正确。 （2）AVR柜工作正常，无故障报警，各调节整流柜风扇运转正常，无异声。 （3）各调节整流柜工作正常，无发热和焦臭味。 （4）室内清洁、整齐、照明完好		
巡视签名：	值别	
	姓名	

【学习任务工单及考核】

励磁系统巡视及监控任务工单

班级：　　　　　　组号：　　　　　　日期：

任务描述：
（1）发电厂电气设备励磁系统运行特性及运行参数。
（2）发电厂电气设备运行监视中设备异常的汇报及记录。

1.资讯

（1）查看《发电厂电气运行规程》、《300MW电气运行规程》、GB 26860—2011《电力安全工作规程 发电厂和变电站电气部分》、发电厂电气设备实物图。
（2）查看300MW发电机–变压器组一次主接线图。
（3）掌握励磁系统的基本结构、工作原理。
（4）掌握励磁机系统的运行特性、运行分析。
（5）掌握励磁系统运行的额定参数。
（6）励磁系统运行巡视及监控的汇报、记录。

2.任务

（1）励磁系统运行参数规定范围是什么？运行特性如何？
（2）励磁系统主要监视参数有哪些？具体位置在哪里？
（3）如何发现励磁系统出了缺陷？如何汇报及记录？

3.计划

工作任务		励磁系统巡视及监控		学时		成绩	
班级	组别	岗位确定					
		班长	主值	主值	副值	副值	主电工	副电工
姓名								
学号								
日期								
工作步骤								

4.决策
会同老师对计划的可行性进行分析，对工作任务实施方案进行决策。

5.实施

（1）运行特性及表计运行正常范围。
（2）寻找表计的具体位置。
（3）监视主要技术参数（填表）。

励磁变压器型号		
参数名称	单位	技术数据
励磁变压器容量	kVA	
励磁系统调节器型号		
接线方式		
绝缘等级		
冲击试验电压（峰值）		
灭磁开关型号		
强励电压	V	
强励电流	A	
最大连续输出电流	A	
最大连续输出电压	V	
强励顶值电压倍数	倍	
强励时的顶值电流	A	
强励持续时间不大于	s	
自动电压调整范围		
手动电压调整范围		
电压响应时间		
整流屏可强励		
整流屏交直流侧主回路对地绝缘耐压		
整流屏控制回路对地绝缘耐压		
风机电源		
多屏并联运行的均流系数		

6.检查及评估

分组检查任务完成情况，进行自评、互评（考评主要项目如下）

续表

考评项目		自我评估	组长评估	教师评估	备注
工作态度 （10分）	劳动纪律				
	协调配合				
专业能力 （70分）	资料收集（10分）				
	方案制订（10分）				
	工单填写（10分）				
	实施过程（20分）				
	完成情况（20分）				
方法能力 （10分）	信息、计划、组织、检查				
社会能力 （10分）	沟通、协作、安全				
合计					

【思考与练习】

1.励磁系统有哪些作用?

2.励磁系统投运前巡视内容有哪些?

3.励磁系统运行中巡视内容有哪些?

项目 ③ 发电厂倒闸操作

知识要求：1. 掌握发电厂电气主接线及运行方式，了解发电机的辅助系统，掌握发电机－变压器组的运行操作步骤。

2. 掌握厂用电系统（含保安电源、直流系统）的电气主接线及运行方式、运行与操作的项目内容。

3. 掌握发电厂保护的配置情况，选择正确的投退方式。

能力要求：1. 能采用正确的操作要点、方法对发电机－变压器组、励磁系统进行操作。

2. 能正确选择发电厂厂用电系统的电气主接线及运行方式；能正确进行厂用电系统（含保安电源、直流系统）的运行与操作、巡视检查与维护。

3. 能完成发电厂电气复杂倒闸操作，内容包含发电机－变压器组正常启／停、励磁系统调节、厂用电变压器倒换操作；变压器冷却系统的监视及操作；保安电源系统的操作；同期装置及并网的操作。

态度要求：1. 能主动学习，在完成任务过程中发现问题、分析问题、解决问题。

2. 遵守安全规范，与小组成员配合共同完成本学习任务。

任务3.1　发电机－变压器组恢复备用操作

【学习目标】

知识目标：1. 能够完成发电机－变压器组恢复备用的基本检查内容。

2. 能正确填写值班记录，并用专业术语进行汇报。

3. 掌握变电站补偿装置异常处理的方法。

能力目标：1. 能完成发电机－变压器组恢复备用的基本操作步骤。

2. 能够按照正确方式选择合适表计对发电机－变压器组进行绝缘摇测。

3. 能够配合检修调试人员完成发电机－变压器组恢复备用的电气试验。

态度目标：1. 具有爱岗敬业、勤奋工作、团结协作的职业道德风尚。

2.能主动学习，在完成任务过程中发现问题、分析问题和解决问题。

3.在严格遵守安全规范的前提下，能与小组成员协作共同完成本学习任务。

【任务描述】

值长下达任务，要求把1号发电机–变压器组由检修状态恢复到备用状态。

新安装或检修后的发电机在启动前的准备工作包括检查、测量、试验三个环节。检查的内容主要包括各部件的清洁状况及整机一次回路和二次回路的完好性。参数测量包括发电机定子绕组、转子绕组的绝缘；主励磁机、副励磁机的定、转子绝缘；主变压器、厂用变压器的绝缘等。发电机启动前应做试验，如自动调节励磁装置调整、发电机–变压器组各开关联锁试验、变压器风扇联动试验、同期回路试验、励磁回路的方式切换和保护联锁试验等。发电机–变电压器组恢复备用完成情况决定了下一步发电机并网能否顺利进行。

【相关知识】

发电机–变压器组恢复备用操作相关规定：

新安装或检修后的发电机在启动前的准备工作包括检查、测量、试验三个环节。

检查的内容主要包括各部件的清洁状况及整机一次回路和二次回路的完好性。检查发电机、励磁系统设备、出线连接设备、配电设备、保护设备、测量表计和操作盘等是否完好。如果发电机直接与升压变压器连接，应检查变压器的连接线、变压器本体、变压器高压侧断路器是否完整好用。检查发电机集电环应光滑、整洁，电刷刷握完整，电刷能上下起落、压力均匀；检查发电机氢、油、水系统运行正常；检查发电机灭火装置良好，消防水管有水压。发电机启动前，应收回一切工作票，拆除安全措施，恢复常用遮栏和标识牌。

参数测量包括：发电机定子绕组、转子绕组的绝缘；主励磁机、副励磁机的定、转子绝缘；主变压器、厂用变压器的绝缘等。通过测量绝缘发现电气设备是否存在贯穿性导电通道，是否发生接地或相间短路故障。

发电机启动前完成规定试验，保证电气设备正常投运。

一、发电机–变压器组启动前的检查及测量

发电机启动是从汽轮机侧的操作开始的，发电机从开始冲转到额定转速需要一定时间，以使汽轮机各部件逐渐均匀受热。发电机、励磁机均有一定的剩磁和残压，并网前，机组在额定转速灭磁开关断开的情况下，发电机有一定电压（3~4kV）。发电机一旦转动起来，即使转速很低也认为发电机及其联络装置已带电。发电机的有关保护应在汽轮机冲转前投入。

发电机启动过程是随原动机同时进行的，发电机检查项目应与原动机的检查项目同时进行，当发电机升速时，应检查发电机及励磁机有无摩擦声或其他不正常现象。当发电机转速约达额定转速的一半时，应检查发电机集电环和电刷，是否因振动有接触不良或跳动现象；检查发电机各部分的温度以及冷却器的各水门和风门是否在规定的开关位置。

（1）新装发电机启动前应审查试验报告及完工通知单等齐全合格，启动措施无误，工作人员撤离现场。

（2）大小修后的发电机、主变压器、高压厂用变压器和励磁系统的一、二次设备及回路工作均结束，检修人员撤离现场。

（3）收回发电机及其附属设备的全部工作票，拆除所有的短路接地线和临时安全措施，恢复警告牌、标示牌及常设遮栏。

（4）有关设备变更的图纸资料及设备标志齐全。

（5）检修人员必须在终结工作票时将上述回路的绝缘数据、试验结果等填写在检修交代簿内，并附上设备异动报告及启动试验方案。

（6）发电机一次系统检修后或停机备用超过72h，开机前应测量定子回路、转子回路、励磁系统及轴承的绝缘电阻，并确认发电机、励磁变压器以及各种辅助设备的绝缘合格。

（7）发电机检修后，投入运行前由检修人员测量定子回路、转子回路、励磁系统及轴承的绝缘电阻。发电机正常停机后，启动前由运行人员测量转子回路、励磁系统的绝缘电阻。

1）测量发电机定子回路绝缘时，发电机中性点接地装置必须断开。

2）发电机定、转子回路绝缘电阻的测量应在氢气置换完毕后进行。

3）测量各种设备绝缘时，应使用相应电压等级的绝缘电阻表。发电机定子回路的绝缘测量使用2500V的绝缘电阻表，转子回路测量绝缘使用500～1000V的绝缘电阻表。

4）发电机定子绕组在干燥后接近工作温度时，对地及相间绝缘电阻值不得低于5MΩ，并且所测值不低于上次测量结果的1/5～1/3，吸收比不小于1.3。

5）测量励磁系统绝缘时，应断开全部整流桥。发电机转子回路冷态（20℃）绝缘电阻值不低于0.5MΩ，如测量的绝缘电阻值低于上述允许值，而无法恢复时汇报总工程师。

6）测量定、转子回路绝缘完毕后，应对地放电，时间不得少于1min。

7）发电机轴承和油密封绝缘用1000V的绝缘电阻表测量，其值不得低于1MΩ（由维护人员进行）。

（8）集电环、电刷投运前的检查：

1）集电环表面光洁，无电蚀痕迹。

2）机构无油污和碳粉及其他有机物或导电材料。

3）电刷完整，刷辫无过热烧坏痕迹。

4）刷握与刷架的固定螺栓紧固。

5）刷架无歪斜，刷握位置适当，刷握中心线正对集电环圆心。

6）电刷在刷握内活动自如，且与集电环全部接触，压力适当，电刷规格、型号一致。

7）整流柜来的馈线电缆与刷架连接牢固，电缆无过热现象。

（9）发电机冷却水系统、密封油系统及氢气系统投入正常运行，将发电机置换为氢气运行。

水氢氢发电机只有处于氢气冷却时，才允许投入运行，因此在转子尚处于静止和盘车状态时就应该充氢气。充氢气时应保持轴密封的密封油压力，以免氢气泄漏。充氢气过程如下：

1）用二氧化碳（或氮气）充满气体系统，以驱出空气。

2）用氢气充满气体系统，以驱出二氧化碳（或氮气），将发电机转换到氢气冷却运行状态。充氢后，当发电机内的氢纯度、定子内冷却水水质、水温、压力、密封油压等均符合规程规定，气体冷却器通水正常，高压顶轴油压大于规定值时，即可启动转子。在转速超过规程规定，气体冷却器通水正常，高压顶轴油压大于规定值时，即可启动转子。在转速超过 200r/min 时停止顶轴。应注意，发电机开始转动后，应认为发电机及其全部电气设备均已带电。

（10）按照继电保护规程，投入发电机–变压器组保护和自动装置。发电机各仪表、信号、继电保护、自动装置应正常，保护定值正确，发电机操作盘面各位置指示器、指示灯应正常，信号试验良好。

（11）检查发电机出口断路器、出口隔离开关及接地开关在断位。

（12）将发电机三组 TV 的高压熔断器装好，手车置工作位置，给上 TV 二次小开关。

（13）将发电机励磁系统恢复热备用（查交流侧开关和直流侧隔离开关合入良好）。

1）查励磁调节器柜内各电源小开关合好。

2）合上励磁调节器柜内风扇电源开关。

3）合上励磁调节器交流侧控制开关和直流侧控制开关，检查励磁调节器各电源指示正常，无异常报警。

4）根据励磁系统运行方式，设置就地控制小开关。

5）合上启励电源开关。

6）检查两通道初始化完成，主从参考电压值一致。

（14）按变压器运行规程，将主变压器、高压厂用变压器恢复热备用。

（15）检查发电机大轴接地电刷接触良好。

（16）检查并给上发电机电刷。

（17）检查发电机本体各部分完好，无渗油、渗水、渗气现象。

（18）检查发电机已充氢，氢气压力、纯度、湿度、温度合格。

（19）在每一个预定目标转速下，检查下列项目：

1）冲转前，检查发电机自动准同期并列装置具备并列条件。

2）发电机密封油系统、定子冷却水系统和氢气系统运行正常。

3）轴承振动及回油温度正常。

4）发电机各部分温度指示正常，表计指示正常。

5）灭磁开关和自动励磁调节器按制造厂要求，在规定转速下才具备投入的条件：转速达到2950r/min时，合上主变压器220kV母线侧隔离开关；当汽轮发电机规定转速在2950r/min以上时，手动合上灭磁开关进行初励。定子电压启动电压正常且三相电压平衡、三相电流为零，机组达到额定转速后才能投入自动励磁调节器。发电机定子电压在接近额定值时，调整不可过急，以免超过额定值。

（20）发电机及其所属设备消防设施完备。

二、发电机启动前应做下列试验

（1）投入发电机控制、保护及信号直流，各信号应正确。

（2）自动调节励磁装置整定电位器加减方向正确，动作灵活。

（3）调速系统加减方向正确，动作灵活。

（4）做发电机–变压器组出口断路器，灭磁开关，厂用变压器高、低压侧断路器，拉、合闸试验良好。

（5）做主变压器、高压厂用变压器、启动备用变压器风扇联动试验。

（6）配合继电保护人员做同期检查试验完好。

（7）大修后的氢冷发电机必须进行气密试验，试验不合格的发电机严禁投入运行。

（8）发电机水压试验合格。

（9）配合继电保护人员做发电机–变压器组的保护传动试验。

（10）配合继电保护人员做励磁回路的方式切换和保护联锁试验。

（11）配合继电保护人员进行厂用电快切装置切换试验和低压PC备用电源自动投入装置试验。

三、发电机启动前的准备工作

（1）发电机内冷水箱经换水后水质合格，启动内冷水泵，发电机定子通水循环。必要时进行发电机冷水泵的启、停、联锁试验正常。

（2）检查水冷却器有足够的冷却水量，且冷却水温度正常。

（3）发电机密封油系统投入运行，同时检查密封油冷却器冷却水量足够，水温正常。

（4）将发电机内气体置换为氢气，并检查氢气参数合格。

（5）测量发电机–变压器组定子、转子回路绝缘合格。

（6）发电机、变压器中性点隔离开关合入。

（7）发电机出口3组TV测绝缘和检查二次熔断器良好后投入。

（8）自动励磁调节器冷却风机投入。

（9）自动励磁调节器二次电源开关合入良好。

（10）主变压器、高压厂用变压器、启动备用变压器冷却装置电源投入并做冷却风扇联动试验良好。

（11）主变压器、高压厂用变压器冷却装置置于"自动"运行。

（12）检查转子过电压保护装置投入工作完好。

（13）检查励磁变压器处于良好备用状态。

（14）检查整流装置完好后合上交流侧开关。

（15）合上整流柜直流侧隔离开关。

（16）将整流柜冷却风机投入运行。

（17）检查自动调节励磁装置完好后投入工作，置"自动"位置。

（18）合上整流柜和调节装置的信号电源和控制电源。

（19）合上整流柜加热器电源开关。

（20）检查发电机–变压器组出口断路器确在"断开"位后，在机组转速达到2950r/min时，合上发电机–变压器组出口隔离开关。

（21）检查发电机–变压器组出口隔离开关合好，发电机–变压器组出口断路器液压操作系统工作正常。

（22）合上发电机–变压器组及厂用系统信号电源。

（23）检查自动调节励磁装置具备升压条件。

（24）将自动调节励磁装置控制方式置于"远方"位置。

【任务实施】

发电机–变压器组恢复备用操作任务实施。

一、危险点预控

对照操作环境、操作方法、设备状况、事故教训、操作人的技能和心态查找危险点。防止操作时误走错间隔；拆地线时地线端头掉下损坏或伤人；带地线合隔离开关或断路器；带电挂地线；隔离开关磁柱断裂；带负荷拉、合隔离开关；误拆非送电设备地线；装、拆地线时损坏送电设备或搭接在带电设备上；挂地线时残电伤人；地线杆乱放造成人身触电；保护切换时造成TA回路开路；装、拆直流操作熔断器时触电或短路；误合断路器；误操作扩大事故。

二、发电机-变压器组恢复备用流程及实施

恢复备用流程如图2.3.1-1所示。

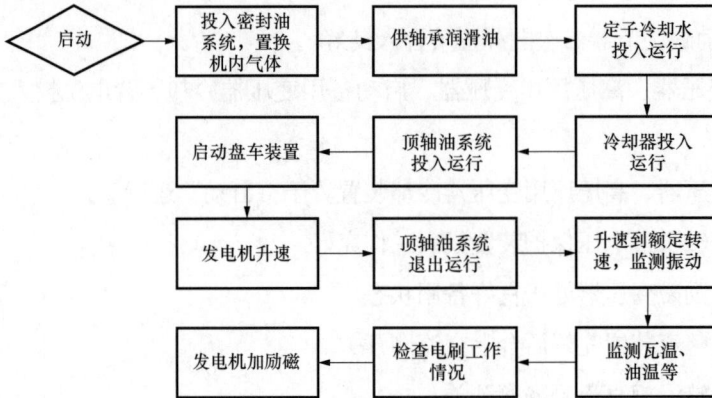

图 2.3.1-1　恢复备用流程图

（1）1号发电机-变压器组启动前检查卡，见表2.3.1-1。

表2.3.1-1　1号发电机-变压器组启动前检查卡

操作开始时间		年　月　日　时　分	操作结束时间	年　月　日　时　分
顺序	执行	检查内容	备注	
1		检查1号发电机-变压器组所有工作票已结束		
2		在220kV母差保护柜处检查保护连接片投退正确		
3		检查"1号发电机-变压器组QF跳闸"连接片已投入		
4		检查"1号发电机-变压器组QF失灵启动"连接片已投入		
5		检查"1号发电机-变压器组QF解除失灵闭锁"连接片已投入		
6		检查网控直流A段"1号主变压器端子箱电源"小开关在合闸		
7		检查网控直流A段"1号主变压器电动机电源"小开关在合闸		

顺序	执行	检查内容	备注
8		检查 1 号发电机 – 变压器组 I 段母线 QS1 隔离开关在分闸	
9		检查 1 号发电机 – 变压器组 II 段母线 QS2 隔离开关在分闸	
10		检查 1 号发电机 – 变压器组母线侧接地开关在分闸	
11		检查 1 号发电机 – 变压器组主变压器侧接地开关在分闸	
12		检查 QF 断路器 A、B、C 三相 TA 油位正常	
13		检查 1 号发电机 – 变压器组 QF 断路器在分闸	
14		检查 1 号发电机 – 变压器组 QF 断路器 SF$_6$ 压力正常	
15		合上 1 号发电机 – 变压器组 QF 断路器蓄能电机直流开关	
16		检查 1 号发电机 – 变压器组 QF 断路器控制方式小开关在"远控"	
17		检查 1 号发电机 – 变压器组 QF 断路器箱内加热开关已按要求投入	
18		检查 1 号发电机 – 变压器组 I 母 QS1 隔离开关控制箱内加热开关已按要求投入	
19		检查 1 号发电机 – 变压器组 I 母 QS1 隔离开关控制方式在"远控"	
20		检查 1 号发电机 – 变压器组 I 母 QS1 隔离开关动力电源小开关在分闸	
21		检查 1 号发电机 – 变压器组 I 母 QS1 隔离开关控制电源小开关在分闸	
22		检查 1 号发电机 – 变压器组 II 母 QS1 隔离开关控制箱内加热开关已按要求投入	
23		检查 1 号发电机 – 变压器组 II 母 QS1 隔离开关控制方式在"远控"	
24		检查 1 号发电机 – 变压器组 II 母 QS1 隔离开关动力电源小开关在分闸	
25		检查 1 号发电机 – 变压器组 II 母 QSI 隔离开关控制电源小开关在分闸	

顺序	执行	检查内容	备注
26		检查1号主变压器储油柜、套管各部油位正常	
27		检查1号主变压器呼吸器内硅胶良好	
28		检查1号主变压器油温及线圈温度表指示正常	
29		检查1号主变压器分接头位置正确	
30		检查1号主变压器各部位接地线已可靠接地	
31		检查1号主变压器在线检测仪投运并指示正常	
32		检查1号主变压器出口避雷器泄漏电流合格	
33		检查1号主变压器中性点接地开关在合闸	
34		检查1号主变压器中性点放电间隙安装良好	
35		检查1号主变压器中性点避雷器泄漏电流合格	
36		检查1号主变压器冷却器控制箱内电源开关均在分闸位置	
37		1号主变压器冷却器运行方式开关在"停用"位	
38		检查1号主变压器风扇外壳上的各小开关均在合闸	
39		检查1号主变压器各油流继电器指针正常	
40		检查1号主变压器冷却器上下蝶阀已开启	
41		检查1号高压厂用变压器储油柜、套管各部油位正常	
42		检查1号高压厂用变压器呼吸器内硅胶良好	
43		检查1号高压厂用变压器油温及线圈温度表指示正常	
44		检查1号高压厂用变压器分接头位置正确	
45		检查1号高压厂用变压器各部位接地线已可靠接地	
46		检查1号高压厂用变压器在线检测仪投运并指示正常	
47		检查1号高压厂用变压器风冷控制箱内各小开关在"停用"位	
48		检查1号高压厂用变压器风冷控制箱后各熔断器已装好	
49		检查电气MCC	

续表

顺序	执行	检查内容	备注
50		检查1号主变压器冷却控制箱电源已送电	
51		检查1号高压厂用变压器风冷控制箱电源已送电	
52		检查1号机主变压器高压厂用变压器风冷控制箱加热/照明电源已送电	
53		检查1号机主变压器控制箱加热/照明/插座电源已送电	
54		检查1号机励磁变压器温控器电源已送电	
55		检查1号机AVR辅助交流电源已送电	
56		检查1号机交流启励电源已送电	
57		检查1号机封闭母线干燥循环装置已送电	
58		检查汽轮机MCC封闭母线微正压风机电源已送电	
59		检查1号机励磁电刷已装好	
60		检查1号机大轴接地电刷已装好	
61		投运1号机封闭母线微正压装置	
62		检查1号机集电环冷却器已处于备用	
63		检查1号机内冷水系统已正常投运	
64		检查1号机密封油系统已正常投运	
65		检查1号机氢气系统已正常投运	
66		检查1号机出口1（2、3）Ⅳ一次熔断器放好	
67		检查1号机出口1（2、3）Ⅳ小车在工作位置并紧固	
68		检查1号机出口1（2、3）TV小车二次插件放好	
69		检查1号机出口1（2、3）TV二次小开关在分闸	
70		检查1号机出口避雷器安装良好	
71		检查1号机中性点变压器及电阻接线良好	
72		检查1号机中性点隔离开关在分闸	
73		检查1号发电机局部放电检测仪面板显示正常	
74		检查1号机励磁变压器分接头位置正确	
75		检查1号机励磁变压器温度计、风扇已送电	

顺序	执行	检查内容	备注
76		检查1号机励磁自动柜辅助电源小开关在分闸	
77		检查1号机励磁自动柜本柜风扇小开关在合闸	
78		检查1号机励磁自动柜启励电源小开关在分闸	
79		检查1号机励磁自动柜整流装置小开关在合闸	
80		检查1号机励磁自动柜整流柜风扇电源小开关在分闸	
81		检查1号机励磁自动柜直流电源小开关在分闸	
82		检查1号机励磁自动柜灭磁开关控制电源小开关在分闸	
83		检查1号机励磁自动柜24V电源小开关在合闸	
84		检查1号机励磁自动柜过电压保护熔断器已放好	
85		检查1号机1（2、3）号整流柜风扇电源小开关在分闸	
86		检查1号机1（2、3）号整流柜电源熔断器已放好	
87		检查1号机1（2、3）号整流柜晶闸管熔断器已放好	
88		检查6kV IA段母线工作电源断路器6A01在"试验"位	
89		检查6kVIA段母线工作电源6A01小车在"试验"位	
90		检查6kV I B段母线工作电源断路器6801在"试验"位	
91		检查6kV I B段母线工作电源6801小车在试验位	
92		在1号机110V直流A（B）段处检查	
93		检查1号发电机–变压器组保护屏电源小开关在合闸	
94		检查1号发电机–变压器组非电量保护电源小开关在合闸	
95		检查1号发电机–变压器组断路器操作箱电源小开关在合闸	
96		检查1号高压厂用变压器保护屏电源小开关在合闸	

续表

顺序	执行	检查内容	备注
97		检查 1 号发电机 – 变压器组同期继电器屏小开关在合闸	
98		检查 1 号发电机 – 变压器组及启动备用变压器故障录波器屏电源小开关在合闸	
99		检查 1 号机厂用变压器 A 风冷控制箱小开关在合闸	
100		检查 1 号机主变压器风冷控制箱小开关在合闸	
101		检查 1 号机厂用电快切装置屏电源小开关在合闸	
102		检查 1 号机 AVR 电源小开关在合闸	
103		在 1 号机 UPS–A 柜配电柜处检查	
104		检查 1 号发电机 – 变压器组变送器电能表屏电源已送电	
105		检查 1 号高压厂用变压器电能表屏已送电	
106		检查 NCS 小室发电组 – 变压器组 I/O 屏电源已送电	
107		在 1 号发电机 – 变压器组保护柜处检查	
108		检查各保护面板上无异常、告警、动作信号	
109		在 1 号发电机 – 变压器组非电量保护柜处检查	
110		在 1 号发电机 – 变压器组同期柜处检查	
111		检查自动准同期开关 DTK 在"退出"位	
112		检查手动准同期开关 1STK 在"退出"位	
113		检查同期闭锁 STK 按钮在"闭锁"位	
114		检查出口连接片 XB 在"退出"位	
115		在厂用电快切装置柜处检查	
116		检查 A 段厂用电快切装置面板电源小开关在合闸	
117		检查 B 段厂用电快切装置面板电源小开关在合闸	
118		检查各出口连接片投退位置正确	
119		检查 1 号发电机 – 变压器组电能表柜已正确投运	
120		检查 1 号高压厂用变压器电能表柜已正确投运	
121		检查 NCS CRT 画面中 1 号发电机 – 变压器组无异常信号	

第　　　页　　　　　　　　　　　　　　　　　　　　　本检查卡共　　　页

操作人：　　　　　　监护人：　　　　　　值班负责人：　　　　　　值长：

（2）1号发电机-变压器组恢复冷备用操作票，见表2.3.1-2。

表2.3.1-2　1号发电机-变压器组恢复冷备用操作票

操作任务：1号发电机-变压器组恢复冷备用				
操作开始时间	年 月 日 时 分		操作结束时间	年 月 日 时 分
顺序	执行情况	操作内容		备注
1		检查1号发电机-变压器组所有检修工作终结，安全措施已全部拆除		
2		确认1号发电机-变压器组定子回路绝缘电阻合格		
3		确认1号发电机-变压器组转子回路、励磁系统、汇水管等绝缘电阻合格		
4		检查1号发电机-变压器组各部分无异常且具备送电条件		
5		通知热工送上1号发电机-变压器组热工电源		
6		通知继电保护送上1号发电机-变压器组保护、仪表、自动装置等电源		
7		检查1号发电机内气体置换完毕，H_2压力正常		
8		检查1号发电机内冷水系统运行正常，且内冷水水质合格		
9		检查1号发电机密封油系统已投运，且运行正常		
10		检查1号发电机-变压器组各开关大联锁试验正常		
11		合上UPS至灭磁柜服务电源小开关		
12		合上UPS至AVR柜服务电源小开关		
13		合上UPS至AVR交流工作电源		
14		合上UPS至整流辅助柜交流工作电源小开关		
15		合上UPS至整流辅助柜服务电源小开关		
16		合上UPS至1号主变压器散热器自投回路电源		
17		合上UPS至1号高压厂用变压器散热器自投回路电源		
18		合上110V直流系统至1号炉电子间柜小开关		
19		合上110V直流系统至主厂房电气保护室直流分电屏小开关		

顺序	执行情况	操作内容	备注
20		合上 110V 直流系统至 6kV IA 直流分电屏小开关	
21		合上 110V 直流系统至 6kV IB 直流分电屏小开关	
22		检查 1 号发电机 – 变压器组所有热工、仪表、自动装置电源均已送上	
23		检查 6kV IA 段工作电源进线开关在试验位置，且已分闸	
24		检查 6kV IB 段工作电源进线开关在试验位置，且已分闸	
25		检查 1 号高压厂用变压器低压侧 6kV I A 段Ⅳ在工作位	
26		检查 1 号高压厂用变压器低压侧 6kV I B 段Ⅳ在工作位	
27		合上 1 号机电气保护室 110V 直流屏至 1 号机励磁整流柜电源小开关	
28		合上 1 号机电气保护室 110V 直流屏至励磁 AVR 柜、灭磁柜的电源小开关	
29		检查 1 号机电气保护室辅继屏后 QF 控制电源小开关及信号电源已合上	
30		检查 1 号发电机 – 变压器组保护装置正常	
31		按规定投入 1 号发电机 – 变压器组继电保护	
32		复位静态励磁柜面板上的报警及掉牌信号	
33		检查励磁室整流模件正常	
34		检查励磁系统所有控制及服务电源已给上，指示灯指示正常	
35		检查 AVR 柜面板已复位	
36		合上汽轮机层 1 号机微正压装置电源 A 小开关	
37		合上汽轮机层 1 号机电子设备间空调机组电源开关	
38		检查 1 号发电机 – 变压器组 1（2、3）TV 三相一次熔断器完好	

顺序	执行情况	操作内容	备注
39		装上1号发电机l–变压器组1（2、3）TV三相一次熔断器	
40		检查1号发电机–变压器组1（2、3）TV三相二次熔断器完好	
41		装上1号发电机–变压器组1（2、3）TV三相二次熔断器	
42		将1号发电机–变压器组1（2、3）TV三相推入工作位置	
43		投入1号发电机中性点接地变压器	
44		合上1号机单台负荷MCC至1号机励磁小间空调及风机电源开关	
45		合上220V直流系统至DEH开关	
46		检查220V直流至QF操作箱电源小开关已合上	
47		合上汽轮机房MCC至1号高压厂用变压器冷却风机电源开关	
48		检查380V汽轮机工作段至1号机启励电源隔离开关已合上	
49		检查汽轮机房MCC2至1号主变压器冷却风机电源开关已合上	
50		按规定投入1号主变压器冷却装置	
51		按规定投入1号高压厂用变压器冷却装置	
52		检查220kV 1号发电机–变压器组出口断路器QF断路器三相确在分闸状态	
53		检查220kV 1号发电机–变压器组出口隔离开关OS1在断开位置	
54		检查220kV1号发电机–变压器组出口隔离开关QS2在断开位置	
55		在盘车状态下，检查1号发电机励磁电刷运行正常	
56		在盘车状态下，检查1号发电机接地电刷运行正常	

第　　页　　　　　　　　　　　　　　　　　　　　　本操作票共　　页

操作人：　　　　　监护人：　　　　　值班负责人：　　　　　值长：

（3）1号发电机–变压器组恢复热备用操作票，见表2.3.1–3。

表2.3.1–3　发电机–变压器组恢复热备用操作票

操作任务：1号发电机–变压器组恢复热备用			
操作开始时间	年　月　日　时　分	操作结束时间	年　月　日　时　分
顺序	执行情况	操作内容	备注
1		确认1号发电机–变压器组处于冷备用	
2		检查灭磁开关在分位	
3		合上灭磁开关合闸回路控制电源小开关	
4		合上启励电源小开关	
5		检查励磁系统所有保护掉牌已复归	
6		检查1号发电机–变压器组所有保护按规定投入	
7		联系调度合上1号主变压器中性点接地开关	
8		检查1号主变压器中性点接地开关确已合好	
9		检查1号发电机–变压器组靠Ⅱ母侧隔离开关QS2在分闸位置	
10		合上1号发电机–变压器组靠Ⅰ母侧隔离开关QS1控制电源及动力电源	
11		将1号发电机–变压器组靠Ⅰ母侧隔离开关QS1控制方式切至远方位	
12		合上1号发电机–变压器组靠Ⅰ母侧隔离开关QS1	
13		检查1号发电机–变压器组靠Ⅰ母侧隔离开关QS1三相确已合好，隔离开关位置显示正确	
14		将1号发电机–变压器组靠Ⅰ母侧隔离开关QS1控制方式切至就地位	
15		拉开1号发电机–变压器组靠Ⅰ母侧隔离开关QS1控制电源及动力电源	
16		检查1号发电机–变压器组QF断路器压缩空气压力及SF_6压力正常	
17		检查1号发电机–变压器组QF断路器空气压缩机电源已合上	
18		合上1号发电机–变压器组QF断路器合闸及跳闸回路电源小开关	
19		汇报值长机长1号发电机–变压器组恢复热备用操作已完成	
第　　页			本操作票共　　页
操作人：　　　　　监护人：　　　　　值班负责人：　　　　　值长：			

【学习任务工单及考核】

任务工单 发电机–变压器组恢复备用操作任务工单

班级： 组号： 日期：

任务描述：

（1）发电机–变压器组启动前的检查及测量。

（2）填写发电机–变压器组恢复冷备用操作票并操作。

（3）填写发电机–变压器组恢复热备用操作票并操作。

1.资讯

（1）查看《发电厂电气运行规程》、《300MW电气运行规程》、GB 26860—2011《电力安全工作规程 发电厂和变电站电气部分》、发电厂电气设备实物图。

（2）查看300MW发电机–变压器组一次主接线图。

（3）查阅主要发电机的绝缘参数。

2.任务

（1）发电机启动前检查、测量项目有哪些?

（2）填写1号发电机–变压器组恢复冷备用操作票并操作。

（3）填写1号发电机–变压器组恢复热备用操作票并操作。

3.计划

工作任务		发电机–变压器组恢复备用操作			学时		成绩	
班级	组别	岗位确定						
		班长	主值	主值	副值	副值	主电工	副电工
姓名								
学号								
日期								
工作步骤								

4.决策

会同老师对计划的可行性进行分析，对工作任务实施方案进行决策。

5.实施

（1）在300MW仿真机上熟悉操作界面。

（2）根据主接线方式填写操作票。

（3）在仿真机上完成相应操作。

6.检查及评估

分组检查任务完成情况，进行自评、互评（考评主要项目如下）

考评项目		自我评估	组长评估	教师评估	备注
工作态度（10分）	劳动纪律				
	协调配合				
专业能力（70分）	资料收集（10分）				
	方案制订（10分）				
	工单填写（10分）				
	实施过程（20分）				
	完成情况（20分）				
方法能力（10分）	信息、计划、组织、检查				
社会能力（10分）	沟通、协作、安全				
合计					

【思考与练习】

1.发电机–变压器组启动前的检查及测量项目有哪些？

2.发电机启动前应做哪些试验？

3.发电机–变压器组恢复备用危险点预控点有哪些？

任务3.2 发电机–变压器组并、解列操作

现代电厂的同步发电机都是并列在电网中运行，其投入、退出、负荷调节、运行方式的改变等都密切关系着电网运行的安全、经济以及电能质量。同步发电机并入电网运行或解列，必须满足一定条件并采用适当的方法，否则会产生很大的冲击电流或过电压，造成严重后果。并网、解列及励磁系统调节操作都是电气运行人员日常十分重要的操作。

【学习目标】

知识目标：1.掌握发电厂发电机–变压器组正常运行方式。

2.掌握填写发电机–变压器组并解列倒闸操作票原则及规范。

3.熟悉发电机–变压器组并解列倒闸操作的基本原则。

4.掌握在仿真机上完成发电机–变压器组并解列倒闸操作一般流程。

技能目标：1.能够完成对发电机励磁系统的参数调整，使运行参数满足规程的要求。

2.能根据任务正确填写发电机–变压器组并解列倒闸操作票。

3.能根据倒闸操作的基本原则及一般程序，填写发电机–变压器组并解列倒闸操作票。

4.能在仿真机上完成发电机–变压器组并解列倒闸操作。

态度目标：胆大心细，遵守安规；团结协作，权责明确。

【任务描述】

值长下达任务要求在规定时间将1号发电机–变压器组并入电网运行；将1号发电机–变压器组从电网解列停机。

【相关知识】

发电机–变压器组并、解列操作相关规定。

一、发电机–变压器组并列

（一）发电机的升压

发电机转速达到额定值后检查：轴承温度和轴瓦温度；对空冷系统应检查冷却系统漏风情况；对水冷系统应检查水压计、检漏计等正常；对氢冷系统应检查氢压、密封油压等正常。

发电机达到额定转速后才能合灭磁开关，手动升压合灭磁开关前，应检查手动励磁值在最小位置。发电机–变压器组出口隔离开关，在发电机达到额定转速才能合上，以防止在启动、试验过程中误合发电机–变压器组出口断路器，造成对系统和发电机的冲击。发电机升压可参考发电机空载特性曲线，监视转子电流、定子三相电压，核对发电机的空载特性，确定定子绕组、转子绕组和定子铁芯有无故障，以及表计指示的正确性。若励磁电流大、励磁电压低、定子电压低，则励磁回路可能存在短路故障；若额定电压下转子电流较空载励磁电流显著增大，则可能是转子绕组有匝间短路或定子铁芯片间短路，在定子铁芯中形成涡流；若发现有定子电流，就说明定子回路有短路。检查发电机三相电压应平衡，一次引线有无断路，电压互感器有无断路。

1.发电机升压时注意事项

（1）三相定子电流表的指示均应等于或接近于零，如果发现定子电流有指示，说明定子绕组上有短路（如临时接地线未拆除等），这时应减励磁至零，拉开灭磁开关进行检查。

（2）三相电压应平衡，同时也以此检查一次回路和电压互感器回路有无开路。

（3）当发电机定子电压达到额定值，转子电流达到空载值时，将磁场变阻器的手轮位置标记下来，便于以后升压时参考。核对这个指示位置可以检查转子绕组是否有匝间短路，因为有匝间短路时，要达到定子额定电压，转子的励磁电流必须增大，这时该指示位置就会超过上次升压的标记位置。

（4）在定子电压起压正常且三相电压平衡、三相电流为零的基础上，发电机定子电压缓慢升至20kV。

2. 发电机的升压方式

（1）发电机正常升压并列操作应采用自动电压调节器进行，50Hz感应调压器作为备用方式。

（2）发电机升压操作可采用自动电压调节器的"自动"或"手动"调压方式进行。

（3）自动准同期并列时可采用自动电压调节器"自动"方式调压，也可采用自动电压调节器"手动"方式将电压升到额定值，再将自动电压调节器从"手动"切换到"自动"方式，进行自动准同期并列操作。

（4）手动准同期并列可采用自动电压调节器"自动"方式升压，也可用自动电压调节器"手动"方式升压。若用自动电压调节器"手动"方式升压，在发电机并列后，应将自动电压调节器由"手动"方式切换到"自动"方式。

3. 升压步骤

（1）在励磁画面上将发电机励磁系统AVR选择自动运行方式。

（2）按下励磁系统启动按钮。

（3）监视灭磁开关自动合上。

（4）5～20s后监视发电机定子电压自动升至19kV。

（5）检查三相电压平衡、三相电流为零或接近于零。

（6）核对并记录发电机转子电压和转子电流。

（二）发电机的并列

当发电机电压升到额定值后，可准备将其与电网并列。并列是一项非常重要的操作，必须小心谨慎，操作不当将产生很大的冲击电流，严重时会使发电机遭到损坏。发电机的同期并列方法有两种，即准同期并列与自同期并列，汽轮发电机一般都采用准同期并列。

1. 发电机准同期并列条件

发电机准同期并列应满足下列四个条件：

（1）发电机与系统电压差不大于5%。

（2）发电机与系统频率差不大于0.1Hz。

（3）发电机与系统相位相同。

（4）发电机与系统相序一致。

　　并列操作可以手动进行，称为手动准同期；也可以自动进行，称为自动准同期。自动准同期需借助于专有的自动准同期装置进行。

　　进行手动准同期操作前，应确认主断路器、隔离开关位置正确，如有屏幕显示器，也可通过画面确认。还应确认操作开关及同期开关位置正确（不允许有第二个同期开关投入）。然后可投入同期表盘，同期表开始旋转，同期灯也跟着时亮时暗。这时可能还要少许调整发电机端电压，以满足第1个并列条件。调整的方法是调整自动电压调节器的电压给定开关（特殊情况下也可利用自动电压调节器内的手动回路开关或感应调压器进行调压），继而调整发电机的转速以满足第（2）、（3）个并列条件。当4个条件都满足时，同期表指针指在同期位置，同期灯最暗，表示已到达同步点，但一般是在指针顺时针方向缓慢旋转，且接近同步点（预留到达同步点的主断路器合闸时间）时，即可合闸，使发电机与系统并列。随即可增加发电机的励磁电流和有功负荷，确认发电机已带上5%的有功负荷及一定的无功负荷，记下并列时间，切断同期表开关和同期开关，并列操作完成。

　　发电机手动准同期操作是否顺利，与运行人员的经验有很大关系，经验不足者往往不易掌握好合闸时机，从而发生非同期并列事故。现在广泛采用自动准同期装置进行自动准同期并列。

　　自动准同期装置的功能是根据系统的频率，检查待并发电机的转速，并发出调速脉冲去调节待并发电机的转速，使其高出系统一预整定数值。然后检查同期的回路开始工作，当待并发电机以微小的转速差向同期点接近，且待并发电机与系统的电压差在 ±10% 以内时，它就提前按一个预先整定好的时间发出合闸脉冲，合上主断路器，实现与系统的并列。某些自动准同期装置只能发出调速脉冲，而不能发出调压命令，因而并列时仍要人工调整励磁调节器的给定开关，使待并发电机电压与系统电压相等。

2. 发电机准同期并列步骤

（1）在DCS系统画面上确认发电机允许自动准同期并列。

（2）主断路器准备好。

（3）选线器工作方式选择在"自动"状态，

（4）自动准同期装置工作方式选择为"工作"位置。

（5）汽轮机数字电液控制DEH切为自动方式。

（6）在DCS系统画面上按下同期开关选择按钮，给上选线器、准同期装置电源，将发电机及系统电压加至同期装置。

（7）在DCS系统画面上监视选线器选择同期点唯一并正确。

（8）派人在电子间同期装置处监视并网过程。

（9）在发电机画面监视主断路器自动同期合闸，记录并列时间点。

（10）派人在电子间同期装置处抄录主断路器实际合闸时间。

（11）在 DCS 系统画面上退出同期开关选择按钮，断开选线器、准同期装置电源，隔离同期装置的发电机及系统电压。

（12）按汽轮机运行规程的规定将发电机带上初始负荷。

（13）检查发电机三相电流指示平衡。

（14）调整发电机无功至 10~30Mvar，保持端电压在规定范围内。

（15）全面检查发电机–变压器组及励磁系统运行正常。

（16）根据调度要求，合理安排主变压器中性点接地开关。

3. 防止非同期并列

（1）同期表指针经过同期点时转速过快，说明发电机频率与系统频率相差较大，不得合闸。

（2）同期表指针经过同期点时转速不稳有跳动，可能是同期表卡涩，不得合闸。

（3）在同期表指针经过同期点瞬间，也不得合闸，此刻已无导前时间，由于操动机构延迟，断路器合上时，可能合在非同期点上。

（三）发电机升压、并列操作注意事项和有关规定

（1）发电机不允许在未充氢气和定子绕组未通水的情况下投入励磁升压。

（2）待机炉有关试验结束，检查机组无异常报警信号，汽轮机已定速，发电机–变压器组空载、短路、核相、假同期等启动试验已结束，得到值长正式并列命令后方可进行发电机并列操作。

（3）正常情况下，发电机必须采用自动准同期并列方式进行并列。

（4）不允许同时选择两个及以上同期点的同期开关，投入一个同期点的同期开关时，应先检查其他同期点的同期开关均在未选位置。

（5）发电机升压操作应缓慢进行，升压过程中，三相电压平衡，三相电流指示为零或接近于零；达到额定电压时，检查发电机转子电压和电流是否在空载值。整个过程中，必须检查发电机–变压器组、励磁系统运行参数正常且无异常报警。

（6）在升压过程中，发现定子电流升起或出现定子电压失控，立即对发电机进行灭磁。

（7）在发电机升压过程中，当转子电流已达空载值，而定子电压未达到额定值时，或出现报警、跳闸信号，应停止操作，查明原因。

（8）在机组转速低于 2950r/min 时禁止投入励磁系统。

（9）只有发电机与系统频率相差 1Hz 以内，方可投入自动准同期装置。

（10）对于额定转速下已经升压等待并列或进行其他试验等情况，如出现转速下降的情况，应立即断开灭磁开关。

（11）并列过程中，同期装置上的同步表应顺时针转动，转动过快或过慢时要及时调整机组转速。

（12）如果同期装置在并列过程中合闸指示灯亮，而主断路器未合闸，应立即断开同期装置电源，查明原因。

（13）并列瞬间要密切监视三相电流、负序电流、有功功率、无功功率等主要参数，防止并列时主断路器非全相动作。

（14）机组并列后，在DCS画面上全面检查各设备的指示状态、有无异常报警，特别是设备冷却介质参数。

（15）发电机解、并列主变压器中性点接地开关必须投入。

（四）发电机并列后带负荷的规定

发电机并列后，即可按规程规定接带负荷，其有功负荷的增加速度决定于汽轮机。一般由值班员进行调整负荷的操作。

有功负荷的调整是通过汽轮机的同步电动机进行的，即调整汽轮机的进汽量，该操作可由值班员或自动装置协调控制。有功负荷的增加速度通常由汽轮机和锅炉的工作条件决定，但无论是开机或正常运行，增加速度都不能过快。

1. 发电机带初负荷

（1）机组并网后，立即带5%额定负荷。

（2）确认主变压器工作冷却器运行正常。

（3）根据需要增加发电机无功功率。

（4）全面检查发电机定子铁芯、绕组温度、绕组各支路出水温度正常。

2. 发电机升负荷

（1）发电机并入电网后，发电机的出力总是处于出力曲线的限值之内。发电机并列后，根据值长指令调有功负荷，定子电流增长的速度应根据负荷调整曲线进行。

（2）发电机同类水支路定子线棒温度与其平均温度的偏差不得超过规定值。

（3）增加负荷时应监视发电机冷氢温度、铁芯温度、绕组温度、出口风温以及励磁装置的工作情况。

（4）发电机带初负荷后，稳定汽轮机的进汽参数在冲转时的参数，保持初负荷暖机一段时间，如果汽轮机的进汽参数发生变化，应根据启动曲线增加初负荷暖机时间。

（5）在热态或事故情况下发电机加负荷的速度一般不受限制（发电机定子绕组和铁芯温度在55℃以上为热态）。

（6）发电机并网后加负荷过程中，应注意监视定子冷却水压、流量、氢气压力、温度、氢油压差、氢水压差，定、转子及铁芯温度变化，发电机-变压器组各参数和励磁系统，继电保护装置的运行情况。

（7）根据有功负荷的变化随时调整无功以满足电压曲线的要求，并应兼顾厂用系统电压在额定范围内。

（8）待发电机运行稳定后将发电机高压厂用电源倒为高压厂用变压器供电，高压启动备用变压器联动备用。

加负荷时，应监视定子端部有无渗漏现象，在增加发电机有功负荷的同时，要相应地增大其无功负荷，以保持一定的功率因数。

如果有功负荷不变，调整无功负荷也会改变功率因数。水氢氢冷的大、中型汽轮发电机的额定功率因数多为 0.9（滞后），即功率因数从 0.9～1 之间均可长时间带额定有功负荷运行。但是如果励磁再进一步减少就会变为进相运行，这时 $\varphi<0$。虽然一般汽轮发电机都允许在 $\cos\varphi=0.95$（超前、进相）情况下运行，但进相运行下有两个问题特别要注意：

1）可导致发电机定子端部构件发热。

2）可能导致电力系统运行失稳。

因此，在正常运行中，如发现功率因数表指示进相，且超过了允许的功率因数值，则应增大励磁电流。如果这时定子电流过大，则在增大励磁电流的同时，减少发电机的有功负荷，否则可能引起发电机振荡或失步。

二、发电机解列

单元机组发电机停止运行包含解列、解列灭磁、停机三个层次。解列指仅断开发电机变压器出口断路器，这时发电机可带厂用电运行；解列灭磁指断开发电机变压器出口断路器，同时断开励磁开关，此时汽轮机拖动发电机空转；停机是在解列灭磁同时关闭汽轮机主汽门，使发电机的转速降下来。

正常停机是在发电机解列前，先将厂用电倒至备用电源，然后再逐渐将负荷转移到并列运行的其他机组上去。减小发电机有功与无功功率至某一规定的值时，停用自动励磁调节器，然后把有功功率减少到零，无功功率减至接近于零，定子电流表指示接近于零，断开发电机变压器出口断路器与系统解列。若有功功率未至零就解列，可能会使汽轮机超速。为防止汽轮机超速，可先关闭汽轮机主汽门，然后由逆功率保护动作跳开发电机。发电机解列后，调节手动励磁，将发电机电压减至最小值，再断开励磁开关。然后根据要求断开发电机－变压器组出口隔离开关及电压互感器。

在接到电网调度员解列命令后，操作人员应按值长命令填写操作票，经审核批准后执行。发电机出线上带有厂用电，应将厂用电切换后，再将本机组的有功负荷及无功负荷转移到其他发电机上。对于正常停机，应在机组有功负荷降到某一数值后，停用自动调节励磁装置，然后将有功功率和无功功率降到零时，才能进行解列。在减有功负荷的同时，注意相应减少无功负荷,保持功率因数约为0.9。

1. 解列步骤

(1)值长发出停机命令后,可以进行发电机停机解列操作(紧急停机除外)。

(2)发电机解列操作前检查主断路器分闸回路无闭锁。待有功功率和无功功率降下来后,将高压厂用电源转为高压启动备用变压器供电,将高压厂用变压器停电。

(3)根据机炉运行情况,逐步减发电机有功负荷至低限,无功负荷近于零。

(4)汽轮机打闸,监视逆功率保护动作,发电机主断路器断开。

(5)监视发电机三相定子电流表指示为零。

(6)检查发电机定子电压为零。

(7)退出励磁系统运行。

(8)断开发电机主断路器和出口隔离开关控制电源。

(9)断开发电机-变压器组出口隔离开关。

2. 发电机解列时的注意事项

(1)若用手动感应调压器解列发电机,由于无自动电压调节功能,应注意降低无功负荷至最低极限,并在主断路器跳闸后及时调整发电机电压在额定值以下,以防止发电机超压。

(2)待发电机解列后,将发电机励磁调节器输出降至最小。

3. 发电机解列后的操作

发电机解列后需长期停运,应对发电机做如下工作:

(1)拉开发电机自动电压调节器交流侧开关、发电机50Hz感应调压器交流开关。

(2)停用发电机封闭母线风扇,保持封闭母线微正压装置运行。

(3)停运主变压器冷却装置。

4. 发电机停机后的三种状态

(1)热备用状态。发电机出口断路器、励磁开关在断开位置,高压厂用变压器低压分支开关在断开位置,其余与运行状态相同。

(2)冷备用状态。发电机出口断路器、发电机出口隔离开关、励磁开关在断开位置,高压厂用变压器低压分支开关在隔离位置,其余与运行状态相同。

(3)检修状态。发电机出口断路器、发电机出口隔离开关、励磁开关、高压厂用变压器低压分支开关在隔离位置,取下发电机出口及厂用分支电压互感器一、二次熔断器,断开发电机中性点接地变压器隔离开关,在发电机各电源侧挂接地线。

5. 发电机停机期间的维护

(1)对备用中的发电机及其全部附属设备应同运行中的发电机一样进行监视和维护,

使其处于完好状态,以便随时启动。

(2)停机备用的发电机密封油排烟机和润滑油主油箱的排烟风机应维持运行,以抽去可能逸入油系统的氢气。

(3)发电机第一次停机以及每当外部温度变化在8K以上时,应维持机内氢气相对湿度在50%以下,可以采用排氢补氢的方法降低机内氢气的湿度。

(4)停机期间密封油冷却器密封油温度保持在40~49℃。

(5)氢气的纯度不低于90%。

(6)离子交换器出水电导率应维持在0.1~0.4μS/cm。

(7)当发电机长期处于备用状态时,应该采取适当的措施防止绕组受潮,并保持绕组温度在5℃以上;可采用内冷水热水循环的方法保温,内冷水水温以20~40℃为宜;冬季停机后,应使发电机各部位温度维持在5℃以上,防止冻坏发电机设备。停机期间,厂房室温应保持在4℃以上,若低于4℃,应采取防止定子绕组内的冷却水和氢气冷却器内的冷却水冻结的措施。

(8)停机期间发电机内充满空气时,需注意防止结露。

(9)取下充氢管道联管并加堵板,将供氢管道隔离,防止氢气进入发电机。

(10)发电机运行两个月以上如遇停机,应对发电机定子水回路进行反冲洗,以确保水回路畅通。

(11)对停用时间较长的发电机,定子绕组和定子端部冷却元件中的水应放净吹干,吹干时应使用过滤后的干燥的压缩空气。

三、发电机励磁系统

随着现代电力系统的发展,远距离传送大功率及大容量发电机惯性时间常数的降低和同步电抗标幺值的增大等导致机组稳定极限降低。快速大容量的励磁系统提高电力系统运行稳定性的重要地位日显突出。在运行中如何选择合适的励磁运行方式及学会励磁系统的切换操作对电气运行人员是非常必要的。

励磁系统是供给同步发电机励磁电流的电源,由励磁功率单元和励磁调节器两个主要部分组成。励磁功率单元向同步发电机转子提供励磁电流,励磁调节器根据输入信号和给定的调节准则控制励磁功率单元的输出。励磁系统一方面向同步发电机的励磁绕组供电以建立转子磁场,并根据发电机运行工况自动调节励磁电流以维持机端及系统电压水平,另一方面决定着电力系统并联机组间无功功率的分配,对电力系统并联机组稳定运行起着极大作用。

励磁调节器能正确反映发电机电压的高低,维持发电机电压在给定水平;能合理分配机组间无功功率;能保证发电机在人工稳定区运行,防止出现调节失灵;能在系统故障时，迅速反应提高机组暂态稳定性。

1. 励磁系统投运条件

（1）灭磁开关无故障。

（2）220kV断路器无故障。

（3）AVR无故障。

（4）发电机转速大于2950r/min。

（5）发电机–变压器组出口断路器在断开状态。

（6）合上发电机–变压器组220kV侧隔离开关。

（7）发电机–变压器组出口断路器在"远方"控制方式。

2. 开机前励磁系统运行方式的选择

（1）运行方式选AVR（恒机端电压调节），启励以后发电机端电压会在几十秒内缓慢上升至95%额定发电机端电压，并等待发电机并网操作。

（2）运行方式选FCR（恒磁场电流调节），启励以后发电机端电压会停在10%端电压位置，经手动操作增磁，端电压上升至需要值。

3. 启励方式选择

（1）"自动"，需要在控制室DCS发开机令，励磁调节屏接收开机令后，检测磁场灭磁开关状态，如果灭磁开关是分闸状态，发合灭磁开关指令；给灭磁屏启励接触器发启励信号；投整流屏风机；投整流桥脉冲信号。当启励电源使发电机端电压达到10%以上，进入励磁调节程序。如果在10s内发电机端电压没达到10%或20%，调节屏发出启励失败信号，发出启励失败信号之后还可以启励三次，不成功则闭锁启励功能。

（2）启励过程中，当发电机端电压达到10%～15%额定电压时调节器跳开启励接触器切除启励电源，然后自动把发电机端电压升到设定的数值（当启励时运行方式为AVR时，发电机端电压将自动达到95%额定电压；当启励时运行方式为FCR时，发电机端电压将自动达到10%额定电压）。

（3）"手动"（远方与现场选择都可以），可以在灭磁屏前按启励按钮，启励接触器吸合，开始启励，励磁调节屏接到启励接触器辅助触点动作信号，投整流屏风机和整流桥脉冲，同自动方式操作。

4. 励磁系统运行操作

当发电机并网后，即进入运行操作，运行操作有四种方式：

（1）电流调节（FCR），操作增、减励磁，可调节励磁电流至需要值。需配合有功调节来改变励磁电流。此运行方式只能保证励磁电流稳定（当TV断线后可选此方式运行）。

（2）电压调节（AVR），操作增、减励磁，可调节发电机端电压或无功功率至需要值。此运行方式能保证发电机端电压稳定，是最常用的一种运行方式。当TV断线后，计算机会利用另一台计算机的TV测量通信信号，当两台计算机都报TV断线时，正在运行的计算机将自动转入FCR（磁场电流调节）方式运行。

（3）恒无功（Q）调节方式。发电机并网后，才可以选恒无功或恒$\cos\varphi$调节。如果选恒无功（Q）调节方式，励磁调节屏将维持发电机无功功率稳定，此方式必须在发电机–变压器组主断路器闭合时才可以投入运行。

（4）如果选恒$\cos\varphi$调节方式，励磁调节屏将维持发电机端电压超前发电机端电流固定相角，即$\cos\varphi$不变，此方式必须在发电机–变压器组主断路器闭合时才可以投入运行。

5. 励磁系统投运步骤

（1）合灭磁开关。

（2）灭磁开关合闸且正常，投AVR。

（3）控制AVR增、减励磁。

（4）发电机出口电压至95%额定电压。

6. 励磁系统停机操作

（1）当发电机正常解列后，需要停机操作。首先，操作无功减载，无功功率会缓慢减少至零，待操作发电机解列后（分断发电机出口断路器），给励磁调节屏一个停机令信号。

（2）励磁调节屏将自动顺序执行操作：当逆变开关打"逆变"位置时，首先逆变灭磁，延时5s跳磁场开关。

（3）紧急停机操作：接紧急停机令，立即按下"紧急停机"按钮，联跳发电机–变压器组主断路器、磁场开关，调节屏逆变灭磁，将逆变开关打"逆变"位置。

【任务实施】

发电机–变压器组并、解列操作任务实施。

一、危险点预控

1. 发电机并列

带地线合隔离开关或断路器，带负荷合隔离开关，增加励磁升压时发生过电压，非同期并列，复归发电机把手时误解列发电机，并网后漏投过流跳主变压器连接片及各励联跳连接片，投调压器造成电压升高超过规定值。

2. 发电机解列

有功功率没有减到零，解列后引起汽轮机超规定转速；励磁系统无功功率没有减到零，解列后引起发电机过电压；发电机主断路器没断开，带负荷拉隔离开关；测量定子回路绝缘时，未进行放电造成残压伤人；误碰带电部分或误入带电间隔；误入非检修设备造成人身触电或带电挂地线；解列停机后漏退保护连接片；挂地线时未放电造成残压伤人。

二、并网操作流程及实施

（1）并网流程，如图2.3.2-1所示。

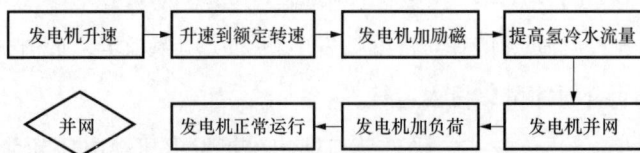

图 2.3.2-1 并网流程图

（2）1号发电机–变压器组并列于220kV Ⅰ线操作票，见表2.3.2-1。

表2.3.2-1 发电机–变压器组并列于220kV Ⅰ 母线操作票

操作任务：1号发电机–变压器组并列于220kV Ⅰ段母线			
操作开始时间	年 月 日 时 分	操作结束时间	年 月 日 时 分
顺序	执行	操作内容	备注
1		检查1号发电机–变压器组在热备用状态	
2		检查1号发电机–变压器组母线侧接地开关在分闸	
3		检查1号发电机–变压器组主变压器侧接地开关在分闸	
4		检查1号发电机–变压器组出口QF断路器在分闸	
5		检查1号发电机–变压器组出口QF断路器SF_6压力正常	
6		合上1号发电机–变压器组出口QF断路器蓄能电源小开关	
7		检查1号发电机–变压器组出口QF断路器蓄能正常	
8		检查1号发电机–变压器组出口QF断路器控制方式小开关在"远方"	
9		检查1号发电机–变压器组Ⅰ母QS1隔离开关在分闸位置	
10		合上1号发电机–变压器组Ⅰ母QS1隔离开关动力电源小开关	
11		合上1号发电机–变压器组Ⅰ母QS1隔离开关控制电源小开关	
12		将1号发电机–变压器组Ⅰ母QS1隔离开关控制方式小开关在"远方"	
13		检查1号发电机–变压器组Ⅰ母QS1隔离开关在分闸位置	
14		检查"1号发电机–变压器组QF跳闸"连接片已投入	
15		检查"1号发电机–变压器组QF失灵启动"连接片已投入	
16		检查1号主变压器中性点接地开关在合闸	

顺序	执行	操作内容	备注
17		检查 1 号主变压器冷却装置工作正常	
18		检查 1 号主变压器冷却器油流指示正常	
19		检查 1 号高压厂用变压器冷却装置工作正常	
20		检查 1 号机出口三组 TV 小车已连接好，二次小开关已合好	
21		投入 1 号机中性点接地变压器	
22		检查 1 号机灭磁开关在分位	
23		检查 1 号机励磁系统已处于热备用状态	
24		检查 1 号发电机 – 变压器组保护正常投入	
25		检查 1 号高压厂用变压器保护正常投入	
26		检查 1 号励磁变压器保护正常投入	
27		检查 1 号同期装置已投运	
28		检查 1 号机厂用电快切装置已投运	
29		合上 1 号发电机 – 变压器组出口 QF 断路器控制电源小开关	
30		检查 1 号发电机已达额定转速 3000r/min	
31		检查 1 号发电机 – 变压器组出口 QF 断路器在分闸	
32		接调度令合上 1 号发电机 – 变压器组 I 母 QS1 隔离开关	
33		检查 1 号发电机 – 变压器组 QS1 隔离开关三相确已合上	
34		在 DCS 励磁操作面板上选择"开机""AVR 投入""自动启励"，监视发电机电压升至 19.6kV	
35		手动增磁，发电机电压升至 20kV	
36		DEH 发"自动同步"信号	
37		同期面板单击"投入 TK""同期启动""同期复位"	
38		同期表转动，满足条件发电机自动并网，QF 断路器自动合上	
39		复位 1 号发电机 – 变压器组出口 QF 断路器至"合闸"位	
40		将 1 号机同期柜自动准同期开关 DTK 切至"退出"位	
41		检查 1 号发电机 – 变压器组出口 QF 断路器三相合闸良好	
42		检查 1 号发电机本体运行正常	
43		检查 1 号主变压器、01 号启动备用变压器运行正常	
44		按调度要求倒换好 220kV 系统中性点接地方式	

第　　　页　　　　　　　　　　　　　　　　　　　　　　本操作票共　　　页

操作人：　　　　监护人：　　　　值班负责人：　　　　值长：

三、解列停机操作流程及实施

（1）解列停机流程，如图2.3.2-2所示。

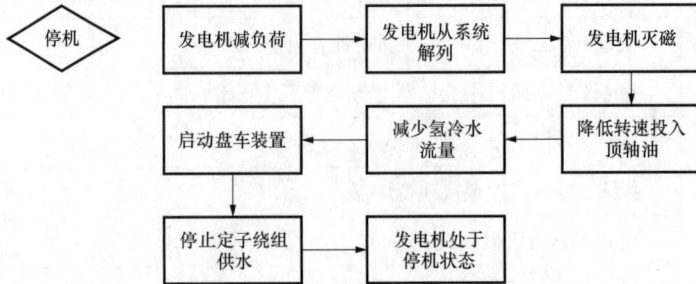

图 2.3.2-2　解列停机流程图

（2）发电机–变压器组与系统解列操作票，见表2.3.2-2。

表 2.3.2-2　1号发电机–变压器组与系统解列操作票

操作任务：1号发电机–变压器组与系统解列				
操作开始时间	年　月　日　时　分	操作结束时间	年　月　日　时　分	
顺序	执行	操 作 内 容		备注
1		检查1号发电机厂用电已切换至启动备用变压器		
2		检查1号主变压器中性点接地开关在合闸		
3		降低1号发电机有功负荷、无功负荷至零		
4		启动1号发电机–变压器组解列顺控逻辑		
5		待1号发电机–变压器组与系统解列后		
6		复位1号发电机–变压器组出口QF断路器至"分闸"位		
7		检查1号发电机灭磁开关在分闸		
8		检查1号发电机定子电压降至零		
9		拉开1号发电机–变压器组出口QF断路器控制电源小开关		
10		检查1号发电机–变压器组出口QF断路器在分闸		
11		拉并1号发电机–变压器组I母QS1隔离开关		
12		检查1号发电机–变压器组I母QS1隔离开关确已拉开		
13		停运1号主变压器冷却器		
14		停运1号高压厂用变压器冷却器		
15		拉开1号机出口TV二次小开关		
16		1号发电机中性点接地变压器退出运行		
17		检查1号机励磁自动柜已退出		

续表

顺序	执行	操 作 内 容	备注
18		拉开1号机励磁自动柜辅助电源小开关	
19		拉开1号机励磁自动柜启励电源小开关	
20		拉开1号机励磁自动柜整流柜风扇电源小开关	
21		拉开1号机励磁自动柜直流电源小开关	
22		拉开1号机励磁自动柜灭磁开关控制电源小开关	
23		停运1号发电机整流柜风机	

第　　页　　　　　　　　　　　　　　　　　　　　　　　　　本操作票共　　页

操作人：　　　　　监护人：　　　　　值班负责人：　　　　　值长：

【学习任务工单】

任务工单　发电机–变压器组并、解列操作任务工单

班级：　　　　　　　　组号：　　　　　　　　日期：

任务描述：
（1）发电机–变压器组并列（解列）前运行状态的检查。
（2）填写发电机–变压器组并列操作票并操作。
（3）填写发电机–变压器组解列操作票并操作。

1. 资讯
（1）查看《发电厂电气运行规程》、《300MW 电气运行规程》、GB 26860—2011《电力安全工作规程 发电厂和变电站电气部分》、发电厂电气设备实物图。
（2）查看 300MW 发电机–变压器组一次主接线图。
（3）查阅发电机运行参数，了解发电机运行状态。

2. 任务
（1）发电机并列（解列）前检查项目有哪些？
（2）填写1号发电机–变压器组并列操作票并操作。
（3）填写1号发电机–变压器组解列操作票并操作。

3. 计划

工作任务		发电机–变压器组并列（解列）操作		学时		成绩	
班级	组别	岗位确定					
		班长	主值	主值	副值	副值	主电工	副电工
姓名								
学号								

日期								
工作步骤								

4.决策

会同老师对计划的可行性进行分析，对工作任务实施方案进行决策。

5.实施

（1）在300MW仿真机上熟悉操作界面。

（2）根据主接线方式填写发电机–变压器组并列（解列）操作票。

（3）在仿真机上完成相应操作。

6.检查及评估

分组检查任务完成情况，进行自评、互评（考评主要项目如下）

考评项目		自我评估	组长评估	教师评估	备注
工作态度（10分）	劳动纪律				
	协调配合				
专业能力（70分）	资料收集（10分）				
	方案制订（10分）				
	工单填写（10分）				
	实施过程（20分）				
	完成情况（20分）				
方法能力（10分）	信息、计划、组织、检查				
社会能力（10分）	沟通、协作、安全				
合计					

【思考与练习】

1.发电机并列（解列）前检查项目有哪些?

2.填写1号发电机–变压器组并列操作票并操作。

3.填写1号发电机–变压器组解列操作票并操作。

任务3.3　发电厂厂用电系统停、送电操作

发电厂在生产过程中，有大量电动机拖动的机械设备，用以保证机组的主要设备和输煤、碎煤、除灰、除尘及水处理等辅助设备的正常运行，这些机械称为厂用机械。发电厂的厂用机械、检修、试验、照明、修配等用电称为厂用电。发电厂的厂用电一般由发电厂本身供给，厂用电的耗电量占同一时期发电厂发电量的百分数称为厂用电率。

厂用机械在发电厂的重要性决定了厂用电的重要程度。厂用电是发电厂最重要的负荷，应高度保证供电的可靠性和连续性。

【学习目标】

知识目标：1. 熟悉厂用电倒闸操作的一般规定。

2. 熟悉发电厂厂用电停电前系统的运行方式。

3. 掌握发电厂厂用电停电的操作流程。

能力目标：1. 能够按规程要求填写操作票并完成发电机厂用电系统操作。

2. 能够完成对发电机厂用电系统的参数调整，使运行参数满足规程的要求。

3. 能够在仿真机上熟练进行发电厂厂用电停电操作。

素质目标：1. 能主动学习，在完成发电厂厂用电停电的过程中发现问题、分析问题和解决问题。

2. 能严格遵守专业相关规程标准及规章制度，与小组成员协商、交流配合，按标准化作业流程完成发电厂厂用电停电操作。

【任务描述】

（1）分析发电厂厂用电停电前系统的运行方式。

（2）分析发电厂厂用电停电的操作流程。

（3）按发电厂电气倒闸操作标准化作业流程，对发电厂厂用电进行停电操作。

【相关知识】

一、厂用电系统运行规定

（1）6kV厂用电的切换应在机组运行稳定、负荷150MW左右进行，切换前必须检查工作、备用电源在同一系统。

（2）在厂用电倒换为高压厂用变压器自带或倒换为启动备用变压器带时，在DCS画面

上进行正常切换。

（3）6 kV厂用电正常倒换电源时，需先调整启动备用变压器分接头，使待并断路器两侧的压差小于5%，必要时还可调整发电机无功功率达到压差要求。

（4）6 kV厂用IA、IB、IIA、IIB段工作电源与备用电源之间设有快切装置，正常运行时，快切装置方式投入并联方式。

（5）厂用电系统因故改为非正常运行方式时，应事先制订安全措施，并在工作结束后尽快恢复正常运行方式。

（6））380V系统PC段运行电源切换前，应检查两路在同一系统，以防非同期合闸，如两路电源不在同一系统，应采用瞬停的切换方法。属于同一系统时，可并列切换，在两段压差小于5%时，可先合上分段断路器，然后断开要停电开关。

（7）MCC盘进行电源切换时，一般采用先断后合方式，在就地盘上将隔离开关切至备用电源。

（8）电源切换瞬间将失电，在切换前应检查MCC盘所带负荷的运行情况，以防影响机组的安全运行。

（9）禁止投入运行的厂用电设备有：

1）无保护的设备。

2）绝缘电阻不合格的设备。

3）开关操动机构有问题。

4）开关事故遮断次数超过规定。

二、厂用电源的切换方式

厂用电源的切换方式，除按操作控制分为手动与自动外，还可按运行状态、断路器的动作顺序、切换速度等进行区分。

1．按运行状态区分

（1）正常切换。正常运行时，由于运行的需要（如开机、停机等），厂用母线从一个电源切换到另一个电源，对切换速度没有特殊要求。

（2）事故切换。由于发生事故（包括单元接线中的厂用工作变压器、发电机、主变压器、汽轮机和锅炉等事故），厂用母线的工作电源被切除时，要求备用电源自动投入，以实现尽快安全切换。

2．按断路器的动作顺序区分

（1）并联切换。在切换期间，工作电源和备用电源是短时并联运行的，其优点是保证厂用电连续供给，缺点是并联期间短路容量增大，增加了断路器的断流要求。但由于并联时间很短（一般在几秒内），发生事故的概率低，所以在正常的切换中被广泛采用。

（2）断电切换（串联切换）。其切换过程是，切除一个电源后，才允许投入另一个电源，一般是利用被切除电源断路器的辅助触点去接通备用电源断路器的合闸回路。因此厂用母线上出现一个断电时间，断电时间的长短与断路器的合闸速度有关。其优缺点与并联切换相反。

（3）同时切换。在切换时，切除一个电源和投入另一个电源的脉冲信号同时发出。由于断路器分闸时间和合闸时间的长短不同以及本身动作时间的分散性，在切换期间，一般有几个周波的断电时间，但也有可能出现 1～2 个周波两个电源并联的情况。所以在厂用母线故障及母线供电的馈线回路故障时应闭锁切换装置，否则投入故障供电网会因短路容量增大而有可能造成断路器爆炸。

3. 按切换速度区分

（1）快速切换。一般是指在厂用母线上的电动机反馈电压（即母线残压）与待投入电源电压的相角差还没有达到电动机允许承受的合闸冲击电流前合上备用电源。快速切换的断路器，其动作顺序可以是先断后合，也可以是同时进行，前者称为快速断电切换，后者称为快速同时切换。

（2）慢速切换。主要是指残压切换，即工作电源切除后，当母线残压下降到额定电压的 20%～40% 后合上备用电源。残压切换虽然能保证电动机所受的合闸冲击电流不致过大，但由于停电时间较长，会对电动机自启动和机炉运行工况产生不利影响。慢速切换通常作为快速切换的后备切换。

大容量机组厂用电源的切换中，厂用电源的正常切换一般采用并联切换。事故切换一般采用断电切换，而且切换过程不进行同期检定，在工作电源断路器跳闸后，立即联动合上备用电源断路器。事故切换是一种快速断电切换。实现安全快速断电切换的条件是：厂用母线上电源回路断路器必须具备快速合闸的性能，且断路器的固有合闸时间一般不超过 5 个周波（0.1s）。

三、快切装置切换方式

（1）并联自动切换。若并联条件满足，快切装置将自动合上备用（工作）电源断路器，经一定延时后再自动跳开工作（备用）电源断路器。

（2）并联半自动切换。若并联条件满足，快切装置将自动合上备用（工作）电源断路器，而跳开工作（备用）电源断路器的操作由人工完成。

（3）串联自动切换。先跳工作电源断路器，在确认工作电源断路器已跳开且切换条件满足时，自动合上备用电源断路器。

四、厂用电快切装置的投退规定

（1）双机运行，启动备用变压器备用时，两台机组四个 6kV 段的快切装置均投入。此时若一台机组跳闸，则手动退出运行机组的6kV厂用快切装置。待跳闸机组完全停下后，再投入运行机组的6kV厂用快切装置。

（2）一台机组运行，另一台机组正在启动或停机过程中，两台机组的6kV厂用快切装置均退出。

（3）一台机组运行，另一台机组备用或检修时，投入运行机组的6kV厂用快切装置，退出备用或检修机组的快切装置。

（4）双机全停时，两台机组的6kV厂用快切装置均退出。

（5）两台机组正在启动时，则两台机组的6kV厂用快切装置均退出。

五、厂用电快切装置的投运操作

（1）检查快切装置无检修工作。

（2）检查快切装置各插件完好，并可靠插入位置，端子排接线完好。

（3）检查快切装置显示屏、指示灯、通信插口、按键等完好。

（4）给上快切装置220V直流电源进线熔断器。

（5）合上快切装置柜后220V直流电源空气开关。

（6）打开快切装置电源插件开关，检查电源插件小面板上+5、+15、−5、+24V指示灯亮。

（7）检查快切装置面板上指示灯、显示屏的显示状态与DCS画面和现场一次设备状态一致。

（8）投入快切装置动作出口连接片。

六、厂用电快切装置的停运操作

根据快切装置的退出规定，退出对应装置的动作出口连接片即可，必要时可以进一步切断装置的220V直流电源空气开关。

七、厂用电快切装置的手动切换

（1）快切装置的手动切换应该在DCS画面上进行。

（2）将切换方式选择为手动并联方式。

（3）将"出口闭锁"投退置于投入位置。

（4）点击装置"复归"键。

（5）确认装置无闭锁。

（6）点击装置"手动切换"启动键。

（7）确认热备用开关自动合闸，再手动断开原工作状态开关。

（8）检查"切换完毕""装置闭锁"灯亮，切换完成。

八、6kV小车断路器送电操作

（1）给上6kV小车断路器的二次插头。

（2）给上二次柜内的控制电源开关、保护电源开关、凝露器控制电源开关、电能表电源开关。

（3）锁好柜门。

（4）检修或更换小车后，试验电动分合闸及储能情况完好。

（5）检查 6kV 小车断路器在断开位置。

（6）检查接地开关在断开位置。

（7）用曲柄操作杆顺时针将断路器从试验位置摇至工作位置。

（8）检查二次插头的闭锁杆落下。

（9）观察位置指示器指示工作位置。

（10）将二次柜门上或综合保护面板上的就地/远方选择开关切至远方位置。

（11）检查保护装置正常。

（12）投入保护连接片。

6kV 小车断路器的停电操作次序与其送电操作次序相反。

【任务实施】

厂用电系统倒闸操作任务实施。

一、危险点预控

1. 小车断路器操作时危险点预控

（1）6kV 小车断路器不准停留在工作位置和试验位置之间的任何中间位置。

（2）操作小车把手时用力适当，摇不动时要仔细检查，分析原因，严禁猛力摇动损坏闭锁装置或小车。

2. 厂用母线停、送电操作

（1）停电时漏倒负荷造成运行中设备失压或造成带负荷拉隔离开关。

（2）操作不当造成铁磁谐振。

（3）母线倒电源时造成非同期并列。

（4）母线停电时，修试人员因母线室内其他带电部分（操作、动力电源）触电。

（5）带电挂地线或带地线合闸。

3. 线路停、送电操作

（1）停电时带负荷拉隔离开关。

（2）送电时带地线合闸。

（3）误停联络线所带负荷。

（4）误入带电间隔造成人身触电。

（5）挂地线时停电设备残压伤人。

4. 变压器停、送电操作

（1）停电时造成母线失压。

（2）停、送电时未进行验电及放电。

（3）带电挂地线或带地线合闸。

（4）安全距离不够造成触电。

（5）拉、合隔离开关造成隔离开关操作失灵。

（6）带负荷拉、合隔离开关。

（7）低压侧分支漏拉造成反充电。

二、厂用电6kV ⅠA段母线送电操作步骤

6kV ⅠA段母线送电操作票，见表2.3.3-1。

表2.3.3-1　6kV ⅠA段母线送电操作票

操作任务：合上6A01断路器，1号发电机6kV ⅠA段母线送电			
操作开始时间	年 月 日 时 分	操作结束时间	年 月 日 时 分
顺序	执行情况	操作内容	备注
1		得值长令	
2		检查6kV ⅠA段母线所有负荷开关在检修位置	
3		检查6kV ⅠA段母线所有工作票已经终结	
4		检查6kV ⅠA段母线具备送电条件	
5		检查DCS画面上厂用6kV ⅠA分支快速切换确已投入闭锁	
6		拆除6kV ⅠA段母线临时接地线	
7		验明6kV ⅠA段母线三相确无电压	
8		测量6kV ⅠA段母线绝缘良好	
9		检查6kV ⅠA段母线TV良好	
10		将6kV ⅠA段母线TV推到工作位置（合上一、二次侧隔离开关）	
11		检查6kV ⅠA段母线工作电源进线断路器6A01在分闸位置	
12		给上6kV ⅠA段母线工作电源进线断路器6A01二次插件	

续表

顺序	执行情况	操作内容	备注
13		将6kV ⅠA段母线工作电源进线断路器6A01推到工作位置	
14		合上6kV ⅠA段母线工作电源进线断路器6A01弹簧储能开关	
15		合上6kV ⅠA段母线工作电源进线断路器6A01的直流断路器	
16		将6kV ⅠA段母线工作电源进线断路器6A01切换把手打到远方位置	
17		检查6kV ⅠA段母线工作电源进线断路器6A01的面板各指示灯指示正确	
18		检查6kV ⅠA段母线备用电源进线断路器6A01在分闸位置	
19		给上6kV ⅠA段母线备用电源进线断路器6A01二次插件	
20		将6kV ⅠA段母线备用电源进线断路器6A01推到工作位置	
21		合上6kV ⅠA段母线备用电源进线断路器6A01弹簧储能开关	
22		合上6kV ⅠA段母线备用电源进线断路器6A01的直流断路器	
23		将6kV ⅠA段母线备用电源进线断路器6A01切换把手打到远方位置	
24		检查6kV ⅠA段母线备用电源进线断路器6A01的面板各指示灯指示正确	
25		检查6kV厂用电快切装置投运正常	
26		在DCS画面上点击6kV ⅠA段母线备用工作电源进线断路器6A01的"预合"按钮	
27		在DCS画面上点击6kV ⅠA段母线备用电源进线断路器6A01的"合"按钮	
28		检查DCS画面上6kV ⅠA段母线备用电源进线断路器6A01确已合好	
29		检查6kV ⅠA段母线电压正常	

顺序	执行情况	操作内容	备注
30		在DCS画面上将厂用IA分支快速切换解除闭锁	
31		检查DCS画面上厂用IA分支快速切换已经解除闭锁	

第　　页　　　　　　　　　　　　　　　　　　　　本操作票共　　页

操作人：　　　　　监护人：　　　　　值班负责人：　　　　　值长：

三、厂用电6kV IA段母线停电操作步骤

6kV IA段母线停电操作票，见表2.3.3-2。

表2.3.3-2　6kV IA段母线停电操作票

操作任务：拉开6A01断路器，1号发电机6kV IA段母线停电			
操作开始时间	年　月　日　时　分	操作结束时间	年　月　日　时　分
顺序	执行情况	操作内容	备注
1		得值长令	
2		检查6kV IA段母线所有负荷已转移，负荷开关在检修位置	
3		在DCS画面上将厂用6kV IA分支快速切换投入"闭锁"位	
4		在DCS画面上点击6kV IA段母线工作电源进线断路器6A01的"预分"按钮	
5		在DCS画面上点击6kV IA段母线工作电源进线断路器6A01的"分"按钮	
6		检查DCS画面上6kV IA段母线工作电源进线断路器6A01确已分开	
7		检查6kV IA段母线电压为零	
8		检查6kV IA段母线工作电源进线断路器6A01在分闸位置	
9		拉开6kV IA段母线工作电源进线断路器6A01的控制直流断路器	
10		取下6kV IA段母线工作电源进线断路器6A01二次插件	

续表

顺序	执行情况	操作内容	备注
11		将6kV ⅠA段母线工作电源进线断路器6A01拉到检修位置	
12		检查6kV ⅠA段母线备用电源进线断路器601A在分闸位置	
13		拉开6kV ⅠA段母线备用电源进线断路器601A的控制直流断路器	
14		取下6kV ⅠA段母线备用电源进线断路器601A二次插件	
15		将6kV ⅠA段母线备用电源进线断路器601A拉到检修位置	
16		在6kV ⅠA段母线间隔上端验明6kV ⅠA段母线确无电压	
17		在6kV ⅠA段母线间隔上端挂一组接地线	

第　　页　　　　　　　　　　　　　　　　　　　　本操作票共　　页

操作人：　　　　监护人：　　　　值班负责人：　　　　值长：

四、厂用电由高压厂用变压器切至启动备用变压器操作步骤

1号发电机厂用电由高压厂用变压器切至启动备用变压器操作票，见表2.3.3-3。

表2.3.3-3　1号发电机厂用电由高压厂用变压器切至启动备用变压器操作票

操作任务：1号发电机厂用电由高压厂用变压器切至启动备用变压器			
操作开始时间	年 月 日 时 分	操作结束时间	年 月 日 时 分
顺序	执行情况	操作内容	备注
1		检查发电机-变压器组保护投入正常	
2		检查发电机负荷150MW	
3		检查6kV厂用电快切装置投运正常	
4		在DCS画面上点击6kV ⅠA段母线工作电源进线断路器的"6kV ⅠA段快切控制"按钮	
5		点击厂用6kV ⅠA分支快切"复归"按钮	
6		检查厂用6kV ⅠA分支快切在并联位	
7		点击厂用6kV ⅠA分支快切"手动启动"按钮	

顺序	执行情况	操作内容	备注
8		点击厂用6kV ⅠA分支快切"确定"按钮	
9		检查6kV ⅠA段母线备用电源进线断路器601A自动投入	
10		检查6kV ⅠA段母线工作电源进线断路器6A01自动断开	
11		检查6kV ⅠA段母线电压正常	
12		在DCS画面上点击6 kV ⅠB段母线工作电源进线断路器的"6kV ⅠB段快切控制"按钮	
13		点击厂用6kV ⅠB分支快切"复归"按钮	
14		检查厂用6kV ⅠB分支快切在并联位	
15		点击厂用6kV ⅠB分支快切"手动启动"按钮	
16		点击厂用6kV ⅠB分支快切"确定"按钮	
17		检查6kV ⅠB段母线备用电源进线断路器601B自动投入	
18		检查6kV ⅠB段母线工作电源进线断路器6B01自动断开	
19		检查6kV ⅠB段母线电压正常	
20		检查6kV开关室6kV ⅠA段母线工作电源进线断路器确已断开	
21		检查6kV开关室6kV ⅠB段母线工作电源进线断路器确已断开	

第　　页　　　　　　　　　　　　　　　　　　　　　　　　　本操作票共　　页

操作人：　　　　　监护人：　　　　　值班负责人：　　　　　值长：

五、厂用电由启动备用变压器切至高压厂用变压器操作步骤

1号发电机厂用电由启动备用变压器切至高压厂用变压器操作票，见表2.3.3-4。

表2.3.3–4　1号发电机厂用电由启动备用变压器切至高压厂用变压器操作票

操作任务：1号发电机厂用电由启动备用变压器切至高压厂用变压器			
操作开始时间	年　月　日　时　分	操作结束时间	年　月　日　时　分
顺序	执行情况	操作内容	备注
1		检查发电机–变压器组保护投入正常	
2		检查发电机负荷150MW	
3		检查6kV厂用电源快切装置投运正常	
4		在DCS画面上点击6kV ⅠA段母线工作电源进线断路器的"6kV ⅠA段快切控制"按钮	
5		点击厂用6kV ⅠA分支快切"复归"按钮	
6		检查厂用6kV ⅠA分支快切在并联位	
7		点击厂用6kV ⅠA分支快切"手动启动"按钮	
8		点击厂用6kV ⅠA分支快切"确定"按钮	
9		查6kV ⅠA段母线工作电源进线断路器6A01自动投入	
10		检查6kV ⅠA段母线备用电源进线断路器601A自动断开	
11		检查6kV ⅠA段母线电压正常	
12		在DCS画面上点击6kV ⅠB段母线工作电源进线断路器的"6kV ⅠB段快切控制"按钮	
13		点击厂用6kV ⅠB分支快切"复归"按钮	
14		检查厂用6kV ⅠB分支快切在并联位	
15		点击厂用6kV ⅠB分支快切"手动启动"按钮	
16		点击厂用6kV ⅠB分支快切"确定"按钮	
17		检查6kV ⅠB段母线工作电源进线断路器6801自动投入	
18		检查6kV ⅠB段母线备用电源进线断路器601B自动断开	
19		检查6kV ⅠB段母线电压正常	
20		检查6kV开关室6kV ⅠA段母线备用电源进线断路器确已断开	
21		检查6kV开关室6kV ⅠB段母线备用电源进线断路器确已断开	
第　　页			本操作票共　　页
操作人：　　　　监护人：　　　　值班负责人：　　　　值长：			

六、锅炉变压器送电操作步骤

1号锅炉变压器送电操作票，见表2.3.3-5。

表2.3.3-5　1号锅炉变压器送电操作票

操作任务：合上6445断路器，1号锅炉变压器送电			
操作开始时间	年　月　日　时　分	操作结束时间	年　月　日　时　分
顺序	执行情况	操作内容	备注
1		检查1号锅炉变压器所有工作票已经终结	
2		检查1号锅炉变压器具备送电条件	
3		拆除1号锅炉变压器低压侧临时接地线	
4		验明1号锅炉变压器低压侧三相确无电压	
5		测量1号锅炉变压器低压侧绝缘良好	
6		拉开1号锅炉变压器6kV侧电源断路器6445间隔的接地开关	
7		检查1号锅炉变压器6kV侧电源断路器6445间隔的接地开关已拉开	
8		验明1号锅炉变压器高压侧三相确无电压	
9		测量1号锅炉变压器高压侧绝缘正常	
10		检查1号锅炉变压器6kV侧电源断路器6445在分闸位置	
11		放上1号锅炉变压器6kV侧电源断路器6445二次插件	
12		将1号锅炉变压器6kV侧电源断路器6445摇至工作位置	
13		合上1号锅炉变压器6kV侧电源断路器6445直流电源断路器	
14		将1号锅炉变压器6kV侧电源断路器6445切换开关打至远方位置	
15		检查1号锅炉变压器6kV侧电源断路器6445面板显示正常	
16		就地检查380V锅炉PCA段母线工作进线开关44LA在分闸位置	
17		将380V锅炉PCA段母线工作进线开关44LA摇至工作位置	

顺序	执行情况	操作内容	备注
18		合上 380V 锅炉 PCA 段母线工作进线开关 44LA 直流电源开关	
19		将 380V 锅炉 PCA 段母线工作进线开关 41ALA 切换开关打在"远方"位置	
20		检查 380V 锅炉 PCA 段母线工作进线开关 41ALA 面板显示正常	
21		检查 380V 锅炉 PCA 段与 380V 锅炉 PCB 段为同一系统	
22		在 DCS 画面中点击 1 号锅炉变压器 6kV 侧断路器 6445 的"预合"按钮	
23		在 DCS 画面中点击 1 号锅炉变压器 6kV 侧断路器 6445 的"合"按钮	
24		检查 DCS 画面中 1 号锅炉变压器 6kV 侧断路器 6445 已合好	
25		就地检查 1 号锅炉变压器运行正常	
26		在 DCS 画面中点击 380V 锅炉 PCA 段母线工作进线开关 44LA 的"预合"按钮	
27		在 DCS 画面中点击 380V 锅炉 PCA 段母线工作进线开关 44LA 的"合"按钮	
28		检查 DCS 画面中 380V 锅炉 PCA 段母线工作进线开关 44LA 已合好	
29		检查 380V 锅炉 PCA 段母线电压正常	
30		在 DCS 画面中点击 380V 锅炉 PCA 段与 380V 锅炉 PCB 段联络断路器的"预分"按钮	
31		在 DCS 画面中点击 380V 锅炉 PCA 段与 380V 锅炉 PCB 段联络断路器的"分"按钮	
32		检查 DCS 画面中 380V 锅炉 PCA 段与 380V 锅炉 PCB 段联络断路器已分闸	
33		在 DCS 画面中投入 380V 锅炉 PCA 段与 380V 锅炉 PCB 段联络断路器联锁	
34		检查 380V 锅炉 PCA 段与 380V 锅炉 PCB 段联络断路器的联锁已投入	

第　　页　　　　　　　　　　　　　　　　　　　　　本操作票共　　页

操作人：　　　　　　监护人：　　　　　值班负责人：　　　　　值长：

七、锅炉变压器停电操作步骤

1号锅炉变压器停电操作票，见表2.3.3-6。

表2.3.3-6　1号锅炉变压器停电操作票

操作任务：拉开6455断路器，1号锅炉变压器停电检修			
操作开始时间	年　月　日　时　分	操作结束时间	年　月　日　时　分
顺序	执行情况	操作内容	备注
1		检查380V锅炉PCA段与380V锅炉PCB段为同一系统	
2		检查380V锅炉PCA段与380V锅炉PCB段联络断路器44LBO热备用良好	
3		检查380V锅炉PCA段与380V锅炉PCB段联络断路器44LBO切换把手在"远方"位置	
4		在DCS画面中解除380V锅炉PCA段与380V锅炉PCB段联络断路器44LBO的联锁	
5		检查380V锅炉PCA段与380V锅炉PCB段联络断路器44LBO的联锁已解除	
6		在DCS画面中点击380V锅炉PCA段与380V锅炉PCB段联络断路器44LBO的"预合"按钮	
7		在DCS画面中点击380V锅炉PCA段与380V锅炉PCB段联络断路器44LBO的"合"按钮	
8		检查DCS画面中380V锅炉PCA段与380V锅炉PCB段联络断路器44LBO合好	
9		在DCS画面中点击380V锅炉PCA段母线工作进线开关44LA的"预分"按钮	
10		在DCS画面中点击380V锅炉PCA段母线工作进线开关44LA的"分"按钮	
11		检查DCS画面中380V锅炉PCA段母线工作进线开关44LA已分闸	
12		检查380V锅炉PCA段母线电压正常	
13		在DCS画面中点击1号锅炉变压器6kV侧断路器6445的"预分"按钮	
14		在DCS画面中点击1号锅炉变压器6kV侧断路器6445的"分"按钮	

顺序	执行情况	操作内容	备注
15		检查 DCS 画面中 1 号锅炉变压器 6kV 侧断路器 6445 已分闸	
16		检查 1 号锅炉变压器已经停运	
17		就地检查 380V 锅炉 PCA 段母线工作进线开关 44LA 已经分开	
18		拉开 380V 锅炉 PCA 段母线工作进线开关 44LA 直流开关	
19		将 380V 锅炉 PCA 段母线工作进线开关 44LA 摇至检修位置	
20		就地检查 1 号锅炉变压器 6kV 侧断路器 6445 已分闸	
21		拉开 1 号锅炉变压器 6kV 侧断路器 6445 直流电源开关	
22		取下 1 号锅炉变压器 6kV 侧断路器 6445 二次插件	
23		将 1 号锅炉变压器 6kV 侧断路器 6445 摇至检修位置	
24		在 1 号锅炉变压器 6kV 侧断路器 6445 间隔负荷侧验明确无电压	
25		合上 1 号锅炉变压器 6kV 侧断路器 6445 间隔接地开关	
26		检查 1 号锅炉变压器 6kV 侧断路器 6445 间隔接地开关已合上	
27		在 1 号锅炉变压器低压侧验明三相确无电压	
28		在 1 号锅炉变压器低压侧挂临时接地线一组	

第　　页　　　　　　　　　　　　　　　　　　　　本操作票共　　页

操作人：　　　　监护人：　　　　值班负责人：　　　　值长：

【学习任务工单】

任务工单 厂用电系统倒闸操作任务工单

班级：　　　　　　组号：　　　　　　日期：

任务描述：

（1）发电机－变压器组厂用电切换前设备状态的检查。

（2）填写厂用母线停、送电操作票并操作。

（3）填写厂用电电源切换操作票并操作。

（4）填写厂用变压器停、送电操作票并操作。

1.资讯

（1）查看《发电厂电气运行规程》、《300MW电气运行规程》、GB 26860—2011《电力安全工作规程 发电厂和变电站电气部分》、发电厂电气设备实物图。

（2）查看300MW发电机－变压器组一次主接线图。

（3）查阅发电机厂用电设备运行参数，了解发电机厂用电系统运行状态。

2.任务

（1）发电机厂用电操作前检查项目有哪些？

（2）填写1号发电机－变压器组6kV厂用电停、送电操作票并操作。

（3）填写1号发电机－变压器组6kV厂用电源由高压厂用变压器切换到启动备用变压器（或由启动备用变压器切换到高压厂用变压器）操作票并操作。

（4）填写1号发电机－变压器组6kV厂用变压器停（送）电操作票并进行操作。

3.计划

工作任务		厂用电系统倒闸操作		学时		成绩	
班级	组别	岗位确定					
		班长	主值	主值	副值	副值	主电工	副电工
姓名								
学号								
日期								
工作步骤								

4.决策

会同老师对计划的可行性进行分析，对工作任务实施方案进行决策。

5.实施

（1）在300MW仿真机上熟悉操作界面。

（2）根据主接线方式填写1号发电机6kV厂用电停、送电操作票，1号发电机高压厂用变压器切换到启动备用变压器（或启动备用变压器切换到高压厂用变压器）操作票，1号发电机6kV厂用变压器停（送）电操作票。

（3）在仿真机上完成相应操作。

6.检查及评估

分组检查任务完成情况，进行自评、互评（考评主要项目如下）

考评项目		自我评估	组长评估	教师评估	备注
工作态度 （10分）	劳动纪律				
	协调配合				
专业能力 （70分）	资料收集（10分）				
	方案制订（10分）				
	工单填写（10分）				
	实施过程（20分）				
	完成情况（20分）				
方法能力 （10分）	信息、计划、组织、检查				
社会能力 （10分）	沟通、协作、安全				
合计					

【思考与练习】

1.发电机厂用电操作前检查项目有哪些?

2.填写1号发电机–变压器组厂用电 6kV Ⅳ A 段停、送电操作票并操作。

3.填写1号发电机–变压器组 6kV 厂用电源由高压厂用变压器切换到启动备用变压器（或由启动备用变压器切换到高压厂用变压器）操作票并操作。

任务3.4 电动机停、送电操作

在电力生产过程中，为主设备服务配套的机械设备称为厂用辅助机械设备。用于拖动这些机械设备的主要原动机是电动机，称为厂用电动机，广泛应用于电力生产的各个环节，是电力生产中必不可少的重要设备，厂用电动机中异步电动机约占原动机的95%。重要电动机瞬时或短时停运将影响主设备安全运行，所以电动机的正确停、送电操作及运行维护是很重要的。

【学习目标】

知识目标：1.掌握调整厂用电动机参数满足规程的要求。

2.正确填写值班记录，并用专业术语进行汇报。

能力目标：1. 能够按规程要求填写操作票并完成厂用电动机停、送电操作。

2. 能按照运行规程的要求进行运行方式的切换。

态度目标：1. 能主动学习，在完成任务过程中发现问题、分析问题和解决问题。

2. 能严格遵守安全规程，具有较高的安全意识、质量意识和追求效益的观念。

3. 能与小组成员协商、交流配合完成本学习任务。

【任务描述】

电动机启动前检查及电动机的启动规定；厂用电动机由运行转检修；厂用电动机由检修转运行。

【相关知识】

电动机停、送电操作相关规定

一、电动机启动前检查

（1）电动机及其附近应无人工作、无杂物。

（2）电动机所带动的机械可以启动或在试转时电动机与机械的联轴器已拆开。设法转动转子，证实转子与定子不相互摩擦，转子所带动的机械也没有被卡住。

（3）检查轴承和启动装置中油位正常。如采用强力润滑，应投入油系统，并检查油压正常、油路畅通、不漏油。

（4）检查电动机各部测温元件LCD上显示正确。

（5）检查无机械引起的反转现象，如有应设法停止反转。

二、电动机的启动规定

（1）电动机在正常情况下，允许在冷态下连续启动2次，每次间隔时间不得少于5min；允许在热态下启动一次。只有在处理事故时以及启动时间不超过2~3s的电动机可以多启动一次。在进行动平衡校验时，启动的间隔时间为200kW以下的电动机不应小于30min，200~500kW的电动机不应小于1h，500kW以上的电动机不应小于2h。

（2）当电动机定子线圈和铁芯温度在50℃以上或运行4h后，则认为是热态。

（3）电动机启动时，应注意观察电流，并监视启动时间。

（4）新安装或检修后第一次启动的电动机，在远方启动时，应在电动机旁设专人监视，直到启动正常。

（5）电动机在启动过程中不可切断电动机电源，以防引起过电压。

（6）直流电动机启动应监视所在直流母线的电压。

（7）尽量避免在厂用母线电压降低的情况下启动（6kV母线电压低于6.3kV，380V母线电压低于400V）。

（8）严禁同时启动两台及以上大型电动机。

（9）严防因风机挡板不严，在风机反转的情况下启动风机电动机，严防在水泵反转的情况下启动水泵电动机。

三、送电操作

1. 采用HSW1型（智能型万能式低压断路器）断路器电动机的送电操作。

（1）查 × 断路器在断开状态。

（2）将远方/就地切换把手打至就地位置。

（3）摇进 × 小车断路器至工作位置。

（4）合上 × 断路器操作电源小开关。

（5）检查 × 断路器储能到位。

（6）将远方/就地切换把手打至远方位置。

2. 采用HSM1型（塑壳断路器）断路器电动机的送电操作

（1）查 × 断路器在断开状态。

（2）将 × 断路器由隔离位置送至工作位置（顺时针旋转）。

（3）将 × 断路器的柜门关好。

（4）合上 × 断路器（按下手柄顺时针旋转）。

四、停电操作

1. 采用HSW1型断路器电动机的停电操作

（1）将远方/就地切换把手打至就地位置。

（2）查 × 断路器在断开状态。

（3）断开 × 断路器操作电源小开关。

（4）摇出 × 小车断路器至试验位置。

2. 采用HSM1型断路器电动机的停电操作

（1）查 × 启动接触器断开（绿灯亮）。

（2）断开 × 断路器（逆时针旋转）。

（3）拉出 × 小车断路器至试验位置。

【任务实施】

一、危险点预控

（1）错误联系造成停、送电设备错误。

（2）无票操作引起误操作损坏设备或造成人身伤害。

（3）误走错间隔。

（4）带负荷拉、合隔离开关。

（5）带电挂地线或带地线合闸。

（6）装地线时损坏设备或触及带电部位。

（7）摇测绝缘设备残压或静电伤人。

（8）停动力负荷时电弧伤人。

（9）误并双电源动力电源。

（10）接临时负荷故障造成重要负荷失电。

（11）动力盘内熔断器选择不当造成烧损电动机或保护越级动作。

二、电动机停、送电倒闸操作实施

（1）6kV ⅠA段1号磨煤机6427断路器送电操作票，见表2.3.4-1。

表2.3.4-1　6kV ⅠA段1号磨煤机6427断路器送电操作票

操作任务：合上6427断路器，6kV ⅠA段1号磨煤机送电				
操作开始时间	年　月　日　时　分		操作结束时间	年　月　日　时　分
顺序	执行情况	操作内容		备注
1		得值长（值班负责人）令		
2		检查6kV ⅠA段1号磨煤机6427断路器检修工作已结束，工作票已终结		
3		核对6kV ⅠA段1号磨煤机6427断路器名称编号无误		
4		检查6kV ⅠA段1号磨煤机6427断路器间隔柜内清洁无杂物		
5		拉开6kV ⅠA段1号磨煤机6427断路器接地开关		
6		检查6kV ⅠA段1号磨煤机6427断路器接地开关三相断开		
7		测量6kV ⅠA段1号磨煤机电动机绝缘合格		
8		测量6kV ⅠA段1号磨煤机6427断路器绝缘合格		
9		检查6kV ⅠA段1号磨煤机6427断路器在断开位置		
10		将6kV ⅠA段1号磨煤机6427断路器推至试验位置		
11		合上6kV ⅠA段1号磨煤机6427断路器二次插件		
12		检查6kV ⅠA段1号磨煤机6427断路器方式选择把手在断开位置		

续表

顺序	执行情况	操作内容	备注
13		合上6kV ⅠA段1号磨煤机6427断路器综合保护装置交流电源空气开关	
14		检查6kV ⅠA段1号磨煤机6427断路器智能操控装置位置指示灯显示正确	
15		将6kV ⅠA段1号磨煤机6427断路器推至工作位置	
16		合上6kV ⅠA段1号磨煤机6427断路器控制电源空气开关	
17		检查6kV ⅠA段1号磨煤机6427断路器面板上分闸指示绿灯亮	
18		合上6kV ⅠA段1号磨煤机6427断路器动力储能电源空气开关	
19		将6kV ⅠA段1号磨煤机6427断路器方式选择把手切至远方位置	
20		在DCS上远方合上6427断路器	
21		检查6427断路器	

第　　页　　　　　　　　　　　　　　　　　　　　　　本操作票共　　页

操作人：　　　　监护人：　　　　值班负责人：　　　　值长：

（2）6kV ⅠA段1号磨煤机6427断路器停电操作票，见表2.3.4-2。

表2.3.4-2　6kV ⅠA段1号磨煤机6427断路器停电操作票

1 操作任务：拉开6427断路器，6kV ⅠA段1号磨煤机停电			
操作开始时间	年　月　日　时　分	操作结束时间	年　月　日　时　分
顺序	执行情况	操作内容	备注
1		得值长（值班负责人）令	
2		在DCS上远方拉开6427断路器	
3		核对6kV ⅠA段1号磨煤机6427断路器名称编号无误	
4		检查6kV ⅠA段1号磨煤机6427断路器面板分闸指示绿灯亮	

顺序	执行情况	操作内容	备注
5		检查6kV ⅠA段1号磨煤机6427断路器机械指示在断开位置	
6		拉开6kV ⅠA段1号磨煤机6427断路器动力储能电源空气开关	
7		拉开6kV ⅠA段1号磨煤机6427断路器控制电源空气开关	
8		将6kV ⅠA段1号磨煤机6427断路器方式选择把手切至断开位置	
9		将6kV ⅠA段1号磨煤机6427断路器摇至试验位置	
10		检查6kV ⅠA段1号磨煤机6427断路器智能操控装置断路器位置指示灯显示正确	
11		拉开6kV ⅠA段1号磨煤机6427断路器综合保护装置直流电源空气开关	
12		拉开6kV ⅠA段1号磨煤机6427断路器二次插件	
13		将6kV ⅠA段1号磨煤机6427断路器拉至检修位置	
14		合上6kV ⅠA段1号磨煤机6427断路器接地开关	
15		检查6kV ⅠA段1号磨煤机6427断路器接地开关三相合好	
16		汇报	

第　　页　　　　　　　　　　　　　　　　　　　　　　　　　本操作票共　　页

操作人：　　　　　监护人：　　　　　值班负责人：　　　　　值长：

【学习任务工单】

任务工单　厂用电系统倒闸操作任务工单

班级：　　　　　组号：　　　　　日期：

任务描述：

（1）发电机-变压器组厂用电动机切换前设备状态的检查。

（2）填写厂用380V电动机停、送电操作票并操作。

1.资讯

（1）查看《发电厂电气运行规程》、《300MW电气运行规程》、GB 26860—2011《电力安全工作规程 发电厂和变电站电气部分》、发电厂电气设备实物图。

（2）查看300MW发电机-变压器组一次主接线图。

（3）查阅发电机厂用380V电动机设备运行参数，了解发电机厂用380V电动机系统运行状态。

2.任务

（1）发电机厂用电动机操作前检查项目有哪些?

（2）填写1号发电机-变压器组380V厂用电动机送电操作票并操作。

（3）填写1号发电机-变压器组380V厂用电动机停电操作票并操作。

3.计划

工作任务		厂用电系统倒闸操作		学时		成绩	
班级		组别		岗 位 确 定			
			班长	主值	主值	副值	副值	主电工	副电工
姓名									
学号									
日期									
工作步骤									

4.决策

会同老师对计划的可行性进行分析，对工作任务实施方案进行决策。

5.实施

（1）在300MW仿真机上熟悉操作界面。

（2）根据主接线方式填写1号发电机380V厂用电动机停、送电操作票。

（3）在仿真机上完成相应操作。

6.检查及评估

分组检查任务完成情况，进行自评、互评（考评主要项目如下）。

考评项目		自我评估	组长评估	教师评估	备注
工作态度（10分）	劳动纪律				
	协调配合				
专业能力（70分）	资料收集（10分）				
	方案制订（10分）				
	工单填写（10分）				
	实施过程（20分）				
	完成情况（20分）				

续表

考评项目		自我评估	组长评估	教师评估	备注
方法能力 （10分）	信息、计划、组织、检查				
社会能力 （10分）	沟通、协作、安全				
合计					

【思考与练习】

1.填写1号发电机–变压器组6kV厂用电机1号磨煤机停（送）电操作票并操作。

2.填写1号发电机–变压器组380V厂用电机1号顶轴油泵停（送）电操作票并操作。

项目 ④　发电厂异常及事故处理

知识要求：1.掌握发电厂电气异常现象及特征，掌握发电机－变压器组异常运行操作处理步骤，调整运行方式。

2.掌握厂用电系统（含保安电源、直流系统）的电气异常运行方式、异常运行操作处理步骤。

3.掌握发电厂保护的配置情况，选择正确的投退方式。

4.掌握事故处理的原则及处理步骤，掌握事故分析及判断方法。

能力要求：1.能采用正确的操作要点、方法对发电机－变压器组、励磁系统异常情况下进行操作处理。

2.能完成发电厂电气异常运行处理的复杂倒闸操作，内容包含发电机－变压器组异常运行、励磁系统异常运行、厂用电及变压器异常运行的倒闸操作；变压器冷却系统异常运行的监视及操作；保安电源系统异常运行的操作；同期装置及并网异常运行的处理。

3.导致异常运行的故障若不能消除则转事故，事故处理时能够安全将发电机停止运行，能维持厂用电电源保持正常。

态度要求：1.能主动学习，在完成任务过程中发现问题、分析问题、解决问题。

2.遵守安全规范，与小组成员配合共同完成本学习任务。

任务4.1　发电机及励磁系统异常及事故处理

发电机及励磁系统等设备在运行中可能受到电气或机械等方面的损伤，使设备出现异常现象，运行人员必须及时发现并掌握异常现象的原因分析和处理方法，确保设备的长期安全运行。

【学习目标】

知识目标：1.熟悉发电机及励磁系统的异常事故前的运行方式。

2.熟悉掌握发电机及励磁系统异常现象。

3.掌握发电机及励磁系统异常处理流程和典型异常的处理步骤。

能力目标：1.能说出发电机及励磁系统运行的基本要求。

2.能分析出发电机及励磁系统正常和异常运行状态并写出典型异常的处理步骤。

3.能在仿真机上进行发电机及励磁系统的异常处理操作。

态度目标：1.能主动学习，在完成任务过程中发现问题、分析问题和解决问题。

2.能严格遵守发电机运行规程及各项安全规程，与小组成员协商、交流配合，按标准化作业流程完成发电机与励磁系统异常及事故处理学习任务。

【任务描述】

本任务在掌握发电机及励磁系统基本结构原理、主要设备部件和发电机及励磁系统主要保护的基础上，能正确分析掌握发电机及励磁系统典型异常的处理步骤并进行异常处理。

【相关知识】

值班人员必须熟悉发电机及励磁系统的一般运行方式和设备的运行要求以及发电机及励磁系统的异常运行状态。发电机及励磁系统发生异常运行时，能通过相应的故障信号、有关表计，分析并处理异常，使机组恢复正常运行。若发电机及励磁系统异常运行不能及时处理时，并有所发展扩大时，应根据情况停机处理。

一、发电机事故处理流程

（1）迅速限制事故的发展，消除事故的根源，解除对人身和设备安全的威胁。

（2）注意厂用电的安全，设法保持厂用电源正常。

（3）事故发生后，根据表计、保护、信号及自动装置动作情况进行综合分析、判断，做出处理方案。处理中应防止非同期并列和系统事故扩大。

（4）在不影响人身及设备安全的情况下，尽一切可能使设备继续运行。必要时，应在未直接受到事故损害和威胁的机组上增加负荷，以保证对用户的正常供电。

（5）在事故已被限制并趋于正常稳定状态时，应设法调整系统运行方式，使之合理，让系统恢复正常。

（6）尽快对已停电的用户恢复供电。

（7）做好主要操作及操作时间的记录，及时将事故处理情况报告有关领导和系统调度员。

二、发电机事故处理步骤

（1）判断故障性质。根据计算机数据采集系统显示、光字牌报警信号、系统中有无冲击摆动现象、继电保护及自动装置动作情况、仪表及计算机打印记录、设备的外部特征等进行分析、判断。

（2）判明故障范围。设备故障时，值班人员应到故障现场，严格执行安全规程，对设备进行全面检查。母线故障时，应检查所有相连的断路器和隔离开关。

（3）解除对人身和设备安全的威胁。若故障对人身和设备安全构成威胁，应立即设法消除，必要时可停止设备运行。

（4）保证非故障设备的运行。将故障设备隔离，确保非故障设备的运行。

（5）做好现场安全措施。对于故障设备，在判明故障性质后，值班人员应做好现场安全措施，以便检修人员进行抢修。

（6）及时汇报。值班人员必须迅速、准确地将事故处理的每一阶段情况报告给值长或值班长（机长），避免事故处理发生混乱。

【任务实施】

一、发电机的异常运行

所谓异常运行，就是指机组脱离正常的运行状态，在运行中机组的某些参数失调，但未造成严重后果的运行状态。机组发生异常运行时，通常会发出相应的故障信号，有关仪表也会有指示。运行人员可根据这些指示和信号，分析并消除故障，使机组恢复正常运行。如果故障不能消除，而且有危及机组安全的发展趋势，则应停机处理。

（一）发电机过负荷

1. 现象

（1）定子电流指示超过额定值。

（2）有功功率表、无功功率表指示超过额定值。

2. 原因

系统发生短路故障、发电机失步运行、成群电动机启动和强行励磁等情况下，发电机的定子或转子都可能短时过负荷。

3. 处理方法

（1）系统故障的处理方法：监视发电机各部分温度不超限，定子电流为额定值。

（2）系统无故障，单机过负荷，系统电压正常，其处理方法如下：

1）降低无功功率，使定子电流降到额定值以内，但功率因数不超过0.95，定子电压不大于0.95额定电压。留意定子电流达到最大允许值所经过的时间，不应超过规定值。

2）若降低无功功率不能满足要求，则请示值长降低有功功率。

3）若AC励磁调节器通道故障引起定子过负荷，应将AC调节器切至DC调节器运行。

4）加强对发电机端部、集电环和换向器的检查。如有可能，应加强冷却，降低发电机进口风温，发电机、变压器组增开油泵、风扇等。

5）过负荷运行时，应密切监视定子绕组，空冷器前后的冷、热风温度和机组振动摆度是否超过最大允许值，并做好其具体的记录。

（二）发电机三相电流不平衡

1. 现象

（1）定子三相电流指示值不相等，三相电流差较大，负序电流指示值也增大。

（2）当不平衡超限且超过规定运行时间时，负序信号装置发出"发电机不对称过负荷"信号。

（3）造成转子的振动和发热。

2. 原因

（1）发电机及其回路一相断开或断路器一相接触不良。

（2）某条送电线路非全相运行。

（3）系统单相负荷过大，如有容量巨大的单相负载。

（4）定子电流表或表计回路故障也会使定子三相电流表指示不对称。

3. 处理方法

当发电机三相电流不平衡超限运行时，若判明不是表计回路故障引起，则应立即降低机组的负荷，使不平衡电流降到允许值以下，然后向系统调度汇报。等三相电流平衡后，再根据调度命令增加机组负荷。水轮发电机的三相电流之差，不得超过额定电流的20%，同时任何一相的电流，不得大于其额定值。水轮发电机允许的负序电流，不得大于额定电流的12%。

（三）发电机温度异常

1. 现象

发电机绕组或铁芯温度比正常值明显升高或超限，发电机各轴承温度比正常值明显升高或超限。

2. 原因

（1）检测元件故障。

（2）冷却系统故障：冷却水压不够，冷却水量不足，管路堵塞、破裂或阀芯脱落。

（3）三相电流不平衡超限引起温度升高。

（4）发电机过负荷。

（5）冷却油盆的油量不足或冷却水管破裂。导致冷却油盆混入冷却水。

3. 处理方法

（1）判定是否为表计或测点故障，如是则通知维护处理，并将故障测点退出，密切监视其他测点的温度。

（2）若表计或测点指示正确，温度又在急剧上升，则减负荷使温度降到额定值以内，否则停机处理。

（3）检查三相电流是否平衡，不平衡电流是否超限，若超限则按三相不平衡电流进行处理。

（4）检查三相电压是否平衡，功率因数是否在正常范围以内，若不符合要求则调整至正常。

（5）判定是否为冷却水故障引起，若冷却水温升高，则应检查和调节冷却水的流量、压力至正常范围内。

（6）若为过负荷引起，则采用过负荷方式进行处理。

（7）若为冷却水管破裂，则封闭相应阀门，停机处理。

（8）运行中，若定子铁芯部分温度普遍升高，应检查定子三相电流是否平衡、进风温度和出风温差、室冷器的冷却水是否正常，采取相应的措施进行处理。在以上处理过程中，应控制定子铁芯温度不得超过最大允许值。否则减负荷停机。

（9）运行中，若定子铁芯个别温度忽然升高，应分析该点温度上升的趋势及与有功负荷、无功负荷的变化关系，并检查该测点是否正常。若随着铁芯温度，进、出风温差的明显上升，又出现"定子接地"信号时，应立即减负荷解列停机，以免铁芯烧坏。

（10）运行中，若定子铁芯个别温度异常下降，应加强对发电机本体、空冷小室的检查和温度的监视，综合各种外部迹象和表计、信号进行分析，以判定是否是发电机转子或定子漏水所致。

（四）发电机仪表指示失常

1. 现象

上位机显示的各种参数忽然失去指示或指示异常。

2. 原因及处理方法

（1）测点故障或端子松动。

（2）上位机与 LCU（现地控制单元）或 LCU 与 PLC 的通信故障：将机组切至现地控制，并通知维护人员进行处理。

（3）电压互感器二次侧断线：如电压表、功率表等表计因电压互感器二次侧断线失去指示，电能表也因此停止计量，而其他表计，如定子电流、转子电流、转子电压、励磁回路有关表计仍指示正常，此时，运行人员应根据所有表计指示情况做综合分析，判定指示不正常的原因。不可因上述表计指示不正常而盲目解列停机，也不能调节负荷，应通过其他表计监视发电机的运行，并通知维护人员进行处理。

（4）电流互感器二次侧开路引起表计指示不正常：如一相开路，其定子电流表、有功功率表、无功功率表均可能指示不正常。具体情况和程度与电流互感器的故障相别有关。出现电流互感器二次侧开路后，应立即通知值班人员，不要盲目调节负荷。处理过程中，应加强对发电机运行工况的监视，并防止电流互感器二次侧开路产生高压对人及设备造成伤害。

（五）发电机进相运行

当发电机励磁系统由于AVR的原因或故障，或人为降低发电机的励磁电流过多，使发电机由发出感性无功功率变为吸收系统感性无功功率，定子电流由滞后于机端电压变为超前于机端电压运行，这就是发电机的进相运行。进相运行也是现场经常提到的欠励磁运行（或低励磁运行）。此时，由于转子主磁通降低，引起发电机的励磁电动势降低，使发电机无法向系统送出无功功率，进相程度取决于励磁电流的降低程度。

1. 引起发电机进相运行的原因

（1）低谷运行时，发电机无功负荷原已处于低限，当系统电流因故忽然升高或有功负荷增加时，励磁电流自动降低引起进相（有功功率增加，功率因数增大，无功功率减小使励磁电流减小）。

（2）AVR失灵或误动、励磁系统其他设备发生了故障、人为操纵使励磁电流降低较多等也会引起进相运行。

2. 发电机进相运行的处理方法

（1）假如由于设备原因引起进相运行，只要发电机尚未出现振荡或失步，可适当降低发电机的有功负荷，同时提高励磁电流，使发电机脱离进相状态，然后查明励磁电流降低的原因。

（2）由于设备原因不能使发电机恢复正常运行时，应及早解列。机组进相运行时，定子铁芯端部容易发热，对系统电压也有影响。

（3）制造厂允许或经过专门试验确定能进相运行的发电机，如系统需要，在不影响电网稳定运行的条件下，可将功率因数提高到1或在允许的进相状态下运行。此时，应严密监视发电机运行工况，防止失步，尽早使发电机恢复正常。还应留意对高压厂用母线电压的监视，保证其安全。

二、发电机的故障及处理

（一）发电机定子单相接地

发电机定子单相接地是指发电机定子绕组回路及与定子绕组回路直接相连的一次系统发生的单相接地短路。定子单相接地按接地时间长短可分为瞬时接地、断续接地和永久接地；按接地范围可分为内部接地和外部接地；按接地性质可分为金属性接地、电弧接地和电阻接地；按接地的原因可分为真接地和假接地。

1. 发电机定子接地的原因

（1）小动物引起定子接地。如老鼠窜入设备，使发电机一次回路的带电导体经小动物接地，造成瞬时接地报警。

（2）定子绕组绝缘损坏。除了绝缘老化方面的原因，主要还有各种外部原因引起的绝缘损坏，如定子铁芯叠装松动、绝缘表面落上导电性物体（如铁屑）、绕组线棒在槽中固定不紧等，在运行中产生振动使绝缘损坏。制造发电机时，线棒绝缘留有局部缺陷、运转时转子零件飞出、定子端部固定零件绑扎不紧、定子端部接头开焊等因素均能引起绝缘损坏。

（3）定子绕组引出线回路的瓷绝缘子受潮或脏物引起定子回路接地。

（4）水冷机组漏水及内冷却水电导率严重超标，引起接地报警。

（5）发电机-变压器组单元接线中，主变压器低压绕组或高压厂用变压器高压绕组内部发生单相接地，都会引发定子接地报警信号。

发电机带开口三角形绕组的电压互感器高压熔断器熔断时，也会发出定子接地报警信号，这种现象通常称为假接地。

2. 发电机定子接地的现象及其判断

当发电机定子绕组及与定子绕组直接连接的一次回路发生单相接地或发电机电压互感器高压熔断器熔断时，均发出"定子接地"光字牌报警信号，按下发电机定子绝缘测量按钮，"定子接地"电压表出现零序电压指示。

发电机发出"定子接地"报警后，运行人员应判别接地相别和真假接地。判别的方法是：当定子一相接地为金属性接地时，通过切换定子电压表可测得接地相对地电压为零，非接地相对地电压为线电压，各线电压不变且平衡。按下定子绝缘测量按钮，"定子接地"电压表指示为零序电压值，其值应为 100 V。如果一点接地发生在定子绕组内部或发电机出口且为电阻性，或接地发生在发电机-变压器组主变压器低压绕组内，切换测量定子电压表，测得的接地相对地电压大于零而小于相电压，非接地相对地电压大于相电压而小于线电压，"定子接地"电压表指示小于 100 V。

当发电机电压互感器高压侧一相或两相熔断器熔断时，其二次侧开口三角形绕组端电压也要升高。如U相熔断器熔断，发电机各相对地电压未发生变化，仍为相电压，但电压互感器二次电压测量值因U相熔断器熔断发生了变化，即U_{uv}、U_{wu}降低，而U_{vw}仍为线电压（线电压不平衡），各相对地电压U_{v0}接近相电压，U_{U0}明显降低（相对地无电压升高），"定子接地"电压表指示为$100/\sqrt{3}$，发出"定子接地"光字牌信号（假接地）。

综上所述，真、假接地的根本区别在于：真接地时，定子电压表指示接地相对地电压降低或等于零，非接地相对地电压升高（大于相电压但不超过线电压），而线电压仍平衡；假接地时，相对地电压不会升高，线电压也不平衡。这是判断真、假接地的关键。

3. 发电机定子接地的处理方法

对于中性点不接地或中性点经消弧线圈接地的发电机（200 MW及以下），当发生单相接地时，接地电流均不超过允许值（2~4 A），故可继续运行，并查找和处理接地故障。若判明接地点在发电机内，应立即减负荷停机；若接地点在机外，运行时间不应超过2h。对于中性点经高电阻接地的发电机（200 MW及以上），当发生单相接地时，接地保护一般作用于跳闸，动作跳闸待机停转后，通过测量绝缘电阻，找出故障点。这是考虑到接地点发生在发电机内部时，接地电弧电流易使铁芯损坏，对大机组来说，铁芯损坏不易修复。另外，接地电容电流能使铁芯熔化，熔化的铁芯又会引起损坏区扩大，使有效铁芯"着火"，由单相短路发展为相间短路。

综上所述，当接到"定子接地"报警后，若判明为真接地，应检查发电机本体及所连接的一次回路，如果接地点在发电机外部，应设法消除。例如，将厂用电倒为备用电源供电，观察接地是否消除。如果接地无法消除，应在规定时间内停机。如果查明接地点在发电机内部，应立即减负荷解列停机，并向上级调度汇报。如果现场检查不能发现明显故障，但"定子接地"报警却不消失，应视为发电机内部接地，必须停机检查处理。

若判明为假接地，应检查并判明发电机电压互感器熔断器熔断的相别，视具体情况，带电或停机更换熔断器。如果带电更换熔断器，应做好人身安全措施和防止继电保护误动的措施。

（二）发电机转子接地

发电机转子接地分转子一点接地和两点接地，另外还会发生转子层间和匝间短路故障。与定子接地一样，转子接地也有瞬时接地、断续接地、永久接地之分，也有内部接地和外部接地、金属性接地和电阻接地之分。

1. 转子接地的原因

工作人员在励磁回路上工作时，因不慎误碰或其他原因造成转子接地；转子集电环、槽及槽口、端部、引线等部位绝缘损坏；长期运行绝缘老化，因杂物或振动使转子部分匝间绝缘垫片位移，将转子通风孔局部堵塞，使转子绕组绝缘局部过热老化引起转子接地；鼠类等小动物窜入励磁回路，定子进出水支路绝缘引水管破裂漏水，励磁回路脏污等引起转子接地。

2. 发电机转子一点接地的现象及处理方法

发电机发生转子一点接地时，中央信号警铃响，"发电机转子一点接地"光字牌亮，表计指示无异常。

转子回路一点接地时，因一点接地不形成电流回路，故障点无电流通过，励磁系统仍保持正常状态，故不影响机组的正常运行。此时，运行人员应检查"转子一点接地"光字信号是否能够复归。若能复归，则为瞬时接地；若不能复归，则通知检修人员检查转子一点接地保护是否正常。若正常，则可利用转子电压表通过切换开关测量正、负极对地电压，鉴定是否发生了接地。如发现某极对地电压降到零，另一极对地电压升至全电压（正、负极之间的电压值），说明确实发生了一点接地。运行人员应按下述步骤处理：

（1）检查励磁回路是否有人工作，如是工作人员引起，应予以纠正。

（2）检查励磁回路各部位有无明显损伤或是否因脏污接地，若因脏污接地应进行吹扫。

（3）对有关回路进行详细外部检查，必要时轮流停用整流柜，以判明是否由于整流柜直流回路接地引起。

（4）检查区分接地是在励磁回路还是在测量保护回路。

（5）若转子接地为一点稳定金属性接地，且无法查明故障点，除加强监视机组运行外，在取得调度同意后，将转子两点接地保护作用于跳闸，并申请尽快停机处理。

（6）转子带一点接地运行时，若机组又发生欠励磁或失步，一般可认为转子接地已发展为两点接地，这时转子两点接地保护动作跳闸，否则应立即人为停机。对于双水内冷机组，在转子一点接地时又发生漏水，应立即停机。

3. 发电机转子两点接地或层间短路的现象及处理方法

当转子发生两点接地时，转子电流表指示剧增，转子电压表和定子电压表指示降低，无功功率表指示明显降低，功率因数提高甚至进相，"转子一点接地"光字牌亮，警铃响，机组振动较大，严重时可能发生失步或失磁保护动作跳闸。

由于转子两点接地时，转子电流增大很多，会造成励磁回路设备过热甚至损坏。如果其中一接地点发生在转子绕组内部，部分转子绕组也会出现过热。另外，转子两点接地使磁场的对称性遭到破坏，故机组产生强烈振动，特别是两点接地时除发生刺耳的尖叫声外，发电机两端轴承间隙还可能向外喷带火苗的黑烟。为此，发电机发生转子两点接地时，应立即紧急停机。如果"转子一点接地"光字牌未亮，由于转子层间短路引起机组振动超过允许值或转子电流明显增大时，应立即减小负荷，使振动和转子电流减少至允许范围。经处理无效时，根据具体情况申请停机或打闸停机。

（三）发电机的非同期并列

在不满足同期条件时，人为操作或借助自动装置操作将发电机并入系统，这种并列操作称非同期并列。非同期并列是发电厂电气运作的恶性事故之一，非同期并列对发电机及系统都会造成严重后果，非同期并列时，由于合闸冲击电流很大，机组产生剧烈振动，会使待并发电机组变形、扭转、绝缘崩裂，定子绕组并头套熔化，甚至将定子组烧毁。特别是大容量机组与系统非同期并列，将造成对系统的冲击，引起该机组与系统间的功率振荡，危及系统的稳定运行。因此，必须防止发电机的非同期并列。

1. 非同期并列的现象

发电机非同期并列时，发电机定子产生大的电流冲击，定子电流表剧烈摆动，定子电压表也随之摆动，发电机发生剧烈振动，发出轰鸣声，其节奏与表计摆动相同。

2. 非同期并列的处理方法

对于发电机的非同期并列，应根据事故现象正确判断处理。当同期条件相差不悬殊时，发电机组无强烈的振动和轰鸣声，且表计摆动能很快趋于缓和，则机组不必停机，机组会很快被系统拉入同步，进入稳定运行状态。若非同期并列对发电机产生极大的冲击和引起强烈的振动，表计摆动剧烈且不衰减时，应立即解列停机，试验检查确认机组无损坏后，方可重新启动开机。

（四）发电机的失磁

同步发电机失去直流励磁，称为失磁。发电机失磁后，经过同步振荡进入异步运行状态，发电机在异步运行状态下，以低转差率与电网并列运行，从系统吸取无功功率建立磁场，向系统输送一定的有功功率，它是一种特殊的运行方式。

1. 发电机失磁的原因

引起发电机失磁的原因有励磁回路开路，如自动励磁开关误跳闸、励磁调节装置的低压断路器误动；转子回路断线，即励磁机电回路断线，励磁机励磁绕组断线；励磁机或励磁回路元器件故障，如励磁装置中元器件损坏，励磁调节器故障，转子集电环、电刷环打火或烧断；转子绕组短路；失磁保护误动和运行人员误操作等。

2. 发电机失磁运行的现象

（1）中央音响信号动作，"发电机失磁"光字牌亮。

（2）转子电流表的指示等于零或接近于零。转子电流表的指示与励磁回路的通断情况及失磁原因有关：若励磁回路开路，转子电流表指示为零；若励磁绕组经灭磁电阻或励磁机电枢绕组闭路，或 AVR、励磁机、整流装置故障，转子电流表有指示。但由于励磁绕组回路流过的是交流（失磁后，转子绕组感应出转差频率的交流），故直流电流表有很小的指示值。

（3）转子电压表指示异常。在发电机失磁瞬间，转子绕组两端可能产生过电压（励磁回路高电感而致）；若励磁回路开路，则转子电压降至零；若转子绕组两点接地短路，则转子电压指示降低；若转子绕组开路，则转子电压指示升高。

（4）定子电流表指示升高并摆动。升高的原因是发电机失磁运行时，既向系统送出有功功率，又要从系统吸收无功功率以建立机内磁场，且吸收的无功功率比原来送出的无功功率要大，使定子电流加大。摆动是由转矩的交变引起的。发电机失磁后异步运行时，转子上感应出差频交流电流，该电流产生的单相动磁场可分解为正向旋转磁场和反向旋转磁场，其中反向旋转磁场与定子磁场作用，对转子产生起制动作用的异步转矩；正向旋转磁场与定子磁场作用，产生交变的异步转矩。由于电流与转矩成正比，所以转矩的变化引起电流的脉动。

（5）定子电压降低且摆动。发电机失磁时，系统向发电机送出无功功率，因定子电流比失磁前增大，故沿回路的电压降增大，导致机端电压下降。电压摆动是由定子电流摆动引起的。

（6）有功功率表指示降低且摆动。有功功率输出与电磁转矩直接相关。发电机失磁时，由于原动机的转矩大于电磁转矩，转速升高，汽轮机调速器自动关小汽门，这样，驱动转矩减小，输出有功功率也减小，直到原动机的驱动转矩与发电机的异步转矩平衡时，调速器停止动作。发电机的有功功率输出稳定在小于正常值的某一数值。摆动的原因也是由于存在交变异步功率造成的。

（7）无功功率表指示为负值，功率因数表指示进相。发电机失磁进入异步运行后，相当于一个异步发电机，一方面向系统送出有功功率，另一方面从系统吸收大量的无功功率作用于励磁，所以发电机的无功功率表指示为负值，功率因数表指示进相。

3. 发电机失磁运行的影响及应用条件

发电机失磁运行的影响：

（1）发电机失磁后，从系统吸收无功功率，造成系统的无功功率严重缺额，系统电压下降，这不仅影响失磁机组厂用电的安全运行，还可能引起其他发电机的过电流。更严重的是电压下降，降低了其他机组的功率极限，可能破坏系统的稳定性，还可能因电压崩溃造成系统瓦解。

（2）对失磁机组的影响。发电机失磁运行时，使定子电流增大，引起定子绕组温度升高；使机端漏磁增加，端部铁芯构件因损耗增加而发热，温度升高；由于失磁运行，在转子本体中因感应出的差频交流电流产生损耗而发热，并引起转子局部过热；由于转子的电磁不对称产生的脉动转矩将引起机组和基础的振动。

根据上述不良影响，允许发电机失磁运行的条件是：

（1）系统有足够的无功电源储备。通过计算，应能确认发电机失磁后要保证电压不低于额定值的90%，这样才能保证系统的稳定。

（2）定子电流不超过发电机运行规程所规定的数值，一般不超过额定值的1.1倍。

（3）定子端部各构件的温度不超过允许值。

（4）转子损耗。外冷式发电机不超过额定励磁损耗；内冷式发电机不超过0.5额定励磁损耗。

4. 发电机失磁运行的处理方法

由于不同电力系统的无功功率储备和机组类型不同，有的发电机允许失磁运行，有的不允许失磁运行，因此，处理的方式也不同。

对于汽轮发电机（如100 MW汽轮机组），经大量失磁运行试验表明，在30 s内将发电机的有功功率减至额定值的50%，可继续运行15 min；若将有功功率减至额定值的40%，可继续运行30 min。但对无功功率储备不足的电力系统，考虑到电力系统电压水平和系统稳定性，不允许某些容量的汽轮发电机失磁运行。

对于调相机和水轮发电机，无论系统无功功率储备如何，均不允许失磁运行。因调相机本身是无功电源，失去励磁就失去了无功调节的作用。而水轮发电机的转子为凸极转子，失磁后，转子上感应的电流很小，产生的异步转矩小，故输出有功功率也小，失磁运行基本没有实际意义。

（1）不允许发电机失磁运行的处理步骤：

1）根据表计和信号显示，尽快判明失磁原因。

2）失磁机组可利用失磁保护带时限动作于跳闸。若失磁保护未动作，应立即手动将机组与系统解列。

3）若失磁机组的励磁可切换至备用励磁，且其余部分仍正常，在机组解列后，可迅速换至备用励磁，然后将机组重新并网。

4）在进行上述处理的同时，应尽量增加其他未失磁机组的励磁电流，以提高系统电压稳定能力。

5）严密监视失磁机组的高压厂用母线电压，在条件允许且必要时，可切换至备用电源供电，以保证该机组厂用电的可靠性。

（2）允许发电机失磁运行的处理步骤：

1）发电机失磁后，若发电机为重载，在规定的时间内，将有功功率减至允许值（降低对系统和厂用电的影响）；若发电机为轻载，则不必减小有功功率；在允许运行时间内，查找机组失磁的原因。

2）增加其他机组的励磁电流，维持系统电压。

3）监视失磁机组的定子电流，应不超过 1.1 倍额定电流，定子电压应不低于 0.9 额定电压，并同时监视定子端部温度。

4）在允许运行时间内，设法迅速恢复励磁电流。如果 AVR 不能正常工作，应切换至备用励磁装置。

5）如果在允许继续运行的时间内不能恢复励磁，应将失磁发电机的有功功率转移至其他机组，然后解列。

（五）发电机的振荡和失步

同步发电机正常运行时，定子磁极与转子磁极之间可看成是有弹性的磁力线联系。当负载增加时，功角将增大，这相当于把磁力线拉长；当负载减小时，功角将减小，这相当于磁力线缩短。当负载突然变化时，由于转子有惯性，转子功角不能立即稳定在新的数值，而是要在新的稳定值左右经过若干次摆动，这种现象称为同步发电机的振荡。

振荡有两种类型：一种是振荡的幅度越来越小，功角的摆动逐渐衰减，最后发电机稳定在某一新的功角下，仍以同步转速稳定运行，称之为同步振荡；另一种是振荡的幅度越大，功角不断增大，直至脱离稳定范围，使发电机失步，进入异步运行，称之为非同步振荡。

1. 发电机振荡或失步时的现象

（1）定子电流表指示超出正常值，且往复剧烈摆动。这是因为各并列发电机电动势间的夹角发生了变化，出现了电动势差，使发电机之间流过环流。由于转子转速的摆动，使电动势间的夹角时大时小，转矩和功率也时大时小，因而造成环流也时大时小，故定子电流表的指针就来回摆动。这个环流加上原有的负荷电流，其值可能超过正常值。

（2）定子电压表和其他母线电压表指针指示低于正常值，且往复摆动。这是因为失步发电机与其他发电机电动势间的夹角在变化，引起电压摆动。因为电流比正常时大，压降也就大，引起电压偏低。

（3）有功负荷与无功负荷大幅度剧烈摆动。这是发电机在未失步时的振荡过程中送出的功率时大时小，以及失步时有时送出有功功率、有时吸收有功功率的缘故。

（4）转子电压、电流表的指针在正常值附近摆动。发电机振荡或失步时，转子绕组中会感应交变电流，并随定子电流的波动而波动，该电流叠加在原来的励磁电流上，就使得转子电流表指针在正常值附近摆动。

（5）频率表忽高忽低地摆动。振荡或失步时，发电机的输出功率不断地变化，作用在转子上的转矩也相应变化，因而转速也随之变化。

（6）发电机发出有节奏的响声，并与表计指针的摆动节奏合拍。

（7）欠电压继电器过负荷保护可能动作报警。

（8）在控制室可听到有关继电器发出有节奏的动作和释放的响声，其节奏与表计摆动节奏合拍。

（9）水轮发电机调速器平衡表指针摆动：可能有剪断销剪断的信号；压油槽的油泵电动机启动频繁。

2.发电机振荡和失步的原因

（1）静态稳定破坏。这往往是因为运行方式改变，使输送功率超过当时的极限允许功率。

（2）发电机与电网联系的阻抗突然增加。这种情况常发生在电网中与发电机联络的某处发生短路，一部分并联元件被切除，如双回线路中的一回被断开，并联变压器中的一台被切除等。

（3）电力系统的功率突然发生不平衡。如大容量机组突然甩负荷、某联络线跳，造成系统功率严重不平衡。

（4）大机组失磁。大机组失磁，从系统吸取大量无功功率，使系统无功功率不足，系统电压大幅度下降，导致系统失去稳定。

（5）原动机调速系统失灵。原动机调速系统失灵，造成原动机输入转矩突然变化，功率突升或突降，使发电机转矩失去平衡，引起振荡。

（6）发电机运行时电动势过低或功率因数过高。

（7）电源间非同期并列未能拉入同步。

3.单机失步引起的振荡与系统性振荡的区别

（1）失步机组的表计指针摆动幅度比其他机组表计的指针摆动幅度要大。

（2）失步机组的有功表指针摆动方向正好与其他机组的相反，失步机组有功表的指针摆动可能满刻度，而其他机组在正常值附近摆动。

（3）系统性振荡时，所有发电机表计指针的摆动是同步的。

4.发电机振荡或失步的处理方法

当发生振荡或失步时，应迅速判断是否为本厂误操作所引起，并观察是否有某台发电机发生了失磁。如本厂情况正常，应了解系统是否发生故障，以判断发生振荡或失步的原因。发电机发生振荡或失步的处理如下：

（1）如果不是某台发电机失磁引起，则应立即增加发电机的励磁电流，以提高发电机电动势，增加功率极限，提高发电机稳定性。这是由于励磁电流的增加，使定子、转子磁极间的拉力增加，削弱了转子的惯性，在发电机到达平衡点时而拉入同步。这时，如果发电机励磁系统处在强励状态，1 min 内不应干预。

（2）如果是由于单机高功率因数引起，则应降低有功功率，同时增加励磁电流。这样既可以降低转子惯性，也由于提高了功率极限而增加了机组的稳定运行能力。

（3）当振荡是由系统故障引起时，应立即增加各发电机的励磁电流，并根据本厂在系统中的地位进行处理。如本厂处于送端，为高频率系统，则应降低机组的有功功率；反之，若本厂处于受端且为低频率系统，则应增大机组的有功功率，必要时采取紧急拉闸措施以提高效率。

（4）如果单机失步引起的振荡，采取上述措施经一定时间仍未进入同步状态时，可根据现场规定，将机组与系统解列或按调度要求将同期的两部分系统解列。

以上处理，必须在系统调度的统一指挥下进行。

（六）发电机调相运行

同步发电机既可作为发电机运行，也可作为电动机运行。当运行中的发电机因汽轮机危机保安器误动或调速系统故障导致主汽门关闭时，发电机失去原动力，此时若发电机横向联动保护或逆功率保护未动作，发电机则变为调相机运行。

1. 发电机变为调相机运行的现象

（1）汽轮机监控盘出现"汽门关闭"光字牌报警信号。

（2）发电机有功功率表指示为负值，电能表反转。此时，发电机从系统吸取少量有功功率维持同步运行。

（3）发电机无功功率表指示升高。此时，发电机仅从系统吸取少量有功功率维持空载转动，而发电机的励磁电流未发生变化。由发电机的电压相量图或功率输出 P-Q 特性曲线可知，其功角减小时，功率因数角加大，故无功功率增大。

（4）发电机定子电压升高，定子电流减小。定子电流的减小是由于发电机输出有功功率消失引起的，虽输出无功功率加，并系统吸取少量有功功率，但定子总的电流仍减小。由于定子电流的减小，定子绕组上的压降减小，故定子电压升高。由于发电机与系统相连，发电机向系统输送的无功功率增加，使发电机的去磁作用增加，定子电压降低，使发电机电压与系统电压平衡。

（5）发电机励磁回路仪表指示正常，系统频率可能有降低。因励磁系统未发生变化，故磁路回路各表计指示正常。发电机调相运行时，不仅不输出有功功率，还要从系统吸取少量有功功率维持其同步运行。当该发电机占系统总负荷比例较大时，由于系统有功功率不足，会使系统频率下降。

2. 发电机变为调相机运行的处理方法

发电机变为调相机运行，对发电机本身来说并无危害，但汽轮机不允许长期无蒸汽运行。这是由于汽轮机无蒸汽运行时，叶片与空气摩擦将会造成过热，使汽轮机的排汽温度很快升高，故汽轮发电机不允许持续调相运行。

当汽轮发电机发生调相运行后，逆功率保护应动作跳闸，按事故跳闸处理；若逆功率保护拒动，运行人员应根据表计指示及信号情况迅速做出判断，在 1 min 内将机组手动解列，此时应注意厂用电联动正常。若汽轮机能很快恢复，则可再并列带负荷；若汽轮机不能很快恢复，应将发电机操作至备用状态。

水轮发电机组由发电转为调相，或者由调相转为发电方式，在运行上都是允许的，而且是很方便的。机组由发电转为调相运行时，一般先将有功负荷减到零，然后将导叶全关，但机组不与系统解列，由电网带动机组旋转，转子继续励磁，从而向系统发送无功功率。机组由停机备用转为调相运行时，可按正常程序开机，先使发电机并网空载运行，然后再调节励磁使之调相运行。

担负调相运行的水轮发电机组，为了避免调相运行时水涡轮在水中旋转而造成能量损失，应考虑转轮室的排水方式。通常是向转轮室通入压缩空气以压低转轮室水位。同时，也相应要考虑主轴水封的润滑及冷却方式。

（七）发电机断路器自动跳闸

机组正常运行时，由于种种原因可能使发电机与系统相连的断路器自动跳闸，运行人员应正确判断并及时处理，以保证机组安全运行。

1. 发电机断路器自动跳闸的原因

（1）继电保护动作跳闸。如机组内部或外部短路故障引起继电保护动作跳闸；发电机因失磁或断水保护动作跳闸；热力系统故障由热机保护联锁使断路器跳闸。

（2）工作人员误碰或误操作、继电保护误动作使断路器跳闸。

（3）直流系统发生两点接地，造成控制回路或继电保护误动作跳闸。

2. 发电机断路器自动跳闸后的现象

保护正确动作引起的跳闸：

（1）扬声器响，机组断路器和灭磁开关的位置指示灯闪烁。当机组发生故障时，发电机主断路器、灭磁开关、高压厂用工作分支断路器在继电保护的作用下自动跳闸，各跳闸断路器的绿灯闪烁。高压厂用备用分支断路器被联动自动合闸，备用分支断路器的红灯闪烁。

（2）发电机主断路器、高压厂用工作分支断路器、灭磁开关"事故跳闸"光字牌信号报警，有关保护动作光字牌亮。

（3）发电机有关表计指示为零。发电机事故跳闸后，其有功功率表、无功功率表、定子电流和电压表、转子电流和电压表等表计指示全部为零。

（4）在断路器跳闸的同时，其他机组均有异常信号，表计也有相应异常指示。如发电机故障跳闸时，其他机组应出现过负荷、过电流等现象，并出现表计指示大幅度上升或摆动。

人员误碰、保护误动作引起的跳闸：

（1）断路器位置指示灯闪光，灭磁开关仍在合闸位置。

（2）发电机定子电压升高，机组转速升高。

（3）在自动励磁调节器作用下，发电机转子电压、电流大幅度下降。

（4）有功功率、无功功率及其他表计有相应指示。因厂用分支断路器未跳闸，仍带厂用电负荷。

（5）其他机组表计无故障指示，无电气系统故障现象。

3. 发电机断路器自动跳闸的处理方法

保护正确动作的处理：

（1）发电机主断路器自动跳闸后，应检查灭磁开关是否已经跳闸，若未跳闸应立即断开。

（2）发电机主断路器、灭磁开关、高压厂用电源工作分支断路器跳闸后，应检查高压厂用电源工作分支切换至备用分支是否成功。若不成功，应手动合上备用分支断路器（若工作分支断路器未跳闸，应先拉工作分支后合备用分支），以保证机组停机用电的需要。

（3）复归跳闸断路器控制开关和音响信号。将自动跳闸和自动合闸断路器的控制开关置至与断路器的实际位置相一致的位置，使闪光信号停止。按下音响信号的复位按钮，使音响停止。

（4）停用发电机的自动励磁调节器（AVR）。

（5）调节、监视其他无故障机组的运行工况，以维持其正常运行。

（6）检查继电保护动作情况，并做出相应处理。若发电机因系统故障跳闸（如母线差动、失灵保护），应维持汽轮机的转速，并检查发电机–变压器组一次系统，特别是需对断路器和灭磁开关的外部状况进行详细检查。

在系统故障排除或经倒换运行方式将故障隔离后，联系调度，将机组重新并入系统；若为发电机–变压器组内部保护动作跳闸，应立即将与其有关的系统改为冷备用，对发电机、主变压器、高压厂用变压器及有关设备进行检查，并测量绝缘；查明原因，确定故障点和故障性质后，汇报调度停机检修，待故障排除后重新启动并网。若为失磁保护动作跳闸，应查明原因，对可切换至备用励磁装置运行的机组，可重新并网，否则只能停机，待缺陷消除后再将机组启动并网。

4. 发电机断路器误跳闸的处理方法

（1）发电机保护误动作跳闸。断路器跳闸时，应有继电保护动作信号发出，但机组和系统无故障现象，其他电气设备也无不正常信号。此时，应检查是什么保护误动作引起跳闸。

如为后备保护误动作，在征得调度同意后，可将其暂时停用，先将发电机并网，然后消除故障；如为机组主保护误动作引起跳闸，必须查明保护误动的原因，消除误动故障后方可重新并网。发电机断路器自动跳闸后，检查发电机-变压器组一次系统无异常，检查保护也无异常时，经总工程师及调度同意，可对发电机手动零起升压。若升压过程中有异常，应立即停机处理。

（2）人为误磁、误操作引起的跳闸。一般情况下，此时灭磁开关仍处于合闸位置，发电机各表计指示为用负荷现象。此时，应将灭磁开关手动跳闸，在查明确实是人为原因引起后，应尽快将机组重新并网运行。

（3）因直流系统两点接地引起的误跳闸。这种情况出现前，直流系统往往带一点接地运行，跳闸时可能无故障信号发生，因此应首先查找并消除直流系统接地故障，然后将机组重新并网运行。

【学习任务工单】

任务工单　发电机及励磁系统异常运行及事故处理任务工单

班级：　　　　　组号：　　　　　日期：

任务描述：

（1）发电机-变压器组异常及事故前设备运行状态的检查。

（2）发电机-变压器组异常运行的分析、判断、调整。

（3）发电机-变压器组事故状态的分析、判断、处理。

1. 资讯

（1）查看《发电厂电气运行规程》、《300MW电气运行规程》、GB 26860—2011《电力安全工作规程 发电厂和变电站电气部分》、发电厂电气设备实物图。

（2）查看300MW发电机-变压器组一次主接线图。

（3）查阅发电机-变压器组设备运行参数，了解发电机-变压器组系统运行状态。

（4）掌握发电机-变压器组异常或事故的现象、原因预想分析。

2. 任务

（1）发电机-变压器组异常现象、分析判断、调整处理。

（2）发电机-变压器组事故现象、分析判断、调整处理。

3.计划

工作任务		发电机及励磁系统异常运行及事故处理		学时		成绩	
班级	组别	岗 位 确 定					
		班长	主值	主值	副值	副值	主电工	副电工
姓名								
学号								
日期								
工作步骤								

4.决策

会同老师对计划的可行性进行分析,对工作任务实施方案进行决策。

5.实施

(1)在300MW仿真机上熟悉操作界面。

(2)根据主接线方式对发电机–变压器组异常运行的分析判断调整。

(3)根据主接线方式对发电机–变压器组事故状态的分析判断处理。

6.检查及评估

分组检查任务完成情况,进行自评、互评(考评主要项目如下)

考评项目		自我评估	组长评估	教师评估	备注
工作态度 (10分)	劳动纪律				
	协调配合				
专业能力 (70分)	资料收集(10分)				
	方案制订(10分)				
	工单填写(10分)				
	实施过程(20分)				
	完成情况(20分)				
方法能力 (10分)	信息、计划、组织、检查				
社会能力 (10分)	沟通、协作、安全				
合计					

【拓展提高】

一、发电机紧急停运规定

发电机出现以下情况之一，应紧急停运：

（1）发生直接威胁人身安全的危急情况。

（2）发电机内有摩擦、撞击声，振动突然增加。

（3）发电机氢气爆炸、冒烟、着火。

（4）发电机电流互感器或电压互感器冒烟、着火。

（5）发电机出口断路器外发生长时间短路，并且发电机定子电流指向最大、定子电压骤降，后备保护动作。

（6）发电机无保护运行。

（7）发电机内部故障，保护或断路器拒动。

（8）发电机大量漏水、漏油，并伴随有定子接地或转子一点接地现象时。

（9）发电机定子断水，且断水保护拒动。

（10）发电机失磁，失磁保护拒动。

（11）发电机励磁系统发生两点接地，保护拒动。

（12）汽轮机打闸，逆功率保护拒动。

二、发电机应考虑停机的情况

（1）密封油系统故障无法维持运行氢压，氢气纯度降低至极限值。

（2）发电机定子出现漏水情况。

（3）发电机定子出水温度90℃，或出水温差12K，或定子层间温度接近14K，处理无效，有继续上升趋势时。

（4）发电机定子铁芯温度超标，经处理无效时。

（5）氢气冷却器泄漏，氢气湿度超标无法恢复。

【思考与练习】

1.写出发电机对称过负荷的处理步骤并操作。

2.写出发电机不对称过负荷的处理步骤并操作。

3.写出发电机温度异常的处理步骤并操作。

4.写出发电机保护用1TV一次或二次熔断器熔断的处理步骤并操作。

5.写出发电机（励磁机）升不起电压的处理步骤并操作。

6.写出发电机转子一点接地的处理步骤并操作。

7.写出发电机定子接地的处理步骤并操作。

8.写出发电机主断路器跳闸的处理步骤并操作。

9.写出发电机失磁的处理步骤并操作。

任务4.2　厂用电系统及电动机异常及事故处理

厂用电系统在运行中发生异常至厂用电消失，将给发电机–变压器组正常运行带来极大威胁，在运行中要求掌握运行规律，及时发现厂用电系统运行异常并消除异常，避免事故的发生。正确、果断、迅速地处理是对运行人员的要求。

【学习目标】

知识目标：1.熟悉发电厂电动机与厂用电系统的正常运行方式、异常及事故前的运行方式。

2.熟悉掌握电动机与厂用电系统异常现象。

3.掌握电动机与厂用电系统异常处理流程和典型异常的处理步骤。

能力目标：1.能说出电动机与厂用电系统运行的基本要求。

2.能分析出电动机与厂用电系统正常和异常运行状态以及事故时保护动作情况，并能写出典型异常的处理步骤。

3.能在仿真机上进行电动机与厂用电系统的异常处理操作。

态度目标：能严格遵守发电厂厂用电系统运行规程及各项安全规程，与小组成员协商、交流配合，按标准化作业流程完成厂用电系统和电动机异常等事故处理的学习任务。

【任务描述】

在掌握电动机与厂用电系统基本结构原理、主要设备部件和电动机与厂用电系统主要保护的基础上，正确分析电动机与厂用电系统的典型异常并进行异常处理。

【相关知识】

一、厂用电系统异常及事故状态

厂用电系统异常状态是指厂用电设备在规定的外部条件下，部分或全部失去额定工作能力的状态。厂用电系统异常状态包括以下三种。

（1）设备出力达不到铭牌要求，变压器不能带额定负荷，断路器不能通过额定电流或不能切断规定的事故电流，母线不能通过额定电流等。

（2）设备不能达到规定的运行时间，变压器带额定负荷不能连续运行，电流互感器长时间运行本身发热超过允许值，隔离开关通过额定电流时过热等。

（3）设备不能承受额定电压，瓷件受损的电气设备在额定电压下形成击穿，变压器绕组绝缘破坏后在额定电压下造成匝间短路、层间短路等故障。

二、厂用电异常或事故情况下运行方式

6kV厂用电接线方式分为厂用电不设公用段母线方式及厂用电设公用段母线方式两种。6kV厂用电不设公用段母线方式，运行时每台机组设两段6kV工作母线，给对应本身的机、炉负荷供电，如图2.1.5所示。全厂公用负荷分散接于每台机炉厂用母线上，接线相对清晰，检修方便，启动备用变压器做高压厂用变压器事故备用。机组大修时，公用负荷由启动备用变压器供电。

6kV厂用电设公用段母线方式，每台机组设立两个独立的6kV高压厂用工作母线段，全厂公用负荷接在公用段上，由启动备用变压器供电，启动备用变压器作为启动备用电源及厂用电事故备用电源。

当启动备用电源事故时，可手动切至运行机组的高压厂用变压器供电。

1.6kV厂用电异常情况下运行方式

（1）1号机组停运或启动期间，1号高压厂用变压器退出运行时，6kV厂用IA、IB段由启动备用变压器带，同时6kV厂用IIA、IIB段快切装置退出。

（2）2号机组停运或启动期间，2号高压厂用变压器退出运行时，6kV厂用IIA、IIB段由启动备用变压器带，同时6kV厂用IA、IB段快切装置退出。

（3）1、2号机组同时停运时，应先将负荷较低机组的高压厂用变压器倒为启动备用变压器运行，另一台机组高压厂用变压器根据两台机组厂用电负荷不超过启动备用变压器额定负荷情况下倒为启动备用变压器运行。

2.380V系统异常情况下运行方式

（1）当1号机1号低压厂用变压器（1号机2号低压厂用变压器）退出运行时，1号机380V汽轮机PCA段（1号机380V汽轮机PCB段）可由1号机380V汽轮机PCB段（1号机380V汽轮机PCA段）串带。

（2）当1号炉1号低压厂用变压器（1号炉2号低压厂用变压器）退出运行时，1号炉380V锅炉PCA段（1号炉380V锅炉PCB段）可由1号炉380V锅炉PCB段（1号炉380V锅炉PCA段）接带。

3.厂用电改变运行方式注意事项

厂用电系统因故改为非正常运行方式时，应事先制订安全措施，并在工作结束后尽快

恢复正常运行方式。

（1）380V系统PC段运行电源切换前，应检查两路在同一系统，以防非同期合闸，如两路电源不在同一系统，应采用瞬停的切换方法。属于同一系统时，可并列切换，在两段压差小于5%时，可先合上分段断路器，然后断开要停电开关。

（2）MCC盘进行电源切换时，一般采用先断后合方式，在就地盘上将隔离开关切至备用电源。

（3）电源切换瞬间将失电，在切换前应检查MCC盘所带负荷的运行情况，以防影响机组的安全运行。

三、厂用电事故处理原则

1. 厂用电系统事故处理的一般原则

（1）发生事故时，应最大限度保证厂用电系统的运行及主设备安全。

（2）事故处理时，应防止非同期并列。

（3）事故处理时，先通过报警信号和相关表计判断事故性质和范围，作相应处理后必须就地检查确认事故性质和范围。

（4）事故处理应在值长统一指挥下进行并作好相关记录。

（5）事故处理时要避免发生电气误操作，防止事故扩大，特别注意保证人身安全。

（6）事故处理告一段落要及时隔离故障设备移交检修人员处理。

2. 380V厂用电事故处理原则

由于厂用电系统对发电厂的正常运行极为重要，应保证其工作的可靠性，因此当厂用电发生故障时，其处理原则是尽可能保证厂用电设备的运行，特别是重要厂用设备。

（1）厂用电单独供电，有备用电源自动投入装置。

1）工作厂用电源因故障跳闸，备用电源自动投入。此时，复归开关指示灯闪光，检查何种保护动作掉牌，找出故障点。

2）工作厂用电源跳闸，备用电源未投入。

（a）可不经任何检查立即用备用电源强送一次。

（b）若备用电源投入又立即跳闸，证明故障点在母线上，或出线断路器故障未动作而越级跳闸，运行人员应检查母线。若发现母线有明显故障，则隔离母线后应转移负荷，恢复厂用电设备运行。若母线上无明显故障，应拉掉厂用母线上所有负荷，然后对厂用母线再次强送，成功后先对重要负荷进行检查，若无问题，应迅速送电。

3）若工作厂用电源故障跳闸，备用电源自动投运未成功，不再强送，采用上述第2）条（b）进行事故处理。

（2）厂用电单独供电，有备用电源无自动投入装置或无备用电源。若厂用电源自动跳闸：

1）若有备用电源而无自动投入装置，可不经检查立即用备用电源强送一次，若未成功，则按上述第（1）中2）（b）所述方法处理。

2）若无备用电源，则可不经检查立即用工作厂用电源强送一次；若强送无效，立即检查是什么保护动作掉牌，判明并找到故障点。

3. 6kV厂用电事故处理原则

（1）在高压厂用变压器或启动备用变压器分支过流动作跳开某分支断路器后，无论自动装置动作与否，均不得对该6kV母线强送电，只有在母线故障消除或引起越级跳闸的负荷出线隔离后，方可对该6kV母线恢复送电。

（2）若高压厂用变压器或启动备用变压器复合电压过流保护动作跳开某分支断路器，自动装置动作不成功或未动作，不得再手动强合工作电源断路器或备用电源断路器，必须查明原因，消除或隔离故障点后，方可对该6kV母线恢复送电。

（3）当启动备用变压器差动、速断、零序、重瓦斯、压力释放等保护动作后，应立即断开运行机组该6kV母线备用分支断路器的自动装置联动控制开关，以防启动备用变压器带故障被联动合闸，并不得手动强送，应按运行规程规定处理。

（4）当启动备用变压器复合电压过流保护动作跳闸使启动备用变压器失压时，也应断开运行机组该6kV母线备用分支断路器的自动装置联动控制开关，检查确认是该6kV母线故障引起，应立即隔离故障母线，恢复启动备用变压器运行，并投入运行机组该6kV母线备用分支断路器的自动装置联动控制开关。若故障点无法隔离，应将变压器停电检修。

（5）若6kV某段母线失压，自动装置动作或手动强送后备用电源断路器跳闸，任何情况下均不得再次强送该段母线。查明原因消除故障后方可恢复该段母线送电。

（6）若该6kV某段母线失压，自动装置未被闭锁而拒动，在不违背上述规定的前提下，可以手动强送备用电源一次。

（7）若系统保护误动造成某些设备停电，应停用误动保护，恢复对停电设备的供电，并对误动保护进行检查处理。

【任务实施】

厂用电系统异常运行及事故处理任务实施。

一、危险点预控

（1）厂用电系统消失危及主设备安全。

（2）非同期并列。

（3）不能正确判断事故性质和范围，完成相应处理后未就地检查确认事故性质和范围。

（4）电气误操作导致事故扩大，危及人身安全。

（5）未及时隔离故障设备及移交检修人员处理。

（6）处理事故时，各级值班人员未能严格执行发令、复诵、汇报制度，容易造成误操作扩大事故范围。处理事故时未录音，事故处理后现象和处理情况未记录，造成事故处理完成后事故分析无法进行。

（7）误走错间隔；带负荷拉、合隔离开关等。

（8）事故处理中下一个命令需根据前一命令执行情况来确定时，发令人未等待命令执行人的亲自汇报，或经第三者传达，或根据表计的指示信号判断命令的执行情况就匆忙决定下步处理方案，导致事故扩大。

（9）发生事故时，各装置的动作信号未做记录就立即复归，不利于事故的正确分析和处理。

二、异常运行及事故处理流程及实施

1. 厂用电系统异常运行及事故处理流程

厂用电系统异常运行及事故处理流程：在运行时，应通过表盘监视、电流变化以及光字牌报警、与机炉之间的联系等判断原因，确保和尽快恢复厂用电。引起厂用电中断的可能原因有机、炉跳闸；主断路器跳闸；6kV 断路器拒动；高压厂用变压器故障；6kV 母线故障等。

2. 厂用电系统异常运行及事故处理实施

厂用电系统异常运行及事故处理实施见表 2.4.2-1 ~ 表 2.4.2-9。

事故处理一：6kV 某段母线失压，自动装置联动成功，处理步骤见表 2.4.2-1。

现象：事故喇叭响，发光字牌信号；故障段母线工作分支断路器跳闸，绿灯闪光；故障段母线备用分支断路器联动成功，红灯闪光。

表 2.4.2-1　6kV 某段母线失压，自动装置联动成功的处理

操作次序	操作内容	操作结果	备注
1	解除音响，检查保护动作情况，汇报并做好记录		
2	退出故障段母线备用分支断路器的自动装置联动控制开关，复归工作分支和备用分支断路器控制开关，红、绿灯闪光停止		
3	检查工作分支断路器分闸正常，检查备用分支断路器合闸正常		
4	检查 6kV 母线电压正常，检查 6kV 该段母线所接负荷及相应的 400V 系统负荷运行正常		
5	根据工作分支断路器跳闸原因作出其他相应处理		

事故处理二：6kV某段母线失压，自动装置联动不成功或被闭锁未动作的处理，处理步骤见表2.4.2-2。

现象：事故喇叭响，发光字牌信号；故障段母线工作分支断路器跳闸，绿灯闪光；故障段母线备用分支断路器合闸，备用分支保护动作又跳闸；故障母线电压指示为零，母线失压；故障母线所接高压电动机低电压保护动作，部分高压电动机的断路器跳闸，故障母线所接低压厂用变压器高、低压侧断路器跳闸，相应400V母线失压，失压母线的备用分支断路器自动合闸。

表2.4.2-2　6kV某段母线失压，自动装置联动不成功或被闭锁未动作的处理

操作次序	操作内容	操作结果	备注
1	通知其他监控人员，6kV厂用母线失压、跳闸，电动机不得强送电		
2	解除音响，复归断路器的控制开关		
3	检查保护动作情况，判断母线失压原因，汇报并做好记录		
4	若不能强送电，检查高压负荷故障，是否因断路器拒动引起越级跳闸，若高压负荷有保护动作掉牌而断路器未跳，断开该负荷断路器，并拉至"检修"位置，向失压6kV母线充电一次，若正常再恢复正常运行方式		
5	若无法判断是越级跳闸，对6kV母线检查，若母线无明显故障，将该母线上全断路器拉至"试验"位置，测量母线绝缘合格后，对该母线试送电一次，试送正常后，逐一试合负荷支路断路器，或逐一对负荷支路测试绝缘，合格后送电		
6	母线恢复供电后，对运行设备进行全面检查		
7	若6kV母线短时间内不能恢复供电，优先考虑保证相应400V各段母线正常运行		

事故处理三：6kV某段电压互感器熔断器熔断的处理，处理步骤见表2.4.2-3。

现象：母线电压表可能降低或为零；一次熔断器熔断；"6kV接地"可能发信。

表2.4.2-3　6kV某段电压互感器熔断器熔断的处理

操作次序	操作内容	操作结果	备注
1	退出该段6kV母线厂用电源快切装置		
2	断开Ⅳ低电压断路器，退出该段6kV母线上所有电动机低电压保护		

续表

操作次序	操作内容	操作结果	备注
3	如果二次开关跳闸，应检查无明显异常后手合二次开关一次，再次跳闸不得再合		
4	如果一次熔断器熔断，将TV停电处理		
5	TV恢复运行后，投入所退出的厂用电快切装置和电动机低电压保护		

事故处理四：6kV母线接地（中性点经高阻接地），处理步骤见表2.4.2-4。

现象：警铃响，发"6kV系统某段母线接地"光字牌；切换6kV绝缘电压表，接地电压表显示降低或为零，其他两相电压指示升高或为线电压。

表2.4.2-4 6kV母线接地（中性点经高阻接地）的处理

操作次序	操作内容	操作结果	备注
1	复归中央音响信号		
2	将6kV绝缘监视电压表切换开关切至接地母线，判断接地相别及接地程度		
3	询问是否启动或停运设备，停止所启动设备或检查所停设备断路器分闸是否正常，确认接地信号是否消失		
4	详细检查接地母线是否有明显接地点，设法消除		
5	检查该段母线各负荷断路器是否有接地掉牌信号，如有信号且接地保护已动作而断路器未跳闸，将该设备停运		
6	处理后未发现异常，先停次要负荷，后停重要负荷，进行接地筛查。 （1）停不重要电动机或切换为备用电动机运行，接地未消失，恢复该电动机运行。 （2）将接地段母线所接低压厂用变压器短时用备用变压器供电，使该变压器停电，查低压厂用变压器高压侧是否接地，若接地仍未消失，则恢复原方式运行。 （3）将接地段母线倒至启动备用变压器供电，判断是否为高压厂用变压器工作分支接地。 （4）若该段母线全部负荷筛查完毕，接地未消失，可确认是6kV母线接地。将接地段母线由高压厂用变压器单独带，另一段母线切至启动备用变压器供电，缩小接地故障影响范围。转移负荷，将故障母线尽快停电处理。 （5）若6kV厂用系统装有能检测接地故障的小接地电流系统微机接地选线装置，根据装置接地显示，直接对故障进行检查处理		

事故处理五：6kV母线接地（中性点经低阻接地），处理步骤见表2.4.2-5。

现象：系统发生金属性接地时，零序保护动作跳开相应断路器。

系统发生非金属性接地时，可能达不到零序保护的动作值，出现以下现象：

6kV母线接地报警。检查母线电压表，接地相电压指示降低，健全相电压升高。母线TV、厂用高压变压器分支TV（01号启动备用电压器分支TV）二次开口三角TV出现零序电压。检查厂用高压变压器（01号启动备用变压器）相应低压侧中性点电阻接地发热情况，温控指示器的指示上升。

表2.4.2-5 6kV母线接地（中性点经低阻接地）的处理

操作次序	操作内容	操作结果	备注
1	如零序保护动作于6kV断路器跳闸，按断路器跳闸处理		
2	如开关未跳闸，按下述步骤进行处理： （1）注意区分TV断线等引起的"虚接地"情况。 （2）停运刚启动的设备看是否为此所引起。 （3）到开关柜现场查看测控装置显示的各馈线零序电流，出现零序电流增大的负荷，应立即汇报，尽快停电处理。 （4）如各馈线均无太大零序电流，但电源进线开关有较大零序电流，则视为母线接地，尽快倒换负荷后将母线停电。 （5）如各馈线均无太大零序电流，电源进线开关也无太大零序电流，则视为变压器低压侧或分支封闭母线接地，尽快停机		
3	处理过程中应加强中性点电阻柜的远红外测温和远方检查，防止起火和变压器中性点烧断。但禁止靠近和触摸中性点电阻柜		
4	发生不完全接地时，分情况做好负荷跳闸、母线跳闸、变压器跳闸的事故预想		

事故处理六：6kV系统谐振处理，处理步骤见表2.4.2-6。

现象：电压指示剧烈摆动；6kV某段发接地信号；母线TV二次熔断器熔断或小开关跳闸；该段上的设备可能跳闸；谐振过电压严重时，可能造成避雷器爆炸、TV损坏。

表2.4.2-6 6kV系统谐振的处理

操作次序	操作内容	操作结果	备注
1	退出该段的低电压保护		
2	退出该段的快切装置		
3	迅速切除部分不重要的运行设备或投运部分设备		
4	谐振过电压严重时，立即断开电源断路器紧急停止该段母线		

事故处理七：380V母线失压处理，处理步骤见表2.4.2-7。

现象：警铃响，相应母线失压报警。设有APD（BZT）装置的母线备用电源自动投入不成功。相应MCC、保安段备用电源自投成功。失压设备的备用设备自动投入运行。

表2.4.2-7 380V母线失压的处理

操作次序	操作内容	操作结果	备注
1	380V锅炉、汽轮机工作段母线失压时，保证380V保安段电源和双电源MCC的供电		
2	对于明备用方式的母线，按以下方式处理： 若无备用电源或备用电源供电而备用电源断路器跳闸时，检查工作变压器跳闸不是因瓦斯保护、速断保护动作引起，则可将工作变压器强送一次，再跳闸不得强送		
3	对于暗备用方式的母线，按以下方式处理： （1）确认为6kV母线失电或低压厂用变压器故障造成的，且备用电源正常时，用母联断路器恢复母线供电。 （2）检查发现明显故障点并隔离后对母线试送电（暗备用母线用低压厂用变压器试送）。 （3）如未发现明显故障，应先断开母线上所有开关，对母线试送电一次。 （4）试送成功，应摇测各负荷绝缘合格后方可逐一恢复送电。 （5）若试送不成功则为母线故障，隔离后交检修人员处理		

事故处理八：380V系统单相接地处理，处理步骤见表2.4.2-8。

现象：事故喇叭响，发光字牌"400V某段接地""接地装置动作"信号；400V厂用绝缘监视电压表接地相电压表降低或为零，非故障相电压升高或至线电压。

表2.4.2-8 380V系统单相接地的处理

操作次序	操作内容	操作结果	备注
1	解除音响，检查保护动作情况，汇报并做好记录		
2	将400V母线绝缘电压表切换至接地母线段；判断该段的接地程度及接地相别		
3	投入400V PC及供电的MCC盘接地监视回路查找接地发生回路，采用停电法或瞬时停电法进行接地筛查		
4	若没有接地显示可按以下方式查找： （1）停下刚启动设备，检查接地是否消失。 （2）将运行的电动机切换至备用电动机运行，停止原运行电动机，检查接地是否消失。 （3）不能停电或没有备用电动机的重要电动机，可用瞬停法检查接地是否消失。 （4）若仍未查出接地回路，则是母线接地，设法转移该母线负荷，对该母线停电处理，故障处理后恢复母线运行		

事故处理九：380V母线TV断线处理，处理步骤见表2.4.2-9。

现象：380V母线"电压回路断线"报警，DCS指示380V母线电压异常，就地测量母线电压正常。

表2.4.2-9　380V母线TV断线的处理

操作次序	操作内容	操作结果	备注
1	汇报值长，联系检修人员到场。复归音响及报警信号		
2	对于380V保安段，应将柴油发电机低电压联锁开关切至退出位		
3	退出380V母线低电压保护连接片。拉开TV一次侧开关		
4	检查若TV二次小开关跳闸，手动合一次，若合上即跳，不应再合，应联系检修人员查明故障并消除		
5	检查TV二次回路是否有开路点		
6	检查TV一次熔断器是否熔断，更换熔断的熔断器后，恢复TV运行		
7	如果以上处理仍不能消除故障，则应是TV本体故障，将TV退出运行，联系检修人员处理		
8	故障消除后恢复TV送电，确认380V母线正常后，投入380V母线低电压保护连接片和柴油发电机低电压联锁开关		

【学习任务工单】

任务工单　厂用电系统异常运行及事故处理任务工单

班级：　　　　　组号：　　　　　日期：

任务描述：

（1）发电机-变压器组厂用电异常及事故前设备运行状态的检查。

（2）发电机-变压器组厂用电异常运行的分析、判断、调整。

（3）发电机-变压器组厂用电事故状态的分析、判断、处理。

1.资讯

（1）查看《发电厂电气运行规程》、《300MW电气运行规程》、GB 26860—2011《电力安全工作规程 发电厂和变电站电气部分》、发电厂电气设备实物图。

（2）查看300MW发电机-变压器组一次主接线图。

（3）查阅发电机-变压器组厂用电设备运行参数，了解发电机-变压器组厂用电系统运行状态。

（4）掌握发电机-变压器组厂用电异常或事故的现象、原因预想分析。

2.任务

（1）发电机-变压器组厂用电异常现象、分析判断、调整处理。

（2）发电机-变压器组厂用电事故现象、分析判断、调整处理。

3.计划

工作任务		厂用电系统异常运行及事故处理		学时		成绩	
班级	组别	岗位确定					
		班长	主值	主值	副值	副值	主电工	副电工
姓名								
学号								
日期								
工作步骤								

4.决策

会同老师对计划的可行性进行分析,对工作任务实施方案进行决策。

5.实施

（1）在300MW仿真机上熟悉操作界面。

（2）根据主接线方式对发电机－变压器组厂用电异常运行的分析判断调整。

（3）根据主接线方式对发电机－变压器组厂用电事故状态的分析判断处理。

6.检查及评估

分组检查任务完成情况,进行自评、互评（考评主要项目如下）

考评项目		自我评估	组长评估	教师评估	备注
工作态度 （10分）	劳动纪律				
	协调配合				
专业能力 （70分）	资料收集（10分）				
	方案制订（10分）				
	工单填写（10分）				
	实施过程（20分）				
	完成情况（20分）				
方法能力 （10分）	信息、计划、组织、检查				
社会能力 （10分）	沟通、协作、安全				
合计					

【思考与练习】

1.厂（站）用交流失电的处理方法

2.厂交流系统有哪些常见现象？应如何处理？

3.厂用变压器失压备用电源自动投入装置不动作应如何处理？

4.写出6kV系统谐振的处理步骤并操作。

5.写出6kV母线失压的处理步骤并操作。

6.写出380V母线失压的处理步骤并操作。

任务4.3　发电厂直流系统异常及事故处理

直流系统是发电厂电气及热控系统极为重要的电源系统，是继电保护、自动装置、控制系统、信号系统、计算机系统、事故照明、UPS等设备的工作电源，是保证发电厂正常运行的必备条件，因此，各发电厂对直流系统都非常重视，并且对日常运行设备维护和事故处理都有一套严格的规定，正确及时地处理直流系统异常及事故是电气值班员极为重要的一项工作。

【学习目标】

知识目标：1.熟悉发电厂直流系统的正常运行方式、异常事故前的运行方式。

　　　　　2.掌握直流系统异常现象。

　　　　　3.掌握直流系统异常处理流程和典型异常的处理步骤。

能力目标：1.能说出直流系统运行的基本要求。

　　　　　2.能分析出直流系统正常和异常运行状态，并写出典型异常的处理步骤。

　　　　　3.能在仿真机上进行直流系统的异常处理操作。

态度目标：能严格遵守发电机运行规程及各项安全规程，与小组成员协商、交流配合，按标准化作业流程完成直流系统异常及事故处理学习任务。

【任务描述】

在掌握直流系统基本结构原理、主要设备部件和直流系统主要保护的基础上，正确分析直流系统的典型异常并进行异常处理。

【相关知识】

一、直流正、负极接地对运行的危害

直流正极接地有造成保护误动的可能。因为一般跳闸线圈（如出口中间继电器线圈和跳合闸线圈等）均接负极电源，若这些回路再发生接地或绝缘不良就会引起保护误动作。直流负极接地与正极接地同一道理，如回路中再有一点接地就可能造成保护拒绝动作（越级扩大事故）。因为两点接地将跳闸或合闸回路短路，这时还可能烧坏继电器触点。

二、查找直流系统接地时的注意事项

（1）发生直流接地时，应迅速进行处理，不得延误，并停止直流回路上所有其他工作，以免造成两点接地或短路等异常情况。

（2）在对支路进行试拉时，应考虑相关的继电保护和热工自动装置，采取避免低压断路器、装置误动的措施，防止运行机组因直流接地而停运，必要时可会同继保人员或热工人员一起进行处理。试拉保护电源，应短时退出有可能动作的保护。

（3）试拉负荷前，应通知有关值班人员，试拉后，不论回路是否接地，均应立即送电。

（4）查出接地支路后，应继续对支路上的负荷进行逐一试拉，直至找出接地盘柜后，通知检修人员进行处理。

（5）对电源设备进行试拉时，应保证母线不会失去电源，不得将接地系统和非接地系统并列，严禁将两个接地系统并列。

（6）寻找直流系统接地应由两人进行，一人试拉（拉3s后合上），另一人严密监视接地信号变化情况，以判断接地是否由该路引起。

（7）禁止采用将未接地的电极人为接地，烧焦接地处，来寻找接地点方法。

（8）查找接地时间不应超过2h。

（9）检查直流系统一点接地时，应防止直流回路另一点接地，造成直流短路。

【任务实施】

根据发电厂异常及事故处理基本原则、发电厂异常及事故处理一般程序及相关规程规范，对直流系统异常及事故进行分析判断。

一、直流系统母线电压异常

现象：集控室"直流故障"报警；就地直流配电盘上低电压继电器或过电压继电器有指示；就地电压表指示异常。

原因：充电装置故障；蓄电池断开；蓄电池放电。

处理：

（1）就地检查电压高还是电压低。

（2）检查充电装置已自动切换至适合的充电方式，否则手动切换。

（3）如充电装置由于电压高而跳闸，可由蓄电池单独向母线供电，待电压降至额定值时，再投入充电装置运行。

二、直流系统母线失压

现象：失压母线电压至零，"直流母线故障"及所控回路的失压报警等光字牌亮。硅整流装置跳闸，蓄电池熔断器熔断，蓄电池出口熔断器监视灯灭。直流配电室各路负荷电源的监视灯均灭，接至该直流系统的控制盘信号指示灯熄灭。

处理：

（1）检查充电装置跳闸原因。

（2）检查蓄电池组出口熔断器是否熔断（或出口低压断路器是否跳闸）。

（3）如母线有明显故障，将该系统及其负荷停电，查明故障点，通知检修处理。

（4）如是蓄电池组故障引起，应将该直流系统工作母线与另一台机组直流系统联络运行，并将该蓄电池组和对应充电装置退出运行。

（5）如系负荷故障引起熔断器越级熔断，应将该负荷停电，恢复直流系统正常运行，并通知检修对故障负荷进行检查处理。

三、直流系统接地

现象：集控室"直流母线故障"报警；直流母线上绝缘监测装置有接地报警指示；直流正或负母线对地电压超过报警值。

原因：蓄电池接地故障；负荷接地故障；母线接地故障。

处理：

（1）测量对地电压，判明接地极及接地性质。

（2）首先对作业设备查找，若因工作引起接地，则应排除故障，并终止其工作。

（3）了解有无刚启动的设备，对该设备试拉。

（4）通过绝缘监察装置巡查绝缘低支路情况，如未查到接地点，则试拉直流负荷支路、试停闪光装置、试停微机绝缘监察装置、按运行操作程序检查充电装置和蓄电池回路。

（5）如经以上检查未查出接地点，则是母线接地，应及时汇报有关部门联系处理。

四、整流器故障

现象：中央信号音响动作，"110V（220V）整流装置交流消失"或"整流器故障"光字牌亮。整流器主开关跳闸。整流器输出为零，蓄电池放电，直流母线电压下降。

处理：

（1）检查硅整流装置有无异常。

（2）检查硅整流装置熔断器是否熔断。

（3）检查硅整流装置过电压、过电流保护是否动作。

（4）复归保护装置，更换熔断器，重新启动装置正常后，恢复其运行。

（5）若启动不成功，应投入备用硅整流装置，通知电气检修处理故障整流装置。

五、蓄电池出口熔断器熔断（或出口低压断路器跳闸）

现象：中央信号动作"蓄电池熔断器熔断"监视灯灭（或"蓄电池组低压断路器跳闸"光字牌亮）。直流母线电压波动，蓄电池的浮充电流为零。

处理：

（1）检查确认蓄电池出口熔断器熔断（或出口低压断路器跳闸）。

（2）判断故障设备，分析原因。

（3）设法消除故障，恢复设备运行。

（4）若无法排除故障，应倒为备用直流系统工作母线供电。

【学习任务工单】

任务工单　直流系统异常及事故处理任务工单

班级：　　　　　组号：　　　　　日期：

任务描述：

（1）发电机–变压器组直流系统异常及事故前设备运行状态的检查。

（2）发电机–变压器组直流系统异常运行的分析、判断、调整。

（3）发电机–变压器组直流系统事故状态的分析、判断、处理。

1.资讯

（1）查看《发电厂电气运行规程》、《300MW 电气运行规程》、GB 26860—2011《电力安全工作规程 发电厂和变电站电气部分》、发电厂电气设备实物图。

（2）查看 300MW 发电机–变压器组一次主接线图。

（3）查阅发电机直流系统设备运行参数，了解发电机直流系统运行状态。

（4）掌握发电机–变压器组直流系统异常或事故的现象、原因预想分析。

2.任务

（1）发电机–变压器组直流系统异常现象、分析判断、调整处理。

（2）发电机–变压器组直流系统事故现象、分析判断、调整处理。

3.计划

工作任务		直流系统异常及事故处理		学时		成绩	
班级	组别			岗位确定			
		班长	主值	主值	副值	副值	主电工	副电工
姓名								
学号								
日期								
工作步骤								

4.决策

会同老师对计划的可行性进行分析，对工作任务实施方案进行决策。

5.实施

（1）在300MW仿真机上熟悉操作界面。

（2）根据主接线方式对发电机-变压器组直流系统异常运行的分析判断调整。

（3）根据主接线方式对发电机-变压器组直流系统事故状态的分析判断处理。

6.检查及评估

分组检查任务完成情况，进行自评、互评（考评主要项目如下）

考评项目		自我评估	组长评估	教师评估	备注
工作态度 （10分）	劳动纪律				
	协调配合				
专业能力 （70分）	资料收集（10分）				
	方案制订（10分）				
	工单填写（10分）				
	实施过程（20分）				
	完成情况（20分）				
方法能力 （10分）	信息、计划、组织、检查				
社会能力 （10分）	沟通、协作、安全				
合计					

【思考与练习】

1.直流母线电压过低或过高如何处理?

2.写出直流系统母线失压的处理步骤并操作。

3.写出直流系统接地的处理步骤并操作。

4.写出蓄电池出口熔断器熔断(或出口低压断路器跳闸)的处理步骤并操作。

5.阀控密封铅酸蓄电池故障及处理方法?

参考文献

[1]鲁珊珊.电气运行.北京：北京理工大学出版社，2020.

[2]舒辉.变电运行.重庆：重庆大学出版社，2020.

[3]胡 平.发电厂电气运行.北京：中国电力出版社，2012.

[4]杨娟.电气运行.2版.北京：中国电力出版社，2019.

[5]史俊华.电气运行.北京：中国电力出版社，2020.

[6]马慧.电气运行.成都：西安交通大学出版社，2015.

[7]黄栋.电气运行.北京：中国电力出版社，2017.

[8]马爱芳.电气运行.郑州：黄河水利出版社，2022.

[9]马振良.变电运行.2版.北京：中国电力出版社，2019.

[10]孙广岩.电气运行实践教程.2版.北京：中国电力出版社，2022.

[11]张全元.变电运行一次设备.北京：中国电力出版社，2012.

[12]国家电网公司.变电运行（110kV及以下）.北京：中国电力出版社，2015.

[13]国家电网河北公司.变电运行（110kV）.北京：中国电力出版社，2015.